数据科学与工程技术丛书

ADVANCED R

SECOND EDITION

高级R语言编程指南

（原书第2版）

[美] 哈德利·威克汉姆（Hadley Wickham）著

潘文捷 许金炜 李洪成 译

U0378373

机械工业出版社
China Machine Press

图书在版编目（CIP）数据

高级 R 语言编程指南（原书第 2 版）/（美）哈德利 · 威克汉姆（Hadley Wickham）著；潘文捷，许金炜，李洪成译．—北京：机械工业出版社，2020.8

（数据科学与工程技术丛书）

书名原文：Advanced R, Second Edition

ISBN 978-7-111-66303-4

I. 高… II. ①哈… ②潘… ③许… ④李… III. 程序语言 - 程序设计 - 指南 IV. TP312-62

中国版本图书馆 CIP 数据核字（2020）第 146230 号

本书版权登记号：图字 01-2020-1333

Advanced R, Second Edition by Hadley Wickham (ISBN 978-0-815-38457-1).

Copyright © 2019 by Taylor & Francis Group, LLC.

Authorized translation from the English language edition published by CRC Press, part of Taylor & Francis Group LLC. All rights reserved.

China Machine Press is authorized to publish and distribute exclusively the Chinese (Simplified Characters) language edition. This edition is authorized for sale in the People's Republic of China only (excluding Hong Kong, Macao SAR and Taiwan). No part of this publication may be reproduced or distributed in any form or by any means, or stored in a database or retrieval system, without the prior written permission of the publisher.

Copies of this book sold without a Taylor & Francis sticker on the cover are unauthorized and illegal.

本书原版由 Taylor & Francis 出版集团旗下 CRC 出版公司出版，并经授权翻译出版。版权所有，侵权必究。

本书中文简体字翻译版授权由机械工业出版社独家出版并仅限在中华人民共和国境内（不包括香港、澳门特别行政区及台湾地区）销售。未经出版者书面许可，不得以任何方式复制或抄袭本书的任何内容。

本书封面贴有 Taylor & Francis 公司防伪标签，无标签者不得销售。

高级 R 语言编程指南（原书第 2 版）

出版发行：机械工业出版社（北京市西城区百万庄大街 22 号 邮政编码：100037）

责任编辑：冯秀泳　　责任校对：李秋荣

印　刷：三河市宏图印务有限公司　　版　次：2020 年 8 月第 1 版第 1 次印刷

开　本：185mm×260mm 1/16　　印　张：24.5

书　号：ISBN 978-7-111-66303-4　　定　价：139.00 元

客服电话：（010）88361066 88379833 68326294　　投稿热线：（010）88379604

华章网站：www.hzbook.com　　读者信箱：hzit@hzbook.com

版权所有 · 侵权必究

封底无防伪标均为盗版

本书法律顾问：北京大成律师事务所 韩光 / 邹晓东

译者序

随着大数据的概念变得越来越流行，对数据的探索、分析和预测已经成为大数据分析领域的基本技能之一。作为探索和分析数据的基本工具，数据分析软件包是必不可少的。R软件作为功能强大且开源的数据分析工具，现在已经成为数据分析领域必不可少的工具之一。市场上出版了大量与R语言有关的书籍，这些书籍基本可以分为两类：一类是通过R语言介绍某个主题或者学科知识；另一类是介绍R软件或者R语言的入门知识。而本书则是深入介绍R语言及其编程技术的书籍，属于更深入的R语言知识。

本书从R语言的基础知识入手，深入介绍R语言的函数式编程、面向对象编程（R语言的S3、R6和S4）、元编程、调试、衡量性能和性能调优。同时，本书也介绍了R语言如何与HTML和LaTex语言相结合的技术，以及C++语言编程接口。

本书作者Hadley Wickham是R语言专家，他编写了许多高质量的R添加包，例如ggplot2、plyr、reshape2等，这些都是在R社区广泛使用的添加包。他是数据分析的标准添加包tidyverse的开发者。由于他在统计计算和数据分析领域具有广泛影响，他获得了2019年的国际COPSS总统奖。读者通过本书的学习，一方面可以更深入地了解R语言编程的核心知识，另一方面也可以在某种程度上了解这样一位知名R语言专家所编写的R添加包。

本书的主要内容分为五部分：基础知识、函数式编程、面向对象编程、元编程、高级技术。第一部分详细介绍R语言的基础知识，包括向量、子集选取、控制流、函数、环境和条件；第二部分介绍函数式编程，包括泛函、函数工厂、函数运算符；第三部分介绍面向对象编程（S3、R6和S4）；第四部分介绍元编程技术，包括表达式、准引用、计算和领域特定语言（HTML和LaTex）；第五部分介绍R语言的高级技术，包括调试、衡量性能、改进性能、C++语言编程接口等。

本书是一本R语言进阶教程，不管是初学者还是具有一定编程经验的R语言用户，都可以从本书获益。初学者可以先从第一部分入手，然后根据需要逐步学习后面的部分。熟练的R语言用户可以从自己感兴趣的内容入手。

本书的翻译工作由潘文捷、许金炜和李洪成共同完成。

由于时间和水平所限，译文难免会有不当之处，希望同行和读者多加指正。

前　　言

欢迎使用《高级 R 语言编程指南》的第 2 版。本版有三个主要目标：

- 增加我在第 1 版发布后才完全理解的重要概念。
- 减少已不太实用的主题，以及我认为确实令人兴奋但结果却不那么实用的主题。
- 使用更好的文本、更清晰的代码和更多的图表，使内容更易于理解。

如果你熟悉第 1 版，就会发现此前言介绍了主要的改动，以便你可以将重点放在新的领域上。如果你正在阅读本书的印刷版本，你会很快注意到一个变化：书中包含了 100 多个新图表。

本版中的另一个重大变化是使用了新的添加包，尤其是 rlang（http://rlang.r-lib.org），它为低级数据结构和操作提供了干净的接口。第 1 版几乎完全使用了基础包的 R 函数，这给教学带来了挑战，因为许多函数是多年独立发展的，所以很难看到隐藏在函数名称和参数的偶然变化中的重要基础思想。我将继续在各节的脚注中以及需要的地方显示基本等价的内容。但是如果你希望在本书中看到这些想法的最纯粹的 R 基础包中的表示，我建议你阅读第 1 版。你可以在线访问 http://adv-r.had.co.nz。

自第 1 版出版以来的 5 年中，R 的基础没有改变，但是我对它们的理解确实有所改变。因此，本书第一部分总体结构大致保持不变，但是许多单独的章节已得到很大改进：

- 第 2 章是全新的一章，可帮助你了解对象和对象名字之间的区别。这有助于你更准确地预测 R 将在何时复制数据结构，并为理解函数式编程奠定重要基础。
- 第 3 章（第 1 版中称为“数据结构”）已被改写，着重于向量类型，例如整数、因子和数据框。它包含主要的 S3 向量的更多详细信息（例如日期和日期时间），讨论了 tibble 添加包提供的数据框变化 [Müller and Wickham，2018]，并总体上反映了我对向量数据类型的理解。
- 第 4 章现在通过 `[` 和 `[[` 的用途来对它们进行区分：`[` 提取多个值，而 `[[` 提取单个值（以前，它们是通过“简化”或“保留”来表征的）。4.3 节的“练习”帮助你了解如何在列表中使用 `[[`，并引入新函数，这些函数为越界索引提供了更一致的行为。
- 第 5 章是全新的一章，介绍了之前被我遗忘了的重要工具，例如 `if` 语句和 `for` 循环。
- 第 6 章的顺序得到了改进，引入了管道符（`%>%`）作为函数编写的第三种方式（6.3 节），并且显著改善了函数形式的覆盖范围（6.8 节）。
- 第 7 章对特殊环境进行重新组织（7.4 节），并对调用堆栈的讨论进行改进（7.5 节）。
- 第 8 章包含第 1 版的“异常和调试”中的内容，以及有关 R 条件系统如何工作的许多新内容。该章还介绍如何创建自定义条件类（8.5 节）。

接下来的章节围绕 R 中三个最重要的编程范例——函数式编程、面向对象编程和元编程，进行重新组织。

- 现在，将函数式编程更清晰地分为三种主要技术：泛函（第 9 章）、函数工厂（第 10 章）和函数运算符（第 11 章）。本书专注于 R 在数据科学中的实际应用，并减少了一部分纯理论内容。

  这些章节现在使用 purrr 添加包提供的函数 [Henry and Wickham，2018a]，这些函数使我可以将更多的精力放在基础思想上，而不是偶然的细节上。由于主要用途是解决基本函数中省略号（...）的问题，因此大大简化了第 11 章。

- 面向对象编程（OOP）现在构成了本书的主要部分，其中包括一些全新章节：基础类型（第 12 章）、S3（第 13 章）、R6（第 14 章）、S4（第 15 章）以及系统之间的权衡（第 16 章）。

  这些章节重点介绍不同对象系统的工作方式，而不是如何有效地使用它们。这是很有必要的，因为许多技术细节未在其他地方进行描述，并且有效使用 OOP 需要一本完整的书来专门学习。

- 元编程（第 1 版中称为“语言计算”）描述“可使用代码生成代码”的工具套件。与第 1 版相比，该部分得到了很大的扩展，现在集中在“tidy 计算”上，这是一套使元编程安全、有原则并且可供更多 R 程序员使用的思想和理论。第 17 章粗略地阐述各个部分如何组合在一起。第 18 章描述底层的数据结构。第 19 章涵盖引用和取消引用。第 20 章介绍在特定环境中对代码的求值。第 21 章将所有主题融合在一起，以展示如何从一种（编程）语言转换为另一种语言。

本书最后部分的各章汇总了一些编程技术：性能分析、衡量和改进以及 Rcpp。这部分内容与第 1 版非常相似，尽管组织有所不同。在这些章节中，我进行了一些小小的更新，特别是使用了较新的添加包（microbenchmark 改为 bench，lineprof 改为 profvis），但是大部分内容是相同的。

虽然第 2 版主要新增了一些内容，但是也删除了 5 章：

- 词汇这一章已被删除，因为它总是有点奇怪。比起在书中单列一章，以词汇表的方式呈现更加有效。
- 样式这一章已替换为在线样式指南，网址为 http://style.tidyverse.org/。样式指南与新的 styler 添加包 [Müller and Walthert，2018] 配对使用，该添加包可以自动应用许多规则。
- C 语言这一章已移至 https://github.com/hadley/r-internals，随着时间的推移，该章将为编写与 R 数据结构一起使用的 C 代码提供指南。
- 内存这一章已被删除，许多材料已集成到第 2 章中，其余的则被认为技术性太强，理解起来并不那么重要。
- 删除了有关 R 语言的性能这一章，这章几乎没有提供可行的见解，并且随着 R 的变化已过时。

目　　录

译者序

前言

第 1 章　绪论 ······ 1

1.1　为什么选择 R 语言 ······ 1
1.2　本书的目标读者 ······ 2
1.3　通过本书你可以学到什么 ······ 3
1.4　通过本书你将不能学到什么 ······ 3
1.5　元技术 ······ 3
1.6　推荐阅读 ······ 4
1.7　获取帮助 ······ 4
1.8　致谢 ······ 5
1.9　约定 ······ 8
1.10　声明 ······ 8

第一部分　基础知识

第 2 章　名字和取值 ······ 12

2.1　本章简介 ······ 12
2.2　绑定基础 ······ 13
2.3　复制后修改 ······ 15
2.4　对象大小 ······ 19
2.5　原位修改 ······ 20
2.6　解除绑定和垃圾回收 ······ 23
2.7　小测验答案 ······ 24

第 3 章　向量 ······ 25

3.1　本章简介 ······ 25
3.2　原子向量 ······ 26
3.3　属性 ······ 29
3.4　S3 原子向量 ······ 31
3.5　列表 ······ 35
3.6　数据框和 tibble ······ 37
3.7　NULL ······ 44
3.8　小测验答案 ······ 44

第 4 章　子集选取 ······ 46

4.1　本章简介 ······ 46
4.2　选择多个元素 ······ 47
4.3　选择一个元素 ······ 52
4.4　子集选取与赋值 ······ 54
4.5　应用 ······ 55
4.6　小测验答案 ······ 60

第 5 章　控制流 ······ 61

5.1　本章简介 ······ 61
5.2　选择 ······ 61
5.3　循环 ······ 65
5.4　小测验答案 ······ 67

第 6 章　函数 ······ 68

6.1　本章简介 ······ 68
6.2　函数基础 ······ 69
6.3　函数组合 ······ 72
6.4　词法作用域 ······ 73
6.5　惰性求值 ······ 76
6.6　... 参数 ······ 80
6.7　退出函数 ······ 82
6.8　函数形式 ······ 85
6.9　小测验答案 ······ 91

第 7 章　环境 ······ 92

7.1　本章简介 ······ 92

7.2 环境基础 ··· 93
7.3 环境递归 ··· 98
7.4 特殊环境 ··· 100
7.5 调用堆栈 ··· 105
7.6 模拟数据结构 ··· 107
7.7 小测验答案 ··· 108

第 8 章 条件 ··· 109

8.1 本章简介 ··· 109
8.2 信号条件 ··· 110
8.3 忽视条件 ··· 114
8.4 处理条件 ··· 115
8.5 自定义条件 ··· 121
8.6 应用 ··· 124
8.7 小测验答案 ··· 129

第二部分 函数式编程

第 9 章 泛函 ··· 133

9.1 本章简介 ··· 133
9.2 第一个泛函：map() ··· 134
9.3 purrr 风格 ··· 141
9.4 map 变体 ··· 142
9.5 reduce 系列 ··· 148
9.6 判断泛函 ··· 152
9.7 基础泛函 ··· 154

第 10 章 函数工厂 ··· 156

10.1 本章简介 ··· 156
10.2 工厂基础 ··· 157
10.3 图形工厂 ··· 161
10.4 统计工厂 ··· 165
10.5 函数工厂 + 泛函 ··· 169

第 11 章 函数运算符 ··· 172

11.1 本章简介 ··· 172
11.2 现有的函数运算符 ··· 173
11.3 案例学习：生成你自己的函数运算符 ··· 177

第三部分 面向对象编程

第 12 章 基础类型 ··· 185

12.1 本章简介 ··· 185
12.2 基础对象与 OO 对象 ··· 185
12.3 基础类型 ··· 186

第 13 章 S3 ··· 188

13.1 本章简介 ··· 188
13.2 基础 ··· 189
13.3 类 ··· 191
13.4 泛型和方法 ··· 196
13.5 对象风格 ··· 198
13.6 继承 ··· 199
13.7 分派细节 ··· 203

第 14 章 R6 ··· 207

14.1 本章简介 ··· 207
14.2 类和方法 ··· 208
14.3 控制访问 ··· 212
14.4 引用语义 ··· 214
14.5 为什么是 R6 ··· 217

第 15 章 S4 ··· 218

15.1 本章简介 ··· 218
15.2 基础 ··· 219
15.3 类 ··· 220
15.4 泛型和方法 ··· 223
15.5 方法分派 ··· 226
15.6 S4 和 S3 ··· 229

第 16 章 权衡 ··· 232

16.1 本章简介 ··· 232
16.2 S4 与 S3 ··· 232
16.3 R6 与 S3 ··· 233

第四部分 元编程

第 17 章 元编程概述 ··· 239

17.1 本章简介 ··· 239

17.2 代码是数据 …… 240
17.3 代码是树 …… 241
17.4 代码能生成代码 …… 241
17.5 计算表达式 …… 242
17.6 使用函数进行自定义计算 …… 243
17.7 使用数据进行自定义计算 …… 244
17.8 quosure …… 244

第 18 章 表达式 …… 246

18.1 本章简介 …… 246
18.2 抽象语法树 …… 247
18.3 表达式 …… 250
18.4 解析与语法 …… 254
18.5 使用递归函数遍历抽象语法树 …… 258
18.6 专用数据结构 …… 263

第 19 章 准引用 …… 266

19.1 本章简介 …… 266
19.2 动机 …… 267
19.3 引用 …… 269
19.4 取消引用 …… 272
19.5 非引用 …… 277
19.6 “...” …… 279
19.7 案例学习 …… 283
19.8 历史 …… 287

第 20 章 计算 …… 288

20.1 本章简介 …… 288
20.2 计算基础 …… 289
20.3 quosure …… 292
20.4 数据掩码 …… 295
20.5 使用 tidy 计算 …… 299
20.6 使用 R 基础包计算 …… 301

第 21 章 翻译 R 代码 …… 308

21.1 本章简介 …… 308
21.2 HTML …… 309
21.3 LaTeX …… 315

第五部分 高级技术

第 22 章 调试 …… 324

22.1 本章简介 …… 324
22.2 整体方法 …… 324
22.3 定位错误 …… 325
22.4 交互式调试器 …… 327
22.5 非交互式调试 …… 329
22.6 非错误故障 …… 331

第 23 章 衡量性能 …… 333

23.1 本章简介 …… 333
23.2 性能分析 …… 333
23.3 微测试 …… 337

第 24 章 改进性能 …… 340

24.1 本章简介 …… 340
24.2 组织代码 …… 341
24.3 检查现有解决方案 …… 342
24.4 尽可能少做 …… 342
24.5 向量化 …… 345
24.6 避免复制 …… 346
24.7 案例研究：t 检验 …… 347
24.8 其他技巧 …… 349

第 25 章 使用 C++ 重写 R 代码 …… 350

25.1 本章简介 …… 350
25.2 开始使用 C++ …… 351
25.3 其他类 …… 357
25.4 缺失值 …… 358
25.5 标准模板库 …… 361
25.6 案例研究 …… 365
25.7 在添加包中应用 Rcpp …… 368
25.8 更多学习资源 …… 369
25.9 致谢 …… 370

参考文献 …… 371

索引 …… 374

第1章
绪　　论

我使用R语言进行编程已经超过15年，并且在过去的5年中一直全职从事R语言方面的工作。这给了我充足的时间来研究R语言的工作原理。本书尝试通过我所学到的知识帮助你可以尽快而轻松地理解R语言的复杂性。阅读它可以帮助你避免犯我曾经犯过的错误，带你走出曾经让我陷入困境的死路，并教给你一些有用的工具、技术和习惯，从而帮助你解决编程中遇到的多种问题。在此过程中，我希望让你知道，尽管R语言有很多令人沮丧的奇怪之处，但是R从本质上来说是一款十分适合数据科学的优雅而美丽的语言。

1.1　为什么选择R语言

如果刚刚接触R语言，你可能会问这门奇怪的语言有什么值得学习的。对于我来说，R语言最好的特性有下面几条：

- R语言是免费、开源、跨平台的。所以如果使用R语言进行数据分析，每个人都可以很容易地复制它（重现分析过程），无论他们生活在哪里或赚多少钱。
- R语言拥有一个多元化且热情的社区，既有在线社区（例如#rstats twitter社区，https://twitter.com/search?q=%23rstats），也有面对面社区（例如许多R语言用户的聚会，https://www.meetup.com/topics/r-programming-language/）。有两个特别鼓舞人心的社区团体：rweekly时事通讯（https://rweekly.org），可以方便地获取R最新的消息；R-Ladies（http://r-ladies.org），为妇女和其他少数族裔性别提供了一个非常受欢迎的社区。
- 大量可以用于统计建模、机器学习、可视化、数据导入与操作的添加包（package）可以供R使用。可能别人都已经做好了你正在尝试构建的任何模型或者图形，即使不能完全照搬，你也能从他们的工作中学到很多经验，从而对你的工作起到帮助作用。
- 交流结果的强大工具。RMarkdown（https://rmarkdown.rstudio.com）可以非常容易地将结果输出成HTML、PDF、Word、PowerPoint演示文稿、dashboard等报告。Shiny（http://shiny.rstudio.com）可以帮你制作精美的交互式应用程序，而无须任何HTML或JavaScript知识。
- RStudio是一种集成开发环境（http://www.rstudio.com/ide/），专门针对数据科学、交

互式数据分析和统计编程的需求而设计。

- ❑ 前沿的工具。统计学和机器学习领域的研究者在发表研究论文时，经常会同时发布一个相应的 R 添加包。这就意味着你可以马上获得最新的统计技术并可以迅速实施。
- ❑ 对数据分析根深蒂固的支持。这包括很多特性，比如缺失值、数据框和向量化等。
- ❑ 强大的函数式编程基础。函数式编程的思想非常适合应对数据科学的挑战。R 语言是函数式编程，并且提供了有效函数式编程所需的许多原语。
- ❑ RStudio 公司（https://www.rstudio.com）通过向 R 用户团队销售专业产品来盈利，然后转身将其中的大部分资金投资到开源社区（RStudio 有超过 50% 的软件工程师从事开源项目）。我之所以为 RStudio 工作，是因为我从根本上相信它的使命。
- ❑ 强大的元编程（metaprogramming）工具。R 语言的元编程功能可以让你写出简洁而神奇的函数，并为设计特定领域的语言（domain-specific language）（例如 ggplot2、dplyr、data.table 等）提供了出色的环境。
- ❑ 可以与高性能编程语言（如 C、Fortran 和 C++）连接。

当然 R 语言也不是完美的。R 语言最大的挑战和机遇就是大多数用户都不是程序员。这就意味着：

- ❑ 所看到的很多 R 代码都是在急于解决某个紧迫问题的情况下编写的。因此这些代码并不是非常简洁、高效或者易于理解。大多数用户不会修改他们的代码来克服这些缺点。
- ❑ 与其他编程语言相比，R 社区更注重结果而非过程。软件工程最佳实践的知识不够完整。例如，使用源代码控制或自动化测试的 R 程序员还不够多。
- ❑ 元编程是一把双刃剑。有太多的 R 函数通过使用一些技巧来减少代码的输入量，由
2 此造成的结果就是使代码变得很难理解，有些还会以意想不到的方式失败。
- ❑ 不同作者贡献的各种 R 添加包之间经常会出现矛盾，甚至与 R 的基础包发生冲突。每次使用 R 语言时，都要面对它超过 25 年的进化史。由于需要记住很多特例，所以 R 语言的学习会比较困难。
- ❑ R 并不是速度很快的编程语言，尤其是写得很差的 R 代码运行起来会非常慢。R 还非常耗费内存。

从个人角度来看，我觉得这些挑战也为有经验的程序员创造了一个极大的机会，让他们可以对 R 语言和 R 社区产生深远而有益的影响。R 用户确实应该写出高质量的代码，尤其是在进行可重复研究时，但是他们现在还不具有这样的能力。我希望本书不仅可以帮助更多的 R 用户成为 R 程序员，还非常鼓励正在使用其他语言的程序员对 R 语言做出贡献。

1.2 本书的目标读者

本书是针对两个互补的群体：

- ❑ 想深入学习 R 语言、理解 R 语言如何运作并学习解决各种问题的新策略的中级 R 程序员。
- ❑ 正在学习 R 语言，并想知道 R 语言为什么这样工作的其他语言的程序员。

要从本书获得最大收益，你需要编写大量的 R 语言或者其他语言的代码。你应该熟悉

数据分析的基础知识（即数据的导入、操作和可视化），并且已经编写许多函数，同时熟悉 CRAN 软件包的安装和使用。

本书介于参考书（主要用于查找）与线性可读的书之间。这涉及一些权衡，因为在使材料保持一致的同时很难线性化材料，如果你已经熟悉特定的技术词汇，则更容易解释一些概念。本书尝试使用脚注和交叉引用来确保即使在你只阅读其中一章时仍然可以理解里面的内容。 3

1.3 通过本书你可以学到什么

我认为本书描述的这些技能都是高级 R 程序员应该掌握的：对基础知识的深刻理解以及广泛的词汇表，意味着你可以根据需要学习更多相关主题的知识。

读完本书之后，你将掌握以下内容：

- 熟悉 R 的基础。你将理解复杂的数据类型和对它们进行运算的最佳方法。你将对函数如何工作、环境以及如何使用条件系统有深刻的了解。
- 理解什么是函数式编程，以及为什么函数式编程是数据分析的有用工具。你将能快速地学习如何使用现有工具，以及如何在需要的时候创建函数。
- 了解 R 丰富的面向对象系统。你将最熟悉 S3，但同时也将了解 S4 和 R6，知道在需要时可以在何处查找更多信息。
- 欣赏元编程这把双刃剑。你将能在遵守原则的前提下使用 tidy 运算（tidy evaluation）来创建函数，从而减少代码的输入量并创建优雅的代码来表达重要的运算，还将理解元编程的危险并知道何时避免它。
- 对于 R 中什么样的操作会很慢且耗费内存能够产生很好的直觉。你将知道如何使用分析来找到阻碍性能提高的瓶颈，还会学到足够多的 C++ 知识，将很慢的 R 函数转换成非常快的 C++ 程序。

1.4 通过本书你将不能学到什么

本书是关于 R 的编程语言，而不是 R 的数据分析工具。如果想提高自己的数据科学技能，那么建议你学习 tidyverse（https://www.tidyverse.org/），这是我和我的同事开发的添加包的集合。在本书中，你将学习用于开发 tidyverse 添加包的技术。如果想学习如何使用它们，我建议你使用 *R for Data Science*（http://r4ds.had.co.nz/）。 4

如果要与他人共享 R 代码，则需要制作一个 R 添加包。这将使你可以将代码与文档和单元测试捆绑在一起，并通过 CRAN 轻松发布。在我看来，开发添加包的最简单方法是使用 devtools（http://devtools.r-lib.org）、roxygen2（http://klutometis.github.io/roxygen/）、testthat（http://testthat.r-lib.org）以及 usethis（http://usethis.r-lib.org）。你可以在 *R packages*（http://r-pkgs.had.co.nz/）中了解如何使用这些添加包来创建添加包。

1.5 元技术

有两种元技术对提高 R 程序员的技能非常有帮助：阅读源代码和采用科学的思维方式。

阅读源代码之所以非常有用是因为它可以帮助你写出更好的代码。开始培养这种技能的一种好方法就是查看经常使用的函数和添加包的源代码。你会发现其中有很多值得效仿的地方，这样你就会知道什么可以使代码更好。你也会看到一些你不喜欢的东西，或许因为它的优点不够明显或者它让你感到不舒服。这样的代码也不是没有意义，它可以让你对好代码和坏代码有更具体的认识。

学习 R 时具有科学的思维方式是极有帮助的。如果你不知道有些事情是如何运行的，那就提出一个假设，设计一些实验，做实验并记录结果。这种训练是非常有用的，即使你不能解决这个问题并需要别人的帮助，但在寻求帮助时你可以告诉他们你已经尝试过哪些方法。另外，在得到新的答案后，你也将在思想上做好了准备来更新你的世界观。

1.6　推荐阅读

由于 R 社区主要由数据科学家而非计算机科学家组成，因此深入研究 R 的技术基础的书籍相对较少。在理解 R 的整个过程中，我发现使用其他编程语言的资源是非常有帮助的。R 同时具有函数式编程和面向对象（OO）编程的特点。学会如何使用 R 来实现这些概念可
5 以帮助你利用你自己关于其他编程语言的知识，并让你发现哪里还需要改进。

我发现 *The Structure and Interpretation of Computer Programs*（SICP）(https://mitpress.mit.edu/sites/default/files/sicp/full-text/book/book.html) [Abelson et al.，1996] 一书对于理解 R 的对象系统为什么那样运行是非常有帮助的。这是一本简明但又深奥的书。读完本书之后，我第一次感觉到我可以设计出自己的面向对象系统。这本书让我第一次认识了 R 面向对象编程的封装范例，帮助我理解了该系统的优点和缺点。SICP 同样讲述了很多函数式编程的知识，以及如何构建简单的函数，当把这些简单函数结合在一起时，它又会变得非常强大。

要理解 R 相对于其他编程语言的优缺点，我发现 *Concepts, Techniques and Models of Computer Programming* [Van-Roy and Haridi，2004] 这本书非常有用。它让我知道了为什么 R 的 copy-on-modify 语义使得对代码的理解变得如此简单，虽然现在实现起来还不是非常有效，但这个问题是可以解决的。

如果你想成为一个更好的程序员，没有哪本书比 *The Pragmatic Programmer* [Hunt and Thomas，1990] 更好了。这本书并不针对特定的语言，它对如何成为更好的程序员提供了很多建议。

1.7　获取帮助

目前，当遇到困难并且不知道如何解决它时，你有三个渠道可以获得帮助：RStudio 社区（https://community.rstudio.com/）、StackOverflow（http://stackoverflow.com）和 R-help 邮件列表（https://stat.ethz.ch/mailman/listinfo/r-help）。在这三个地方你能得到有益的帮助，但是每个社区都有自己的文化和期望。通常情况下，你最好先花一段时间潜水，在了解了该社区的文化和期望之后再提出你的第一个问题。

一些建议：

- 当遇到问题时，首先要确保你使用的是 R 的最新版本和添加包，很可能这些问题已经在最新版本中被修复了。

- 花一段时间构建一个可再现示例。这通常是一个非常有用的过程，在再现问题的过程中，你经常会找到问题的原因。我强烈建议学习和使用 reprex 添加包（https:// 6
reprex.tidyverse.org/）。

如果你正在寻找求解书中练习的具体帮助，请访问 https://advanced-r-solutions.rbind.io，获取 Malte Grosser 和 Henning Bumann 的解决方案。

1.8 致谢

我要感谢 R-devel 和 R-help，以及 Stack Overflow 和 RStudio 社区上不知疲倦的贡献者。有太多人需要感谢了，尤其要感谢 Luke Tierney、John Chambers、JJ Allaire 和 Brian Ripley 花费了大量的时间和精力为我纠正无数的错误。

本书是以开源方式编写的（https://github.com/hadley/adv-r），Twitter（https://twitter.com/hadleywickham）上的朋友对本书的章节给出了很多建议。这是社区的智慧结晶：很多人阅读了书稿，修改了错别字，对修改提出了建议，对本书的内容做出了贡献。没有这些人的帮助，本书不可能像现在这样给力，非常感谢他们的帮助。尤其要感谢 Jeff Hammerbacher、Peter Li、Duncan Murdoch 和 Greg Wilson，他们从头到尾阅读了本书并提供了许多解决方案和建议。

以字母顺序感谢所有 386 位贡献者：

Aaron Wolen (@aaronwolen)、@absolutelyNoWarranty、Adam Hunt (@adamphunt)、@agrabovsky、Alexander Grueneberg (@agrueneberg)、Anthony Damico (@ajdamico)、James Manton (@ajdm)、Aaron Schumacher (@ajschumacher)、Alan Dipert (@alandipert)、Alex Brown (@alexbbrown)、@alexperrone、Alex Whitworth (@alexWhitworth)、Alexandros Kokkalis (@alko989)、@amarchin、Amelia McNamara (@AmeliaMN)、Bryce Mecum (@amoeba)、Andrew Laucius (@andrewla)、Andrew Bray (@andrewpbray)、Andrie de Vries (@andrie)、Angela Li (@angelali)、@aranlunzer、Ari Lamstein (@arilamstein)、@asnr、Andy Teucher (@ateucher)、Albert Vilella (@avilella)、baptiste (@baptiste)、Brian G. Barkley (@BarkleyBG)、Mara Averick (@batpigandme)、Byron (@bcjaeger)、Brandon Greenwell (@bgreenwell)、Brandon Hurr (@bhive01)、Jason Knight (@binarybana)、Brett Klamer (@bklamer)、Jesse Anderson (@blindjesse)、Brian Mayer (@blmayer)、Benjamin L. Moore (@blmoore)、Brian Diggs (@BrianDiggs)、Brian S. Yandell (@byandell)、@carey1024、Chip Hogg (@chiphogg)、Chris Muir (@ChrisMuir)、Christopher Gandrud (@christophergandrud)、Clay Ford (@clayford)、Colin Fay (@ColinFay)、@cortinah、Cameron Plouffe (@cplouffe)、Carson Sievert (@cpsievert)、Craig
Citro (@craigcitro)、Craig Grabowski (@craiggrabowski)、Christopher Roach (@croach)、 7
Peter Meilstrup (@crowding)、Crt Ahlin (@crtahlin)、Carlos Scheidegger (@cscheid)、Colin Gillespie (@csgillespie)、Christopher Brown (@ctbrown)、Davor Cubranic (@cubranic)、Darren Cusanovich (@cusanovich)、Christian G. Warden (@cwarden)、Charlotte Wickham (@cwickham)、Dean Attali (@daattali)、Dan Sullivan (@dan87134)、Daniel Barnett (@daniel-barnett)、Daniel (@danielruc91)、Kenny Darrell (@darrkj)、Tracy Nance (@datapixie)、Dave Childers (@davechilders)、David Vukovic (@david-vukovic)、David Rubinger (@davidrubinger)、David Chudzicki (@dchudz)、Deependra Dhakal (@DeependraD)、Daisuke ICHIKAWA (@dichika)、

david kahle (@dkahle)、David LeBauer (@dlebauer)、David Schweizer (@dlschweizer)、David Montaner (@dmontaner)、@dmurdoch、Zhuoer Dong (@dongzhuoer)、Doug Mitarotonda (@dougmitarotonda)、Dragoş Moldovan-Grünfeld (@dragosmg)、Jonathan Hill (@Dripdrop12)、@drtjc、Julian During (@duju211)、@duncanwadsworth、@eaurele、Dirk Eddelbuettel (@eddelbuettel)、@EdFineOKL、Eduard Szöcs (@EDiLD)、Edwin Thoen (@EdwinTh)、Ethan Heinzen (@eheinzen)、@eijoac、Joel Schwartz (@eipi10)、Eric Ronald Legrand (@elegrand)、Elio Campitelli (@eliocamp)、Ellis Valentiner (@ellisvalentiner)、Emil Hvitfeldt (@EmilHvitfeldt)、Emil Rehnberg (@EmilRehnberg)、Daniel Lee (@erget)、Eric C. Anderson (@eriqande)、Enrico Spinielli (@espinielli)、@etb、David Hajage (@eusebe)、Fabian Scheipl (@fabian-s)、@flammy0530、François Michonneau (@fmichonneau)、Francois Pepin (@fpepin)、Frank Farach (@frankfarach)、@freezby、Frans van Dunné (@FvD)、@fyears、@gagnagaman、Garrett Grolemund (@garrettgman)、Gavin Simpson (@gavinsimpson)、Brooke Anderson (@geanders)、@gezakiss7、@gggtest、Gökçen Eraslan (@gokceneraslan)、Josh Goldberg (@Goldberg-Data)、Georg Russ (@gr650)、@grasshoppermouse、Gregor Thomas (@gregorp)、Garrett See (@gsee)、Ari Friedman (@gsk3)、Gunnlaugur Thor Briem (@gthb)、Greg Wilson (@gvwilson)、Hamed (@hamedbh)、Jeff Hammerbacher (@hammer)、Harley Day (@harleyday)、@hassaad85、@helmingstay、Henning (@henningsway)、Henrik Bengtsson (@HenrikBengtsson)、Ching Boon (@hoscb)、@hplieninger、Hörmet Yiltiz (@hyiltiz)、Iain Dillingham (@iaindillingham)、@IanKopacka、Ian Lyttle (@ijlyttle)、Ilan Man (@ilanman)、Imanuel Costigan (@imanuelcostigan)、Thomas Bürli (@initdch)、Os Keyes (@Ironholds)、@irudnyts、i (@isomorphisms)、Irene Steves (@isteves)、Jan Gleixner (@jan-glx)、Jannes Muenchow (@jannes-m)、Jason Asher (@jasonasher)、Jason Davies (@jasondavies)、Chris (@jastingo)、jcborras (@jcborras)、Joe Cheng (@jcheng5)、John Blischak (@jdblischak)、@jeharmse、Lukas Burk (@jemus42)、Jennifer (Jenny) Bryan (@jennybc)、Justin Jent (@jentjr)、Jeston (@JestonBlu)、Josh Cook (@jhrcook)、Jim Hester (@jimhester)、@JimInNashville、@jimmyliu2017、Jim Vine (@jimvine)、Jinlong Yang (@jinlong25)、J.J. Allaire (@jjallaire)、@JMHay、Jochen Van de Velde (@jochenvdv)、Johann Hibschman (@johannh)、John Baumgartner (@johnbaums)、John Horton (@johnjosephhorton)、@johnthomas12、Jon Calder (@jonmcalder)、Jon Harmon (@jonthegeek)、Julia Gustavsen (@jooolia)、JorneBiccler (@JorneBiccler)、Jeffrey Arnold (@jrnold)、
8 Joyce Robbins (@jtr13)、Juan Manuel Truppia (@juancentro)、@juangomezduaso、Kevin Markham (@justmarkham)、john verzani (@jverzani)、Michael Kane (@kaneplusplus)、Bart Kastermans (@kasterma)、Kevin D'Auria (@kdauria)、Karandeep Singh (@kdpsingh)、Ken Williams (@kenahoo)、Kendon Bell (@kendonB)、Kent Johnson (@kent37)、Kevin Ushey (@kevinushey)、电线杆 (@kfeng123)、Karl Forner (@kforner)、Kirill Sevastyanenko (@kirillseva)、Brian Knaus (@knausb)、Kirill Müller (@krlmlr)、Kriti Sen Sharma (@ksens)、Kai Tang（唐恺）(@ktang)、Kevin Wright (@kwstat)、suo.lawrence.liu@gmail.com (mailto:suo.lawrence.liu@gmail.com) (@Lawrence-Liu)、@ldfmrails、Kevin Kainan Li (@legendre6891)、Rachel Severson (@leighseverson)、Laurent Gatto (@lgatto)、C. Jason Liang (@liangcj)、Steve Lianoglou (@lianos)、Yongfu Liao (@liao961120)、Likan (@likanzhan)、@lindbrook、Lingbing Feng (@Ling-bing)、Marcel Ramos (@LiNk-NY)、Zhongpeng Lin (@linzhp)、Lionel Henry (@lionel-)、Lluís

(@llrs)、myq (@lrcg)、Luke W Johnston (@lwjohnst86)、Kevin Lynagh (@lynaghk)、@MajoroMask、Malcolm Barrett (@malcolmbarrett)、@mannyishere、@mascaretti、Matt (@mattbaggott)、Matthew Grogan (@mattgrogan)、@matthewhillary、Matthieu Gomez (@matthieugomez)、Matt Malin (@mattmalin)、Mauro Lepore (@maurolepore)、Max Ghenis (@MaxGhenis)、Maximilian Held (@maxheld83)、Michal Bojanowski (@mbojan)、Mark Rosenstein (@mbrmbr)、Michael Sumner (@mdsumner)、Jun Mei (@meijun)、merkliopas (@merkliopas)、mfrasco (@mfrasco)、Michael Bach (@michaelbach)、Michael Bishop (@MichaelMBishop)、Michael Buckley (@michaelmikebuckley)、Michael Quinn (@michaelquinn32)、@miguelmorin、Michael (@mikekaminsky)、Mine Cetinkaya-Rundel (@mine-cetinkayarundel)、@mjsduncan、Mamoun Benghezal (@MoBeng)、Matt Pettis (@mpettis)、Martin Morgan (@mtmorgan)、Guy Dawson (@Mullefa)、Nacho Caballero (@nachocab)、Natalya Rapstine (@natalyapatrikeeva)、Nick Carchedi (@ncarchedi)、Pascal Burkhard (@Nenuial)、Noah Greifer (@ngreifer)、Nicholas Vasile (@nickv9)、Nikos Ignatiadis (@nignatiadis)、Nina Munkholt Jakobsen (@nmjakobsen)、Xavier Laviron (@norival)、Nick Pullen (@nstjhp)、Oge Nnadi (@ogennadi)、Oliver Paisley (@oliverpaisley)、Pariksheet Nanda (@omsai)、Øystein Sørensen (@osorensen)、Paul (@otepoti)、Otho Mantegazza (@othomantegazza)、Dewey Dunnington (@paleolimbot)、Paola Corrales (@paocorrales)、Parker Abercrombie (@parkerabercrombie)、Patrick Hausmann (@patperu)、Patrick Miller (@patr1ckm)、Patrick Werkmeister (@Patrick01)、@paulponcet、@pdb61、Tom Crockett (@pelotom)、@pengyu、Jeremiah (@perryjer1)、Peter Hickey (@PeteHaitch)、Phil Chalmers (@philchalmers)、Jose Antonio Magaña Mesa (@picarus)、Pierre Casadebaig (@picasa)、Antonio Piccolboni (@piccolbo)、Pierre Roudier (@pierreroudier)、Poor Yorick (@pooryorick)、Marie-Helene Burle (@prosoitos)、Peter Schulam (@pschulam)、John (@quantbo)、Quyu Kong (@qykong)、Ramiro Magno (@ramiromagno)、Ramnath Vaidyanathan (@ramnathv)、Kun Ren (@renkun-ken)、Richard Reeve (@richardreeve)、Richard Cotton (@richierocks)、Robert M Flight (@rmflight)、R. Mark Sharp (@rmsharp)、Robert Krzyzanowski (@robertzk)、@robiRagan、Romain François (@romainfrancois)、Ross Holmberg (@rossholmberg)、Ricardo Pietrobon (@rpietro)、@rrunner、Ryan Walker (@rtwalker)、@rubenfcasal、Rob Weyant (@rweyant)、Rumen Zarev (@rzarev)、Nan Wang (@sailingwave)、Samuel Perreault (@samperochkin)、@sbgraves237、Scott Kostyshak (@scottkosty)、Scott Leishman (@scttl)、Sean Hughes (@seaaan)、Sean Anderson (@seananderson)、Sean Carmody (@seancarmody)、Sebastian (@sebastian-c)、Matthew Sedaghatfar (@sedaghatfar)、@see24、Sven E. Templer (@setempler)、@sflippl、@shabbybanks、Steven Pav (@shabbychef)、Shannon Rush (@shannonrush)、S'busiso Mkhondwane (@sibusiso16)、Sigfried Gold (@Sigfried)、Simon O'Hanlon (@simonohanlon101)、Simon Potter (@sjp)、Leo Razoumov (@slonik-az)、Richard M. Smith (@Smudgerville)、Steve (@SplashDance)、Scott Ritchie (@sritchie73)、Tim Cole (@statist7)、@ste-fan、@stephens999、Steve Walker (@stevencarlislewalker)、Stefan Widgren (@stewid)、Homer Strong (@strongh)、Suman Khanal (@sumanstats)、Dirk (@surmann)、Sebastien Vigneau (@svigneau)、Steven Nydick (@swnydick)、Taekyun Kim (@taekyunk)、Tal Galili (@talgalili)、@Tazinho、Tyler Bradley (@tbradley1013)、Tom B (@tbuckl)、@tdenes、@thomasherbig、Thomas (@thomaskern)、Thomas Lin Pedersen (@thomasp85)、Thomas Zumbrunn (@thomaszumbrunn)、

Tim Waterhouse (@timwaterhouse)、TJ Mahr (@tjmahr)、Thomas Nagler (@tnagler)、Anton Antonov (@tonytonov)、Ben Torvaney (@Torvaney)、Jeff Allen (@trestletech)、Tyler Rinker (@trinker)、Chitu Okoli (@Tripartio)、Kirill Tsukanov (@tskir)、Terence Teo (@tteo)、Tim Triche、Jr. (@ttriche)、@tyhenkaline、Tyler Ritchie (@tylerritchie)、Tyler Littlefield (@tyluRp)、Varun Agrawal (@varun729)、Vijay Barve (@vijaybarve)、Victor (@vkryukov)、Vaidotas Zemlys-Balevičius (@vzemlys)、Winston Chang (@wch)、Linda Chin (@wchi144)、Welliton Souza (@Welliton309)、Gregg Whitworth (@whitwort)、Will Beasley (@wibeasley)、William R Bauer (@WilCrofter)、William Doane (@WilDoane)、Sean Wilkinson (@wilkinson)、Christof Winter (@winterschlaefer)、Jake Thompson (@wjakethompson)、Bill Carver (@wmc3)、Wolfgang Huber (@wolfganghuber)、Krishna Sankar (@xsankar)、Yihui Xie (@yihui)、yang (@yiluheihei)、Yoni Ben-Meshulam (@yoni)、@yuchouchen、Yuqi Liao (@yuqiliao)、Hiroaki Yutani (@yutannihilation)、Zachary Foster (@zachary-foster)、@zachcp、@zackham、Sergio Oller (@zeehio)、Edward Cho (@zerokarmaleft)、Albert Zhao (@zxzb).

1.9 约定

在本书中，`f()` 代表函数，`g` 代表变量和函数参数，`h/` 代表路径。

大的代码块包含输入和输出。输出已经被注释了，所以如果有本书的电子版，例如，http://adv-r.hadley.nz，就可以轻松地将例子复制并粘贴到 R 中。为了与正常的注释相区别，将注释输出的注释符设定为 `#>`。

9~11 许多例子使用随机数。这些可以通过 `set.seed(1014)` 进行重现，它会在每个章节的开头自动执行。

1.10 声明

本书是在 RStudio（http://www.rstudio.com/ide/）中使用 bookdown（http://bookdown.org/）编写的。本书的网站（https://adv-r.hadley.nz/）使用 netlify（http://netlify.com/）构建，并在 travis-ci（https://travis-ci.org/）每次提交后自动更新。本书的完整代码可以在 GitHub（https://github.com/hadley/adv-r）获取。印刷书籍中的代码位于 inconsolata（http://levien.com/type/myfonts/inconsolata.html）中。印刷书籍中的 Emoji 图像来自开放许可的 Twitter Emoji（https://github.com/twitter/twemoji）。

本书的第 2 版本使用 R 3.5.2（2018-12-20）和表 1-1 中的添加包构建。

表 1-1

添加包	版本	来源
bench	1.0.1	Github (r-lib/bench@97844d5)
bookdown	0.9	CRAN (R 3.5.0)
dbplyr	1.3.0.9000	local
desc	1.2.0	Github (r-lib/desc@42b9578)
emo	0.0.0.9000	Github (hadley/emo@02a5206)

（续）

添加包	版本	来源
ggbeeswarm	0.6.0	CRAN (R 3.5.0)
ggplot2	3.0.0	CRAN (R 3.5.0)
knitr	1.20	standard (@1.20)
lobstr	1.0.1	CRAN (R 3.5.1)
memoise	1.1.0.9000	Github (hadley/memoise@1650ad7)
png	0.1-7	CRAN (R 3.5.0)
profvis	0.3.5	CRAN (R 3.5.1)
Rcpp	1.0.0.1	Github (RcppCore/Rcpp@0c9f683)
rlang	0.3.1.9000	Github (r-lib/rlang@7243c6d)
rmarkdown	1.11	CRAN (R 3.5.0)
RSQLite	2.1.1.9002	Github (r-dbi/RSQLite@0db36af)
scales	1.0.0	CRAN (R 3.5.0)
sessioninfo	1.1.1	CRAN (R 3.5.1)
sloop	1.0.0.9000	local
testthat	2.0.1.9000	local
tidyr	0.8.3.9000	local
vctrs	0.1.0.9002	Github (r-lib/vctrs@098154c)
zeallot	0.1.0	CRAN (R 3.5.0)

12

第一部分

基础知识

为了开始精通 R 的旅程，以下六章将介绍 R 的基本组成部分。我希望你之前看过很多介绍这些基本组成部分的文章，只是可能还没有深入研究它们。为了帮助你检查现有知识，每章均以小测验开头。如果你能正确解决所有问题，那么可以随时跳到下一章！

1）第 2 章介绍你可能尚未深入考虑的重要区别：对象及其名字之间的区别。在这里改善你的思维模型将有助于你更好地预测 R 何时复制数据，从而预测哪些基本操作可取而哪些不可取。

2）第 3 章深入研究向量的详细内容，以帮助你了解不同类型的向量如何组合在一起。你还将学习有关属性的内容，这些属性使你可以存储任意元数据，并为 R 的两个面向对象的编程工具包奠定基础。

3）第 4 章介绍如何使用子集编写清晰、简洁而有效的 R 代码。了解基本组件将使你能够通过新颖的方式组合构建块来解决新问题。

4）第 5 章介绍控制流工具，这些工具仅允许你在特定条件下执行代码，或者通过更改输入重复执行代码。这章的内容包括重要的 `if` 和 `for` 结构，以及相关的工具，如 `switch()` 和 `while`。

5）第 6 章介绍函数，这是 R 代码最重要的构建块。你将确切了解它们的工作原理，包括作用域规则（scoping rules），这些规则决定了 R 如何从名字中查找值。你还将了解关于惰性求值（lazy evaluation）的更多详细信息，以及如何控制退出函数时的操作。

6）第 7 章介绍一种数据结构：环境。它对于理解 R 的工作原理至关重要，但对数据分析而言并不重要。环境是将名字绑定到取值的数据结构，它们为添加包命名空间之类的重要工具提供支撑。与大多数编程语言不同，R 中的环境是“第一类”对象，这意味着可以像对待其他对象一样操作它们。

7）第 8 章通过探讨“条件”来总结 R 的基础知识，“条件”是用来描述错误、警告和消息的总称。你之前肯定遇到过这些问题，因此在本章中，你将学习如何在自己的函数中适当地发出信号，并学习当其他地方发出信号时该如何处理它们。 13 ~ 16

第 2 章

名字和取值

2.1 本章简介

在 R 中，重要的是要了解对象及其名字之间的区别。这样做将帮助你：

- ❑ 更准确地预测代码的性能和内存使用情况。
- ❑ 通过避免意外复制（慢速编程的主要来源）来编写更快的代码。
- ❑ 更好地了解 R 的函数式编程工具。

本章的目的是帮助你了解名字和取值之间的区别，以及 R 在何时复制对象。

小测验

这个小测验可以帮助你决定是否需要阅读本章。如果你能够快速给出正确答案，那么可以跳过本章。可以到 2.7 节中检查你的回答是否正确。

1. 给定以下数据框，如何创建一个列名为“3”的新列，其取值为 1 和 2 之和？只能使用 $，而不能使用 [[。是什么使得 1、2 和 3 具有挑战性的变量名？

```
df <- data.frame(runif(3), runif(3))
names(df) <- c(1, 2)
```

2. 在以下代码中，y 占用多少内存？

```
x <- runif(1e6)
y <- list(x, x, x)
```

17 3. 在以下示例中，a 在哪一行被复制？

```
a <- c(1, 5, 3, 2)
b <- a
b[[1]] <- 10
```

主要内容

- ❑ 2.2 节介绍名字和取值之间的区别，并讨论如何使用 <- 在名字和取值之间创建绑定或引用。
- ❑ 2.3 节介绍 R 在什么时候进行复制：只要修改向量，几乎可以肯定会创建一个新的、经过修改的向量。你将学习如何使用 tracemem() 函数来确定何时实际发生复制。然后，将探讨将其应用于函数调用、列表、数据框和字符向量的含义。

- ❑ 2.4 节探讨前两节中对象占用的内存。由于直觉可能完全错误，而 `utils::object.size()` 又不准确，因此你将学习如何使用 `lobstr::obj_size()`。
- ❑ 2.5 节描述复制后修改（copy-on-modify）的两个重要例外：在环境和取值只有一个名字的情况下，对象实际上是在原地修改的。
- ❑ 2.6 节讨论垃圾回收（garbage collector）。当一个对象不再使用时，垃圾回收将释放它所占用的内存。

预备工具

我们将使用 lobstr 添加包（https://github.com/r-lib/lobstr）来深入研究 R 对象的内部表示形式。

```
library(lobstr)
```

资料来源

R 内存管理的细节内容来源于多个文档。本章中的大多数信息来自官方文档（特别是 ?Memory 和 ?gc）、*Writing R extensions* [R Core Team，2018a] 的内存性能分析（http://cran.r-project.org/doc/manuals/R-exts.html#Profiling-R-code-for-memory-use），以及 *R internals* [R Core Team，2018b] 的 SEXPs（http://cran.r-project.org/doc/manuals/R-ints.html#SEXPs）。其余的 18
是根据我阅读 C 源代码、做一些小实验，以及我在 R-devel 提问总结而来的。任何谬误都由我个人负责。

2.2 绑定基础

考虑如下代码：

```
x <- c(1, 2, 3)
```

这很容易理解成：“创建一个名为‘x’的变量，包含值 1、2 和 3”。不幸的是，这是一种简化，并将导致不能准确地预测 R 背后的实际行为。准确地说，这段代码在做两件事：

- ❑ 创建一个对象，值向量 `c(1, 2, 3)`。
- ❑ 并将该对象绑定到名字 `x`。

换句话说，对象或取值没有名字。实际上生成的是具有取值的名字。

为了进一步阐明这种区别，绘制图 2-1。

名字 x 用圆角矩形绘制。它有一个箭头指向（或绑定或引用）值 `c(1, 2, 3)`。箭头指向与赋值箭头相反的方向：<- 创建从左侧名字到右侧对象的绑定。

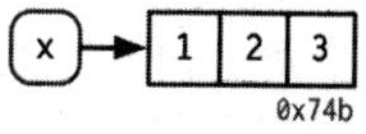

图　2-1

因此，你可以将名字视为对值的引用。例如，如果运行此代码，则不会获得值 `c(1, 2, 3)` 的另一个复制，而将获得与现有对象的另一个绑定，见图 2-2：

```
y <- x
```

19

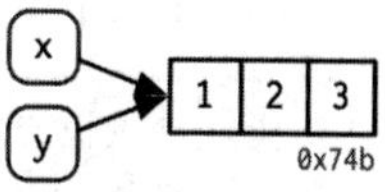

图　2-2

你可能已经注意到，值 `c(1, 2, 3)` 具有标签：`0x74b`。虽然向量没有名字，但有时需要引用一个不受其绑定约束的对象。为此，需要使用唯一的标识符标记值。这些标识符具有一种特殊的形式，类似于对象的内存“地址”，即对象在内存中的存储位置。但是由于实际的内存地址在每次运行代码时都会更改，因此改用这些标识符。

可以使用 lobstr::obj_addr() 访问对象的标识符。这样做可以使你看到 x 和 y 都指向相同的标识符：

```
obj_addr(x)
#> [1] "0x7f8e16850e58"
obj_addr(y)
#> [1] "0x7f8e16850e58"
```

这些标识符很长，并且每次重新启动 R 都会更改。

理解名字和取值之间的区别可能需要花费一些时间，但是了解这一点对于函数式编程中函数在不同上下文中可能使用不同名字的情况确实很有帮助。

2.2.1　非语法名字

R 对于组成有效名字的行为有严格的规定。语法名字必须由字母⊖、数字、“.”和“_”组成，但不能以“_”或数字开头。此外，不能使用任何保留字（reserved word），例如 TRUE、NULL、if 和 function（使用 ?Reserved 获得完整的保留字列表）。不遵循这些规则的名字是非语法名字。如果尝试使用它们，则会收到错误消息：

```
_abc <- 1
#> Error: unexpected input in "_"

if <- 10
#> Error: unexpected assignment in "if <-"
```

这些通常的规则也可以被重写。在一个由任何字符序列构成的名字的两边加上反引号，
20 就可以应用该名字了：

```
`_abc` <- 1
`_abc`
#> [1] 1

`if` <- 10
`if`
#> [1] 10
```

虽然不太可能故意创建这样的疯狂名字，但需要了解这些疯狂名字的工作原理，因为你可能会遇到它们，最常见的是加载在 R 之外创建的数据。

除了反引号外，还可以使用单引号或双引号（例如 "_abc"<-1）来创建非语法绑定，但不推荐这样做，因为这样将必须使用其他语法来检索值。在赋值箭头的左边使用字符串属于历史问题，在 R 开始支持反引号之前就已经开始使用了。

2.2.2　练习

1. 在以下代码中解释 a、b、c 和 d 之间的关系：

⊖ 令人惊讶的是，字母的确切构成由当前的语言环境决定。这意味着 R 代码的语法实际上可能因计算机而异，并且在一台计算机上工作的文件甚至可能无法在另一台计算机上解析！可以通过尽量坚持使用 ASCII 字符（即 A～Z）来避免此问题。

```
a <- 1:10
b <- a
c <- b
d <- 1:10
```

2. 以下代码以多种方式访问 mean 函数。它们是否都指向同一个潜在函数对象？使用 lobstr::obj_addr() 进行验证。

```
mean
base::mean
get("mean")
evalq(mean)
match.fun("mean")
```

3. 默认情况下，R 基础包中的数据导入函数（如 read.csv()）会自动将非语法名字转换为语法名字。为什么这样做会出现问题？如何才能抑制这种行为？ 21

4. make.names() 函数使用什么规则将非语法名字转换为语法名字？

5. 在本节介绍过程中，稍微简化了用于管理语法名字的规则。为什么 .123e1 不是语法名字？阅读 ?make.names 以获得全部详细信息。

2.3 复制后修改

考虑以下代码，它将 x 和 y 绑定到相同的潜在取值，然后修改 y[⊖]。

```
x <- c(1, 2, 3)
y <- x

y[[3]] <- 4
x
#> [1] 1 2 3
```

显然，修改 y 后并不会对 x 造成修改。那么共享绑定发生了什么？虽然与 y 相关联的值发生了变化，但原始对象没有发生变化。相反，R 创建了一个新对象 0xcd2，0x74b 的一个复制中的一个值被更改，然后将 y 反弹到该对象，见图 2-3。

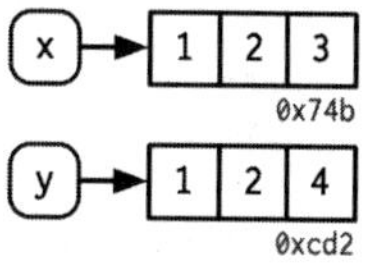

图　2-3

这种行为被称之为**复制后修改**（copy-on-modify）。理解这一点会从根本上改善你对 R 代码性能的直觉。描述此行为的一种相关方法是说 R 对象是不可更改的 22
或**不可变的**（immutable）。但是，我通常会避免使用该术语，因为 2.5 节会介绍几个重要的例外，以便进行复制后修改。

以交互方式研究复制后修改行为时，请注意，在 RStudio 中会得到不同的结果。这是因为环境窗格必须引用每个对象才能显示有关它的信息。这会使交互式探索失真，但不会影响函数内部的代码，因此也不会影响数据分析期间的性能。为了进行实验，我建议直接从终端运行 R 或（像本书一样）使用 RMarkdown。

2.3.1 tracemem()

可以借助 base::tracemem() 查看何时复制对象。一旦对对象调用该函数，就将获得该

⊖ 你可能会惊讶地发现 [[用于对数值向量进行子集化。我们将在 4.3 节中回到这一点。但总之，当获取或设置单个元素时，应该始终使用 [[。

对象的当前地址：

```
x <- c(1, 2, 3)
cat(tracemem(x), "\n")
#> <0x7f80c0e0ffc8>
```

自此，无论何时复制该对象，tracemem() 都会打印一条消息，告诉你复制了哪个对象，报告其新地址以及导致复制的调用顺序：

```
y <- x
y[[3]] <- 4L
#> tracemem[0x7f80c0e0ffc8 -> 0x7f80c4427f40]:
```

如果再次修改 y，它将不会被复制。因为新对象现在仅绑定了一个名字，所以 R 将原位修改。我们将在 2.5 节介绍原位修改。

```
y[[3]] <- 5L

untracemem(y)
```

untracemem() 是与 tracemem() 相反的操作，它将关闭对对象的跟踪。

2.3.2 函数调用

23 相同的复制规则也适用于函数调用。采取以下代码：

```
f <- function(a) {
  a
}

x <- c(1, 2, 3)
cat(tracemem(x), "\n")
#> <0x7f8e10fd5d38>

z <- f(x)
# there's no copy here!

untracemem(x)
```

当 f() 运行时，函数内部的变量 a 指向的与在函数外部的变量 x 指向的是同一个值，见图 2-4。

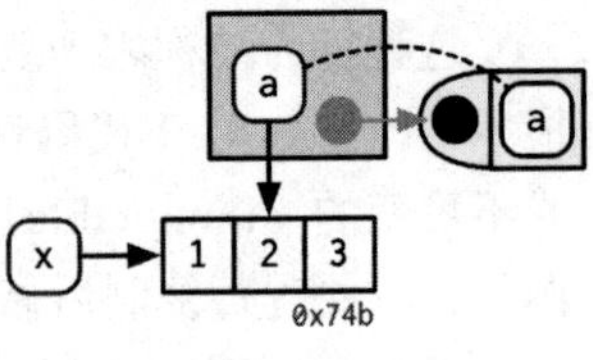

图 2-4

你将在 7.4.4 节中详细了解此图中使用的约定。简而言之：函数 f() 由右侧的对象表示。它有形式参数 a，在运行该函数时，该参数成为执行环境（灰色框）中的绑定（用黑色虚线表示）。

f() 完成后，x 和 z 将指向同一对象，见图 2-5。0x74b 永远不会被复制，因为它永远不会被修改。如果 f() 确实修改了 x，则 R 将创建一个新复制，然后 z 将绑定该对象。

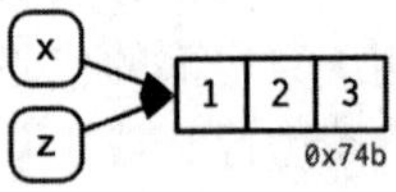

图 2-5

2.3.3 列表

指向取值的不仅仅是名字（即变量），列表元素也是如此。考虑如下列表，与上面的数
24 值向量表面上非常相似：

```
l1 <- list(1, 2, 3)
```

该列表更加复杂，因为它不存储值本身，而是存储对它们的引用，见图 2-6。

当修改列表时，这一点尤其重要，见图 2-7 和图 2-8：

```
l2 <- l1
```

```
l2[[3]] <- 4
```

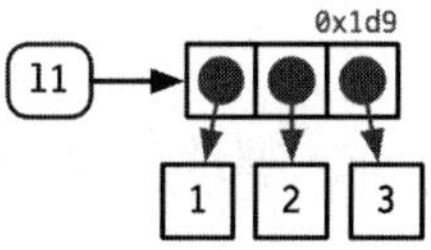

图　2-6

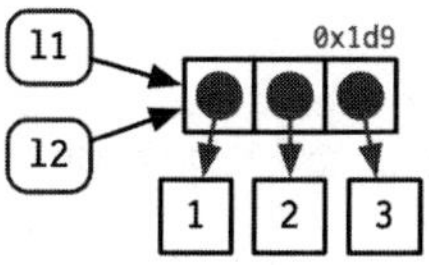

图　2-7

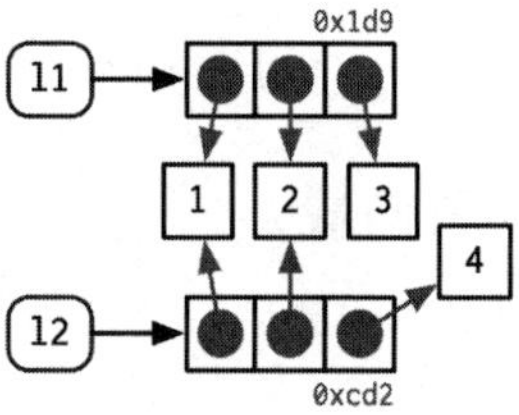

图　2-8

像向量一样，列表使用复制后修改行为，原始列表保持不变，而 R 创建修改后的复制。但是，这是一个**浅**复制（shallow copy）：将复制列表对象及其绑定，但绑定所指向的值不会被复制。与浅复制相对的是深复制，复制了每个引用的内容。在 R 3.1.0 之前，始终是深复制。

要查看在列表之间共享的取值，请使用 `lobstr::ref()`。`ref()` 打印每个对象的内存地址以及本地 ID，以便可以轻松地交叉引用共享元素。 25

```
ref(l1, l2)
#> █ [1:0x7f8e161c9198] <list>
#> ├─[2:0x7f8e1689c178] <dbl>
#> ├─[3:0x7f8e1689c140] <dbl>
#> └─[4:0x7f8e1689c108] <dbl>
#>
#> █ [5:0x7f8e162d0c98] <list>
#> ├─[2:0x7f8e1689c178]
#> ├─[3:0x7f8e1689c140]
#> └─[6:0x7f8e163423a0] <dbl>
```

2.3.4　数据框

数据框是向量列表，因此修改数据框时，复制后修改会产生重要的后果。以这个数据框为例，见图 2-9：

```
d1 <- data.frame(x = c(1, 5, 6), y = c(2, 4, 3))
```

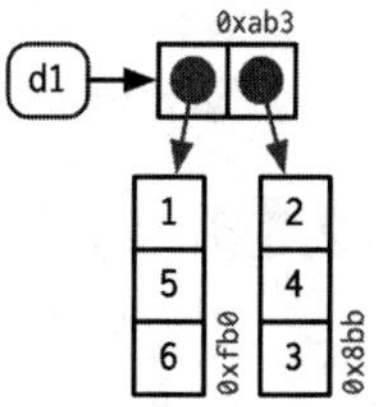

图　2-9

如果修改列，则只需要修改该列，其他列仍将指向其原始引用，见图 2-10：

```
d2 <- d1
d2[, 2] <- d2[, 2] * 2
```

26

但是，如果修改一行，则会对每一列进行修改，这意味着必须复制每一列，见图 2-11：

```
d3 <- d1
d3[1, ] <- d3[1, ] * 3
```

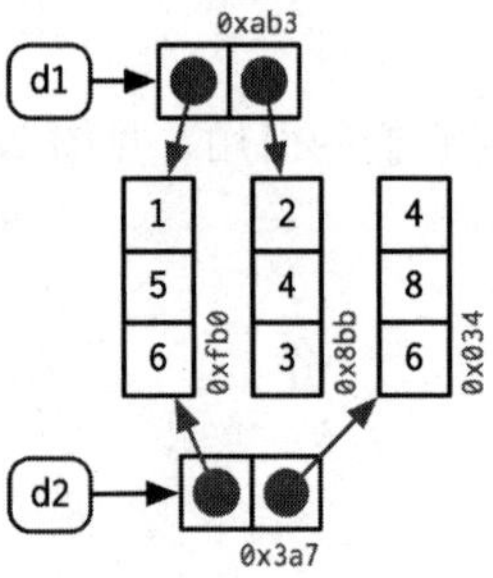

图 2-10

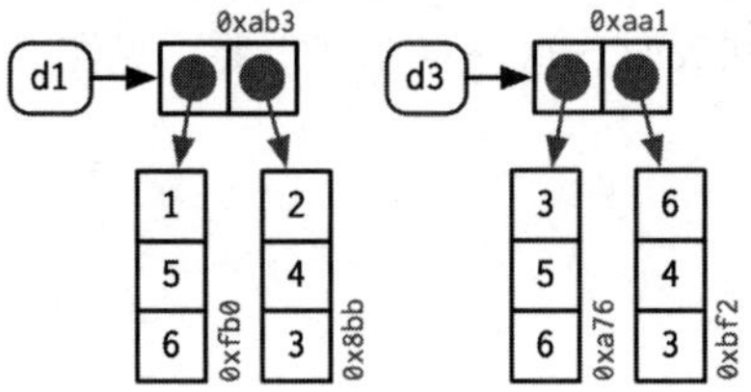

图 2-11

2.3.5 字符向量

R 使用引用的最后一个地方是字符向量[⊖]。下面建立字符向量的通常方法，见图 2-12：

```
x <- c("a", "a", "abc", "d")
```

但这只是表面的情况。R 实际上使用一个**全局字符串池**，其中字符向量的每个元素都
27 是指向池中唯一字符串的指针，见图 2-13。

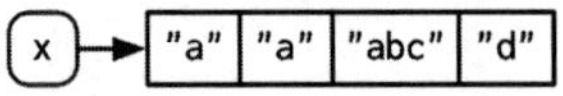

图 2-12

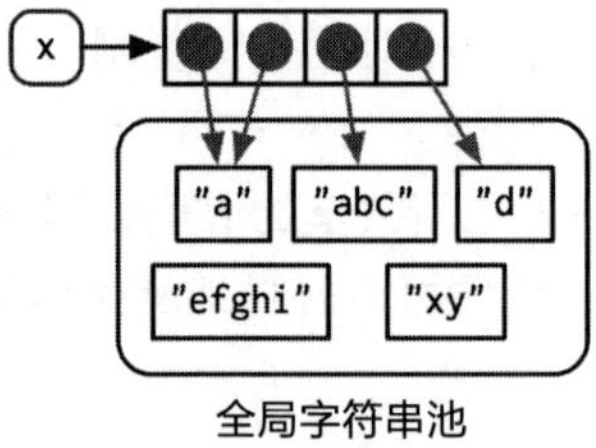

图 2-13

你可以通过将 ref() 中的 character 参数设置为 TRUE 来要求显示这些引用：

```
ref(x, character = TRUE)
#> █ [1:0x7f8e149ef008] <chr>
#> ├─[2:0x7f8e1094d598] <string: "a">
#> ├─[2:0x7f8e1094d598]
#> ├─[3:0x7f8e152e21c8] <string: "abc">
#> └─[4:0x7f8e10b0e6b0] <string: "d">
```

这对字符向量使用的内存量有深远的影响，但通常不重要，因为在本书的其他地方，将会像字符串位于向量中一样绘出字符向量。

2.3.6 练习

1. 为什么运行 tracemem(1:10) 没有用？

2. 说明为什么在运行此代码时 tracemem() 将显示两个复制。提示：仔细查看此代码与本节前面显示的代码之间的区别。

```
x <- c(1L, 2L, 3L)
tracemem(x)

x[[3]] <- 4
```

⊖ 令人困惑的是，字符向量是字符串的向量，而不是单个字符。

3. 描述出以下对象之间的关系：

```
a <- 1:10
b <- list(a, a)
c <- list(b, a, 1:10)
```

28

4. 运行此代码会怎样？

```
x <- list(1:10)
x[[2]] <- x
```

通过绘图来展示结果。

2.4 对象大小

可以使用 `lobstr::obj_size()`[1]找出对象占用的内存量：

```
obj_size(letters)
#> 1,712 B
obj_size(ggplot2::diamonds)
#> 3,456,344 B
```

由于列表的元素是对取值的引用，因此列表的大小可能比期望的要小得多：

```
x <- runif(1e6)
obj_size(x)
#> 8,000,048 B

y <- list(x, x, x)
obj_size(y)
#> 8,000,128 B
```

y 仅比 x 大 80 个字节[2]。这是一个包含三个元素的空列表的大小：

```
obj_size(list(NULL, NULL, NULL))
#> 80 B
```

同样，由于 R 使用全局字符串池，因此字符向量占用的内存比预期的要少：将字符串重复 1000 次不会使其占用的内存比原来多 1000 倍。 29

```
banana <- "bananas bananas bananas"
obj_size(banana)
#> 136 B
obj_size(rep(banana, 100))
#> 928 B
```

引用也使思考单个对象的大小变得困难。如果没有共享值，则 `obj_size(x) + obj_size(y)` 仅等于 `obj_size(x, y)`。而在这里，x 和 y 的组合大小与 y 的大小相同：

```
obj_size(x, y)
#> 8,000,128 B
```

最后，R 3.5.0 和更高版本具有可能导致意外的功能：ALTREP，**选择性表征**（alternative representation）的简称。这将允许 R 非常紧凑地表示某些类型的向量。进而导致最有可能看到的情况是“：”，因为 R 不会存储序列中的每个单个数字，而是仅存储第一个和最后一

[1] 小心使用 `utils::object.size()` 函数。它不能正确解释共享引用，并且返回的结果会太大。

[2] 如果运行的是 32 位 R，则大小会略有不同。

个数字。这意味着每个序列，无论有多大，都具有相同的大小：

```
obj_size(1:3)
#> 680 B
obj_size(1:1e3)
#> 680 B
obj_size(1:1e6)
#> 680 B
obj_size(1:1e9)
#> 680 B
```

2.4.1　练习

1. 在以下示例中，为什么 object.size(y) 和 obj_size(y) 如此不同？请查阅 object.size() 的文档。

```
y <- rep(list(runif(1e4)), 100)

object.size(y)
#> 8005648 bytes
obj_size(y)
#> 80,896 B
```
30

2. 采用以下列表。为什么它会有这样的内存大小？

```
funs <- list(mean, sd, var)
obj_size(funs)
#> 17,608 B
```

3. 预测以下代码的输出：

```
a <- runif(1e6)
obj_size(a)

b <- list(a, a)
obj_size(b)
obj_size(a, b)

b[[1]][[1]] <- 10
obj_size(b)
obj_size(a, b)

b[[2]][[1]] <- 10
obj_size(b)
obj_size(a, b)
```

2.5　原位修改

如上文所述，修改 R 对象通常会创建一个复制。但有两个例外：

- ❑ 具有单个绑定的对象将获得特殊的性能优化。
- ❑ 环境是一种特殊的对象，总是在适当的位置进行修改。

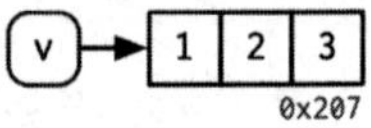

图　2-14

2.5.1　具有单个绑定的对象

如果一个对象绑定了一个名字，R 将对其进行适当的修改，见图 2-14 和
31 图 2-15：

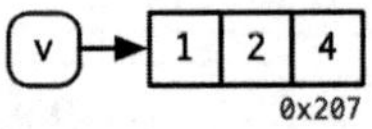

图　2-15

```
v <- c(1, 2, 3)

v[[3]] <- 4
```

（请注意此处的对象 ID：v 继续绑定到同一对象 0x207。）

有两个复杂因素使得准确预测 R 在何时应用此优化具有挑战性：

- 关于绑定，R 目前[⊖]只能计数 0、1 或多个。这意味着，如果一个对象有两个绑定，而一个绑定消失了，则引用计数不会返回 1：比多个绑定少 1 个绑定仍然记为多个绑定。反过来，这意味着 R 有时会在不需要时进行复制。
- 每当调用绝大多数函数时，它都会引用该对象。唯一的例外是专门编写的“原始”C 函数。这些函数只能由 R-core 编写，并且大多出现在基本包中。

这两个复杂因素加在一起，使得很难预测是否会出现复制。作为替代，最好使用 tracemem() 凭经验确定它。

让我们通过使用 for 循环的案例研究来探索其精妙之处。for 循环以使 R 变慢而著称，但这种缓慢通常是由循环的每次迭代创建一个复制引起的。考虑下面的代码。它从大型数据框的每一列中减去中位数：

```
x <- data.frame(matrix(runif(5 * 1e4), ncol = 5))
medians <- vapply(x, median, numeric(1))

for (i in seq_along(medians)) {
  x[[i]] <- x[[i]] - medians[[i]]
}
```

该循环出奇地慢，因为该循环的每次迭代都会复制数据框。你可以使用 tracemem() 看到这一点： 32

```
cat(tracemem(x), "\n")
#> <0x7f80c429e020>

for (i in 1:5) {
  x[[i]] <- x[[i]] - medians[[i]]
}
#> tracemem[0x7f80c429e020 -> 0x7f80c0c144d8]:
#> tracemem[0x7f80c0c144d8 -> 0x7f80c0c14540]: [[<-.data.frame [[<-
#> tracemem[0x7f80c0c14540 -> 0x7f80c0c145a8]: [[<-.data.frame [[<-
#> tracemem[0x7f80c0c145a8 -> 0x7f80c0c14610]:
#> tracemem[0x7f80c0c14610 -> 0x7f80c0c14678]: [[<-.data.frame [[<-
#> tracemem[0x7f80c0c14678 -> 0x7f80c0c146e0]: [[<-.data.frame [[<-
#> tracemem[0x7f80c0c146e0 -> 0x7f80c0c14748]:
#> tracemem[0x7f80c0c14748 -> 0x7f80c0c147b0]: [[<-.data.frame [[<-
#> tracemem[0x7f80c0c147b0 -> 0x7f80c0c14818]: [[<-.data.frame [[<-
#> tracemem[0x7f80c0c14818 -> 0x7f80c0c14880]:
#> tracemem[0x7f80c0c14880 -> 0x7f80c0c148e8]: [[<-.data.frame [[<-
#> tracemem[0x7f80c0c148e8 -> 0x7f80c0c14950]: [[<-.data.frame [[<-
#> tracemem[0x7f80c0c14950 -> 0x7f80c0c149b8]:
#> tracemem[0x7f80c0c149b8 -> 0x7f80c0c14a20]: [[<-.data.frame [[<-
#> tracemem[0x7f80c0c14a20 -> 0x7f80c0c14a88]: [[<-.data.frame [[<-

untracemem(x)
```

⊖ 到你阅读本书时，这可能已经改变了，因为开发者正在计划改进引用计数：https://developer.r-project.org/Refcnt.html

实际上，每次迭代复制数据框不是一次，不是两次，而是三次！其中两个复制由 [[.data.frame 制作，而第三个复制⊖是由于 [[.data.frame 是一个增加 x 的引用计数的常规函数。

我们可以通过使用列表而不是数据框来减少复制次数。修改列表使用内部 C 代码，因此引用不会增加，并且仅创建一个复制：

```
y <- as.list(x)
cat(tracemem(y), "\n")
#> <0x7f80c5c3de20>

for (i in 1:5) {
  y[[i]] <- y[[i]] - medians[[i]]
}
33 #> tracemem[0x7f80c5c3de20 -> 0x7f80c48de210]:
```

虽然不难确定何时复制，但很难防止复制。如果你发现自己采取了特殊的技巧来避免复制，则可能是时候使用 C++ 重写函数了，如第 25 章所述。

2.5.2 环境

在第 7 章中你将详细了解环境，但是在这里要提及它们很重要，因为它们的行为不同于其他对象：它们的行为总是在适当的地方进行修改。有时将此属性描述为**引用语义**（reference semantics），因为在修改环境时，对该环境的所有现有绑定将继续具有相同的引用。

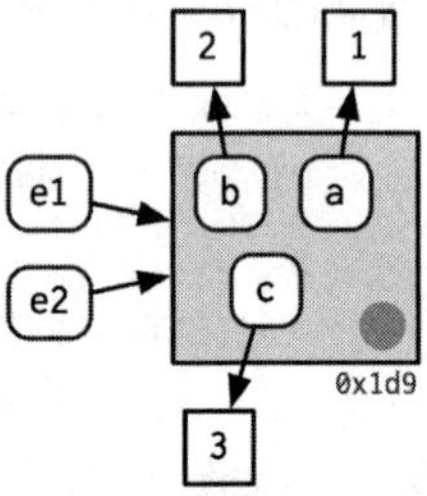

图　2-16

以绑定到 e1 和 e2 的环境为例，见图 2-16：

```
e1 <- rlang::env(a = 1, b = 2, c = 3)
e2 <- e1
```

如果更改绑定，则会在适当的位置修改环境，见图 2-17：

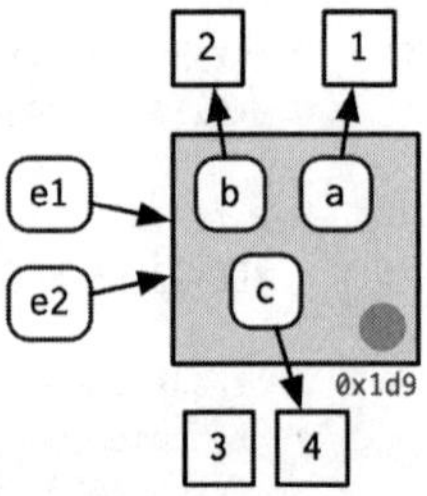

图　2-17

```
e1$c <- 4
e2$c
34 #> [1] 4
```

此基本思想可用于创建“记住”其先前状态的函数。更多详细信息，请参见 10.2.4 节。此属性还用于实现 R6 面向对象的编程系统（见第 14 章）。

其结果之一是环境可以包含自身，见图 2-18：

```
e <- rlang::env()
e$self <- e

ref(e)
#> █ [1:0x7f8e18918480] <env>
#> └─self = [1:0x7f8e18918480]
```

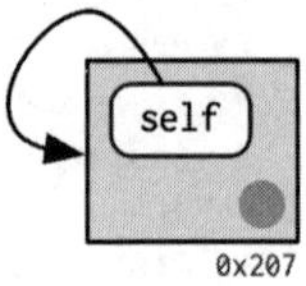

图　2-18

这是环境的独特属性！

2.5.3 练习

1. 解释以下代码为何无法创建循环列表。

⊖ 这些都是浅复制：它们仅将引用复制到每个单独的列，而不复制列的内容。这意味着性能并不差，但显然不如预期的好。

```
x <- list()
x[[1]] <- x
```

2. 将两种减去中位数的方法包装成两个函数，然后使用 bench 添加包 [Hester，2018] 仔细比较它们的速度。随着列数的增加，性能如何变化？ 35

3. 尝试在环境中使用 tracemem()，看看会发生什么？

2.6 解除绑定和垃圾回收

考虑以下代码结果分别见图 2-19～图 2-21：

```
x <- 1:3
```

```
x <- 2:4
```

```
rm(x)
```

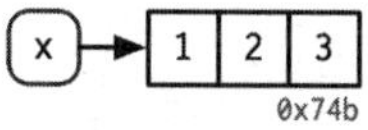

图 2-19

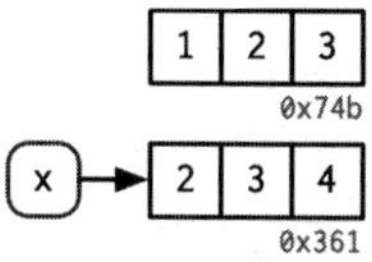

图 2-20

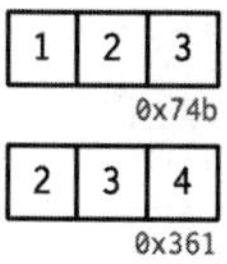

图 2-21

我们创建了两个对象，但是到代码完成时，两个对象都没有绑定到名字。如何删除这些对象？这就是**垃圾回收**（Garbage Collector，GC）的工作。GC 通过删除不再使用的 R 对象来释放内存，并在需要时从操作系统请求更多内存。

R 使用一个**跟踪** GC。这意味着它将跟踪从全局[⊖]环境可访问的每个对象，以及从这些 36
对象可访问的所有对象（即递归搜索列表和环境中的引用）。垃圾回收不使用上述的原位修改引用计数。虽然这两个想法密切相关，但内部数据结构已针对不同的用例进行了优化。

每当 R 需要更多内存来创建新对象时，垃圾回收（GC）就会自动运行。从外部看，基本上无法预测 GC 的运行时间。实际上，甚至都不应该尝试去预测。如果要找出 GC 何时运行，就调用 gcinfo(TRUE)，GC 每次运行时都会向控制台打印一条消息。

你可以通过调用 gc() 强制垃圾回收，但是你根本不需要这样做。你可能要调用 gc() 的唯一原因是要求 R 将内存返回给操作系统，以便其他程序可以使用它，或者是为了了解当前正在使用多少内存：

```
gc()
#>          used (Mb) gc trigger (Mb) limit (Mb) max used (Mb)
#> Ncells  720514 38.5    1329171   71         NA  1329171   71
#> Vcells 5455049 41.7   19041363  145      16384 15603142  119
```

lobstr::mem_used() 是包装了 gc() 的函数，它显示已使用的字节总数：

```
mem_used()
#> 83,989,184 B
```

此数字与操作系统报告的内存量不一致。有以下三个原因。

⊖ 以及当前调用堆栈中的每个环境。

1）它包括由 R 但不由 R 解释器创建的对象。

2）R 和操作系统都很懒惰：它们直到真正需要时才会回收内存。由于操作系统尚未要求 R，因此 R 可能一直在保留内存。

37 3）R 计算对象占用的内存，但是由于删除的对象可能会有空白。此问题称为内存碎片。

2.7 小测验答案

1. 你必须用反引号 ` 对非语法名字添加引号，例如，变量 1、2 和 3。

```
df <- data.frame(runif(3), runif(3))
names(df) <- c(1, 2)

df$`3` <- df$`1` + df$`2`
```

2. 它约占 8 MB。

```
x <- runif(1e6)
y <- list(x, x, x)
obj_size(y)
#> 8,000,128 B
```

38 3. 修改 b 时复制 a，`b[[1]] <- 10`。

第 3 章
向　　量

3.1　本章简介

本章将总结 R 基础包中最重要的数据类型：向量（vector）[1]。即使你以前没有使用过所有不同类型的向量，也可能使用过其中的大多数。然而，你可能没有深入地思考过它们之间的相互关系。本章不会对每个向量类型进行深入探讨，而会告诉你它们是如何协作从而构成一个整体的。如果想了解更多细节，可以到 R 的文档中查找。

向量有两种形式：原子（atomic）向量和列表（list）[2]。它们在元素类型方面有所不同：对于原子向量，所有元素必须具有相同的类型；对于列表，元素可以具有不同的类型。尽管不是向量，但 NULL 与向量密切相关，并且通常充当通用零长度向量的角色。图 3-1 说明了它们之间的基本关系，并将在本章中进行扩展：

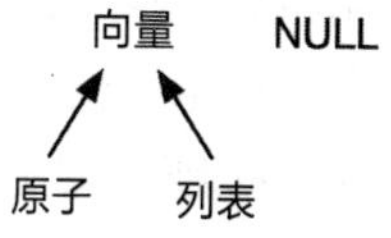

图　3-1

每个向量还可以具有**属性**，你可以将其视为任意元数据的命名列表。有两个属性特别重要。**维度**属性将向量转换为矩阵和数组，而**类**属性为 S3 对象系统提供支持。虽然第 13 章会介绍如何使用 S3，但这里将介绍一些最重要的 S3 向量：因子、日期和时间、数据框以及 tibble。而且，当你想到向量时，虽然不一定会想到矩阵和数据框之类的二维结构，但 39
还是要了解 R 为什么将它们视为向量。

小测验

这个小测验可以帮助你决定是否需要阅读本章。如果你能够快速给出正确答案，那么可以跳过本章。可以到 3.8 节检查你的回答是否正确。

1. 原子向量的 4 种常见类型是什么？两种罕见类型是什么？
2. 属性是什么？如何获取属性以及如何设置它们？
3. 列表与原子向量有哪些不同？矩阵与数据框有哪些不同？
4. 能由矩阵构成一个列表吗？数据框中的某一列能由矩阵组成吗？
5. tibble 与数据框的行为有何不同？

---

[1] 所有其他数据类型统称为“节点”类型，其中包括函数和环境。在使用 gc() 时，最有可能遇到这个技术性术语：Ncell 中的“N”代表节点，Vcell 中的“V”代表向量。

[2] R 的文档中有几处将列表称为通用向量，以强调它们与原子向量的区别。

主要内容

- 3.2 节介绍原子向量：逻辑型、整型、双精度型和字符型。这是 R 中最简单的数据结构。
- 3.3 节讨论属性，它是 R 灵活的元数据规范。最重要的属性是名字、维度和类。
- 3.4 节讨论通过结合具有特殊属性的原子向量而构建的重要向量类型，其中包括因子、日期、日期时间以及持续时间。
- 3.5 节深入介绍列表。列表与原子向量非常相似，但是有一个关键的区别：列表的元素可以是任何数据类型，包括另一列表。这使得列表适合于表示分层数据。
- 3.6 节介绍数据框和 tibble，它们用于表示矩形数据。它们结合了列表和矩阵的行
40 为，形成一种满足统计数据需求的结构。

3.2 原子向量

下面详细讨论 4 种常见类型的原子向量（见图 3-2）：逻辑型（logical）、整型（integer）、双精度型（double）和字符型（character）（包含字符串）。整型和双精度型向量统称为数值（numeric）向量[1]。还有两种罕见类型：复杂型（complex）和原始型（raw）。这里不会进一步讨论这两种类型，因为统计数据中很少需要复数，而原始向量是一种特殊类型，仅在处理二进制数据时才需要。

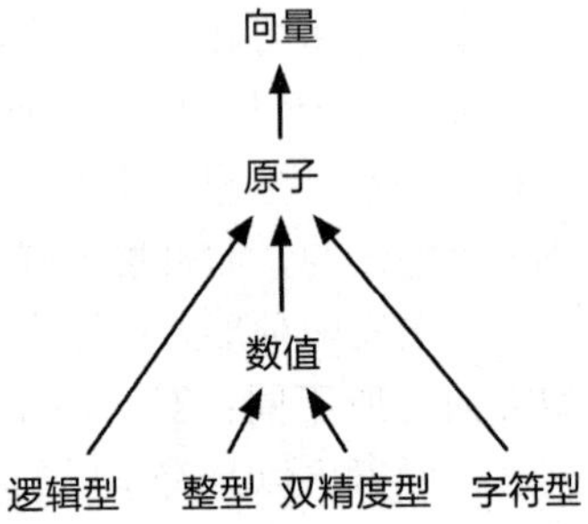

图 3-2

3.2.1 标量

4 种主要类型中的每一种都有一种特殊的语法来创建一个单独的值，也就是标量[2]：

- 逻辑型可以通过全拼（`TRUE` 或 `FALSE`）或缩写（`T` 或 `F`）进行编写。
- 双精度型可以以十进制（`0.1234`）、科学计数法（`1.23e4`）或十六进制（`0xcafe`）形式进行编写。双精度型有三个唯一的特殊值：`Inf`、`-Inf` 和 `NaN`（不是数字）。这些是浮点标准定义的特殊值。
- 整型的写法类似于双精度型，但必须紧随其后的是 `L`[3]（`1234L`、`1e4L` 或 `0xcafeL`），并
41 且不能包含小数值。
- 字符串用双引号 `"`（`"hi"`）或单引号 `'`（`'bye'`）括起来。特殊字符用 `\` 进行转义，更多详细信息，请参见 `?Quotes`。

3.2.2 使用 c() 建立长向量

要从较短的向量创建较长的向量，请使用 `c()`，即 combine 的缩写：

---

[1] 这是一个略微的简化，因为 R 不会始终使用“数值”，我们将在 12.3.1 节继续介绍这一内容。

[2] 从技术上讲，R 语言不具有标量。看起来像标量的所有内容实际上都是长度为 1 的向量。这主要是理论上的区别，但这确实意味着可以运行像 `1[1]` 这样的表达式。

[3] `L` 看起来不够直观，你可能想知道它的来源。在将 `L` 添加到 R 时，R 的整数型等效于 C 中的长整数，并且 C 代码可以使用 `l` 或 `L` 的后缀来强制数字为长整数。但 `l` 在视觉上与 `i` 太相似（用于 R 中的复数），因此在 R 中采用 `L`。

```
lgl_var <- c(TRUE, FALSE)
int_var <- c(1L, 6L, 10L)
dbl_var <- c(1, 2.5, 4.5)
chr_var <- c("these are", "some strings")
```

当输入是原子向量时，c() 总是创建一个新的原子向量，即将它变平：

```
c(c(1, 2), c(3, 4))
#> [1] 1 2 3 4
```

在图中，向量可以描述为连接的矩形，因此上述代码可以绘制为图 3-3：

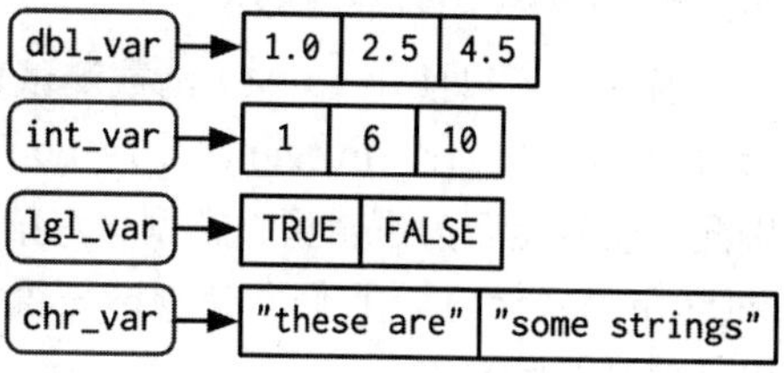

图 3-3

可以使用 typeof() 确定向量的类型[⊖]，并使用 length() 确定其长度。

```
typeof(lgl_var)
#> [1] "logical"
typeof(int_var)
#> [1] "integer"
typeof(dbl_var)
#> [1] "double"
typeof(chr_var)
#> [1] "character"
```

42

3.2.3 缺失值

R 中使用 NA（Not Applicable，不适用）代表缺少或未知的值。缺失值往往具有传染性：大多数涉及缺失值的计算将返回另一个缺失值。

```
NA > 5
#> [1] NA
10 * NA
#> [1] NA
!NA
#> [1] NA
```

此规则只有少数例外。当某个等式适用于所有可能的输入时，就会发生这些情况：

```
NA ^ 0
#> [1] 1
NA | TRUE
#> [1] TRUE
NA & FALSE
#> [1] FALSE
```

在确定向量中哪些值缺失时，缺失值的传染性会导致常见错误：

```
x <- c(NA, 5, NA, 10)
x == NA
#> [1] NA NA NA NA
```

这个结果是正确的（有点令人惊讶），因为没有理由相信一个缺失值与另一个缺失值等价。作为替代，使用 is.na() 检验是否存在缺失值：

```
is.na(x)
#> [1]  TRUE FALSE  TRUE FALSE
```

⊖ 你可能听说过相关的 mode() 和 storage.mode() 函数。请勿使用它们：它们仅为与 S 兼容而存在。

注意：从技术上讲，有 4 种缺失值，每个原子类型均有一个缺失值：NA（逻辑型）、NA_integer_（整型）、NA_real_（双精度型）和 NA_character_（字符型）。这种区分通常并
43 不重要，因为 NA 将在需要时强制转换为正确的类型。

3.2.4 测试和强制转换

通常，可以使用 is.*() 函数**测试**向量是否为给定类型，但是必须谨慎使用这些函数。is.logical()、is.integer()、is.double() 和 is.character() 可以满足你的要求：它们分别测试向量是否为逻辑型、整型、双精度型和字符型。避免使用 is.vector()、is.atomic() 和 is.numeric()：它们不会测试是否为向量、原子向量或数值向量，你需要仔细阅读文档以了解其实际功能。

对于原子向量，类型是整个向量的属性：所有元素都必须是同一类型。当你尝试组合不同类型时，它们将以固定顺序**强制转换**（coerce）：字符型→双精度型→整型→逻辑型。例如，将一个字符和一个整数组合会产生一个字符：

```
str(c("a", 1))
#>  chr [1:2] "a" "1"
```

强制转换通常会自动发生。执行大多数数学函数（+、log、abs 等）时，向量类型将被强制转换为数值。强制转换对于逻辑向量特别有用，因为 TRUE 将会变为 1，而 FALSE 将会变为 0。

```
x <- c(FALSE, FALSE, TRUE)
as.numeric(x)
#> [1] 0 0 1

# Total number of TRUEs
sum(x)
#> [1] 1

# Proportion that are TRUE
mean(x)
#> [1] 0.333
```

通常，可以通过使用 as.*() 函数（例如 as.logical()、as.integer()、as.double() 或 as.character()）来刻意强制转换。字符串强制转换失败会生成警告和缺失值：

```
as.integer(c("1", "1.5", "a"))
#> Warning: NAs introduced by coercion
44 #> [1]  1  1 NA
```

3.2.5 练习

1. 如何创建原始和复杂的标量？（请参阅 ?raw 和 ?complex。）
2. 通过预测以下 c() 用法的输出，测试你对向量强制转换规则的了解：

```
c(1, FALSE)
c("a", 1)
c(TRUE, 1L)
```

3. 为什么 1 == "1" 返回的结果为 TRUE？为什么 -1 < FALSE 返回的结果为 TRUE？为什么 "one" < 2 返回的结果为 FALSE？

4. 为什么默认缺失值 NA 是逻辑向量？逻辑向量有什么特殊之处？（提示：考虑 c(FALSE, NA_character_)。）

5. is.atomic()、is.numeric() 和 is.vector() 的实际作用是什么？

3.3 属性

你可能已经注意到，原子向量集不包括许多重要的数据结构，例如矩阵、数组、因子或日期时间。这些类型通过添加属性建立在原子向量之上。在本节中，你将学习属性的基础知识，以及如何通过维度属性（dim）构成矩阵和数组。在下一节中，你将学习如何使用类属性（class）创建 S3 向量，包括因子、日期和日期时间。

3.3.1 获取和设置

属性可以视为将元数据附加到对象的一对“名字 - 值”[⊖]。可以使用 attr() 检索和修改属性，也可以使用 attribute() 整体检索全体属性，并使用 structure() 对全体属性进行整体设置。见图 3-4。 45

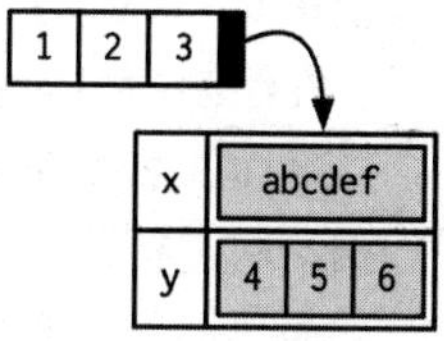

图　3-4

```
a <- 1:3
attr(a, "x") <- "abcdef"
attr(a, "x")
#> [1] "abcdef"

attr(a, "y") <- 4:6
str(attributes(a))
#> List of 2
#>  $ x: chr "abcdef"
#>  $ y: int [1:3] 4 5 6

# Or equivalently
a <- structure(
  1:3,
  x = "abcdef",
  y = 4:6
)
str(attributes(a))
#> List of 2
#>  $ x: chr "abcdef"
#>  $ y: int [1:3] 4 5 6
```

通常应该将属性视为短暂的现象。例如，大多数操作都会丢失大多数属性：

```
attributes(a[1])
#> NULL
attributes(sum(a))
#> NULL
```

通常仅两个属性不会丢失：

- **名字**（names），给每个元素一个名字的字符向量。
- **维度**（dim），dimension 的缩写，是一个整型向量，用于将向量转换为矩阵或数组。 46

⊖ 属性的行为类似于命名列表，但实际上是成对列表。成对列表在功能上与列表没有区别，但在本质上却有很大不同。18.6.1 节将进一步介绍它们。

要保留其他属性，你需要创建自己的 S3 类（第 13 章的主题）。

3.3.2 名字

可以用三种方式来命名向量中的元素：

```
# When creating it:
x <- c(a = 1, b = 2, c = 3)

# By assigning a character vector to names()
x <- 1:3
names(x) <- c("a", "b", "c")

# Inline, with setNames():
x <- setNames(1:3, c("a", "b", "c"))
```

避免使用 attr(x, "names")，因为它比 names(x) 需要更多的输入且可读性较低。可以使用 unname(x) 或 names(x) <- NULL 从向量中删除名字。

在绘制命名向量 x 时，正确的技术图见图 3-5。

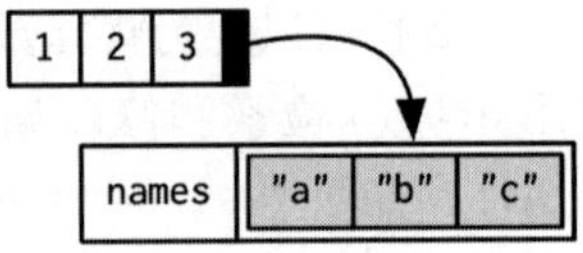

图 3-5

然而，名字是如此特殊和重要，以至于除非专门尝试对属性数据结构进行研究，否则将直接使用它们来标记向量，见图 3-6。

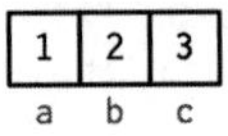

图 3-6

为了能够实现字符子集选取（例如 4.5.1 节），名字应该是唯一的且不可缺少的，但这不是通过 R 强制执行的。根据名字的设置方式，缺失的名字可能表现为 "" 或 NA_character_。如果缺
47 少所有名字，则 names() 将返回 NULL。

3.3.3 维度

在向量中添加 dim 属性可以使其表现得像二维**矩阵**或多维**数组**。矩阵和数组主要是数学和统计工具，而不是编程工具，因此本书中很少涉及它们，仅作简要介绍。它们最重要的功能是多维子集，将在 4.2.3 节中介绍。

可以使用 matrix() 和 array() 或使用 dim() 的赋值形式创建矩阵和数组：

```
# Two scalar arguments specify row and column sizes
a <- matrix(1:6, nrow = 2, ncol = 3)
a
#>      [,1] [,2] [,3]
#> [1,]    1    3    5
#> [2,]    2    4    6

# One vector argument to describe all dimensions
b <- array(1:12, c(2, 3, 2))
b
#> , , 1
#>
#>      [,1] [,2] [,3]
#> [1,]    1    3    5
#> [2,]    2    4    6
#>
#> , , 2
#>
#>      [,1] [,2] [,3]
#> [1,]    7    9   11
#> [2,]    8   10   12
```

```
# You can also modify an object in place by setting dim()
c <- 1:6
dim(c) <- c(3, 2)
c
#>      [,1] [,2]
#> [1,]    1    4
#> [2,]    2    5
#> [3,]    3    6
```

许多用于向量的函数都在矩阵和数组中有对应的函数，见表3-1。 48

表 3-1

向 量	矩 阵	数 组
names()	rownames(),colnames()	dimnames()
length()	nrow(),ncol()	dim()
c()	rbind(),cbind()	abind::abind()
—	t()	aperm()
is.null(dim(x))	is.matrix	is.array()

没有 dim 属性的向量通常被认为是一维的，但实际上具有 NULL 维。你也可以使矩阵具有单行或单列，或者使数组具有单个维度。它们的打印方式可能相似，但行为会有所不同。区别并不是太重要，但是如果从函数中获得奇怪的输出（通常出现在 tapply() 上），知道它们的存在就很有用。与往常一样，使用 str() 揭示其中差异。

```
str(1:3)                   # 1d vector
#>  int [1:3] 1 2 3
str(matrix(1:3, ncol = 1)) # column vector
#>  int [1:3, 1] 1 2 3
str(matrix(1:3, nrow = 1)) # row vector
#>  int [1, 1:3] 1 2 3
str(array(1:3, 3))         # "array" vector
#>  int [1:3(1d)] 1 2 3
```

3.3.4 练习

1. setNames() 是如何实现的？ unname() 是如何实现的？阅读相关源代码。
2. 当将 dim() 应用于一维向量时，将返回什么？什么时候可以使用 NROW() 或 NCOL()？
3. 如何描述以下三个对象？它们与 1:5 有什么不同？

```
x1 <- array(1:5, c(1, 1, 5))
x2 <- array(1:5, c(1, 5, 1))
x3 <- array(1:5, c(5, 1, 1))
```

4. 早期的草稿使用此代码来说明 structure()： 49

```
structure(1:5, comment = "my attribute")
#> [1] 1 2 3 4 5
```

但是，当打印该对象时，无法看到 comment 属性。为什么？该属性丢失了吗？或者有其他特殊之处吗？（提示：尝试使用帮助。）

3.4 S3 原子向量

最重要的向量属性之一是类属性（class），它是 S3 对象系统的基础。具有类属性会将

对象转换为 **S3 对象**，这意味着当传递给**泛型**函数时，其行为将与常规向量不同。每个 S3 对象都建立在基本类型之上，并且通常将附加的信息存储在其他属性中。在第 13 章中，将学习 S3 对象系统的详细信息以及如何创建 S3 类。

在本节中，我们将讨论用于 R 基础包的 4 个重要 S3 向量（见图 3-7）：

- 分类数据，其中值来自记录在**因子**（factor）向量中的一组固定水平。
- 日期（具有日期分辨率），记录在 Date 向量中。
- 日期时间（具有秒或亚秒级的分辨率），存储在 POSIXct 向量中。
- 50 持续时间，存储在 difftime 向量中。

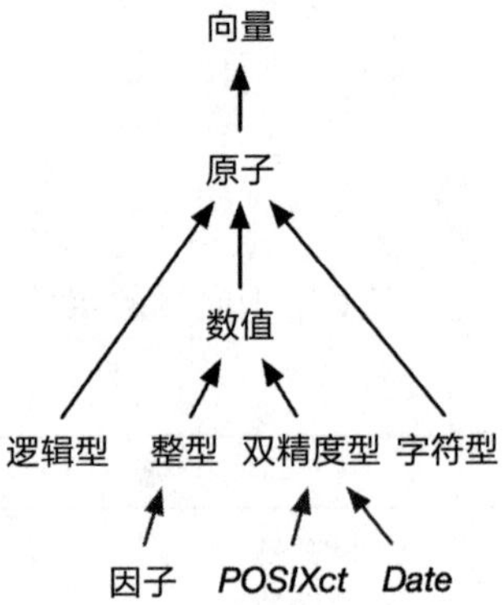

图 3-7

3.4.1 因子

因子是只能包含预定义值的向量。它用于存储分类数据。如图 3-8 所示，因子建立在具有两个属性的整数向量之上：`class`，即“factor”，使它与常规整数向量有不同的行为；`levels` 定义允许值的集合。

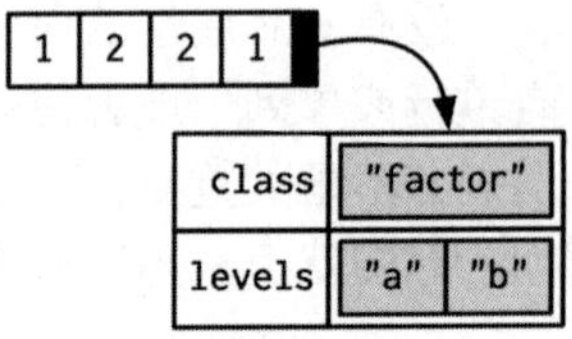

图 3-8

```
x <- factor(c("a", "b", "b", "a"))
x
#> [1] a b b a
#> Levels: a b

typeof(x)
#> [1] "integer"
attributes(x)
#> $levels
#> [1] "a" "b"
#>
#> $class
#> [1] "factor"
```

当知道一组可能的值但它们在给定的数据集中并不全部存在时，因子将很有用。与字符向量不同的是，当列出一个因子时，你将获得所有分类的计数，甚至是未观察到的类别：

```
sex_char <- c("m", "m", "m")
sex_factor <- factor(sex_char, levels = c("m", "f"))

table(sex_char)
#> sex_char
#> m
#> 3
table(sex_factor)
#> sex_factor
#> m f
#> 3 0
```

51

有序因子是因子中的一个小类别。通常，有序因子的行为类似于常规因子，但其水平的顺序是有意义的（如低、中、高）（某些建模和可视化函数将自动利用这一属性）。

```
grade <- ordered(c("b", "b", "a", "c"), levels = c("c", "b", "a"))
grade
#> [1] b b a c
#> Levels: c < b < a
```

在 R 基础包[1]中，由于许多基本 R 函数（例如 read.csv() 和 data.frame()）会自动将字符向量转换为因子，因此经常会遇到因子。这不是最理想的，因为这些函数无法知道所有可能水平的集合或其正确顺序：水平是理论或实验设计的属性，而不是数据的属性。取而代之的是，使用参数 stringAsFactors = FALSE 抑制这种行为，然后使用对“理论”数据的了解，将字符向量手动转换为因子。要了解这种行为的历史背景，建议阅读 Roger Peng 的 *stringsAsFactors: An unauthorized biography*（http://simplystatistics.org/2015/07/24/stringsasfactors-an-unauthorized-biography/），以及 Thomas Lumley 的 *stringsAsFactors=<sigh>*（http://notstatschat.tumblr.com/post/124987394001/stringsasfactors-sigh）。

尽管因子看起来像（并且通常表现得很像）字符向量，但它们是建立在整数之上的。因此，在将它们像字符串一样对待时要小心。一些字符串方法（例如 gsub() 和 grepl()）会自动将因子强制转换为字符串，一些方法（例如 nchar()）会引发错误，而其他方法（例如 c()）会使用潜在的整数值。因此，如果需要类似字符串的行为，通常最好将因子明确转换为字符向量。

3.4.2 日期

日期向量建立在双精度型向量之上。它们具有表现为 Date 的类（class），没有其他属性：

```
today <- Sys.Date()

typeof(today)
#> [1] "double"
attributes(today)
#> $class
#> [1] "Date"
```

52

通过将类剥离后，可以看到双精度型的取值，表示自 1970-01-01[2]以来的天数：

```
date <- as.Date("1970-02-01")
unclass(date)
#> [1] 31
```

3.4.3 日期时间

R 基础包[3]提供了两种存储日期时间信息的方式：POSIXct 和 POSIXlt。这些都是奇怪的名字：“POSIX”是便携式操作系统接口的缩写，是一系列跨平台标准。“ct”标准是指日历时间（calendar time，C 中的 time_t 类型），“lt”标准是指本地时间（local time，C 中的 struct tm 类型）。在这里，我们将重点介绍 POSIXct，因为它最简单，是基于原子向量

---

[1] tidyverse 不会自动将字符串强制转换为因子，并且提供了 forcats 添加包 [Wickham，2018] 专门用于处理因子。

[2] 这个特殊的日期被称为 Unix 时间戳。

[3] tidyverse 提供的 lubridate 添加包 [Grolemund 和 Wickham，2011] 用于处理日期时间。它提供了许多与基本 POSIXct 类型一起使用的便捷帮助程序。

构建的，最适合用于数据框。POSIXct 向量建立在双精度向量之上，其中的值表示自 1970-01-01 起的秒数。

```
now_ct <- as.POSIXct("2018-08-01 22:00", tz = "UTC")
now_ct
#> [1] "2018-08-01 22:00:00 UTC"

typeof(now_ct)
#> [1] "double"
attributes(now_ct)
#> $class
#> [1] "POSIXct" "POSIXt"
#>
#> $tzone
#> [1] "UTC"
```

tzone 属性仅控制日期时间的格式；它不控制向量表示的时间瞬间。请注意，如果时间
53 是午夜，则不会打印时间。

```
structure(now_ct, tzone = "Asia/Tokyo")
#> [1] "2018-08-02 07:00:00 JST"
structure(now_ct, tzone = "America/New_York")
#> [1] "2018-08-01 18:00:00 EDT"
structure(now_ct, tzone = "Australia/Lord_Howe")
#> [1] "2018-08-02 08:30:00 +1030"
structure(now_ct, tzone = "Europe/Paris")
#> [1] "2018-08-02 CEST"
```

3.4.4 持续时间

持续时间（表示日期对或日期时间对之间的时间量）以 difftime 存储。difftime 是建立在双精度型之上的，并且具有 units 属性，该属性用来确定整数的单位：

```
one_week_1 <- as.difftime(1, units = "weeks")
one_week_1
#> Time difference of 1 weeks

typeof(one_week_1)
#> [1] "double"
attributes(one_week_1)
#> $class
#> [1] "difftime"
#>
#> $units
#> [1] "weeks"

one_week_2 <- as.difftime(7, units = "days")
one_week_2
#> Time difference of 7 days

typeof(one_week_2)
#> [1] "double"
attributes(one_week_2)
#> $class
#> [1] "difftime"
#>
#> $units
#> [1] "days"
```

54

3.4.5 练习

1. table() 返回哪种对象？它是什么类型？它有什么属性？制表时包括更多变量的话，维数会如何变化？

2. 修改因子的水平时会发生什么？

```
f1 <- factor(letters)
levels(f1) <- rev(levels(f1))
```

3. 以下代码有什么作用？ f2 和 f3 与 f1 有何不同？

```
f2 <- rev(factor(letters))

f3 <- factor(letters, levels = rev(letters))
```

3.5 列表

列表比原子向量复杂度更高：每个元素可以是任何类型，而不仅仅是向量。从技术上讲，列表中的同一个元素里实际上是同一类型，因为正如你在 2.3.3 节中看到的那样，每个元素实际上是对另一个对象的引用，该对象可以是任何类型。

3.5.1 生成

使用 list() 建立列表：

```
l1 <- list(
  1:3,
  "a",
  c(TRUE, FALSE, TRUE),
  c(2.3, 5.9)
)

typeof(l1)
#> [1] "list"

str(l1)
#> List of 4
#>  $ : int [1:3] 1 2 3
#>  $ : chr "a"
#>  $ : logi [1:3] TRUE FALSE TRUE
#>  $ : num [1:2] 2.3 5.9
```

55

因为列表的元素是引用，所以创建列表并不涉及将元素复制到列表中。因此，列表的总大小可能比预期的要小。

```
lobstr::obj_size(mtcars)
#> 7,208 B

l2 <- list(mtcars, mtcars, mtcars, mtcars)
lobstr::obj_size(l2)
#> 7,288 B
```

列表可能包含复杂的对象，因此无法选择一种适用于每个列表的视觉样式。通常，我会像绘制向量一样绘制列表，并使用颜色区分层次结构，见图 3-9。

图 3-9

列表有时称为**递归**向量，因为列表可以包含其他列表，见图 3-10。这是它们与原子向量的根本区别。

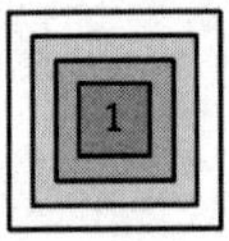

图 3-10

```
l3 <- list(list(list(1)))
str(l3)
#> List of 1
#>  $ :List of 1
#>   ..$ :List of 1
#>   .. ..$ : num 1
```

c() 将多个列表合并为一个。如果给定原子向量和列表的组合，则 c() 将在组合它们之前将向量强制转换为列表。比较 list() 和
56 c() 的结果，见图 3-11：

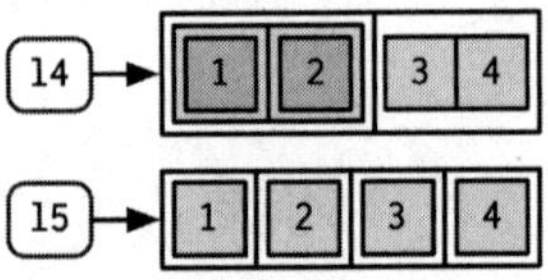

图 3-11

```
l4 <- list(list(1, 2), c(3, 4))
l5 <- c(list(1, 2), c(3, 4))
str(l4)
#> List of 2
#>  $ :List of 2
#>   ..$ : num 1
#>   ..$ : num 2
#>  $ : num [1:2] 3 4
str(l5)
#> List of 4
#>  $ : num 1
#>  $ : num 2
#>  $ : num 3
#>  $ : num 4
```

3.5.2 测试和强制转换

对列表使用 typeof() 后返回的结果是 list。你可以使用 is.list() 测试是否为列表，并使用 as.list() 将其强制转换为列表。

```
list(1:3)
#> [[1]]
#> [1] 1 2 3
as.list(1:3)
#> [[1]]
#> [1] 1
#>
#> [[2]]
#> [1] 2
#>
#> [[3]]
#> [1] 3
```

可以使用 unlist() 将列表转换为原子向量。结果类型的规则很复杂，难以整理出完善
57 的文档记录，并且并不总是等同于 c() 的结果。

3.5.3 矩阵和数组

对于原子向量，维度属性通常用于创建矩阵。对于列表，维度属性可用于创建列表矩

阵或列表数组：

```
l <- list(1:3, "a", TRUE, 1.0)
dim(l) <- c(2, 2)
l
#>      [,1]      [,2]
#> [1,] Integer,3 TRUE
#> [2,] "a"       1

l[[1, 1]]
#> [1] 1 2 3
```

这些数据结构是相对深奥的，但是如果要以网格状结构排列对象，它们可能会很有用。例如，如果在时间 - 空间网格上运行模型，将模型存储在与网格结构匹配的三维数组中可能会更直观。

3.5.4 练习

1. 列出列表与原子向量的所有不同之处。
2. 为什么需要使用 `unlist()` 将列表转换为原子向量？为什么 `as.vector()` 不起作用？
3. 将日期和日期时间组合成单个向量时，比较 `c()` 和 `unlist()` 的结果。

3.6 数据框和 tibble

建立在列表顶部的两个最重要的 S3 向量是数据框（data frame）和 tibble，见图 3-12。 58

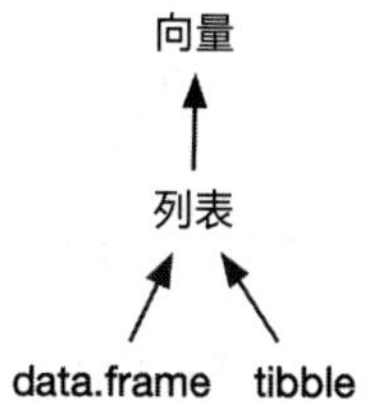

图 3-12

如果在 R 中进行数据分析，则将使用数据框。数据框是向量的命名列表，其属性包括（列）`names`、`row.names`⊖及其表现为“data.frame”的类：

```
df1 <- data.frame(x = 1:3, y = letters[1:3])
typeof(df1)
#> [1] "list"

attributes(df1)
#> $names
#> [1] "x" "y"
#>
#> $class
#> [1] "data.frame"
#>
#> $row.names
#> [1] 1 2 3
```

与常规列表相比，数据框有一个附加约束：每个向量的长度必须相同。这为数据框提供了矩形结构，并解释了为什么它们共享矩阵和列表的属性：

⊖ 行名称是 R 中最令人惊讶的复杂数据结构之一。多年来，行名称一直是性能问题的根源。最简单的实现是字符或整数向量，每行一个元素。但是，还有一个由 `.set_row_names()` 创建的“自动”行名（连续整数）的紧凑表示形式。R 3.5 具有延迟整数到字符转换的特殊方法，该方法专门用于加速 `lm()`，有关详细信息，请参见 https://svn.r-project.org/R/branches/ALTREP/ALTREP.html#deferred_string_conversions。

❑ 数据框具有 rownames()[⊖]和 colnames()。数据框的 names() 是列名。

59 ❑ 数据框具有 nrow() 行和 ncol() 列。数据框的 length() 给出列数。

数据框是 R 中最大和最重要的思想之一，也是使 R 与其他编程语言不同的原因之一。但是，自创建至今的 20 多年来，人们使用 R 的方式已经发生了变化，在创建数据框时有意义的一些设计决策到了现在变得令人沮丧。

这种挫败感导致了 tibble [Müller and Wickham，2018] 的出现，这是对数据框的现代重塑。tibble 被设计为（尽可能多地）替代数据框以解决这些问题。总结主要区别的一种简洁而有趣的方法是，tibble 是懒惰和轻率的：它们做得更少而抱怨更多。在完成本节的过程中，你将明白这意味着什么。

tibble 由 tibble 添加包提供，并与数据框共享相同的结构。唯一的区别是类向量更长，并且包含 tbl_df。这样一来，tibble 就可以在下面将要讨论的关键之处有所不同。

```
library(tibble)

df2 <- tibble(x = 1:3, y = letters[1:3])
typeof(df2)
#> [1] "list"

attributes(df2)
#> $names
#> [1] "x" "y"
#>
#> $row.names
#> [1] 1 2 3
#>
#> $class
#> [1] "tbl_df"     "tbl"        "data.frame"
```

3.6.1 生成

通过向 data.frame() 提供一对“名称 - 向量”来创建数据框：

```
df <- data.frame(
  x = 1:3,
  y = c("a", "b", "c")
)
str(df)
#> 'data.frame':    3 obs. of  2 variables:
#>  $ x: int  1 2 3
#>  $ y: Factor w/ 3 levels "a","b","c": 1 2 3
```

60

注意字符串到因子的默认转换。使用 stringsAsFactors = FALSE 抑制此情况，并将字符向量保留：

```
df1 <- data.frame(
  x = 1:3,
  y = c("a", "b", "c"),
  stringsAsFactors = FALSE
)
str(df1)
#> 'data.frame':    3 obs. of  2 variables:
#>  $ x: int  1 2 3
#>  $ y: chr  "a" "b" "c"
```

⊖ 从技术上讲，鼓励你在数据框中使用 row.names() 而不是 rownames()，但是这种区别并不十分重要。

创建 tibble 的过程类似于创建数据框。两者之间的区别在于，tibble 不会强制转换输入（这是使它们变得懒惰的一项功能）：

```
df2 <- tibble(
  x = 1:3,
  y = c("a", "b", "c")
)
str(df2)
#> Classes 'tbl_df', 'tbl' and 'data.frame':    3 obs. of  2 variables:
#>  $ x: int  1 2 3
#>  $ y: chr  "a" "b" "c"
```

另外，虽然数据框会自动转换非语法名字（除非 `check.names = FALSE`），但是 tibble 不会这样做（尽管它们确实会打印由 ` 包围的非语法名字）。

```
names(data.frame(`1` = 1))
#> [1] "X1"

names(tibble(`1` = 1))
#> [1] "1"
```

虽然数据框（或 tibble）的每个元素必须具有相同的长度，但 `data.frame()` 和 `tibble()` 都将循环补齐较短的输入。不同之处在于，只有当最长列列数是其列数的整数倍时，数据框会自动补齐；而 tibble 只会循环补齐长度为 1 的向量。 61

```
data.frame(x = 1:4, y = 1:2)
#>   x y
#> 1 1 1
#> 2 2 2
#> 3 3 1
#> 4 4 2
data.frame(x = 1:4, y = 1:3)
#> Error in data.frame(x = 1:4, y = 1:3): arguments imply differing
#> number of rows: 4, 3

tibble(x = 1:4, y = 1)
#> # A tibble: 4 x 2
#>       x     y
#>   <int> <dbl>
#> 1     1     1
#> 2     2     1
#> 3     3     1
#> 4     4     1
tibble(x = 1:4, y = 1:2)
#> Error: Tibble columns must have consistent lengths, only values of
#> length one are recycled:
#> * Length 2: Column `y`
#> * Length 4: Column `x`
```

最后一个区别是：`tibble()` 允许你引用构造期间创建的变量：

```
tibble(
  x = 1:3,
  y = x * 2
)
#> # A tibble: 3 x 2
#>       x     y
#>   <int> <dbl>
```

```
#> 1     1     2
#> 2     2     4
#> 3     3     6
```

（从左到右输入。）

62 当绘制数据框和 tibble 的技术图时，不再专注于实现细节，即属性，见图 3-13。

我将以与绘制命名列表相同的方式绘制它们，但将它们布置为强调其柱状结构，见图 3-14。

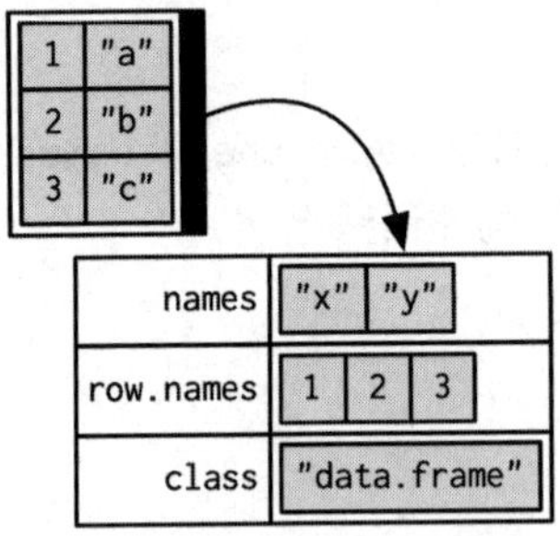

图 3-13

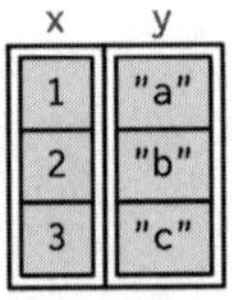

图 3-14

3.6.2 行名称

数据框允许你用名字标记每一行，该字符向量仅包含唯一的值：

```
df3 <- data.frame(
  age = c(35, 27, 18),
  hair = c("blond", "brown", "black"),
  row.names = c("Bob", "Susan", "Sam")
)
df3
#>       age  hair
#> Bob    35 blond
#> Susan  27 brown
#> Sam    18 black
```

你可以使用 rownames() 获取和设置行名称，并可以使用它们对行进行子集选取：

63

```
rownames(df3)
#> [1] "Bob"   "Susan" "Sam"

df3["Bob", ]
#>     age  hair
#> Bob  35 blond
```

如果将数据帧视为类似于矩阵的二维结构，则行名称自然会出现：列（变量）具有名称，因此行（观测值）也应如此。大多数矩阵都是数字，因此有一个存储字符标签的位置很重要。但这与矩阵的类比具有误导性，因为矩阵具有数据框所不具备的重要属性：矩阵是可转置的。在矩阵中，行和列是可互换的，转置矩阵会为你提供另一个矩阵（再次转置会为你提供原始矩阵）。但是，对于数据框，行和列是不可互换的：数据框的转置不是数据框。

行名不受欢迎的原因有三个：

❑ 元数据是数据，因此以不同于其余数据的方式存储它根本不是一个好主意。这也意味着你需要学习一套新的工具来处理行名。你无法对数据框使用已经掌握的有关操作列的知识。

- 行名对标签行的抽象性很差，因为它们仅在可以用单个字符串标识行时才起作用。在许多情况下，这会失败，例如，当你要通过非字符向量（例如时间点）或多个向量（例如位置，由纬度和经度编码）来标识行时。
- 行名必须是唯一的，因此任何重复的行（例如来自自助法程序）都将创建新的行名。如果要匹配转换前后的行，则需要执行复杂的字符串处理。

```
df3[c(1, 1, 1), ]
#>       age  hair
#> Bob    35 blond
#> Bob.1  35 blond
#> Bob.2  35 blond
```

由于这些原因，tibble 不支持行名。相反，tibble 包提供了一些工具，可以使用 rownames_to_column() 或 as_tibble() 中的 rownames 参数轻松地将行名称转换为常规列：

```
as_tibble(df3, rownames = "name")
#> # A tibble: 3 x 3
#>   name    age hair
#>   <chr> <dbl> <fct>
#> 1 Bob      35 blond
#> 2 Susan    27 brown
#> 3 Sam      18 black
```
64

3.6.3 打印

tibble 和数据框之间最明显的区别之一是打印方式。假设你已经熟悉了数据框的打印方式，因此在这里，将使用 dplyr 添加包中包含的示例数据集突出一些最大的差异：

```
dplyr::starwars
#> # A tibble: 87 x 13
#>    name  height  mass hair_color skin_color eye_color birth_year
#>    <chr>  <int> <dbl> <chr>      <chr>      <chr>          <dbl>
#>  1 Luke…    172    77 blond      fair       blue            19
#>  2 C-3PO    167    75 <NA>       gold       yellow         112
#>  3 R2-D2     96    32 <NA>       white, bl… red             33
#>  4 Dart…    202   136 none       white      yellow          41.9
#>  5 Leia…    150    49 brown      light      brown           19
#>  6 Owen…    178   120 brown, gr… light      blue            52
#>  7 Beru…    165    75 brown      light      blue            47
#>  8 R5-D4     97    32 <NA>       white, red red             NA
#>  9 Bigg…    183    84 black      light      brown           24
#> 10 Obi-…    182    77 auburn, w… fair       blue-gray       57
#> # … with 77 more rows, and 6 more variables: gender <chr>,
#> #   homeworld <chr>, species <chr>, films <list>, vehicles <list>,
#> #   starships <list>
```

- tibble 仅显示屏幕上适合的前 10 行和所有列。其他列显示在底部。
- 每列均带有其类型的标签，缩写为三个或四个字母。
- 宽列被截断，以避免单个长字符串占据整行。（这一步仍在进行中：在显示尽可能多的列与完整显示列之间是一个棘手的折中。）
- 在支持该功能的控制台环境中使用时，会明智地使用颜色突出显示重要信息，并不再强调补充详细信息。 65

3.6.4 子集选取

正如在第 4 章中将学到的那样，你可以将数据框或 tibble 作为一个子集选取，例如一维结构（其行为类似于列表）或二维结构（其行为类似于矩阵）。

我认为，数据框具有两个不利的子集行为：

- 使用 `df[, vars]` 对列进行子集选取时，如果 `vars` 选择一个变量，则将获得一个向量，否则将获得数据框。在函数中使用 `[` 时，这是一个常见的错误来源，除非你始终记得使用 `df[, vars, drop = FALSE]`。
- 当你尝试使用 `df$x` 提取单个列，但其实没有 `x` 列时，数据框将改为选择以 `x` 开头的任何变量。如果没有变量以 `x` 开头，则 `df$x` 将返回 `NULL`。这样可能会导致选择错误的变量或选择不存在的变量。

tibble 会调整这些行为，以使 `[` 总是返回 tibble，而使用 `$` 时不会进行部分匹配，并在找不到变量时发出警告（这使 tibble 更合理）。

```
df1 <- data.frame(xyz = "a")
df2 <- tibble(xyz = "a")

str(df1$x)
#>  Factor w/ 1 level "a": 1
str(df2$x)
#> Warning: Unknown or uninitialised column: 'x'.
#>  NULL
```

在 tibble 中坚持使用 `[` 返回数据框可能会导致遗留代码出现问题。这些遗留代码通常使用 `df[, "col"]` 提取单个列。如果只需要一列，建议使用 `df[["col"]]`。这样能够清楚地传达你的意图，并且可以同时用于处理数据框和 tibble。

3.6.5 测试和强制转换

要检查对象是数据框还是 tibble，请使用 `is.data.frame()`：

```
is.data.frame(df1)
#> [1] TRUE
is.data.frame(df2)
#> [1] TRUE
```

66

通常，是否为 tibble 或数据框无关紧要，但是如果需要确定的话，请使用 `is_tibble()`：

```
is_tibble(df1)
#> [1] FALSE
is_tibble(df2)
#> [1] TRUE
```

你可以使用 `as.data.frame()` 将对象强制转换为数据框，或者使用 `as_tibble()` 将对象强制转换为 tibble。

3.6.6 列表列

由于数据框是向量的列表，因此数据框可能具有作为列表的列。这非常有用，因为列表可以包含任何其他对象：这意味着你可以将任何对象放在数据框中。无论单个对象多么复杂，都可以将相关对象连续放置在一起。你可以在 *R for Data Science*（http://r4ds.had.co.nz/many-models.html）的“Many Models”一章中看到此应用。

数据框中允许使用列表列，但是你必须做一些额外的工作，要么在创建后添加列表列，要么将列表包装在 `I()`⊖中。见图 3-15。

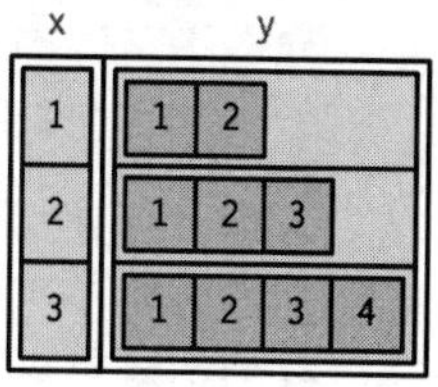

图　3-15

```
df <- data.frame(x = 1:3)
df$y <- list(1:2, 1:3, 1:4)

data.frame(
  x = 1:3,
  y = I(list(1:2, 1:3, 1:4))
)
#>   x          y
#> 1 1       1, 2
#> 2 2    1, 2, 3
#> 3 3 1, 2, 3, 4
```
67

列表列更易于与 tibble 一起使用，因为它们可以直接包含在 `tibble()` 中，并且可以整齐地打印出来：

```
tibble(
  x = 1:3,
  y = list(1:2, 1:3, 1:4)
)
#> # A tibble: 3 x 2
#>       x y
#>   <int> <list>
#> 1     1 <int [2]>
#> 2     2 <int [3]>
#> 3     3 <int [4]>
```

3.6.7　矩阵和数据框列

只要行数与数据框匹配，也可以将矩阵或数组作为数据框的列，见图 3-16。（这需要稍微扩展一下我们对数据框的定义：不是每一列的 `length()` 必须相等，而是 `NROW()` 必须相等。）对于列表列，必须在创建后添加它，或者将其包装在 `I()` 中。

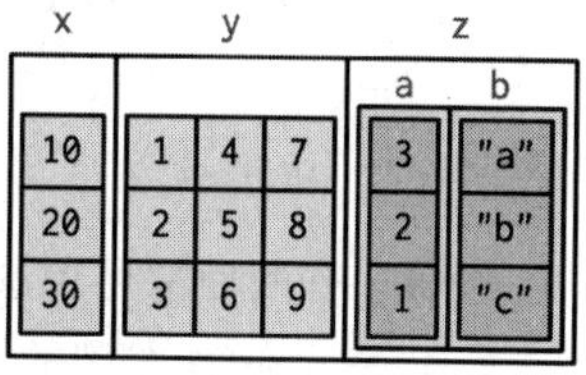

图　3-16

```
dfm <- data.frame(
  x = 1:3 * 10
)
dfm$y <- matrix(1:9, nrow = 3)
dfm$z <- data.frame(a = 3:1, b = letters[1:3], stringsAsFactors = FALSE)

str(dfm)
#> 'data.frame':    3 obs. of  3 variables:
#>  $ x: num  10 20 30
#>  $ y: int [1:3, 1:3] 1 2 3 4 5 6 7 8 9
#>  $ z:'data.frame':   3 obs. of  2 variables:
#>   ..$ a: int  3 2 1
#>   ..$ b: chr  "a" "b" "c"
```
68

矩阵和数据框列需要谨慎使用。与数据框一起使用的许多函数都假定所有列都是向量。另外，打印的输出也可能会造成混乱。

⊖ `I()` 是身份（identity）的缩写，通常用于指示输入应保留不变，并且不会自动转换。

```
dfm[1, ]
#>    x y.1 y.2 y.3 z.a z.b
#> 1 10   1   4   7   3   a
```

3.6.8 练习

1. 可以建立一个零行的数据框吗？零列呢？

2. 如果尝试设置不唯一的行名，会发生什么？

3. 如果 df 是一个数据框，那么执行 t(df) 和 t(t(df)) 会发生什么？执行一些实验，确保尝试使用不同的列类型。

4. 将 as.matrix() 应用于具有不同类型列的数据框时会发生什么？它与 data.matrix() 有何不同？

3.7 NULL

在本章的最后，我想讨论与向量紧密相关的最后一个重要数据结构：NULL。NULL 是特
69 殊的，因为它具有唯一的类型，其长度始终为零，并且不能具有任何属性：

```
typeof(NULL)
#> [1] "NULL"

length(NULL)
#> [1] 0

x <- NULL
attr(x, "y") <- 1
#> Error in attr(x, "y") <- 1: attempt to set an attribute on NULL
```

你可以使用 is.null() 测试是否为 NULL：

```
is.null(NULL)
#> [1] TRUE
```

NULL 有两种常见用法：

- 表示任意类型的空向量（长度为零的向量）。例如，如果你使用 c() 但不包含任何参数，则会得到 NULL。将 NULL 连接到一个向量，将使该向量保持不变：

  ```
  c()
  #> NULL
  ```

- 表示缺少的向量。例如，当参数是可选的，但是默认值需要一些计算时，NULL 通常用作默认函数参数（有关更多信息，参见 6.5.3 节）。将此与 NA 进行对比，NA 用于代表向量的元素缺失。

如果你熟悉 SQL，就会了解关系 NULL，并且可能期望它与 R 相同。但是，数据库 NULL 实际上等于 R 的 NA。

3.8 小测验答案

1. 原子向量的 4 种常见类型为：逻辑型、整型、双精度型和字符型。两种罕见类型为：

复杂型和原始型。

2. 可以使用属性给任意对象添加任意的附加元数据。可以使用 `attr(x, "y")` 获取对象属性，使用 `attr(x, "y") <- value` 设置对象属性，还可以使用 `attributes()` 同时获取和设置所有的属性。

3. 列表的元素可以是任意类型的数据（甚至可以是列表）；而原子向量的所有元素必须是相同的类型。同样，矩阵的每个元素也必须是相同的类型；数据框中的不同列可以有不同的数据类型（但同一列必须是相同的类型）。

4. 为列表设置维度就可以构建“列表数组”。使用 `df$x <- matrix()`，或者在创建新数据框 `data.frame(x = I(matrix()))` 时使用 `I()`，可以将矩阵作为一列添加到数据框中。

5. tibble 具有增强的打印方法，该方法永远不会将字符串强制转换为因子，并且提供更 70～71
严格的子集选取方法。

第 4 章

子 集 选 取

4.1 本章简介

R 有强大而又快速的子集选取运算符。掌握子集选取技术可以让你用非常简明的语句来对数据进行复杂操作，这是其他编程语言无法比拟的。由于需要掌握一系列相关概念，所以 R 语言子集选取容易学习但难于掌握：

- 原子向量的 6 种不同的子集选取方法。
- 3 个子集选取运算符：`[[`、`[` 和 `$`。
- 子集运算符与不同向量类型（例如，原子向量、列表、因子、矩阵和数据框）的交互方式不同。
- 子集选取可以与复制结合使用。

子集选取是对 `str()` 的天然补充。`str()` 说明一个对象的结构，而子集选取可以让你获取其中你最感兴趣的部分数据。对于大型、复杂的对象，我强烈建议使用交互式 RStudio Viewer，可以使用 `View(my_object)` 激活它。

小测验

你可以通过这个小测验来决定是否需要阅读本章内容。如果你能够快速地给出正确答案，那么你就可以跳过本章。你可以到 4.6 节中去检查你的回答是否正确。

1. 对一个向量进行子集选取时，分别使用正整数、负整数、逻辑向量或字符向量作为参数会得到什么结果？

2. 对列表分别使用 `[`、`[[` 和 `$` 会有什么不同？

3. 什么时候需要使用 `drop = FALSE`？

72~73 4. 如果 x 是矩阵，执行 `x[] <- 0` 后会有什么结果？这与 `x <- 0` 有什么不同？

5. 如何使用一个命名向量来对分类变量设置标签？

主要内容

- 4.2 节从学习 `[` 开始。你将学习使用 6 种对原子向量进行子集选取的方法。接着学习如何把这 6 种不同类型的数据应用到列表、矩阵和数据框的子集选取中。
- 4.3 节对知识进行扩展：学习 `[[` 和 `$`。焦点集中在最重要的原则上：简化与保留。

- ❑ 4.4 节你将学习联合使用子集选取和赋值来对对象的子集进行修改，从而实现对子集的赋值。
- ❑ 4.5 节学习子集选取的 8 种虽然不明显但非常重要的应用，这可以帮你解决数据分析中经常遇到的问题。

4.2 选择多个元素

使用 [从向量中选择任意数量的元素。为进行说明，我将 [应用于一维原子向量，然后说明如何将其推广到更复杂的对象和更高的维度。

4.2.1 原子向量

现在通过一个简单向量 x 来探索不同类型的子集选取方法。

```
x <- c(2.1, 4.2, 3.3, 5.4)
```

注意，小数点后面的数字代表该元素在向量中的原始位置。

可以使用 6 种方式来为一个向量选取子集：

- ❑ **正整数**返回指定位置上的元素：

```
x[c(3, 1)]
#> [1] 3.3 2.1
x[order(x)]
#> [1] 2.1 3.3 4.2 5.4

# Duplicate indices will duplicate values
x[c(1, 1)]
#> [1] 2.1 2.1

# Real numbers are silently truncated to integers
x[c(2.1, 2.9)]
#> [1] 4.2 4.2
```

74

- ❑ **负整数**不包含指定位置上的元素：

```
x[-c(3, 1)]
#> [1] 4.2 5.4
```

注意，在同一个子集选取操作中，不能同时使用正整数和负整数：

```
x[c(-1, 2)]
#> Error in x[c(-1, 2)]: only 0's may be mixed with negative subscripts
```

- ❑ **逻辑向量**只选择对应于逻辑向量的相应位置为 TRUE 的元素。这可能是子集选取最有用的方法，因为你可以自己写表达式来创建逻辑向量：

```
x[c(TRUE, TRUE, FALSE, FALSE)]
#> [1] 2.1 4.2
x[x > 3]
#> [1] 4.2 3.3 5.4
```

在 x[y] 中，如果 x 和 y 的长度不同会怎样？该行为由**循环补齐**（recycled）**规则**控制，较短的向量被循环补齐到较长的向量的长度。当 x 和 y 之一的长度为 1 时，这很方便且易于理解，但是我建议避免使用其他长度，因为在 R 基础包中，使用其他长度时，循环补齐规则的结果并不一致。

```
x[c(TRUE, FALSE)]
#> [1] 2.1 3.3
# Equivalent to
x[c(TRUE, FALSE, TRUE, FALSE)]
#> [1] 2.1 3.3
```

注意，索引中有缺失值总是在输出结果的相应位置产生缺失值：

```
x[c(TRUE, TRUE, NA, FALSE)]
75 #> [1] 2.1 4.2  NA
```

- **空索引**（Nothing）返回原始向量。虽然这对于向量来说没什么用，但是稍后你将看到，它对矩阵、数据框和数组很有用。它与赋值操作联合使用也是很有用的。

```
x[]
#> [1] 2.1 4.2 3.3 5.4
```

- **0**（Zero）返回长度为 0 的向量。平时你可能不会这样做，但是这对于创建测试数据来说很有帮助。

```
x[0]
#> numeric(0)
```

- 如果向量中的元素都有名字，也可以使用**字符向量**返回具有匹配名称的元素。

```
(y <- setNames(x, letters[1:4]))
#>   a   b   c   d
#> 2.1 4.2 3.3 5.4
y[c("d", "c", "a")]
#>   d   c   a
#> 5.4 3.3 2.1

# Like integer indices, you can repeat indices
y[c("a", "a", "a")]
#>   a   a   a
#> 2.1 2.1 2.1

# When subsetting with [, names are always matched exactly
z <- c(abc = 1, def = 2)
z[c("a", "d")]
#> <NA> <NA>
#>   NA   NA
```

注意：子集选取时因子不会被特别处理。这意味着子集选取将使用潜在整数向量，而不是字符水平。这通常不是我们想要的结果，因此应避免以下使用因子进行子集选取的方式：

```
y[factor("b")]
#>   a
76 #> 2.1
```

4.2.2　列表

列表中子集选取的方式与原子向量中子集选取的方式相同。使用 [总是返回列表；[[和 $ 将在 4.3 节中进行介绍，它们可以用于提取列表的元素。

4.2.3 矩阵和数组

可以通过以下 3 种方式从高维结构中选取子集：

- 使用多个向量。
- 使用单个向量。
- 使用矩阵。

对矩阵（二维）和数组（大于二维）进行子集选取的最常见方式是对一维子集选取方式进行泛化：为每一维数据给出一个一维索引，用逗号隔开。如果某一维的索引为空，说明要保留这一维的所有数据。

```
a <- matrix(1:9, nrow = 3)
colnames(a) <- c("A", "B", "C")
a[1:2, ]
#>      A B C
#> [1,] 1 4 7
#> [2,] 2 5 8
a[c(TRUE, FALSE, TRUE), c("B", "A")]
#>      B A
#> [1,] 4 1
#> [2,] 6 3
a[0, -2]
#>      A C
```

默认情况下，[将结果简化到尽可能低的维度。例如，以下两个表达式都返回一维向量。4.2.5 节将告诉你如何避免“抛弃”维度：

```
a[1, ]
#> A B C
#> 1 4 7
a[1, 1]
#> A
#> 1
```

77

由于矩阵和数组是以具有特殊属性的向量来实现的，所以可以使用一个单一的向量来对它们进行子集选取。在这种情况下，它们看起来很像向量。R 中的数组是以列优先的顺序存储的：

```
vals <- outer(1:5, 1:5, FUN = "paste", sep = ",")
vals
#>      [,1]  [,2]  [,3]  [,4]  [,5] 
#> [1,] "1,1" "1,2" "1,3" "1,4" "1,5"
#> [2,] "2,1" "2,2" "2,3" "2,4" "2,5"
#> [3,] "3,1" "3,2" "3,3" "3,4" "3,5"
#> [4,] "4,1" "4,2" "4,3" "4,4" "4,5"
#> [5,] "5,1" "5,2" "5,3" "5,4" "5,5"

vals[c(4, 15)]
#> [1] "4,1" "5,3"
```

还可以使用整数矩阵来对更高维的数据进行子集选取（如果元素是命名的，还可以使用字符矩阵）。矩阵的每一行给出要选取元素的位置，矩阵的每一列对应于要选取子集的数组的维度。这说明你可以使用一个 2 列矩阵从一个矩阵中选取子集，使用一个 3 列矩阵从 3D 数组中选取子集，等等。返回的结果是由选取的值构成的向量：

```
select <- matrix(ncol = 2, byrow = TRUE, c(
```

```
  1, 1,
  3, 1,
  2, 4
))
vals[select]
#> [1] "1,1" "3,1" "2,4"
```

4.2.4 数据框和 tibble

数据框具有列表和矩阵的特征：

- 使用单个索引进行子集选取时，它们的行为类似于列表中为列建立索引，因此 df[1:2] 代表选择前两列。
78 - 使用两个索引进行子集选取时，它们的行为类似于矩阵，因此 df[1:3,] 选择前三行（和所有列）[⊖]。

```
df <- data.frame(x = 1:3, y = 3:1, z = letters[1:3])

df[df$x == 2, ]
#>   x y z
#> 2 2 2 b
df[c(1, 3), ]
#>   x y z
#> 1 1 3 a
#> 3 3 1 c

# There are two ways to select columns from a data frame
# Like a list
df[c("x", "z")]
#>   x z
#> 1 1 a
#> 2 2 b
#> 3 3 c
# Like a matrix
df[, c("x", "z")]
#>   x z
#> 1 1 a
#> 2 2 b
#> 3 3 c

# There's an important difference if you select a single
# column: matrix subsetting simplifies by default, list
# subsetting does not.
str(df["x"])
#> 'data.frame':    3 obs. of  1 variable:
#>  $ x: int  1 2 3
str(df[, "x"])
#>  int [1:3] 1 2 3
```

对 tibble 使用 [将总是返回 tibble：

```
df <- tibble::tibble(x = 1:3, y = 3:1, z = letters[1:3])

str(df["x"])
#> Classes 'tbl_df', 'tbl' and 'data.frame':    3 obs. of  1 variable:
```

⊖ 如果你学过 Python，则可能会造成混淆，因为你可能希望 df[1:3, 1:2] 选择三列和两行。通常，R 按照行和列来“思考”维，而 Python 则根据列和行来“思考”维。

```
#>  $ x: int  1 2 3
str(df[, "x"])
#> Classes 'tbl_df', 'tbl' and 'data.frame':    3 obs. of  1 variable:
#>  $ x: int  1 2 3
```

4.2.5　保留维度

默认情况下，用单个数字、单个名称或包含单个 TRUE 的逻辑向量对矩阵或数据框进行子集选取将简化返回的输出，即它将返回维数较低的对象。要保留原始维度，必须使用 drop = FALSE。

- 对于矩阵和数组，长度为 1 的任何维度将被抛弃：

```
a <- matrix(1:4, nrow = 2)
str(a[1, ])
#>  int [1:2] 1 3

str(a[1, , drop = FALSE])
#>  int [1, 1:2] 1 3
```

- 如果输出仅包含一列，数据框将以向量的形式仅返回该列：

```
df <- data.frame(a = 1:2, b = 1:2)
str(df[, "a"])
#>  int [1:2] 1 2

str(df[, "a", drop = FALSE])
#> 'data.frame':    2 obs. of  1 variable:
#>  $ a: int  1 2
```

默认的 drop = TRUE 行为是函数中错误的常见来源：可以使用具有多个列的数据框或矩阵来检查代码，并且可以正常工作。6 个月后，你（或其他人）将其与单列数据框一起使用，但由于出现神秘错误而失败。编写函数时，养成在设置二维对象子集时始终使用 drop = FALSE 的习惯。因此，tibble 默认为 drop = FALSE，并且 [总是返回另一个 tibble。

因子的子集选取也有一个 drop 参数，但其含义却大不相同。它控制是否保留因子水平（而不是维度），并且默认为 FALSE。如果发现你经常使用 drop = TRUE，则通常表明你应该使用字符向量而不是因子。

```
z <- factor(c("a", "b"))
z[1]
#> [1] a
#> Levels: a b
z[1, drop = TRUE]
#> [1] a
#> Levels: a
```

79 ~ 80

4.2.6　练习

1. 对下面这些在数据框子集选取过程中常犯的错误进行修改：

```
mtcars[mtcars$cyl = 4, ]
mtcars[-1:4, ]
mtcars[mtcars$cyl <= 5]
mtcars[mtcars$cyl == 4 | 6, ]
```

2. 为什么以下代码返回 5 个缺失值？（提示：它与 x[NA_real_] 有什么不同？）

```
x <- 1:5
x[NA]
#> [1] NA NA NA NA NA
```

3. upper.tri() 的返回值是什么？使用它对矩阵进行子集选取会怎样？还需要其他子集选取规则来描述这种行为吗？

```
x <- outer(1:5, 1:5, FUN = "*")
x[upper.tri(x)]
```

4. 为什么 mtcars[1:20] 会返回错误？它与 mtcars[1:20,] 有什么不同？
5. 自己构建一个函数来提取矩阵中的对角元素（类似于 diag(x)，其中 x 为矩阵）。
6. df[is.na(df)] <- 0 会做什么？它是如何工作的？

4.3 选择一个元素

还有另外两个子集选取运算符：[[和 $。[[用于取出单个项目，而 x$y 是 x[["y"]] 的
81 有用简写。

4.3.1 [[

当处理列表时应该使用 [。这是因为当 [应用于列表进行子集选取时，它总是返回一个更小的列表。为了使这一点更容易理解，我们可以使用一个隐喻：

如果把列表 x 看成装载对象（货物）的火车，那 x[[5]] 就是 5 号车厢中的对象（货物）；而 x[4:6] 就是火车的 4～6 号车厢。

——@RLangTip

https://twitter.com/RLangTip/status/268375867468681216

让我们用这个隐喻列出一个简单的列表，见图 4-1：

```
x <- list(1:3, "a", 4:6)
```

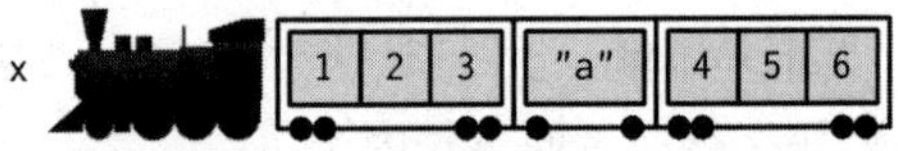

图 4-1

提取单个元素时，有两种选择：可以创建较小的火车，即减少运输车；也可以提取特定运输车的内容。这是 [和 [[之间的区别，见图 4-2：

当提取多个（甚至零个！）元素时，必须制作一个较小的火车，见图 4-3：

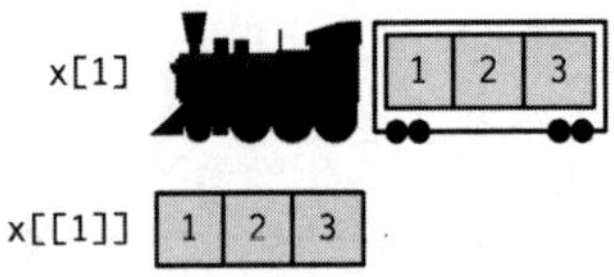

82 图 4-2

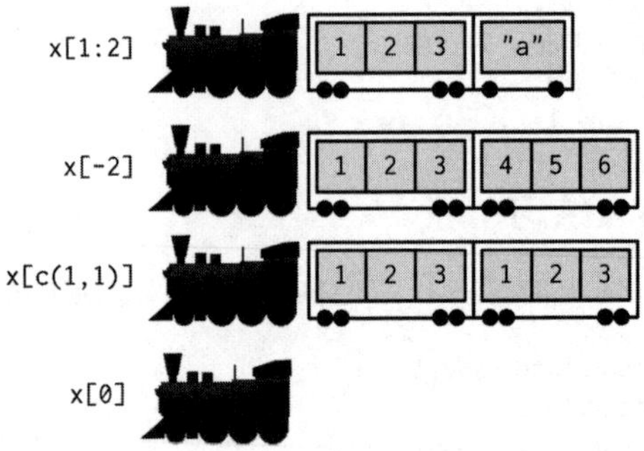

图 4-3

因为 [[只能返回单个项目，所以必须将其与单个正整数或单个字符串一起使用。如果将

向量与 [[一起使用，它将进行递归子集选取，即 x[[c(1, 2)]] 等效于 x[[1]][[2]]。这是一个鲜为人知的奇怪功能，因此建议转为使用 purrr::pluck()，你将在 4.3.3 节中了解到。

虽然在使用列表时必须使用 [[，但同时也建议在每次提取单个值时都将它与原子向量一起使用。例如，当编写如下代码时：

```
for (i in 2:length(x)) {
  out[i] <- fun(x[i], out[i - 1])
}
```

最好写为：

```
for (i in 2:length(x)) {
  out[[i]] <- fun(x[[i]], out[[i - 1]])
}
```

这样做更能够获得和设置单个值。

4.3.2 $

$ 是一个简写运算符，这里 x$y 等价于 x[["y"]]。它经常用来访问数据框中的变量。例如，mtcars$cyl 或 diamonds$carat。使用 $ 最常见的一个错误是：如果你知道一个数据框中某一列的名字，但这个名字存储在一个变量中，如果在 $ 后边不直接引用列的名字，而是使用变量就会出错：

```
var <- "cyl"
# Doesn't work - mtcars$var translated to mtcars[["var"]]
mtcars$var
#> NULL

# Instead use [[
mtcars[[var]]
#>  [1] 6 6 4 6 8 6 8 4 4 6 6 8 8 8 8 8 8 4 4 4 4 8 8 8 8 4 4 4 8 6 8 4
```

$ 与 [[之间有一点非常重要的不同。$ 是（从左到右）部分匹配： 83

```
x <- list(abc = 1)
x$a
#> [1] 1
x[["a"]]
#> NULL
```

如果你想禁止这种行为，可以将全局变量 warnPartialMatchDollar 设置为 TRUE：

```
options(warnPartialMatchDollar = TRUE)
x$a
#> Warning in x$a: partial match of 'a' to 'abc'
#> [1] 1
```

（对于数据框，也可以通过使用 tibble 禁止这种行为，tibble 不会进行部分匹配。）

4.3.3 缺失与超出索引边界（越界引用）

了解当你在 [[中使用“无效”索引时会发生什么。下表总结了当你在 [[中使用零长度对象（例如 NULL 或 logical()）、越界值（OOB）或缺失值（例如 NA_integer_）对逻辑向量、列表和 NULL 进行子集选取时会发生的情况。每个单元格都显示了根据所在列的第一行中描述的索引类型对所在行的第一列描述的数据结构进行子集选取的结果。我只显示了逻辑向量的结果，但是其他原子向量的行为类似，返回的是相同类型的元素（注意：int 代表整数；chr 代表字符），见表 4-1。

表 4-1

row[[col]]	零长度	OOB (int)	OOB (chr)	缺失值
原子向量	Error	Error	Error	Error
列表	Error	Error	NULL	NULL
NULL	NULL	NULL	NULL	NULL

如果命名了要索引的向量，则 OOB、缺失值或 NULL 元素的名称将为 <NA>。

上表中不同数据结构的不一致的结果导致了 purrr::pluck() 和 purrr::chuck() 的发展。当元素缺失时，pluck() 总是返回 NULL（或 .default 参数的值），而 chuck() 总是抛出错误。当你需要索引的元素不存在于深度嵌套的数据结构（使用来自 Web API 的 JSON
84 数据时通常会出现这种情况）中时，非常适合使用 pluck()。pluck() 还允许混合使用整数和字符进行索引，并且当待索引元素不存在时会提供备用默认值：

```
x <- list(
  a = list(1, 2, 3),
  b = list(3, 4, 5)
)

purrr::pluck(x, "a", 1)
#> [1] 1

purrr::pluck(x, "c", 1)
#> NULL

purrr::pluck(x, "c", 1, .default = NA)
#> [1] NA
```

4.3.4 @ 和 slot()

如果要从 S4 对象选取子集，还需要另外两个运算符：@（等价于 $）和 slot()（等价于 [[）。@ 比 $ 更严格，因为如果相应的字段（slot）不存在，@ 将返回一个错误。这些将在第 15 章中详细描述。

4.3.5 练习

1. 尽可能想出更多的方法，从 mtcars 数据集中的 cyl 变量中提取第三个值。

2. 假设有一个线性模型，例如，mod <- lm(mpg ~ wt, data = mtcars)，提取它的残差自由度。从这个模型汇总（summary(mod)）中提取 R 方。

4.4 子集选取与赋值

所有的子集选取运算符可以和赋值结合在一起使用，从而修改输入向量的选定的值，

即子集赋值（subassignment）。基本的形式为 x[i] <- value： 85

```
x <- 1:5
x[c(1, 2)] <- c(101, 102)
x
#> [1] 101 102   3   4   5
```

建议你确保 length(value) 与 length(x[i]) 等效，并且 i 是唯一的值。这是因为，尽管 R 会在需要时进行循环补齐，但是这些规则很复杂（尤其是当包含缺失值或重复的值时），并且可能会引起问题。

对于列表，可以使用 x[[i]] <- NULL 来去除列表中元素。使用 x[i] <- list(NULL) 在列表中添加合法的 NULL。

```
x <- list(a = 1, b = 2)
x[["b"]] <- NULL
str(x)
#> List of 1
#>  $ a: num 1

y <- list(a = 1, b = 2)
y["b"] <- list(NULL)
str(y)
#> List of 2
#>  $ a: num 1
#>  $ b: NULL
```

子集选取时使用空引用再结合赋值操作会比较有用，因为它会保持原有的对象类和数据结构。对比下面两个表达式。在第一个中，mtcars 仍然是数据框，因为仅更改 mtcars 的内容。在第二个中，mtcars 就会变成列表，因为正在更改绑定到的对象。

```
mtcars[] <- lapply(mtcars, as.integer)
is.data.frame(mtcars)
#> [1] TRUE

mtcars <- lapply(mtcars, as.integer)
is.data.frame(mtcars)
#> [1] FALSE
```
86

4.5 应用

上面描述的这些规则为子集选取提供了广泛的应用。下面讲述最重要的几个应用。虽然在这些基本的技术中有很多已经被打包成函数，如 subset()、merge() 和 dplyr::arrange()，但是知道如何通过最基础的子集选取来实现它们也是非常有帮助的。当现有函数不能满足需求时，这些知识可以帮助你解决问题。

4.5.1 查询表（字符子集选取）

字符匹配为创建查询表提供了一个强大的方法。例如，你想将简写转换成全拼：

```
x <- c("m", "f", "u", "f", "f", "m", "m")
lookup <- c(m = "Male", f = "Female", u = NA)
lookup[x]
#>        m        f        u        f        f        m        m 
#>   "Male" "Female"       NA "Female" "Female"   "Male"   "Male"
```

注意，如果不想在结果中显示名字，可以使用 unname() 去掉它。

```
unname(lookup[x])
#> [1] "Male"    "Female" NA        "Female" "Female" "Male"    "Male"
```

4.5.2　人工比对与合并（整数子集选取）

可以应用具有多个信息列的复杂查询表。例如，假设有一个成绩向量，其取值为整数，还有一个表来描述整数成绩的性质。

```
grades <- c(1, 2, 2, 3, 1)

info <- data.frame(
  grade = 3:1,
  desc = c("Excellent", "Good", "Poor"),
  fail = c(F, F, T)
)
```

87

然后，假设我们要复制 info 表，以便每个 grades 的值都有一行。一种完美的方法是将 match() 和整数子集选取（match(needles, haystack) 组合在一起，返回在 haystack 中找到的每个 needle 的位置）。

```
id <- match(grades, info$grade)
id
#> [1] 3 2 2 1 3
info[id, ]
#>     grade      desc  fail
#> 3       1      Poor  TRUE
#> 2       2      Good FALSE
#> 2.1     2      Good FALSE
#> 1       3 Excellent FALSE
#> 3.1     1      Poor  TRUE
```

如果有多列匹配，就需要首先将它们整合成一列（例如使用 interaction()）。不过，通常情况下，最好使用专门为连接多个表而设计的函数，例如 merge() 或 dplyr::join()。

4.5.3　随机样本和自助法（整数子集选取）

可以应用整数值索引来对向量或者数据框进行随机采样或者自助法抽样。函数 sample(n) 生成 1:n 的随机排列，然后用它作为索引来提取相应的值：

```
df <- data.frame(x = c(1, 2, 3, 1, 2), y = 5:1, z = letters[1:5])

# Randomly reorder
df[sample(nrow(df)), ]
#>   x y z
#> 1 1 5 a
#> 4 1 2 d
#> 2 2 4 b
#> 5 2 1 e
#> 3 3 3 c

# Select 3 random rows
df[sample(nrow(df), 3), ]
#>   x y z
#> 3 3 3 c
#> 2 2 4 b
```

88

```
#> 1 1 5 a

# Select 6 bootstrap replicates
df[sample(nrow(df), 6, replace = TRUE), ]
#>     x y z
#> 4   1 2 d
#> 4.1 1 2 d
#> 5   2 1 e
#> 1   1 5 a
#> 1.1 1 5 a
#> 2   2 4 b
```

sample() 的参数控制要提取的样本数以及是否执行替换采样。

4.5.4 排序（整数子集选取）

order() 以一个向量作为输入，返回一个用于描述其中子集向量排列顺序的整型向量[⊖]：

```
x <- c("b", "c", "a")
order(x)
#> [1] 3 1 2
x[order(x)]
#> [1] "a" "b" "c"
```

为了处理并列大小，可以为函数 order() 添加其他排序变量；同时，可以为 order() 添加参数 decreasing = TRUE，这样就从升序变成降序。默认情况下，缺失值会放在向量的末尾。但是，可以使用 na.last = NA 来去除它们，或者使用 na.last = FALSE 将它们放在向量的开头。

对于二维或更高维数据，order() 和整数子集选取可以很容易地对一个对象的行或列进行排序：

```
# Randomly reorder df
df2 <- df[sample(nrow(df)), 3:1]
df2
#>   z y x
#> 3 c 3 3
#> 1 a 5 1
#> 2 b 4 2
#> 4 d 2 1
#> 5 e 1 2

df2[order(df2$x), ]
#>   z y x
#> 1 a 5 1
#> 4 d 2 1
#> 2 b 4 2
#> 5 e 1 2
#> 3 c 3 3
df2[, order(names(df2))]
#>   x y z
#> 3 3 3 c
#> 1 1 5 a
#> 2 2 4 b
#> 4 1 2 d
#> 5 2 1 e
```

89

⊖ 这些是“获取”索引，即 order(x)[i] 返回每个 x[i] 所在位置的索引。而不是返回排序后 x[i] 所在位置的索引。

向量排序可以使用 sort()，数据框可以使用 dplyr::arrange()。

4.5.5 展开重复记录（整数子集选取）

有时你得到的数据框是已经整理过的，其中相同的记录已整合为一条记录，数据框增加一列来统计此条记录出现的次数。rep() 和整数子集选取可以容易地展开重复记录，因为我们可以利用 rep() 的向量化功能：rep(x, y) 代表将 x[i] 重复 y[i] 次。

```
df <- data.frame(x = c(2, 4, 1), y = c(9, 11, 6), n = c(3, 5, 1))
rep(1:nrow(df), df$n)
#> [1] 1 1 1 2 2 2 2 2 3

df[rep(1:nrow(df), df$n), ]
#>     x  y n
#> 1   2  9 3
#> 1.1 2  9 3
#> 1.2 2  9 3
#> 2   4 11 5
#> 2.1 4 11 5
#> 2.2 4 11 5
90 #> 2.3 4 11 5
#> 2.4 4 11 5
#> 3   1  6 1
```

4.5.6 剔除数据框中某些列（字符子集选取）

有两种方式从数据框中剔除列数据。可以把这些列分别设为 NULL：

```
df <- data.frame(x = 1:3, y = 3:1, z = letters[1:3])
df$z <- NULL
```

或者也可以进行子集选择只返回需要的列：

```
df <- data.frame(x = 1:3, y = 3:1, z = letters[1:3])
df[c("x", "y")]
#>   x y
#> 1 1 3
#> 2 2 2
#> 3 3 1
```

如果知道不需要的列，可以使用集合运算来找出需要保留的列：

```
df[setdiff(names(df), "z")]
#>   x y
#> 1 1 3
#> 2 2 2
#> 3 3 1
```

4.5.7 根据条件选取行（逻辑子集选取）

由于可以很容易地组合来自多列的条件，所以从数据框中提取行的最常用的技术可能是应用逻辑子集选取方法。

```
mtcars[mtcars$gear == 5, ]
#>                 mpg cyl  disp  hp drat   wt qsec vs am gear carb
#> Porsche 914-2  26.0   4 120.3  91 4.43 2.14 16.7  0  1    5    2
91 #> Lotus Europa   30.4   4  95.1 113 3.77 1.51 16.9  1  1    5    2
#> Ford Pantera L 15.8   8 351.0 264 4.22 3.17 14.5  0  1    5    4
```

```
#> Ferrari Dino    19.7   6 145.0 175 3.62 2.77 15.5  0  1    5    6
#> Maserati Bora   15.0   8 301.0 335 3.54 3.57 14.6  0  1    5    8

mtcars[mtcars$gear == 5 & mtcars$cyl == 4, ]
#>                 mpg cyl  disp  hp drat   wt qsec vs am gear carb
#> Porsche 914-2 26.0   4 120.3  91 4.43 2.14 16.7  0  1    5    2
#> Lotus Europa  30.4   4  95.1 113 3.77 1.51 16.9  1  1    5    2
```

需要记住的是：要使用向量的布尔运算符 & 和 |，而不是短路标量（short-circuiting）运算符 && 和 ||，短路标量运算符在 if 语句中非常有用。别忘了德·摩根定理，它对简化逆运算很有用：

- !(X & Y) 等价于 !X | !Y。
- !(X | Y) 等价于 !X & !Y。

例如，!(X & !(Y | Z)) 可以简化为 !X | !!(Y|Z)，然后进一步简化为 !X | Y | Z。

4.5.8 布尔代数与集合（逻辑和整数子集选取）

集合运算（整数子集选取）和布尔代数（逻辑子集选取）之间具有天然的对等性，知道这一点是非常有用的。在下列情况中集合运算更有效率：

- 需要找到第一个（或最后一个）TRUE。
- 数据中只有非常少的 TRUE，却有非常多的 FALSE；集合表示会更快并需要更少的内存。

which() 函数可以将布尔表示转换成整数表示。在 R 基础包中没有对此过程进行逆操作的函数，但是创建一个也很容易：

```
x <- sample(10) < 4
which(x)
#> [1] 2 5 8

unwhich <- function(x, n) {
  out <- rep_len(FALSE, n)
  out[x] <- TRUE
  out
}
```

92

```
unwhich(which(x), 10)
#>  [1] FALSE  TRUE FALSE FALSE  TRUE FALSE FALSE  TRUE FALSE FALSE
```

首先，创建两个逻辑向量和它们的整数等价体，然后探索布尔运算和集合运算的关系。

```
(x1 <- 1:10 %% 2 == 0)
#>  [1] FALSE  TRUE FALSE  TRUE FALSE  TRUE FALSE  TRUE FALSE  TRUE
(x2 <- which(x1))
#> [1]  2  4  6  8 10
(y1 <- 1:10 %% 5 == 0)
#>  [1] FALSE FALSE FALSE FALSE  TRUE FALSE FALSE FALSE FALSE  TRUE
(y2 <- which(y1))
#> [1]  5 10

# X & Y <-> intersect(x, y)
x1 & y1
#>  [1] FALSE FALSE FALSE FALSE FALSE FALSE FALSE FALSE FALSE  TRUE
intersect(x2, y2)
#> [1] 10

# X | Y <-> union(x, y)
x1 | y1
```

```
#>  [1] FALSE  TRUE FALSE  TRUE  TRUE  TRUE FALSE  TRUE FALSE  TRUE
union(x2, y2)
#> [1]  2  4  6  8 10  5

# X & !Y <-> setdiff(x, y)
x1 & !y1
#>  [1] FALSE  TRUE FALSE  TRUE FALSE  TRUE FALSE  TRUE FALSE FALSE
setdiff(x2, y2)
#> [1] 2 4 6 8

# xor(X, Y) <-> setdiff(union(x, y), intersect(x, y))
xor(x1, y1)
#>  [1] FALSE  TRUE FALSE  TRUE  TRUE  TRUE FALSE  TRUE FALSE FALSE
setdiff(union(x2, y2), intersect(x2, y2))
#> [1] 2 4 6 8 5
```

在第一次学习子集选取时，最常犯的一个错误就是用 x[which(y)] 而不是 x[y]。这里，which() 不做任何事情：它从逻辑子集选取转换为整数子集选取，但结果是完全一样的。
93 更多情况下，它们有两个重要的差异：

- 当逻辑向量包含 NA 时，逻辑子集选取将这些值替换为 NA，而 which() 只是抛弃这些值。使用 which() 时，这种副作用并不少见，但我不建议这样做：“which”的含义并不意味着要删除缺失值。
- x[-which(y)] 与 x[!y] 也是不等价的：如果 y 全是 FALSE，which(y) 就是 integer(0)，-integer(0) 仍然是 integer(0)，所以最后没有得到值。

通常，除非必须这样做，例如，第一个或最后一个 TRUE 值，否则不要将逻辑子集选取转换成整数子集选取。

4.5.9 练习

1. 如何随机重新排列数据框的列？（在随机森林中这是一项非常重要的技术。）能同时对行和列重新排列吗？

2. 如何从数据框中随机选择 m 行？如果样本必须是连续的呢（比如，选取起始行、终止行以及它们之间的所有行）？

3. 如何将数据框中的列按字母顺序排序？

4.6 小测验答案

1. 使用正整数可以选择指定位置上的元素，负整数舍弃该位置上的元素；逻辑向量只保留对应位置为 TRUE 的元素；字符向量选择匹配名字的元素。

2. [选择子列表。它总是返回列表。如果你把它和单个正整数联合使用，它返回长度为 1 的列表。[[选择列表中的一个元素。$ 是一个方便的简写：x$y 与 x[["y"]] 是等价的。

3. 如果你对矩阵、数组或数据框进行子集选取并且想保留初始维度，那么使用参数 drop = FALSE。当你在函数内部进行子集选取时，你应该使用它。

4. 如果 x 是矩阵，x[] <- 0 将每个元素变成 0，但行数和列数不变。而 x <- 0 完全用 0 替换该矩阵。

94~95 5. 可以使用一个命名的字符向量作为简单的查询表：c(x = 1, y = 2, z = 3)[c("y", "z", "x")]。

第 5 章

控 制 流

5.1 本章简介

控制流有两个主要工具：选择（choice）和循环（loop）。选择（例如 if 语句和 switch() 调用）可以根据输入运行不同的代码。像 for 和 while 这样的循环允许在更改某一选项后重复运行代码。希望你已经熟悉这些功能的基础知识，下面我将简要介绍一些技术细节，然后介绍一些有用的但鲜为人知的功能。

你将在第 8 章中了解到的条件系统（消息、警告和错误）也提供了非局部控制流（non-local control flow）。

小测验

你可以通过这个小测验来决定是否需要阅读本章内容。如果你能够快速地给出正确答案，那么你就可以跳过本章。你可以到 5.4 节中去检查你的回答是否正确。

1. if 和 ifelse() 有什么区别？

2. 在以下代码中，如果 x 为 TRUE，则 y 的值将是什么？如果 x 为 FALSE，y 的值将是什么？如果 x 是 NA，y 的值将是什么？

```
y <- if (x) 3
```

3. switch("x", x = , y = 2, z = 3) 将返回什么？

主要内容

- 5.2 节深入探讨 if 的细节，然后讨论了与其相关的 ifelse() 和 switch()。
- 5.3 节首先介绍 R 中 for 循环的基本结构，讨论一些常见的陷阱，然后讨论相关的 while 和 repeat 语句。 96~97

5.2 选择

R 中 if 语句的基本形式如下：

```
if (condition) true_action
if (condition) true_action else false_action
```

如果 condition 为 TRUE，则计算 true_action；如果 condition 为 FALSE，则计算 false_action。

通常，这些 action 是 {} 中包含的复合语句：

```
grade <- function(x) {
  if (x > 90) {
    "A"
  } else if (x > 80) {
    "B"
  } else if (x > 50) {
    "C"
  } else {
    "F"
  }
}
```

if 将返回一个值，以便你可以分配结果：

```
x1 <- if (TRUE) 1 else 2
x2 <- if (FALSE) 1 else 2

c(x1, x2)
#> [1] 1 2
```

（我建议仅在整个表达式都适合放在一行时才分配 if 语句的结果，否则，往往很难阅读。）

当你使用不带 else 语句的单参数形式时，如果条件（condition）为 FALSE，则 if 的结果将不可见地表现为 NULL（6.7.2 节）。由于 c() 和 paste() 之类的函数会删除 NULL 输入，因此这将用于某些特别用法的紧凑表达：

98

```
greet <- function(name, birthday = FALSE) {
  paste0(
    "Hi ", name,
    if (birthday) " and HAPPY BIRTHDAY"
  )
}
greet("Maria", FALSE)
#> [1] "Hi Maria"
greet("Jaime", TRUE)
#> [1] "Hi Jaime and HAPPY BIRTHDAY"
```

5.2.1　无效输入

condition 的评估结果应为单个 TRUE 或 FALSE。其他大多数输入都会产生错误：

```
if ("x") 1
#> Error in if ("x") 1: argument is not interpretable as logical
if (logical()) 1
#> Error in if (logical()) 1: argument is of length zero
if (NA) 1
#> Error in if (NA) 1: missing value where TRUE/FALSE needed
```

一个例外是当评估结果是长度大于 1 的逻辑向量时，它将产生警告：

```
if (c(TRUE, FALSE)) 1
#> Warning in if (c(TRUE, FALSE)) 1: the condition has length > 1 and
#> only the first element will be used
#> [1] 1
```

在 R 3.5.0 及更高版本中，感谢 Henrik Bengtsson（https://github.com/HenrikBengtsson/Wishlist-for-R/issues/38），你可以通过设置环境变量将该结果从警告变成错误：

```
Sys.setenv("_R_CHECK_LENGTH_1_CONDITION_" = "true")
if (c(TRUE, FALSE)) 1
#> Error in if (c(TRUE, FALSE)) 1: the condition has length > 1
```

我认为这是一个好习惯，因为它揭示了一个明显的错误，如果仅将其显示为警告，你可能会忽视这一点。 99

5.2.2 向量化的 if 语句

假设 if 仅使用单个 TRUE 或 FALSE，你可能想知道如果拥有逻辑值向量，该怎么处理。ifelse() 可用于处理值向量：这是 if 的向量化函数，带有 test、yes 和 no 三个参数向量（将循环补齐至相同的长度）：

```
x <- 1:10
ifelse(x %% 5 == 0, "XXX", as.character(x))
#>  [1] "1"   "2"   "3"   "4"   "XXX" "6"   "7"   "8"   "9"   "XXX"

ifelse(x %% 2 == 0, "even", "odd")
#>  [1] "odd"  "even" "odd"  "even" "odd"  "even" "odd"  "even" "odd"
#> [10] "even"
```

请注意，缺失值将传递到输出中。

建议仅在 yes 和 no 向量的类型相同时才使用 ifelse()，否则很难预测输出类型。有关其他讨论，请参见 https://vctrs.r-lib.org/articles/stability.html#ifelse。

另一个向量化等效方式是更通用的 dplyr::case_when()。它使用一种特殊的语法来处理任意数量的“条件 – 向量”对：

```
dplyr::case_when(
  x %% 35 == 0 ~ "fizz buzz",
  x %% 5 == 0 ~ "fizz",
  x %% 7 == 0 ~ "buzz",
  is.na(x) ~ "???",
  TRUE ~ as.character(x)
)
#>  [1] "1"    "2"    "3"    "4"    "fizz" "6"    "buzz" "8"    "9"
#> [10] "fizz"
```

5.2.3 switch() 语句

与 if 密切相关的是 switch() 语句。这是一种紧凑的特殊用途等效方法，可让你替换以下代码：

100

```
x_option <- function(x) {
  if (x == "a") {
    "option 1"
  } else if (x == "b") {
    "option 2"
  } else if (x == "c") {
    "option 3"
  } else {
    stop("Invalid `x` value")
  }
}
```

更简洁的表示为：

```
x_option <- function(x) {
  switch(x,
    a = "option 1",
    b = "option 2",
    c = "option 3",
    stop("Invalid `x` value")
  )
}
```

switch() 的最后一个元素应始终抛出错误，否则不匹配的输入将无形地返回 NULL：

```
(switch("c", a = 1, b = 2))
#> NULL
```

如果多个输入具有相同的输出，则可以将等号 = 的右侧留空，输入将“直通”到下一个值。这模仿了 C 语言中的 switch 语句的行为：

101

```
legs <- function(x) {
  switch(x,
    cow = ,
    horse = ,
    dog = 4,
    human = ,
    chicken = 2,
    plant = 0,
    stop("Unknown input")
  )
}
legs("cow")
#> [1] 4
legs("dog")
#> [1] 4
```

还可以将 switch() 与数值 x 一起使用，但更难以阅读，并且如果 x 不是整数，则可能会遇到意外的错误。建议仅将 switch() 与字符输入一起使用。

5.2.4 练习

1. 以下对 ifelse() 的调用将返回哪种类型的向量？

```
ifelse(TRUE, 1, "no")
ifelse(FALSE, 1, "no")
ifelse(NA, 1, "no")
```

阅读文档并用自己的语言写下规则。

2. 以下代码为何起作用？

```
x <- 1:10
if (length(x)) "not empty" else "empty"
#> [1] "not empty"

x <- numeric()
if (length(x)) "not empty" else "empty"
#> [1] "empty"
```

5.3 循环

for 循环用于迭代向量中的项目。它们具有以下基本形式：

```
for (item in vector) perform_action
```
102

对于向量中的每个项目，perform_action 都会被调用一次；每次迭代都将更新 item 的值。

```
for (i in 1:3) {
  print(i)
}
#> [1] 1
#> [1] 2
#> [1] 3
```

（当遍历索引向量时，通常使用非常短的变量名称，例如 i、j 或 k。）

注意：for 将项目分配给当前环境，覆盖任何具有相同名称的现有变量：

```
i <- 100
for (i in 1:3) {}
i
#> [1] 3
```

有两种方法可以提前终止 for 循环：

- next 退出当前迭代。
- break 退出整个 for 循环。

```
for (i in 1:10) {
  if (i < 3)
    next

  print(i)

  if (i >= 5)
    break
}
#> [1] 3
#> [1] 4
#> [1] 5
```

5.3.1 常见的陷阱

使用时要注意三个常见的陷阱。首先，如果要生成数据，请确保预先设定输出容器，否则，循环将非常缓慢。有关更多详细信息，请参见 23.2.2 节和 24.6 节。vector() 函数在 103
这里很有帮助。

```
means <- c(1, 50, 20)
out <- vector("list", length(means))
for (i in 1:length(means)) {
  out[[i]] <- rnorm(10, means[[i]])
}
```

接下来，小心使用迭代 1:length(x)，如果 x 的长度为 0，它将会报错：

```
means <- c()
out <- vector("list", length(means))
for (i in 1:length(means)) {
  out[[i]] <- rnorm(10, means[[i]])
}
#> Error in rnorm(10, means[[i]]): invalid arguments
```

发生这种情况的原因是“:”与递增和递减序列一起使用：

```
1:length(means)
#> [1] 1 0
```

请改用 seq_along(x)。它总是返回与 x 相同长度的值：

```
seq_along(means)
#> integer(0)

out <- vector("list", length(means))
for (i in seq_along(means)) {
  out[[i]] <- rnorm(10, means[[i]])
}
```

最后，在遍历 S3 向量时可能会遇到问题，因为循环通常会剥离属性：

```
xs <- as.Date(c("2020-01-01", "2010-01-01"))
for (x in xs) {
  print(x)
}
#> [1] 18262
```
104
```
#> [1] 14610
```

通过 [[进行自我调用：

```
for (i in seq_along(xs)) {
  print(xs[[i]])
}
#> [1] "2020-01-01"
#> [1] "2010-01-01"
```

5.3.2　相关的工具

如果你事先知道要迭代的一组值，则 for 循环很有用。如果你不知道，那么有两种相关的工具具有更灵活的功能：

- while(condition) action：当 condition 为 TRUE 时执行 action。
- repeat(action)：永远重复 action（即直到遇到 break）。

R 语言不具有其他语言中的 do{action} while (condition) 的语法。

你可以使用 while 语句重写任何 for 循环，也可以使用 repeat 重写任何 while 循环，但是反之则不成立。这意味着 while 比 for 更灵活，而 repeat 比 while 更灵活。但是，最好的方法是使用最不灵活的解决方案，因此应尽可能使用 for 循环。

一般来说，你不需要为数据分析任务使用循环，因为 map() 和 apply() 已经为大多数问题提供了较不灵活的解决方案。你将在第 9 章中了解更多信息。

5.3.3　练习

1. 为什么此代码能够在没有错误或警告的情况下运行成功？

```
x <- numeric()
out <- vector("list", length(x))
for (i in 1:length(x)) {
  out[i] <- x[i] ^ 2
}
out
```

2. 对以下代码求值后，解释向量的迭代过程。 105

```
xs <- c(1, 2, 3)
for (x in xs) {
  xs <- c(xs, x * 2)
}
xs
#> [1] 1 2 3 2 4 6
```

3. 当索引更新后，以下代码返回了什么结果？

```
for (i in 1:3) {
  i <- i * 2
  print(i)
}
#> [1] 2
#> [1] 4
#> [1] 6
```

5.4 小测验答案

1. `if` 适用于标量；`ifelse()` 适用于向量。

2. 当 x 为 TRUE 时，y 为 3；当 x 为 FALSE 时，y 将为 NULL；当 x 为 NA 时，语句将抛出错误。

3. 该 `switch()` 语句利用“直通”功能，因此将返回 2。请参见 5.2.3 节中的详细信息。 106

第 6 章

函　　数

6.1　本章简介

如果你正在阅读本书，则可能已经创建了许多 R 函数，并且知道如何使用它们来减少代码重复。在本章中，你将学习将函数如何工作的零碎知识转变为更严谨的理论理解。尽管你会在此过程中看到一些有趣的技巧和技术，但请记住，你将在这里学到的内容对于理解本书之后讨论的更高级的主题非常重要。

小测验

回答下面的问题，看看你是不是可以跳过本章。可以在 6.9 节中找到答案。

1. 函数的 3 个组成部分是什么？

2. 下面代码的返回值是多少？

```
x <- 10
f1 <- function(x) {
  function() {
    x + 10
  }
}
f1(1)()
```

107 3. 如何写下面的代码，使其更具一般性？

```
`+`(1, `*`(2, 3))
```

4. 如何使下面的调用变得更易于理解？

```
mean(, TRUE, x = c(1:10, NA))
```

5. 调用下面的函数时会出错吗？为什么会出错或者不会出错？

```
f2 <- function(a, b) {
  a * 10
}
f2(10, stop("This is an error!"))
```

6. 什么是中缀（infix）函数？如何编写中缀函数？什么是替换（replacement）函数？如

何编写替换函数？

7. 无论函数如何终止，我们都希望出现一个清理动作，使用哪个函数可以做到这一点？

主要内容

- 6.2 节描述创建函数的基础、函数的三个主要元素，以及许多函数规则的例外：基本函数（在 C 中而不是 R 中实现）。
- 6.3 节讨论 R 代码中常用的三种形式的函数组合的优缺点。
- 6.4 节介绍 R 如何找到与给定名称关联的值，即词法作用域规则。
- 6.5 节专门介绍函数参数的重要属性：仅在首次使用它们时才对其进行求值。
- 6.6 节讨论特殊的 ... 参数，该参数允许你将其他参数传递给另一个函数。
- 6.7 节讨论函数退出的两种主要方式，以及如何定义退出处理程序和退出时运行的代码（无论是什么原因触发的代码）。
- 6.8 节展示 R 掩盖普通函数调用的各种方式，以及如何使用标准前缀形式更好地了解发生了什么。 108

6.2　函数基础

要了解 R 中的函数，你需要了解两个重要的想法：

- 函数可以分为三个部分：参数、主体和环境。

  每个规则都有例外，在这种情况下，只有少量的“原始”基本函数选择完全在 C 语言中实现。
- 函数是对象，就像向量是对象一样。

6.2.1　函数元素

R 函数包含三个部分：

- `formals()`：控制如何调用函数的参数列表。
- `body()`：函数的内部代码。
- `environment()`：确定函数如何查找与名字关联的值的数据结构。

虽然在创建函数时明确指定了形式和主体，但根据定义函数的位置隐式指定了环境。函数环境始终存在，但只有在全局环境中未定义函数时才会被打印。

```
f02 <- function(x, y) {
  # A comment
  x + y
}

formals(f02)
#> $x
#>
#>
#> $y

body(f02)
#> {
#>     x + y
#> }
```

109

```
environment(f02)
#> <environment: R_GlobalEnv>
```

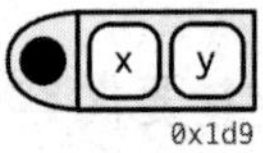

图 6-1

绘制的函数技术图如图 6-1 所示。左侧的黑点代表环境。右边的两个块代表函数参数。图 6-1 中并没有绘制主体，因为它通常很大，并且不会帮助你了解函数的形状。

像 R 中的所有对象一样，函数也可以具有任意数量的附加 `attributes()`。R 基础包使用的一个属性是 `srcref`，它是源引用（source reference）的缩写，指向用于创建函数的源代码。`srcref` 用于打印，因为与 `body()` 不同，它包含代码注释和其他格式。

```
attr(f02, "srcref")
#> function(x, y) {
#>   # A comment
#>   x + y
#> }
```

6.2.2 原函数

原则上函数包含三个部分，但有一个例外：原函数。例如，原函数 `sum()` 和 `[`，它们直接调用 C 代码。

```
sum
#> function (..., na.rm = FALSE)  .Primitive("sum")
`[`
#> .Primitive("[")
```

它们具有 `builtin` 类型或 `special` 类型。

```
typeof(sum)
#> [1] "builtin"
typeof(`[`)
#> [1] "special"
```

110

这些函数原始地出现在 C 中而不是 R 中，因此它们的 `formals()`、`body()` 和 `environment()` 都是 `NULL`：

```
formals(sum)
#> NULL
body(sum)
#> NULL
environment(sum)
#> NULL
```

原函数只存在于基础包中。尽管它们具有某些性能优势，但却要付出代价：它们很难编写。因此 R 的核心团队通常避免创建这样的函数，除非别无选择。

6.2.3 第一类函数

R 函数本身就是对象，这一语言属性通常称为“第一类函数”，了解这一点非常重要。与许多其他语言不同，定义和命名函数并没有特殊语法：只需创建一个函数对象（带有 `function`）并使用 `<-` 将其绑定到名称即可，见图 6-2。

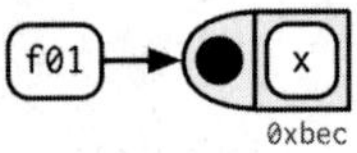

图 6-2

```
f01 <- function(x) {
  sin(1 / x ^ 2)
}
```

尽管你几乎总是创建一个函数，然后将其绑定到一个名称，但是这种绑定步骤并不是必需的。如果你选择不给函数命名，则会得到一个**匿名函数**。当这个函数不值得花力气进行命名时，这很有用：

```
lapply(mtcars, function(x) length(unique(x)))
Filter(function(x) !is.numeric(x), mtcars)
integrate(function(x) sin(x) ^ 2, 0, pi)
```

另一个选择是将函数放在列表中： 111

```
funs <- list(
  half = function(x) x / 2,
  double = function(x) x * 2
)

funs$double(10)
#> [1] 20
```

在 R 中，你经常会看到称为**闭包**（closure）的函数。此名称反映了 R 函数捕获或封装其环境的事实，7.4.2 节将详细介绍这部分内容。

6.2.4　调用函数

通常，可以通过将参数放在括号中来调用函数：mean(1:10, na.rm = TRUE)。但是，如果参数已经存在于数据结构中怎么办？

```
args <- list(1:10, na.rm = TRUE)
```

你可以改用 do.call()，它有两个参数，包括要调用的函数，以及包含函数参数的列表：

```
do.call(mean, args)
#> [1] 5.5
```

我们将在 19.6 节中介绍这部分内容。

6.2.5　练习

1. 给定一个名称（例如 "mean"），match.fun() 可用于找到对应的函数。给定一个函数，可以找到它的名字吗？为什么这在 R 中没有意义？

2. R 中可以（虽然通常没有用）调用匿名函数。以下两种方法中的哪一种是正确的？为什么？

```
function(x) 3()
#> function(x) 3()
(function(x) 3)()
#> [1] 3
```

112

3. 一条很好的经验法则是，匿名函数应该放在一行上，不需要使用 {}。查看你的代码。在哪里可以使用匿名函数而不是命名函数？应该在哪里使用命名函数而不是匿名函数？

4. 使用什么函数来判断一个对象是不是函数？使用什么函数来判断一个函数是不是原函数？

5. 下面的代码可以列出基础包中的所有函数。

```
objs <- mget(ls("package:base", all = TRUE), inherits = TRUE)
funs <- Filter(is.function, objs)
```

使用它来回答下面的问题：

a. 哪个基础函数有最多的参数？

b. 多少个基础函数没有参数？这些函数有哪些特别之处？

c. 如何对这段代码进行修改以便找到所有的原函数？

6. 函数的 3 个重要部分是什么？

7. 什么时候输出一个函数不会显示创建它所在的环境？

6.3 函数组合

R 基础包提供了两种方法来组成多个函数调用。例如，如果想组合使用 sqrt() 和 mean() 来计算总体标准差：

```
square <- function(x) x^2
deviation <- function(x) x - mean(x)
```

可以嵌套函数调用：

113

```
x <- runif(100)

sqrt(mean(square(deviation(x))))
#> [1] 0.274
```

或将中间结果另存为变量：

```
out <- deviation(x)
out <- square(out)
out <- mean(out)
out <- sqrt(out)
out
#> [1] 0.274
```

magrittr 添加包 [Bache and Wickham，2014] 提供了第三个选项：二进制运算符 %>%，它称为管道符，读为“然后”(and then)。

```
library(magrittr)

x %>%
  deviation() %>%
  square() %>%
  mean() %>%
  sqrt()
#> [1] 0.274
```

x %>% f() 等价于 f(x)；x %>% f(y) 等价于 f(x, y)。管道符使你可以专注于函数的高层组合，而不是底层的数据流。将重点放在正在做的事情上，而不是放在被修改的内容上。这种样式在 Haskell 和 F# 中很常见，是 magrittr 的主要灵感源，并且是基于堆栈的编程语言（如 Forth 和 Factor）中的默认样式。

这三个选项中的每一个都有其优点和缺点：

- 嵌套 f(g(x)) 简洁明了，非常适合短序列。但是较长的序列很难读取，因为它们是从内到外、从右到左读取的。这将导致参数可能会传播很长一段距离，从而产生 Dagwood 三明治（https://en.wikipedia.org/wiki/Dagwood_sandwich）问题。
- 中间对象 y <- f(x); g(y)，要求命名中间对象。当对象很重要时，这是一个优势，但是当对象仅仅只是中间对象时，这是劣势。
- 管道 x %>% f() %>% g()，能够以从左至右的直接方式读取代码，而无须命名中间对象。但是，你只能将其与单个对象的线性转换序列一起使用。它还需要额外的第三方添加包，并假定读者理解管道符。 114

大多数代码将使用所有三种样式的组合。管道符在数据分析代码中更为常见，因为分析的大部分内容由对象（例如数据框或绘图）的一系列转换组成。我在添加包中很少使用管道。并不是因为这是一个坏主意，而是因为它通常不太自然。

6.4　词法作用域

在第 2 章中，我们讨论了赋值，即将名称绑定到值的行为。在这里，我们将讨论**作用域**（scoping），即查找与名字关联的值。

作用域的基本规则非常直观，即使你从未明确研究过它们，你也可能已经了解它们了。例如，以下代码将返回 10 还是 20[⊖]？

```
x <- 10
g01 <- function() {
  x <- 20
  x
}

g01()
```

在本节中，你将学习作用域的正式规则以及其中一些更细微的细节。对作用域的更深入了解将帮助你使用更高级的功能编程工具，甚至最终可以编写将 R 代码转换为其他语言的工具。

R 使用**词法作用域**（lexical scoping）[⊜]：它根据函数的定义方式而不是其调用方式查找名称的值。这里的“词法”不是形容词（它意味着与单词或词汇有关），这是一个技术性 CS 术语，它告诉我们作用域规则使用的是解析时间而非执行时结构。

R 词法作用域遵循 4 个基本原则：

- 名字屏蔽 115
- 函数与变量
- 重新开始
- 动态查找

⊖ 我将在脚注中“隐藏”这些问题的答案。在看答案之前先尝试解决它们，这将帮助你更好地记住正确答案。在这种情况下，g01() 将返回 20。

⊜ 自动引用一个或多个参数的函数可以覆盖默认的作用域规则，以实现其他作用域。你将在第 20 章中进一步了解。

6.4.1　名字屏蔽

词法作用域的基本原理是，在函数内部定义的名称掩盖了在函数外部定义的名称。在下面的示例中对此进行了说明。

```
x <- 10
y <- 20
g02 <- function() {
  x <- 1
  y <- 2
  c(x, y)
}
g02()
#> [1] 1 2
```

如果名字不是在函数内部定义的，那么 R 就会到上一层去进行查找。

```
x <- 2
g03 <- function() {
  y <- 1
  c(x, y)
}
g03()
#> [1] 2 1

# And this doesn't change the previous value of y
y
#> [1] 20
```

如果一个函数在另一个函数的内部定义，也使用同样的规则：在当前函数内查找，然后到定义函数的地方查找，等等，直到在全局环境中查找，然后到其他已加载的添加包中查找。

116 在脑海中运行以下代码，然后通过运行代码确认结果[⊖]。

```
x <- 1
g04 <- function() {
  y <- 2
  i <- function() {
    z <- 3
    c(x, y, z)
  }
  i()
}
g04()
```

相同的规则也适用于通过其他函数创建的函数，我称之为制造函数（manufactured function），这是第 10 章的主题。

6.4.2　函数与变量

在 R 中，函数是普通对象。这意味着上述作用域规则也适用于以下函数：

```
g07 <- function(x) x + 1
g08 <- function() {
  g07 <- function(x) x + 100
  g07(10)
}
g08()
#> [1] 110
```

⊖ g04() 将返回 c(1, 2, 3)。

但是，当一个函数和一个非函数共享相同的名字时（当然它们必须位于不同的环境中），应用这些规则会变得更加复杂。在函数调用中使用名字时，R 在查找该值时会忽略非函数对象。例如，在下面的代码中，g09 具有两个不同的值：

```
g09 <- function(x) x + 100
g10 <- function() {
  g09 <- 10
  g09(g09)
}
g10()
#> [1] 110
```

为了记录，将相同的名称用于不同的事物会造成混淆，最好避免这样做！ 117

6.4.3 重新开始

函数调用之间值会发生什么变化？第一次运行这个函数会发生什么？第二次会发生什么？[⊖]（如果以前你没有看到过函数 exists()，如果参数中给出的变量存在，它返回 TRUE，否则它返回 FALSE。）

```
g11 <- function() {
  if (!exists("a")) {
    a <- 1
  } else {
    a <- a + 1
  }
  a
}

g11()
g11()
```

你可能对它返回相同的值感到惊讶。这是由于每次调用 g11() 函数都创建一个新的环境。一个函数不可能知道上次被调用时发生了什么；每次调用都是完全独立的。我们将在 10.2.4 节中学习绕过这个问题的方法。

6.4.4 动态查找

词法作用域决定到哪里查找这些值，而不是什么时候查找。在函数运行时，R 查找这些值，而不是在函数被创建时再查找。这就意味着，依据函数环境外的对象的函数的输出可能不同。

```
g12 <- function() x + 1
x <- 15
g12()
#> [1] 16

x <- 20
g12()
#> [1] 21
```
118

这种行为可能会很烦人。如果代码中有拼写错误，则在创建函数时不会收到错误消息。

⊖ g11() 每次调用都返回 1。

并且，根据全局环境中定义的变量，运行函数时甚至可能不会收到错误消息。

要检测此问题，请使用 codetools::findGlobals()。此函数列出了函数中的所有外部依赖项（未绑定符号）：

```
codetools::findGlobals(g12)
#> [1] "+" "x"
```

要解决此问题，你可以将函数的环境手动更改为 emptyenv()，该环境不包含任何内容：

```
environment(g12) <- emptyenv()
g12()
#> Error in x + 1: could not find function "+"
```

问题及其解决方案揭示了为什么存在这种看似不好的行为：R 依赖于词法作用域来查找所有东西，从诸如 mean() 之类的显而易见的事物到“+”甚至是“{”之类的不太明显的内容。这使 R 的作用规则相当简单。

6.4.5　练习

1. 下面的代码会返回什么？为什么？下面的 3 个 c 分别代表什么意思？

```
c <- 10
c(c = c)
```

2. 控制 R 如何找到符号所对应值的 4 个基本原则是什么？
3. 下面的函数返回什么？在你自己运行代码前先预测一下。

119

```
f <- function(x) {
  f <- function(x) {
    f <- function() {
      x ^ 2
    }
    f() + 1
  }
  f(x) * 2
}
f(10)
```

6.5　惰性求值

在 R 中，函数参数的计算是**惰性求值**（lazy evaluation）：仅在被实际用到时才会被求值。例如，此代码不会产生错误，因为从不使用 x：

```
h01 <- function(x) {
  10
}
h01(stop("This is an error!"))
#> [1] 10
```

这是一项重要的功能，因为它允许你执行一些操作，例如如果在函数参数中包含潜在的昂贵计算，将仅在需要时才进行求值。

6.5.1　约定

惰性求值由称为**约定**（promise）或（不太常用的）形式转换（thunk）的数据结构提供支

持。这是使 R 成为一种有趣的编程语言的功能之一（我们将在 20.3 节中再次回到约定）。

约定包含三个部分：

- x + y 之类的表达式，它会引起延迟的计算。
- 表达式求值所在的环境，即调用函数的环境。这样可以确保以下函数返回 11，而不是 101：

```
y <- 10
h02 <- function(x) {
  y <- 100
  x + 1                                                    120
}

h02(y)
#> [1] 11
```

　　这也意味着，当你在函数调用的内部进行赋值时，变量将绑定在函数外部，而不是在函数内部。

```
h02(y <- 1000)
#> [1] 1001
y
#> [1] 1000
```

- 取值，当在指定环境中对表达式求值时，该值将在首次访问约定时计算并缓存。这样可以确保对约定最多进行一次求值，这就是在以下示例中仅看到一次“Calculating...”的原因。

```
double <- function(x) {
  message("Calculating...")
  x * 2
}

h03 <- function(x) {
  c(x, x)
}

h03(double(x))
#> Calculating...
#> [1] 40 40
```

不能使用 R 代码来处理约定。约定就像一个量子状态：任何使用 R 代码检查它们的尝试都将立即进行求值，从而使约定消失了。在 20.3 节中，将介绍有关 quosure 的内容，它将约定转换为 R 对象，可以在其中轻松检查表达式和环境。

6.5.2 默认参数

由于采用了惰性求值，因此可以根据其他参数甚至可以根据函数定义的变量来定义默认值： 121

```
h04 <- function(x = 1, y = x * 2, z = a + b) {
  a <- 10
  b <- 100

  c(x, y, z)
}
```

```
h04()
#> [1]   1   2 110
```

许多R基础包的函数都使用这种技术，但我不建议这样做。这使代码更难理解：要预测将返回的内容，需要知道对默认参数进行求值的确切顺序。

默认参数和用户提供的参数的求值环境略有不同，因为默认参数是在函数内部求值的。这意味着看似相同的调用会产生不同的结果。举一个极端的例子最容易说明这一点：

```
h05 <- function(x = ls()) {
  a <- 1
  x
}

# ls() evaluated inside h05:
h05()
#> [1] "a" "x"

# ls() evaluated in global environment:
h05(ls())
#> [1] "h05"
```

6.5.3 缺失参数

要确定参数的值是来自用户还是来自默认值，可以使用missing()：

```
h06 <- function(x = 10) {
  list(missing(x), x)
}
str(h06())
```
122
```
#> List of 2
#>  $ : logi TRUE
#>  $ : num 10
str(h06(10))
#> List of 2
#>  $ : logi FALSE
#>  $ : num 10
```

但是，最好谨慎使用missing()。以sample()为例，这需要多少个参数?

```
args(sample)
#> function (x, size, replace = FALSE, prob = NULL)
#> NULL
```

看起来x和size都是必需的，但是如果未提供size，sample()将使用missing()提供默认值。如果要重写sample()函数，我将使用显式NULL表示不是一定需要size参数，但是用户也可以提供：

```
sample <- function(x, size = NULL, replace = FALSE, prob = NULL) {
  if (is.null(size)) {
    size <- length(x)
  }

  x[sample.int(length(x), size, replace = replace, prob = prob)]
}
```

使用%||%中缀函数创建的二值模式，如果不为NULL，则使用lhs，否则使用rhs，我们可以进一步简化sample()：

```
`%||%` <- function(lhs, rhs) {
  if (!is.null(lhs)) {
    lhs
  } else {
    rhs
  }
}

sample <- function(x, size = NULL, replace = FALSE, prob = NULL) {
  size <- size %||% length(x)
  x[sample.int(length(x), size, replace = replace, prob = prob)]
}
```
123

由于惰性求值，你无须担心不必要的计算：`%||%` 的 `rhs` 仅在 `lhs` 为 `NULL` 时才会被求值。

6.5.4 练习

1. `&&` 的重要属性使 `x_ok()` 起作用？

```
x_ok <- function(x) {
  !is.null(x) && length(x) == 1 && x > 0
}

x_ok(NULL)
#> [1] FALSE
x_ok(1)
#> [1] TRUE
x_ok(1:3)
#> [1] FALSE
```

此代码有什么不同？为什么这种行为在这里不受欢迎？

```
x_ok <- function(x) {
  !is.null(x) & length(x) == 1 & x > 0
}

x_ok(NULL)
#> logical(0)
x_ok(1)
#> [1] TRUE
x_ok(1:3)
#> [1] FALSE FALSE FALSE
```

2. 此函数返回什么？为什么？它说明了哪个原理？

```
f2 <- function(x = z) {
  z <- 100
  x
}
f2()
```
124

3. 该函数返回什么？为什么？它说明了哪个原理？

```
y <- 10
f1 <- function(x = {y <- 1; 2}, y = 0) {
  c(x, y)
}
f1()
y
```

4. 在 `hist()` 中，`xlim` 的默认值为 `range(breaks)`，`breaks` 的默认值为 `"Sturges"`，并且

```
range("Sturges")
#> [1] "Sturges" "Sturges"
```

说明 hist() 如何工作以获取正确的 xlim 值。

5. 说明此功能为何起作用。为什么令人困惑?

```
show_time <- function(x = stop("Error!")) {
  stop <- function(...) Sys.time()
  print(x)
}
show_time()
#> [1] "2019-04-04 11:48:56 CDT"
```

6. 调用 library() 时需要多少个参数?

6.6 ... 参数

函数可以有一个特殊的参数 ...（发音为 dot-dot-dot）。有了它，一个函数可以接受任意数量的附加参数。在其他编程语言中，这种类型的参数通常称为 varargs（变量参数的缩写），并且使用该参数的函数被称为可变参数的。

125 你也可以使用 ... 将这些附加参数传递给另一个函数。

```
i01 <- function(y, z) {
  list(y = y, z = z)
}

i02 <- function(x, ...) {
  i01(...)
}

str(i02(x = 1, y = 2, z = 3))
#> List of 2
#>  $ y: num 2
#>  $ z: num 3
```

使用特殊格式 ..N，可以（但很少有用）按位置引用 ... 的元素：

```
i03 <- function(...) {
  list(first = ..1, third = ..3)
}
str(i03(1, 2, 3))
#> List of 2
#>  $ first: num 1
#>  $ third: num 3
```

list(...) 更有用，它对参数求值并将它们存储在列表中：

```
i04 <- function(...) {
  list(...)
}
str(i04(a = 1, b = 2))
#> List of 2
#>  $ a: num 1
#>  $ b: num 2
```

（另请参见 rlang::list2() 以支持拼接并以静默方式忽略结尾的逗号，另请参见 rlang::enquos()

以获取未求值的参数，即准引用（quasiquotation）。）

对于 ... 的两个主要用途，我们将在本书后面的部分进行介绍：

- 如果函数使用函数用作参数，则需要某种方式将其他参数传递给该函数。在此示例中，lapply() 使用 ... 将 na.rm 传递给 mean()： 126

```
x <- list(c(1, 3, NA), c(4, NA, 6))
str(lapply(x, mean, na.rm = TRUE))
#> List of 2
#>  $ : num 2
#>  $ : num 5
```

我们将在 9.2.3 节中再次介绍这种技术。

- 如果函数是 S3 泛型函数，则需要某种方法允许采用任意的额外参数。例如，使用 print() 函数。由于根据对象的类型有不同的打印选项，因此无法预先指定每个可能的参数，并且 ... 允许各个方法具有不同的参数：

```
print(factor(letters), max.levels = 4)

print(y ~ x, showEnv = TRUE)
```

我们将在 13.4.3 节中再次使用 ...。

使用 ... 有两个缺点：

- 使用它将参数传递给另一个函数时，必须向用户仔细解释这些参数的去向。这导致很难理解 lapply() 和 plot() 之类的函数可以用来做什么。
- 拼写错误的参数不会抛出错误。这使得拼写错误很容易被忽略：

```
sum(1, 2, NA, na_rm = TRUE)
#> [1] NA
```

6.6.1 练习

1. 解释以下结果：

```
sum(1, 2, 3)
#> [1] 6
mean(1, 2, 3)
#> [1] 1

sum(1, 2, 3, na.omit = TRUE)
#> [1] 7
mean(1, 2, 3, na.omit = TRUE)
#> [1] 1
```

127

2. 说明如何在以下函数调用中查找命名参数的文档（见图 6-3）：

```
plot(1:10, col = "red", pch = 20, xlab = "x", col.lab = "blue")
```

3. 为什么 plot(1:10, col = "red") 只给点着色，而不给坐标轴或标签着色？阅读 plot.default() 的源代码以找出答案。

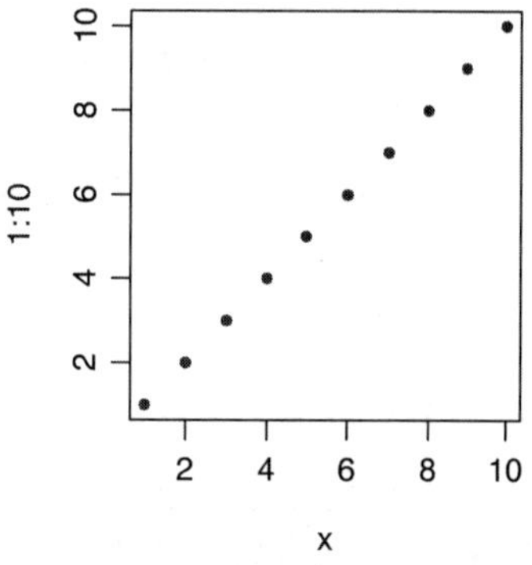

图 6-3

6.7 退出函数

大多数函数以两种方式之一退出⊖：要么返回一个值，代表运行成功；要么抛出一个错误，代表运行失败。本节描述返回值（隐式与显式；可见与不可见），简要讨论函数抛出错
128 误的情况，并介绍退出处理程序，使你可以在函数退出时运行代码。

6.7.1 隐式与显式返回结果

函数可以通过两种方式返回值：

- 隐式地，最后计算的表达式是返回值：

```
j01 <- function(x) {
  if (x < 10) {
    0
  } else {
    10
  }
}
j01(5)
#> [1] 0
j01(15)
#> [1] 10
```

- 显式地，通过调用 `return()`：

```
j02 <- function(x) {
  if (x < 10) {
    return(0)
  } else {
    return(10)
  }
}
```

6.7.2 不可见的值

大多数函数都会可见地返回结果：在交互式上下文中调用该函数会打印结果。

```
j03 <- function() 1
j03()
#> [1] 1
```

但是，可以通过将 `invisible()` 应用于最后一个值来防止自动打印：

129

```
j04 <- function() invisible(1)
j04()
```

要验证此值确实存在，可以显式打印或将其包装在括号中：

```
print(j04())
#> [1] 1

(j04())
#> [1] 1
```

⊖ 函数可以通过其他更深奥的方式退出，例如发出退出处理程序捕获的条件，调用重新启动或在交互式浏览器中按 <Q>。

另外，可以使用 `withVisible()` 来返回值和可见性标志：

```
str(withVisible(j04()))
#> List of 2
#>  $ value  : num 1
#>  $ visible: logi FALSE
```

隐式返回的最常见函数是 `<-`：

```
a <- 2
(a <- 2)
#> [1] 2
```

这使得链式赋值成为可能：

```
a <- b <- c <- d <- 2
```

通常，任何主要因副作用而调用的函数（例如 `<-`、`print()` 或 `plot()`）都应返回不可见的值（通常是第一个参数的值）。

6.7.3　报错

如果函数无法完成其分配的任务，则应使用 `stop()` 抛出错误，该错误会立即终止函数的执行。

```
j05 <- function() {
  stop("I'm an error")
  return(10)
}
j05()
#> Error in j05(): I'm an error
```
130

错误表明出了点问题，并要求用户处理问题。某些语言（例如 C、Go 和 Rust）依赖于特殊的返回值来指示问题，但是在 R 中，应始终抛出错误。第 8 章将详细介绍错误以及如何处理错误。

6.7.4　退出处理程序

有时某个功能需要对全局状态进行临时更改。但是必须清理这些更改可能会令人很痛苦（如果发生错误会怎样？）。为确保撤销这些更改并确保无论函数如何退出都将恢复全局状态，请使用 `on.exit()` 设置**退出处理程序**。以下简单示例显示，无论函数正常退出还是出现错误，退出处理程序都会运行。

```
j06 <- function(x) {
  cat("Hello\n")
  on.exit(cat("Goodbye!\n"), add = TRUE)

  if (x) {
    return(10)
  } else {
    stop("Error")
  }
}

j06(TRUE)
```

```
#> Hello
#> Goodbye!
#> [1] 10

j06(FALSE)
#> Hello
#> Error in j06(FALSE): Error
#> Goodbye!
```

使用 on.exit() 时，始终设置 add = TRUE。如果不这样做，每次调用 on.exit() 都会覆盖以前的退出处理程序。即使只建立一个处理程序，也应习惯设置 add = TRUE，这样以后再添加更多的退出处理程序时，就不会感到意外。

131 on.exit() 很有用，因为它允许将清除代码直接放在需要清除的代码的旁边：

```
cleanup <- function(dir, code) {
  old_dir <- setwd(dir)
  on.exit(setwd(old_dir), add = TRUE)

  old_opt <- options(stringsAsFactors = FALSE)
  on.exit(options(old_opt), add = TRUE)
}
```

结合惰性求值，这为在变更后的环境中运行代码块创建了一个非常有用的模式：

```
with_dir <- function(dir, code) {
  old <- setwd(dir)
  on.exit(setwd(old), add = TRUE)

  force(code)
}

getwd()
#> [1] "/Users/hadley/Documents/adv-r/adv-r"
with_dir("~", getwd())
#> [1] "/Users/hadley"
```

这里并不一定要使用 force()，因为仅引用 code 即可强制对其求值。但是，使用 force() 非常清楚地表明我们是故意强制执行的。第 10 章中将学习 force() 的其他用法。

withr 添加包 [Hester et al.，2018] 提供了用于设置临时状态的其他函数的集合。

在 R 3.4 和更早版本中，on.exit() 表达式始终按创建顺序运行：

```
j08 <- function() {
  on.exit(message("a"), add = TRUE)
  on.exit(message("b"), add = TRUE)
}
j08()
#> a
#> b
```
132

如果某些操作需要按照特定的顺序进行，这会使清理工作变得有些棘手。通常，你要首先运行最近添加的表达式。在 R 3.5 和更高版本中，可以通过设置 after = FALSE 来对此进行控制：

```
j09 <- function() {
  on.exit(message("a"), add = TRUE, after = FALSE)
```

```
  on.exit(message("b"), add = TRUE, after = FALSE)
}
j09()
#> b
#> a
```

6.7.5 练习

1. load() 返回什么内容？为什么通常看不到这些值？

2. write.table() 返回什么？还有什么函数会更有用？

3. source() 的 chdir 参数与 in_dir() 相比有什么差别？为什么你会偏爱另一个？

4. 编写一个函数来打开图形设备，运行提供的代码，然后关闭图形设备（无论绘图代码是否起作用，始终如此）。

5. 我们可以使用 on.exit() 来实现 capture.output() 的简单版本。

```
capture.output2 <- function(code) {
  temp <- tempfile()
  on.exit(file.remove(temp), add = TRUE, after = TRUE)

  sink(temp)
  on.exit(sink(), add = TRUE, after = TRUE)

  force(code)
  readLines(temp)
}
capture.output2(cat("a", "b", "c", sep = "\n"))
#> [1] "a" "b" "c"
```

比较 capture.output() 和 capture.output2()。功能有何不同？上述代码删除了哪些功能以使关键思想更容易理解？上述代码如何重写关键思想，使它们更容易理解？ 133

6.8 函数形式

为了理解 R 中的计算，下面的两个口号是有用的：

- 一切皆是对象。
- 一切皆是函数调用。

——John Chambers

尽管 R 中发生的所有事情都是函数调用的结果，但并非所有调用看起来都相同。函数调用分为四种：

- **前缀**（prefix）：函数名字位于其参数之前，例如 foofy(a, b, c)。这些构成 R 中大多数函数的调用。
- **中缀**（infix）：函数名称位于其参数之间，例如 x + y。中缀格式用于许多数学运算符以及以 % 开头和结尾的用户定义函数。
- **替换**（replacement）：通过赋值替换取值的函数，例如 names(df) <- c("a", "b", "c")。它们实际上看起来像前缀函数。
- **特殊**（special）：类似 [[、if 和 for 的函数。尽管它们的结构不一致，但是它们在 R 的语法中起着重要的作用。

尽管有四种形式，但实际上你只需要前缀这一种形式，因为任何调用都可以用前缀形式编写。我将演示这一性质，然后你将依次了解每种调用形式。

6.8.1 重写为前缀形式

R 的一个有趣的属性是，每个中缀、替换或特殊形式都可以重写为前缀形式。这样做很有用，因为它可以帮助你更好地理解语言的结构，为你提供每个函数的真实名字，并且可以让你修改这些函数以获取乐趣和收益。

以下示例显示了三对等效调用，分别将中缀形式、替换形式和特殊形式重写为前缀形式。

```
x + y
`+`(x, y)

names(df) <- c("x", "y", "z")
134 `names<-`(df, c("x", "y", "z"))

for(i in 1:10) print(i)
`for`(i, 1:10, print(i))
```

令人惊讶的是，在 R 中，for 可以像常规函数一样被调用！基本上，R 中的每个操作都是如此，这意味着如果你知道非前缀函数的函数名，那么你可以覆盖它的行为。例如，运行以下代码。它将引入一个有趣的错误：存在 10% 的概率，它将对括号内的任何数值计算加 1。

```
`(` <- function(e1) {
  if (is.numeric(e1) && runif(1) < 0.1) {
    e1 + 1
  } else {
    e1
  }
}
replicate(50, (1 + 2))
#>  [1] 3 3 3 3 3 3 3 3 3 3 3 3 4 3 3 3 3 3 3 3 3 3 3 3 3 3 3 3 3 3 3 3
#> [33] 3 3 3 3 3 3 4 3 4 3 3 3 3 4 3 3 3 3
rm("(")
```

当然，覆盖这样的内置函数不是一个好主意，但是，正如你将在 21.2.5 节中了解到的那样，可以将其仅应用于选定的代码块。这提供了一种干净优雅的方法来编写特定领域的语言以及将其翻译为其他语言。

使用函数编程工具时，会出现一个更有用的应用。例如，可以使用 lapply()，通过一个自定义函数 add()，将 3 加到列表的每个元素中：

```
add <- function(x, y) x + y
lapply(list(1:3, 4:5), add, 3)
#> [[1]]
#> [1] 4 5 6
#>
#> [[2]]
#> [1] 7 8
```

135 但是我们也可以简单地依靠现有的 + 函数来获得相同的结果：

```
lapply(list(1:3, 4:5), `+`, 3)
#> [[1]]
#> [1] 4 5 6
#>
#> [[2]]
#> [1] 7 8
```

我们将在第 9 章中详细探讨这个想法。

6.8.2 前缀形式

前缀形式是 R 代码中最常见的形式，实际上在大多数编程语言中也是如此。R 中的前缀调用有些特殊，因为可以通过三种方式指定参数：

- 按位置，例如 help(mean)。
- 使用部分匹配，例如 help(top = mean)。
- 按名字命名，如 help(topic = mean)。

如下面的代码块所示，参数按名字进行精确匹配，然后是使用唯一的前缀，最后是按位置进行匹配。

```
k01 <- function(abcdef, bcde1, bcde2) {
  list(a = abcdef, b1 = bcde1, b2 = bcde2)
}
str(k01(1, 2, 3))
#> List of 3
#>  $ a : num 1
#>  $ b1: num 2
#>  $ b2: num 3
str(k01(2, 3, abcdef = 1))
#> List of 3
#>  $ a : num 1
#>  $ b1: num 2
#>  $ b2: num 3

# Can abbreviate long argument names:
str(k01(2, 3, a = 1))
#> List of 3
#>  $ a : num 1
#>  $ b1: num 2
#>  $ b2: num 3

# But this doesn't work because abbreviation is ambiguous
str(k01(1, 3, b = 1))
#> Error in k01(1, 3, b = 1): argument 3 matches multiple formal
#> arguments
```
136

通常，仅对第一个或第二个参数使用位置匹配。它们将是最常用的，大多数读者将会知道它们是什么。避免对不太常用的参数使用位置匹配，并且永远不要使用部分匹配。不幸的是，你不能禁用部分匹配，但是可以使用 warnPartialMatchArgs 选项将其变为警告：

```
options(warnPartialMatchArgs = TRUE)
x <- k01(a = 1, 2, 3)
#> Warning in k01(a = 1, 2, 3): partial argument match of 'a' to
#> 'abcdef'
```

6.8.3 中缀函数

函数名称位于其参数之间，因此具有两个参数，故称之为中缀函数。R 带有许多内置的中缀运算符：`:`、`::`、`:::`、`$`、`@`、`^`、`*`、`/`、`+`、`-`、`>`、`>=`、`<`、`<=`、`==`、`!=`、`!`、`&`、`&&`、`|`、`||`、`~`、`<-` 和 `<<-`。你还可以创建以 `%` 开头和结尾的自己的中缀函数。R 基础包使用此模式定义 `%%`、`%*%`、`%/%`、`%in%`、`%o%` 和 `%x%`。

定义自己的中缀函数很简单。你创建一个包含两个参数的函数并将其绑定到以 `%` 开头和结尾的名称：

```
`%+%` <- function(a, b) paste0(a, b)
"new " %+% "string"
#> [1] "new string"
```

中缀函数的命名比普通的 R 函数更灵活：它们可以包含任何字符（当然，`%` 除外）。应该避免在定义函数的字符串中使用特殊字符，但函数调用时可以使用：

```
`% %` <- function(a, b) paste(a, b)
`%/\\%` <- function(a, b) paste(a, b)

"a" % % "b"
```

137

```
#> [1] "a b"

"a" %/\% "b"
#> [1] "a b"
```

R 的默认优先级规则意味着中缀运算符从左到右组成：

```
`%-%` <- function(a, b) paste0("(", a, " %-% ", b, ")")
"a" %-% "b" %-% "c"
#> [1] "((a %-% b) %-% c)"
```

可以使用单个参数调用两个特殊的中缀函数：`+` 和 `-`。

```
-1
#> [1] -1
+10
#> [1] 10
```

6.8.4 替换函数

替换函数看上去就像对它们的参数进行原地修改，而且有一个特殊的名字 `xxx<-`。它们必须包含名为 `x` 和 `value` 的参数，而且必须返回被修改的对象。例如，下面的函数允许你对一个向量的第二个值进行修改：

```
`second<-` <- function(x, value) {
  x[2] <- value
  x
}
```

通过将函数调用放在 `<-` 的左侧来使用替换函数：

```
x <- 1:10
second(x) <- 5L
x
#> [1]  1  5  3  4  5  6  7  8  9 10
```

我们说是“看上去”像对参数进行原地修改，如 2.5 节中的介绍，因为它们实际上创建了一个被修改的副本。我们可以使用 tracemem() 来查看： 138

```
x <- 1:10
tracemem(x)
#> <0x7ffae71bd880>

second(x) <- 6L
#> tracemem[0x7ffae71bd880 -> 0x7ffae61b5480]:
#> tracemem[0x7ffae61b5480 -> 0x7ffae73f0408]: second<-
```

如果你的替换函数需要其他参数，请将其放在 x 和 value 之间，然后使用左侧的其他参数调用替换函数：

```
`modify<-` <- function(x, position, value) {
  x[position] <- value
  x
}
modify(x, 1) <- 10
x
#>  [1] 10  5  3  4  5  6  7  8  9 10
```

当调用 modify(x, 1) <- 10 时，R 在后台将其转换成：

```
x <- `modify<-`(x, 1, 10)
```

将替换函数与其他函数组合在一起需要更复杂的转换。例如：

```
x <- c(a = 1, b = 2, c = 3)
names(x)
#> [1] "a" "b" "c"

names(x)[2] <- "two"
names(x)
#> [1] "a"   "two" "c"
```

转换为：

```
`*tmp*` <- x
x <- `names<-`(`*tmp*`, `[<-`(names(`*tmp*`), 2, "two"))
rm(`*tmp*`)
```

（是的，它确实创建了一个名为 *tmp* 的局部变量，该变量随后将被删除。） 139

6.8.5 特殊形式

最后，有一些语言功能通常以特殊方式编写，但也具有前缀形式。包括括号：

- (x) (`(`(x))
- {x} (`{`(x))

子集选取运算符：

- x[i] (`[`(x, i))
- x[[i]] (`[[`(x, i))

以及控制流的工具：

- if (cond) true (`if`(cond, true))

- if (cond) true else false (\`if\`(cond, true, false))
- for(var in seq) action (\`for\`(var, seq, action))
- while(cond) action (\`while\`(cond, action))
- repeat expr (\`repeat\`(expr))
- next (\`next\`())
- break (\`break\`())

最后，最复杂的是函数 function：

- function(arg1, arg2) {body} (\`function\`(alist(arg1, arg2), body, env))

知道构成特殊形式的函数的名称对于获取文档很有用：?(是语法错误；?\`(\` 将提供括号的帮助文档。

所有特殊形式都实现为原函数（即在 C 语言中）；这意味着打印这些函数将不提供信息：

```
`for`
#> .Primitive("for")
```

6.8.6 练习

1. 将以下代码段重写为前缀形式：

```
1 + 2 + 3

1 + (2 + 3)
```

140

```
if (length(x) <= 5) x[[5]] else x[[n]]
```

2. 说明以下函数的调用：

```
x <- sample(replace = TRUE, 20, x = c(1:10, NA))
y <- runif(min = 0, max = 1, 20)
cor(m = "k", y = y, u = "p", x = x)
```

3. 说明以下代码为何失败：

```
modify(get("x"), 1) <- 10
#> Error: target of assignment expands to non-language object
```

4. 创建一个替换函数，以修改向量中的随机位置。

5. 编写你自己的 + 版本，如果它们是字符向量，则将其输入粘贴在一起，否则表现正常。换句话说，使此代码实现如下效果：

```
1 + 2
#> [1] 3

"a" + "b"
#> [1] "ab"
```

6. 创建在基础包中找到的所有替换函数的列表。哪些是原始函数？（提示：使用 apropos()。）

7. 用户创建的中缀函数的有效名称是什么？

8. 创建一个中缀函数 xor() 运算符。

9. 创建设置函数 `intersect()`、`union()` 和 `setdiff()` 的中缀版本。可以将它们称为 `%n%`、`%u%` 和 `%/%`，以匹配数学中的惯例。

6.9 小测验答案

1. 函数的 3 个组成部分为：函数体、参数和环境。
2. `f1(1)()` 的返回值为 11。
3. 通常用中缀运算符，写成如下格式：`1 + (2 * 3)`。
4. 将调用重写为 `mean(c(1:10, NA), na.rm = TRUE)` 会更容易理解。
5. 不会抛出错误，因为永远不会使用第二个参数，所以它不会被计算。
6. 参见 6.8.3 节和 6.8.4 节。 141~142
7. 可以使用 `on.exit()`，具体细节请参见 6.7.4 节。

第 7 章

环　　境

7.1 本章简介

环境就是作用域发挥作用的数据结构。本章将深入学习环境，详细介绍它们的结构，借助它们来帮助你理解 6.4 节中描述的 4 种作用域规则。使用 R 通常并不需要了解环境。但是理解它们很重要，因为它们支持许多重要的 R 功能（如词法作用域、命名空间和 R6 类），并与求值交互以提供强大的工具来开发特定领域的语言，例如 dplyr 和 ggplot2。

小测验

如果你能正确地回答下列问题，说明你已经掌握了本章的重点知识。在 7.7 节中可以找到答案。

1. 至少从三个方面描述环境与列表的不同。
2. 全局环境的父环境是什么？没有父环境的唯一环境是什么？
3. 函数的封闭环境是什么？为什么它很重要？
4. 如何确定函数被调用的环境？
5. <- 和 <<- 的不同是什么？

主要内容

143
- 7.2 节介绍环境的基本性质以及如何创建自己的环境。
- 7.3 节提供一个可以对环境进行计算的函数模板，用一个很有用的函数来说明这个思想。
- 7.4 节描述用于特殊目的的环境：用于添加包、函数内部、命名空间和函数执行。
- 7.5 节介绍最后一个重要环境：调用者环境。这需要你了解有关调用堆栈的信息，该调用堆栈描述了如何调用函数。如果曾经调用 `traceback()` 来帮助调试，那么将看到调用堆栈。
- 7.6 节讨论环境本身作为一种数据结构可以解决的三个问题。

预备工具

本章将使用 rlang（https://rlang.r-lib.org）函数来处理环境，因为它使我们能够专注于环境的本质，而不是偶然的细节。

```
library(rlang)
```

rlang 中的 env_ 函数旨在与管道符一起使用：所有函数都将环境作为第一个参数，并且许多函数将返回一个环境。为了使代码尽可能简单，我不会在本章中使用管道符，但是你应该考虑将其用于自己的代码。

7.2 环境基础

通常，环境与命名列表相似，除了以下 4 点外：

- ❑ 每个名字必须唯一。
- ❑ 环境中的名字是未排序的。
- ❑ 环境有一个父环境。
- ❑ 修改后不会复制环境。

让我们用代码和技术图探索这些想法。 144

7.2.1 基础

要创建环境，请使用 rlang::env()。它的工作方式类似于 list()，采用一组“名字 - 值”对：

```
e1 <- env(
  a = FALSE,
  b = "a",
  c = 2.3,
  d = 1:3,
)
```

在 R 基础包中

使用 new.env() 创建一个新环境。忽略参数 hash 和 size，它们并不被需要。不能同时创建和定义值。使用 $<-，如下所示。

环境的作用就是将一些名字与一些值进行关联，或者**绑定**（bind）。可以把环境看作一个装满名字的口袋，没有任何隐含的顺序（即寻找环境中的第一个元素是没有意义的）。因此，我们将绘制环境的技术图，如图 7-1 所示。

如 2.5.2 节所述，环境具有引用语义：与大多数 R 对象不同，修改它们时，请在适当位置修改它们，而不创建复制。一个重要的含义是环境可以包含自身，见图 7-2。

```
e1$d <- e1
```

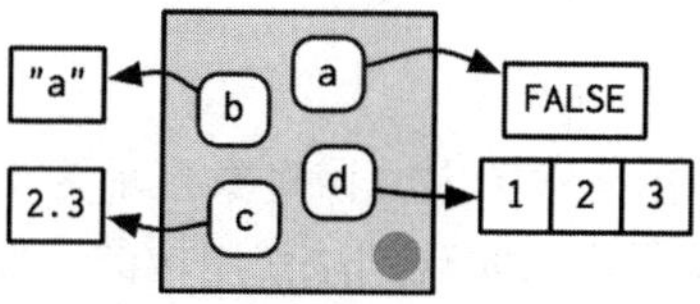

图 7-1

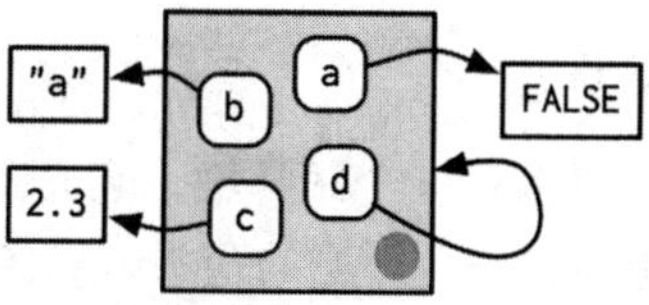

图 7-2 145

打印环境仅显示其内存地址，这并不是非常有用：

```
e1
#> <environment: 0x7fba6eac4b08>
```

相反，使用 env_print() 将为我们提供更多信息：

```
env_print(e1)
#> <environment: 0x7fba6eac4b08>
#> parent: <environment: global>
#> bindings:
#>  * a: <lgl>
#>  * b: <chr>
#>  * c: <dbl>
#>  * d: <env>
```

可以使用 env_names() 获得给出当前绑定的字符向量

```
env_names(e1)
#> [1] "a" "b" "c" "d"
```

在 R 基础包中

在 R 3.2.0 及更高版本中，使用 names() 列出环境中的绑定。如果你的代码需要使用 R 3.1.0 或更早版本，请使用 ls()，但请注意，你需要设置 all.names = TRUE 才能显示所有绑定。

7.2.2 重要环境

我们将在 7.4 节中详细讨论特殊环境，但现在我们需要提到其中两个。当前环境即 current_env() 是当前在其中执行代码的环境。当你进行交互式实验时，通常是全局环境或 global_env()。全局环境有时称为“工作区”，因为它是所有交互式（即函数外部）计算的地方。

要比较环境，需要使用 identical() 而不是 ==。这是因为 == 是向量化运算符，而环境不是向量。

146

```
identical(global_env(), current_env())
#> [1] TRUE
global_env() == current_env()
#> Error in global_env() == current_env(): comparison (1) is possible
#> only for atomic and list types
```

在 R 基础包中

使用 globalenv() 访问全局环境，并使用 environment() 访问当前环境。全局环境打印为 Rf_GlobalEnv 和 .GlobalEnv。

7.2.3 父环境

每个环境都有一个**父环境**，它是另一个环境。在技术图中，该对象显示为一个灰色的小圆圈和指向另一个环境的箭头，见图 7-3。父环境是用来实现词法作用域的：如果在环境中找不到名称，则 R 将在其父环境中查找（以此类推）。可以通过为 env() 提供未命名的参数来设置父环境。如果不提供，则默认为当前环境。在下面的代码中，e2a 是 e2b 的父环境。

```
e2a <- env(d = 4, e = 5)
e2b <- env(e2a, a = 1, b = 2, c = 3)
```

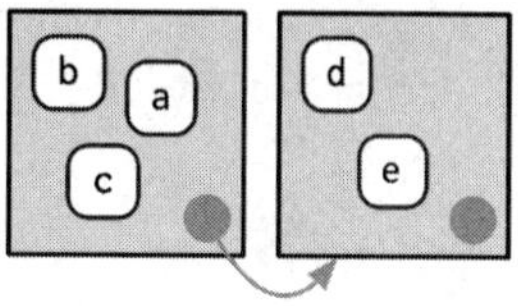

图　7-3

为了节省空间，我通常不会画出所有的祖先。只要记住，每当看到一个灰色的圆圈时，就有一个父环境。

可以使用 env_parent() 找到环境的父环境：

```
env_parent(e2b)
#> <environment: 0x7fba74178f48>
env_parent(e2a)
#> <environment: R_GlobalEnv>
```
147

只有一个环境没有父级：空（empty）环境。使用空心的父环境绘制空环境，并在空间允许的地方用 R_EmptyEnv 标记它，即 R 使用的名字。见图 7-4。

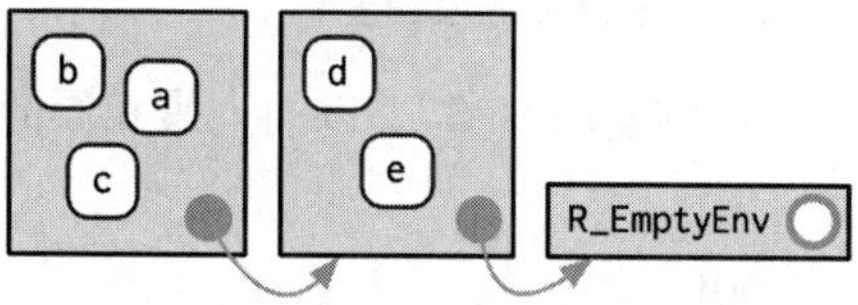

图　7-4

```
e2c <- env(empty_env(), d = 4, e = 5)
e2d <- env(e2c, a = 1, b = 2, c = 3)
```

每个环境的祖先最终都会以空环境终止。可以使用 env_parents() 查看所有祖先：

```
env_parents(e2b)
#> [[1]]   <env: 0x7fba74178f48>
#> [[2]] $ <env: global>
env_parents(e2d)
#> [[1]]   <env: 0x7fba74f70088>
#> [[2]] $ <env: empty>
```

默认情况下，env_parents() 进入全局环境时会停止。这很有用，因为全局环境的祖先包括每个加载的添加包，可以查看它们是否覆盖了以下默认行为。我们将在 7.4.1 节中回到这些环境。

```
env_parents(e2b, last = empty_env())
#>  [[1]]   <env: 0x7fba74178f48>
#>  [[2]] $ <env: global>
#>  [[3]] $ <env: package:rlang>
#>  [[4]] $ <env: package:stats>
#>  [[5]] $ <env: package:graphics>
#>  [[6]] $ <env: package:grDevices>
#>  [[7]] $ <env: package:utils>
#>  [[8]] $ <env: package:datasets>
#>  [[9]] $ <env: package:methods>
#> [[10]] $ <env: Autoloads>
#> [[11]] $ <env: package:base>
#> [[12]] $ <env: empty>
```
148

在 R 基础包中

使用 parent.env() 查找父环境。没有一个基础函数能够返回所有祖先。

7.2.4　超级赋值 <<-

环境的祖先与 <<- 有重要关系。通常的赋值 <- 总是在当前环境中创建一个变量。超级

赋值 <<- 永远不会在当前环境中创建变量，而是修改在父环境中找到的现有变量。

```
x <- 0
f <- function() {
  x <<- 1
}
f()
x
#> [1] 1
```

如果 <<- 找不到现有变量，它将在全局环境中创建一个。通常不希望出现这样的情况，因为全局变量会在函数之间引入不明显的依赖关系。如 10.2.4 节所述，<<- 最常与函数工厂结合使用。

7.2.5　获取与设置

可以使用 $ 和 [[以同列表相同的方式来获取和设置环境的元素：

```
e3 <- env(x = 1, y = 2)
e3$x
#> [1] 1
e3$z <- 3
e3[["z"]]
#> [1] 3
```

149 但是，不能将 [[和 [与数字索引一起使用：

```
e3[[1]]
#> Error in e3[[1]]: wrong arguments for subsetting an environment

e3[c("x", "y")]
#> Error in e3[c("x", "y")]: object of type 'environment' is not
#> subsettable
```

如果绑定不存在，$ 和 [[将返回 NULL。如果要获取错误信息，请使用 env_get()：

```
e3$xyz
#> NULL

env_get(e3, "xyz")
#> Error in env_get(e3, "xyz"): object 'xyz' not found
```

如果要使用默认值（当绑定不存在时），则可以使用默认参数。

```
env_get(e3, "xyz", default = NA)
#> [1] NA
```

还有两种将绑定添加到环境的方法：

- env_poke()[⊖]针对一个名字（作为字符串）和一个值：

```
env_poke(e3, "a", 100)
e3$a
#> [1] 100
```

⊖ 你可能想知道为什么 rlang 具有 env_poke() 而不是 env_set()。这是为了保持一致性：_set() 函数返回修改后的复制；_poke() 函数在适当位置进行修改。

- env_bind() 允许绑定多个值：

```
env_bind(e3, a = 10, b = 20)
env_names(e3)
#> [1] "x" "y" "z" "a" "b"
```

可以使用 env_has() 确定环境是否具有绑定：

```
env_has(e3, "a")
#>    a
#> TRUE
```

150

与列表不同，将元素设置为 NULL 不会将其删除，因为有时会想要一个引用 NULL 的名字。取而代之的是，使用 env_unbind()：

```
e3$a <- NULL
env_has(e3, "a")
#>    a
#> TRUE

env_unbind(e3, "a")
env_has(e3, "a")
#>     a
#> FALSE
```

取消绑定名称不会删除该对象。这就是垃圾回收的工作，垃圾回收会自动删除没有名字绑定的对象。该过程已在 2.6 节中详细介绍。

在 R 基础包中

请参见 get()、assign()、exists() 和 rm()。它们是为与当前环境一起使用而交互设计的，因此与其他环境一起工作会比较麻烦。还要注意参数 inherits：它默认为 TRUE，这意味着将检查所提供的环境及其所有祖先。

7.2.6 高级绑定

env_bind() 还有另外两种奇特的变体：

- env_bind_lazy() 创建**延迟绑定**（delayed binding），该绑定在首次访问时进行求值。在后台，延迟绑定会创建约定（promise），因此其行为与函数参数相同。

```
env_bind_lazy(current_env(), b = {Sys.sleep(1); 1})

system.time(print(b))
#> [1] 1
#>    user  system elapsed
#>   0.001   0.000   1.003
system.time(print(b))
#> [1] 1
#>    user  system elapsed
#>       0       0       0
```

151

延迟绑定的主要用途是在 autoload() 中，它使 R 的行为好像从内存加载添加包数据集，即使当你请求它时它只是从硬盘加载。

- env_bind_active() 创建**主动绑定**（active binding），每次访问它们时都要重新计算：

```
env_bind_active(current_env(), z1 = function(val) runif(1))

z1
#> [1] 0.0808
z1
#> [1] 0.834
```

主动绑定用于实现 R6 的活动字段，14.3.2 节中将介绍这一部分内容。

在 R 基础包中

请参见 ?delayedAssign() 和 ?makeActiveBinding()。

7.2.7 练习

1. 列出环境与列表不同的三种情况。
2. 创建一个如图 7-5 所示的环境。
3. 创建一对如图 7-6 所示的环境。

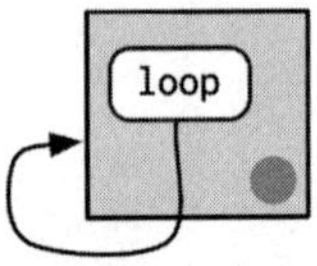

图 7-5

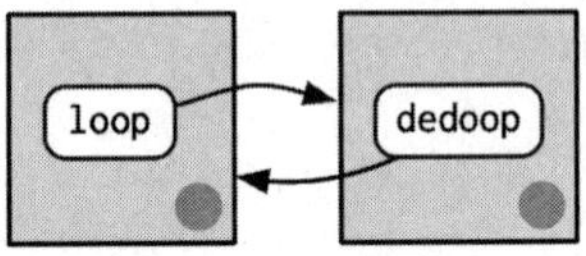

图 7-6

152 4. 当 e 是环境时，为什么 e[[1]] 和 e[c("a", "b")] 没有意义。

5. 创建一个新的 env_poke() 函数，使它只能绑定新名字而不会重新绑定原有名字。有些编程语言只能进行这样的赋值，这就是所谓的单赋值语言（http://en.wikipedia.org/wiki/Assignment_(computer_science)#Single_assignment）。

6. 下面这个函数是做什么的？它与 <<- 的区别是什么？它的优点是什么？

```
rebind <- function(name, value, env = caller_env()) {
  if (identical(env, empty_env())) {
    stop("Can't find `", name, "`", call. = FALSE)
  } else if (env_has(env, name)) {
    env_poke(env, name, value)
  } else {
    rebind(name, value, env_parent(env))
  }
}
rebind("a", 10)
#> Error: Can't find `a`
a <- 5
rebind("a", 10)
a
#> [1] 10
```

7.3 环境递归

如果想对环境的每个祖先进行操作，那么编写递归函数通常会很方便。本节将展示如何运用关于环境的新知识编写具有给定名字的函数，并使用 R 的常规作用域规则查找定义该名字的环境 where()。

where() 的定义是很直观的。它有两个参数：要查找的名字（一个字符串）；开始查找的环境。（在 7.5 节中我们将学习为什么默认从 caller_env() 开始。）

```
where <- function(name, env = caller_env()) {
  if (identical(env, empty_env())) {
    # Base case
    stop("Can't find ", name, call. = FALSE)
  } else if (env_has(env, name)) {
    # Success case
    env
  } else {
    # Recursive case
    where(name, env_parent(env))
  }
}
```
153

有三种情况：

- 基本情况：已经到达空环境，但没找到绑定。因为不能继续搜索，所以抛出一个错误。
- 成功情况：在这个环境中，存在该名字，所以返回这个环境。
- 递归情况：在这个环境中没有找到该名字，所以尝试到它的父环境中继续查找。

以下三个示例说明了这三种情况：

```
where("yyy")
#> Error: Can't find yyy

x <- 5
where("x")
#> <environment: R_GlobalEnv>

where("mean")
#> <environment: base>
```

通过技术图就可以很容易地理解这个过程。假设你有如以下代码和图 7-7 所示的两个环境：

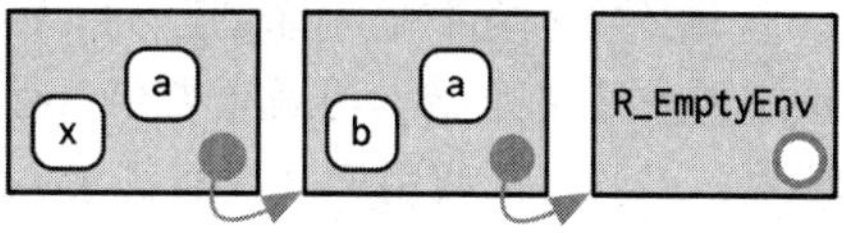

图　7-7

```
e4a <- env(empty_env(), a = 1, b = 2)
e4b <- env(e4a, x = 10, a = 11)
```

- where("a", e4b) 将在 e4b 中找到 a。 154
- where("b", e4b) 在 e4b 中找不到 b，因此它在其父环节 e4a 中查找并在那里找到 b。
- where("c", e4b) 先在 e4b 中查找，然后在 e4a 中查找，然后进入空环境并抛出错误。

递归地使用环境是很自然的，所以 where() 为我们提供了一个有用的模板。去掉 where() 函数中的细节，整个结构看起来会更清晰：

```
f <- function(..., env = caller_env()) {
  if (identical(env, empty_env())) {
    # base case
  } else if (success) {
    # success case
  } else {
    # recursive case
    f(..., env = env_parent(env))
  }
}
```

循环与递归

可以使用循环而不使用递归。我认为循环比递归更难理解。但是如果你对递归函数不熟悉，你可能觉得循环更容易理解，所以本节还是简单介绍循环。

```
f2 <- function(..., env = caller_env()) {
  while (!identical(env, empty_env())) {
    if (success) {
      # success case
      return()
    }
    # inspect parent
    env <- env_parent(env)
  }

  # base case
}
```

155

7.3.1 练习

1. 对 where() 进行修改以便找到包含某个 name 的绑定关系的所有环境。仔细考虑函数将需要返回哪种对象。

2. 编写一个称为 fget() 的函数，它只寻找函数对象。它应该有两个参数 name 和 env，并且要遵守函数的普通作用域法则：如果匹配的对象不是函数，就到父环境中继续查找。为了增加一点儿难度，可以添加一个 inherits 参数，它控制是到父环境中进行递归查找还是只在一个环境中查找。

7.4 特殊环境

大多数环境不是由你创建的（例如，使用 env()），而是由 R 创建的。在本节中，你将从添加包环境开始学习最重要的环境。然后，你将了解创建该函数时绑定到该函数的函数环境，以及每次调用该函数时都会创建的（通常）临时执行环境。最后，你将看到添加包和函数环境如何交互以支持命名空间，这可以确保添加包始终具有相同的行为方式，而与用户加载的其他添加包无关。

7.4.1 添加包环境和搜索路径

由 library() 或 require() 连接的每个添加包都成为全局环境的父环境之一。全局环境的直接父环境是你连接[1]的最后一个添加包，该添加包的父环境是你连接的倒数第二个添加包，以此类推。见图 7-8。

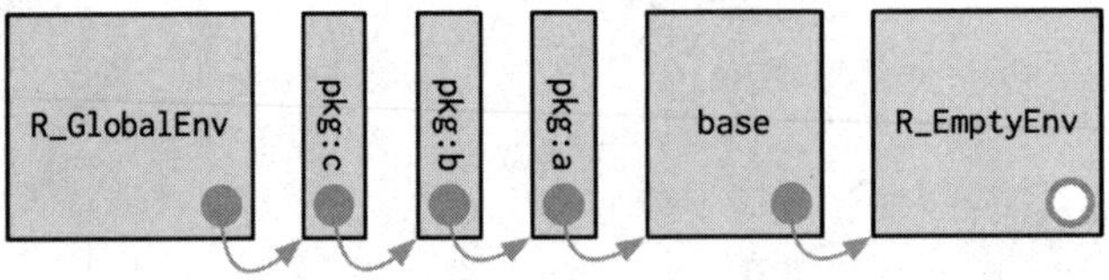

156 图 7-8

[1] 注意连接（attach）和加载（load）之间的区别。如果使用 :: 访问添加包中的一个函数，则会自动加载该添加包。添加包只能通过 library() 或 require() 附加到搜索路径。

如果你跟随所有的父环境，会看到每个添加包的连接顺序。这被称为**搜索路径**（search path），因为可以从顶层交互式工作区中找到这些环境中的所有对象。可以使用 base::search() 查看这些环境的名字，或者使用 rlang::search_envs() 看到环境本身：

```
search()
#>  [1] ".GlobalEnv"        "package:rlang"     "package:stats"
#>  [4] "package:graphics"  "package:grDevices" "package:utils"
#>  [7] "package:datasets"  "package:methods"   "Autoloads"
#> [10] "package:base"

search_envs()
#>  [[1]] $ <env: global>
#>  [[2]] $ <env: package:rlang>
#>  [[3]] $ <env: package:stats>
#>  [[4]] $ <env: package:graphics>
#>  [[5]] $ <env: package:grDevices>
#>  [[6]] $ <env: package:utils>
#>  [[7]] $ <env: package:datasets>
#>  [[8]] $ <env: package:methods>
#>  [[9]] $ <env: Autoloads>
#> [[10]] $ <env: package:base>
```

搜索路径上的最后两个环境始终相同：

- ❑ Autoloads 环境使用延迟绑定，通过仅在需要时加载程序包对象（如大型数据集）来节省内存。
- ❑ 基本环境 package:base 或（有时只是）base 是基础添加包的环境。这很特别，因为它必须能够引导所有其他添加包的加载。可以使用 base_env() 直接访问它。

请注意，当使用 library() 连接另一个添加包时，全局环境的父环境将发生变化，见图 7-9。

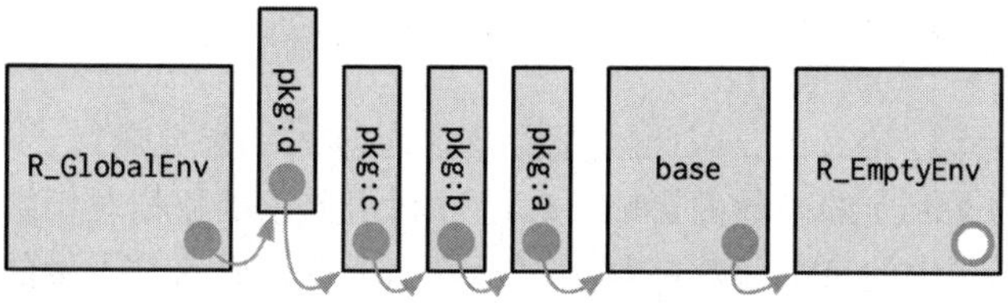

图　7-9　157

7.4.2　函数环境

函数在创建时会绑定当前环境。这称为**函数环境**（function environment），用于词法作用域。在各种计算机语言中，捕获（或封装）其环境的函数称为**闭包**（closure），这就是该术语经常与 R 文档中的函数互换使用的原因。

可以使用 fn_env() 获得函数环境：

```
y <- 1
f <- function(x) x + y
fn_env(f)
#> <environment: R_GlobalEnv>
```

在 R 基础包中

使用 environment(f) 访问函数 f 的环境。

在技术图中，使用圆角矩形代表绑定环境的函数，见图 7-10。

在这种情况下，f() 绑定到环境，将名字 f 绑定到函数。但并非总是如此：在以下示例中，g 绑定在新环境 e 中，而 g() 绑定全局环境。绑定与被绑定之间的区别是微妙而重要的，区别在于我们如何找到 g 与 g 如何找到其变量。见图 7-11。

```
e <- env()
e$g <- function() 1
```

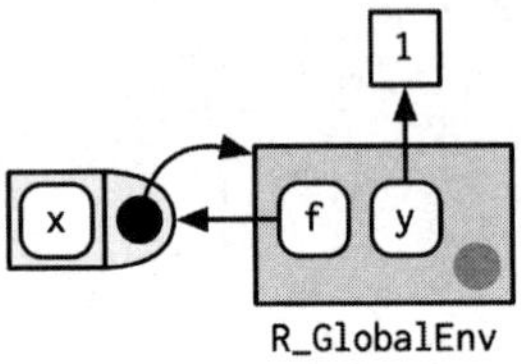

158 图　7-10

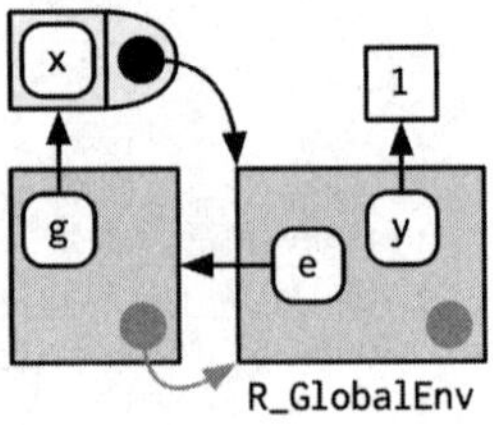

图　7-11

7.4.3　命名空间

在上图中，可以看到添加包的父环境根据加载的其他添加包而有所不同。这似乎令人担忧：这是否意味着如果以不同的顺序加载添加包，添加包将找到不同的函数？**命名空间**（namespace）的目标是确保不会发生这种情况，并且无论用户附加了哪些添加包，每个添加包都以相同的方式工作。

例如，使用 sd()：

```
sd
#> function (x, na.rm = FALSE)
#> sqrt(var(if (is.vector(x) || is.factor(x)) x else as.double(x),
#>     na.rm = na.rm))
#> <bytecode: 0x7fba712cc020>
#> <environment: namespace:stats>
```

sd() 是根据 var() 定义的，因此你可能担心 sd() 的结果会受到全局环境或连接的其他添加包中任何称为 var() 的函数的影响。R 通过利用上述函数相对于绑定环境的优势避免了这个问题。添加包中的每个函数都与一对环境相关联：先前已了解的添加包环境和命名空间环境。

- 添加包环境是添加包的外部接口。这使得 R 用户可以在连接的添加包中或使用 :: 来查找函数。它的父环境由搜索路径（即连接添加包的顺序）确定。
- 命名空间环境是添加包的内部接口。添加包环境控制着如何找到函数；命名空间控
159 制函数如何查找其变量。

添加包环境中的每个绑定也可以在命名空间环境中找到。这样可以确保每个函数都可以使用添加包中的所有其他函数。但是某些绑定仅发生在命名空间环境中。这些被称为内部或非导出对象，这使向用户隐藏内部实现细节成为可能。见图 7-12。

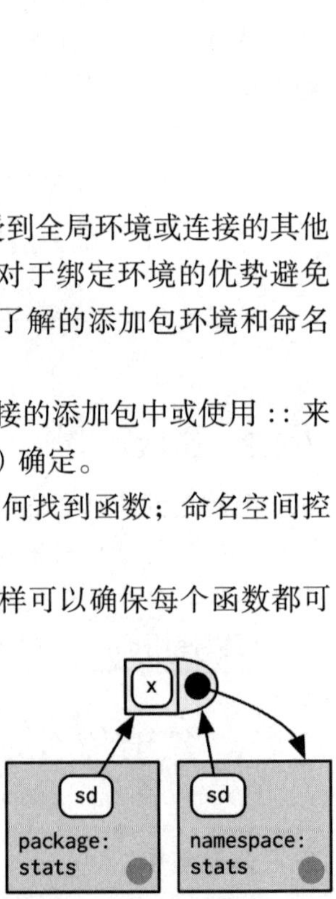

图　7-12

每个命名空间环境都有相同的祖先集：

- 每个命名空间都有一个**导入**环境，其中包含对添加包使用的所有函数的绑定。导入环境由添加包开发人员使用 NAMESPACE 文件控制。

- ❑ 显式导入每个基本函数将很麻烦，因此导入环境的父环境是基础**命名空间**。基础命名空间包含与基础环境相同的绑定，但是具有不同的父环境。
- ❑ 基础命名空间的父环境是全局环境。这意味着，如果在导入环境中未定义绑定，则添加包将以通常的方式查找它。这通常是个坏主意（因为它使代码依赖于其他已加载的添加包），因此 `R CMD check` 会自动警告此类代码。主要由于历史原因，特别是由于 S3 方法分派的工作原理，因此需要它。见图 7-13。

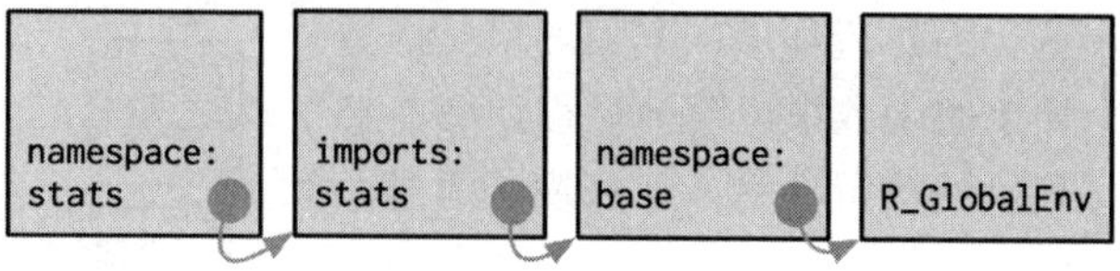

图 7-13

将所有这些图放在一起，我们得到图 7-14。 160

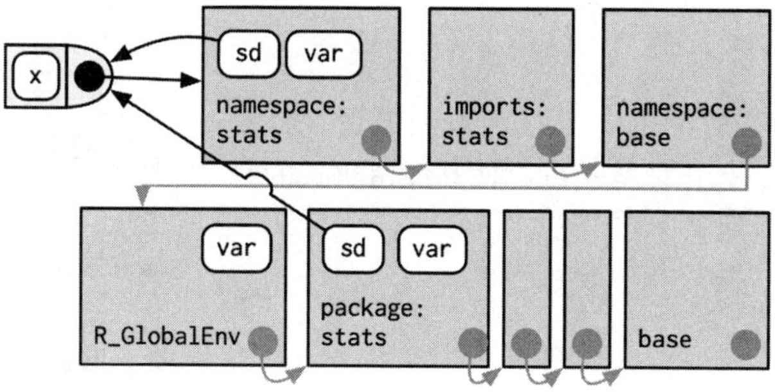

图 7-14

因此，当 `sd()` 寻找 `var` 的值时，它总是在由添加包开发人员而非添加包用户确定的一系列环境中找到它。这样可以确保添加包代码始终以相同的方式工作，无论用户连接了哪些添加包。

添加包和命名空间环境之间没有直接连接，连接由函数环境定义。

7.4.4 执行环境

我们需要讨论的最后一个重要主题是**执行**（execution）环境。第一次执行下面的函数时它返回什么？第二次呢？

```
g <- function(x) {
  if (!env_has(current_env(), "a")) {
    message("Defining a")
    a <- 1
  } else {
    a <- a + 1
  }
  a
}
```

在继续阅读之前，请先考虑一下。

```
g(10)
#> Defining a
#> [1] 1
```

161

```
g(10)
#> Defining a
#> [1] 1
```

每次调用这个函数都返回相同的值，这就是 6.4.3 节描述的重新开始原则。每次调用函数时，都创建一个新的宿主执行环境。这称为执行环境，其父环境是函数环境。让我们用一个简单的函数来说明该过程。图 7-15 中，绘制带有间接父环境的执行环境，父环境是通过函数环境找到的。

```
h <- function(x) {
  # 1.
  a <- 2 # 2.
  x + a
}
y <- h(1) # 3.
```

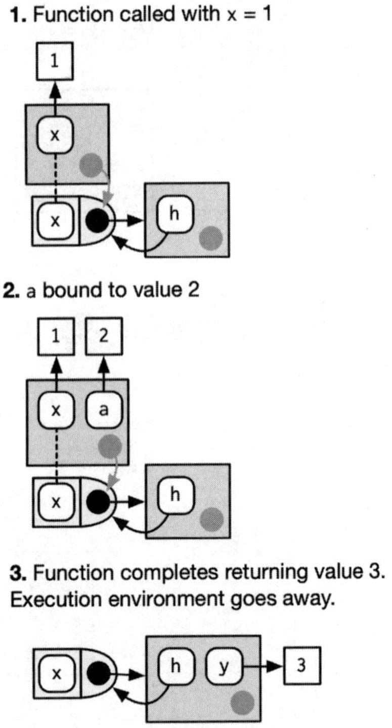

图 7-15　一个简单函数调用的执行环境。请注意，执行环境的父环境是函数环境

执行环境通常是暂时的。一旦函数完成后，将对环境进行垃圾回收。有几种方法可以使其停留更长的时间。第一种是显式返回它：

```
h2 <- function(x) {
  a <- x * 2
  current_env()
}

e <- h2(x = 10)
env_print(e)
#> <environment: 0x7fba76593d20>
#> parent: <environment: global>
#> bindings:
#>  * a: <dbl>
#>  * x: <dbl>
fn_env(h2)
#> <environment: R_GlobalEnv>
```

捕获它的另一种方法是返回一个与该环境绑定的对象，例如函数。下面的例子用一个函数工厂 plus() 来说明这个想法。我们使用这个工厂创建一个称为 plus_one() 的函数。

图 7-16 中包含了许多内容，因为 plus_one() 的封闭环境是
162 plus() 的执行环境。

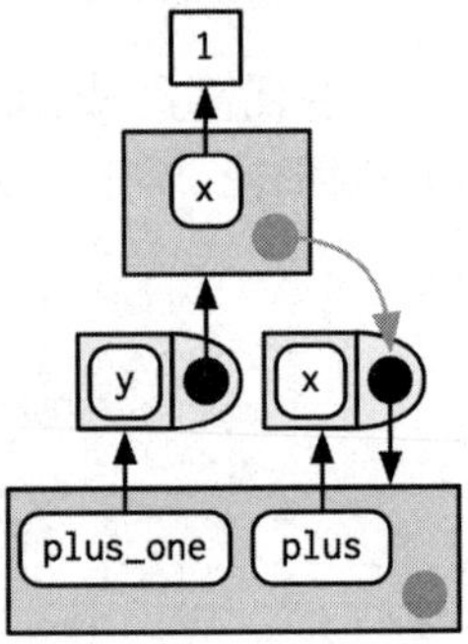

图　7-16

```
plus <- function(x) {
  function(y) x + y
}

plus_one <- plus(1)
plus_one
#> function(y) x + y
#> <environment: 0x7fba76650600>
```

当我们调用 plus_one() 时会发生什么？它的执行环境将捕获的 plus() 执行环境作为其父环境，见图 7-17：

```
plus_one(2)
#> [1] 3
```

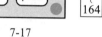

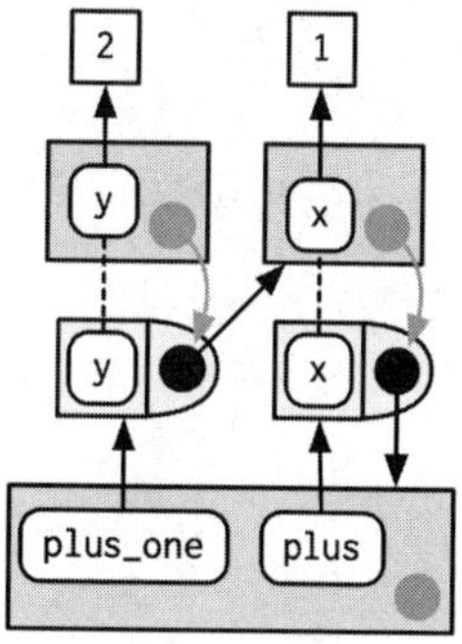

图　7-17

163～164

你将在 10.2 节中了解有关函数工厂的更多信息。

7.4.5　练习

1. search_envs() 与 env_parents(global_env()) 有何不同？
2. 绘制一个示意图，用来显示下面函数的封闭环境：

```
f1 <- function(x1) {
  f2 <- function(x2) {
    f3 <- function(x3) {
      x1 + x2 + x3
    }
    f3(3)
  }
  f2(2)
}
f1(1)
```

3. 自己编写一个增强版的 str() 函数，它可以显示函数的更多信息。显示定义函数的环境空间以及在哪里可以找到该函数。

7.5　调用堆栈

我们需要介绍的最后一个环境是**调用者**环境，可以通过 rlang::caller_env() 访问。这提供了从中调用函数的环境，并因此取决于函数的调用方式而不是函数的创建方式。正如我们在上面看到的，每当你编写一个将环境作为参数的函数时，这都是一个有用的默认值。

在 R 基础包中

parent.frame() 等价于 caller_env()；请注意，它返回的是环境，而不是对象框。

为了完全了解调用者环境，我们需要讨论两个相关概念：**调用堆栈**（call stack），它由**对象框**（frame）组成。执行一个函数会创建两种类型的上下文。你已经了解了其中一个：执行环境是函数环境的子级，它由函数的创建位置决定。调用函数的位置创建了另一种上下文：称为调用堆栈。

7.5.1　简单的调用堆栈

让我们用一个简单的调用序列来说明这一点：f() 调用 g() 调用 h()。 165

```
f <- function(x) {
  g(x = 2)
}
g <- function(x) {
  h(x = 3)
```

```
}
h <- function(x) {
  stop()
}
```

在 R 中最常见的查看调用堆栈的方式是在发生错误后查看 traceback()：

```
f(x = 1)
#> Error:
traceback()
#> 4: stop()
#> 3: h(x = 3)
#> 2: g(x = 2)
#> 1: f(x = 1)
```

我们将使用 lobstr::cst() 来打印出调用堆栈树，而不是用 stop() + traceback() 来了解调用堆栈：

```
h <- function(x) {
  lobstr::cst()
}
f(x = 1)
#> █
#> └─f(x = 1)
#>   └─g(x = 2)
#>     └─h(x = 3)
#>       └─lobstr::cst()
```

这说明我们从 h() 调用了 cst()，从 g() 调用了 cst()，从 f() 调用了 cst()。请注意，以上顺序与 traceback() 相反。随着调用堆栈变得越来越复杂，我认为从头开始而不
166 是从末尾开始（即 f() 调用 g()；而不是 g() 由 f() 调用）更容易理解调用的顺序。

7.5.2 惰性求值

上面的调用堆栈很简单：虽然暗示其中涉及某种树状结构，但所有事情都发生在单个分支上。急切地评估所有参数是调用堆栈的典型情况。

让我们创建一个更复杂的示例，其中涉及一些惰性求值。我们将创建一个沿参数 x 传递的函数序列 a()、b()、c()。

```
a <- function(x) b(x)
b <- function(x) c(x)
c <- function(x) x

a(f())
#> █
#> ├─a(f())
#> │ └─b(x)
#> │   └─c(x)
#> └─f()
#>   └─g(x = 2)
#>     └─h(x = 3)
#>       └─lobstr::cst()
```

x 是惰性求值的，因此该树获得两个分支。在第一个分支中，a() 调用 b()，然后 b() 调用 c()。当 c() 计算其参数 x 时，第二个分支开始。在新分支中对此参数求值，因为计算它的环境是全局环境，而不是 c() 的环境。

7.5.3 对象框

调用堆栈的每个元素都是一个**对象框**(frame) ⊖，也称为求值上下文。对象框是非常重要的内部数据结构，R代码只能访问数据结构的一小部分，因为篡改它会破坏R。对象框具有三个关键组成部分：

- ❑ 给出函数调用的表达式(标记为 `expr`)。即 `traceback()` 打印出来的内容。
- ❑ 环境(标记为 `env`)，通常是函数的执行环境。主要有两个例外：全局对象框的环境是全局环境；调用 `eval()` 也会生成对象框，其中环境可以是任何东西。 167
- ❑ 父环境，即调用堆栈中的上一个调用(由灰色箭头显示)。

图7-18说明了7.5.1节中所示的调用 `f(x = 1)` 的堆栈。

(为了专注于调用环境，我省略了全局环境中从 `f`、`g` 和 `h` 到各个函数对象的绑定。)

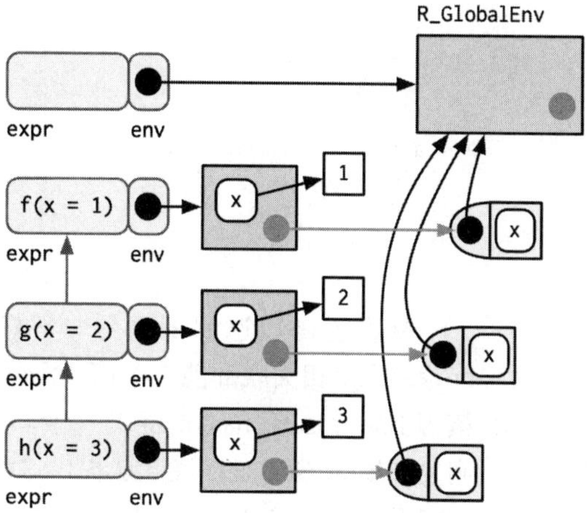

图7-18 简单调用堆栈的图形描述

对象框还保存了由 `on.exit()` 创建的退出处理程序、针对条件系统的重启和处理程序，以及函数完成时 `return()` 中的上下文。这些是重要的内部细节，R代码无法访问这些细节。

7.5.4 动态作用域

在调用堆栈中而不是在封闭环境中查找变量称为**动态作用域**(dynamic scoping)。很少有语言实现动态作用域(Emacs Lisp是一个明显的特例(http://www.gnu.org/software/emacs/emacs-paper.html#SEC15))。这是因为动态作用域使我们很难理解函数是如何运行的：不仅需要知道它的定义方式，还需要知道调用它的上下文。动态作用域主要用于开发交互式数据分析的函数，这是第20章中讨论的主题之一。 168

7.5.5 练习

1. 编写一个函数，列出在调用它的环境中定义的所有变量。它应返回与 `ls()` 相同的结果。

7.6 模拟数据结构

除了服务于作用域之外，环境也是一种很有用的数据结构，因此它们有引用语义。它们可以帮助解决三个常见问题：

- ❑ **避免复制大型数据**。由于环境具有引用语义，所以决不会无意识地创建一个副本。

⊖ 注意：`?environment` 使用对象框的含义不同："环境由对象框或命名对象的集合以及指向封闭环境的指针组成。"我们避免这种对象框的含义，这种含义来自S语言，因为它非常具体，并且在R基础包中并未广泛使用。例如，`parent.frame()` 中的对象框是执行上下文，而不是命名对象的集合。

但是在裸露的环境下使用起来很痛苦，因此我建议使用基于环境的 R6 对象。在第 14 章中了解更多信息。

- **使用添加包管理状态**：显式环境在软件包中很有用，因为它们允许你在函数调用之间保持软件包的状态。正常情况下，软件包中的对象是被锁定的，所以你不能直接修改它们。但是，可以这样做：

```
my_env <- new.env(parent = emptyenv())
my_env$a <- 1

get_a <- function() {
  my_env$a
}
set_a <- function(value) {
  old <- my_env$a
  my_env$a <- value
  invisible(old)
}
```

从设置函数返回旧值是非常好的模式，因为这样可以很容易地重新设置与 on.exit() 相关联的前一个值（详情见 6.7.4 节）。

- **模拟 hashmap**。hashmap 是一个非常有用的数据结构，它根据名字查找对象的时间复杂度为 $O(1)$。环境默认提供这种行为，所以可以用它来模拟 hashmap。hash 添加包 [Brown，2013] 就是用这个思想开发的。

7.7　小测验答案

1. 4 个方面包括：环境空间中的每一个对象都必须有名字；排列顺序不重要；环境有父环境；环境有引用语义。

2. 全局环境的父环境是你加载的最后一个添加包。唯一没有父环境的环境是空环境。

3. 函数的封闭环境就是创建这个函数的环境。它决定该函数在哪里寻找变量。

169~170 4. 使用 caller_env() 或 parent.frame()。

5. <- 总是在当前环境中创建一个绑定；<<- 重新绑定当前环境的父环境中的已有名字。

第 8 章
条　　件

8.1 本章简介

条件（condition）系统提供了成对的工具集，使函数的创建者可以指示正在发生异常情况，进一步使该函数的用户可以对其进行处理。函数作者使用 `stop()`（对于错误）、`warning()`（对于警告）和 `message()`（对于消息）之类的函数来表示条件，然后函数用户可以使用 `tryCatch()` 和 `withCallingHandlers()` 之类的函数来处理它们。了解条件系统很重要，因为你通常需要同时扮演两个角色：从你创建的函数中发出条件信号，以及处理由你调用的函数发出信号的条件。

基于 Common Lisp 的思想，R 提供了一个非常强大的条件系统。与 R 的面向对象编程方法一样，它与当前流行的编程语言也有很大不同，因此很容易造成误解，而且关于如何有效地使用它的文档也很少。从历史上看，这意味着几乎没有人（包括我自己）充分利用了它的力量。本章的目的是纠正这种情况。在这里，你将了解 R 条件系统的重要构想，并学习一系列实用工具，以使你的代码更强大。

在撰写本章时，我发现两个资源特别有用。如果想了解有关条件系统的灵感和动机的更多信息，则可能还需要阅读以下书籍。

- *A prototype of a condition system for R*（http://homepage.stat.uiowa.edu/~luke/R/exceptions/simpcond.html），由 Robert Gentleman 和 Luke Tierney 编写。它描述了 R 条件系统的早期版本。虽然现在的实现方法已经有所改变，但是本文还是很有价值的，你会对整个系统的构成有一个整体的认识，并对整个系统的设计动机有所了解。
- *Beyond exception handling*：*conditions and restarts*（http://www.gigamonkeys.com/book/beyond-exception-handling-conditions-and-restarts.html）由 Peter Seibel 编写。该书描述了 Lisp 中的异常处理机制，R 的处理方法与其非常相似。它提供了有用的动力和更加复杂的例子。我已经将它翻译成了 R 语言版了（http://adv-r.had.co.nz/beyond-exception-handling.html）。 171

我还发现研究实现这些想法的底层 C 代码很有帮助。如果你想了解所有方法的工作原理，可能会发现我的笔记（https://gist.github.com/hadley/4278d0a6d3a10e42533d59905fbed0ac）非常有用。

小测验

想跳过本章吗？如果你能回答下面的这些问题，你就可以大胆地跳过去。9.5 节有这些问题的答案。

1. 三种最重要的条件类型是什么？
2. 使用哪个函数来忽略代码块中的错误？
3. `tryCatch()` 和 `withCallingHandlers()` 之间的主要区别是什么？
4. 为什么要创建自定义错误对象？

主要内容

- 8.2 节介绍信号条件的基本工具，并讨论每种类型适合在何时使用。
- 8.3 节介绍处理条件的最简单工具：`try()` 和 `supressMessages()` 之类的函数可处理条件并阻止其进入顶层。
- 8.4 节介绍条件**对象**，以及条件处理的两个基本工具：`tryCatch()` 用于错误条件，`withCallingHandlers()` 用于其他所有条件。
- 8.5 节展示如何扩展内置条件对象以存储有用的数据，条件处理器可以使用这些有用的数据来做出更明智的决策。
- 8.6 节以前面章节中介绍的低级工具为基础，介绍相关的实际应用。

预备工具

除了 R 基础包的函数外，本章还使用 rlang（https://rlang.r-lib.org）中的条件信号和处
172 理函数。

```
library(rlang)
```

8.2　信号条件

在代码中可以发出三种条件：错误（error）、警告（warning）和消息（message）。

- 错误最严重，表明函数无法继续执行并且必须停止。
- 警告介于错误和消息之间，通常表示出了点问题，但函数至少能够部分恢复。
- 消息最温和，通知用户已执行了某些操作。

最后一个条件只能以交互方式生成：中断，表示用户已通过按 <Esc>、<Ctrl + Break> 或 <Ctrl + C>（取决于平台）中断了执行。

R 界面中，条件通常以醒目的字体显示为粗体或红色。它们可以被区分，因为错误总是以"Error"开头，警告总是以"Warning"或"Warning message"开头，而消息则没有这些内容。

```
stop("This is what an error looks like")
#> Error in eval(expr, envir, enclos): This is what an error looks like

warning("This is what a warning looks like")
#> Warning: This is what a warning looks like

message("This is what a message looks like")
#> This is what a message looks like
```

以下三节更详细地描述了错误、警告和消息。

8.2.1　错误

在 R 基础包中，错误由 stop() 发出信号或**抛出**（thrown）： 173

```
f <- function() g()
g <- function() h()
h <- function() stop("This is an error!")

f()
#> Error in h(): This is an error!
```

默认情况下，错误消息包括调用，但通常没有用（并概括了可以从 traceback() 轻松获得的信息），因此，我认为使用 call. = FALSE[⊖]是一种好习惯：

```
h <- function() stop("This is an error!", call. = FALSE)
f()
#> Error: This is an error!
```

相当于 stop() 的 rlang 的 rlang::abort() 自动执行此操作。在本章中，我们将使用 abort()，但直到本章末尾，我们才能使用其最引人注目的功能，即向条件对象添加其他元数据。

```
h <- function() abort("This is an error!")
f()
#> Error: This is an error!
```

（注意：stop() 将多个输入粘贴在一起，而 abort() 不会粘贴。要使用 abort 创建复杂错误消息，建议使用 glue::glue()。这允许我们使用其他参数来通过 abort() 获得有用的功能，这些功能将在 8.5 节中了解到。）

最好的错误消息会告诉你在什么地方出了问题，并指明解决问题的正确方向。编写好的错误消息很困难，因为通常在用户的函数思维模型有缺陷时才会发生错误。作为开发人员，很难想象用户会如何错误地考虑你的函数，因此很难编写一条信息来引导用户正确使用。tidyverse 样式指南讨论了一些我们发现有用的一般原则：http://style.tidyverse.org/error-messages.html。 174

8.2.2　警告

warning() 发出的警告信号比错误弱：它们发出错误消息，但代码可以恢复并继续。与错误不同，你可以从单个函数调用中获得多个警告：

```
fw <- function() {
  cat("1\n")
  warning("W1")
  cat("2\n")
  warning("W2")
  cat("3\n")
  warning("W3")
}
```

默认情况下，仅在控制返回顶层时才缓存和打印警告：

⊖ call. 中尾随的 . 是 stop() 的特殊之处；在这里不要读取任何内容。

```
fw()
#> 1
#> 2
#> 3
#> Warning messages:
#> 1: In f() : W1
#> 2: In f() : W2
#> 3: In f() : W3
```

可以使用 warn 选项控制此行为：

- 要立即显示警告，请设置 options(warn = 1)。
- 要将警告变成错误，请设置 options(warn = 2)。通常，这是调试警告的最简单方法，因为一旦出现错误，就可以使用 traceback() 之类的工具来查找来源。
- 使用 options(warn = 0) 恢复默认行为。

像 stop() 一样，warning() 也有一个调用参数。它稍微有用一些（因为警告通常离其来源更远），但是我通常还是通过 call. = FALSE 来抑制它。就像 rlang::abort()（在 rlang 中等效于 warning()）一样，默认情况下 rlang::warn() 也禁止 call.。

警告在消息（“你应该知道这一点”）和错误（“你必须解决此问题！”）之间占据颇具挑战性的位置，很难就何时使用它们给出准确的建议。通常，请保持克制，因为如果有很多其他输出，很容易错过警告，并且你不希望函数从明显无效的输入中太容易地恢复。我
175 认为，R 基础包倾向于过度使用警告，而 R 基础包中的许多警告更应作为错误出现。例如，我认为这些警告作为错误会更有用：

```
formals(1)
#> Warning in formals(fun): argument is not a function
#> NULL

file.remove("this-file-doesn't-exist")
#> Warning in file.remove("this-file-doesn't-exist"): cannot remove file
#> 'this-file-doesn't-exist', reason 'No such file or directory'
#> [1] FALSE

lag(1:3, k = 1.5)
#> Warning in lag.default(1:3, k = 1.5): 'k' is not an integer
#> [1] 1 2 3
#> attr(,"tsp")
#> [1] -1  1  1
```

仅在几种情况下使用警告显然是适当的：

- **弃用**某个函数时，希望允许旧代码继续工作（此时可以忽略警告），但是你想鼓励用户切换到新函数。
- 当你合理确定可以从问题中恢复时：如果 100% 确定可以解决问题，则不需要任何消息；如果不确定是否可以正确解决问题，则抛出错误。

否则，请克制警告，并仔细考虑使用错误是否更合适。

8.2.3　消息

用 message() 表示的消息是信息性的，用来说明代码做了一些事情。好的消息是一种平衡的行为：你只是想提供足够的信息，以便用户知道发生了什么，但又不想提供太多，以免用户不知所措。

message() 会立即显示，并且没有 call. 参数： 176

```
fm <- function() {
  cat("1\n")
  message("M1")
  cat("2\n")
  message("M2")
  cat("3\n")
  message("M3")
}

fm()
#> 1
#> M1
#> 2
#> M2
#> 3
#> M3
```

以下情况适合使用消息：

- 当默认参数需要一定数量的计算时，你想告诉用户使用了什么值。例如，如果你没有提供 binwidth，ggplot2 会报告使用的 bin 的数量。
- 在主要因副作用而被调用的函数中，否则将保持沉默。例如，在将文件写入磁盘，调用 Web API 或写入数据库时，定期提供状态消息来告诉用户正在发生的事情非常有用。
- 当需要开始长时间运行且没有中间输出的过程时。使用进度条（例如进度（https://github.com/r-lib/progress））更加合适，但也可以使用消息代替。
- 编写添加包时，有时希望在加载添加包时显示一条消息（如在 .onAttach() 中）；在这里，必须使用 packageStartupMessage()。

通常，任何产生消息的函数都应有某种方式来对其进行抑制，例如 quiet = TRUE 参数。你很快就会学到，可以通过使用 suppressMessages() 抑制所有消息，但是最好提供更精细的控制。

对 message() 和与之相关的 cat() 进行比较很重要。就用法和结果而言，它们看起来非常相似[⊖]：

177

```
cat("Hi!\n")
#> Hi!
message("Hi!")
#> Hi!
```

但是，cat() 和 message() 的用途不同。当函数的主要作用是打印到控制台（例如使用 print() 或 str() 方法）时，请使用 cat()。当该函数的主要目的是其他用途时，请使用 message() 作为打印到控制台的辅助渠道。换句话说，cat() 用于用户要求打印某些内容，而 message() 用于开发人员选择打印某些内容。

8.2.4 练习

1. 围绕 file.remove() 编写包装代码，如果要删除的文件不存在，则会引发错误。
2. message() 的 appendLF 参数有什么作用？它与 cat() 有什么关系？

⊖ 但是请注意，cat() 需要在尾部显式地输入 "\n" 来打印新的一行。

8.3 忽视条件

处理 R 中条件的最简单方法是简单地忽略它们：

- 使用 `try()` 忽略错误。
- 使用 `suppressWarnings()` 忽略警告。
- 使用 `suppressMessages()` 忽略消息。

这些函数使用繁重，因为无法使用它们在仅抑制你所了解的一种类型条件的同时也允许其他所有条件都通过。在本章的后面，我们将再次面对这一挑战。

`try()` 允许即使发生错误后也可以继续执行。通常，如果运行会引发错误的函数，则该函数会立即终止并且不会返回任何值：

178

```
f1 <- function(x) {
  log(x)
  10
}
f1("x")
#> Error in log(x): non-numeric argument to mathematical function
```

但是，如果将创建错误的语句包装在 `try()` 中，将显示错误消息[1]，但执行将继续：

```
f2 <- function(x) {
  try(log(x))
  10
}
f2("a")
#> Error in log(x) : non-numeric argument to mathematical function
#> [1] 10
```

你可以保存 `try()` 的结果，并根据代码是成功还是失败[2]执行不同的操作，但不建议这么做。取而代之的是，最好使用 `tryCatch()` 或更高级别的助手。你很快就会了解这些内容。

一个简单但有用的模式是在调用内部进行赋值：这使你可以定义一个在代码不成功时使用的默认值。之所以可行，是因为参数是在调用环境中而不是函数内部求值的。（有关更多详细信息，请参见 6.5.1 节。）

```
default <- NULL
try(default <- read.csv("possibly-bad-input.csv"), silent = TRUE)
```

`suppressWarnings()` 和 `suppressMessages()` 禁止显示所有警告和消息。与错误不同，消息和警告不会终止执行，因此在一个代码块中可能会有多个警告和消息。

```
suppressWarnings({
  warning("Uhoh!")
  warning("Another warning")
  1
})
#> [1] 1

suppressMessages({
```

[1] 可以使用 `try(..., silent = TRUE)` 抑制消息。

[2] 可以判断表达式是否失败，因为如果失败的话，结果中将带有类 `try-error`。

```
  message("Hello there")
  2
})
#> [1] 2

suppressWarnings({                                                    179
  message("You can still see me")
  3
})
#> You can still see me
#> [1] 3
```

8.4 处理条件

每个条件都有默认的行为：错误停止执行并返回顶层、捕获警告并汇总显示以及立即显示消息。条件**处理器**（handler）使我们可以临时覆盖或补充默认行为。

tryCatch() 和 withCallingHandlers() 这两个函数允许我们建立处理器，这些函数将信号条件作为单个参数。建立处理器的函数具有相同的基本形式：

```
tryCatch(
  error = function(cnd) {
    # code to run when error is thrown
  },
  code_to_run_while_handlers_are_active
)

withCallingHandlers(
  warning = function(cnd) {
    # code to run when warning is signalled
  },
  message = function(cnd) {
    # code to run when message is signalled
  },
  code_to_run_while_handlers_are_active
)
```

它们创建的处理器类型不同：

- tryCatch() 定义**退出**（exiting）处理器，处理完条件后，返回到调用 tryCatch() 的上下文。这使得 tryCatch() 最适合处理错误和中断，因为无论如何它们都必须退出。 180
- withCallingHandlers() 定义**调用**（calling）处理器，捕获条件后，将返回指示该条件的上下文。这使其最适合在非错误条件下工作。

但是在学习和使用这些处理器之前，我们需要先讨论一下条件**对象**。这些在发出条件信号时隐式创建，但在处理器内部显式创建。

8.4.1 条件对象

到目前为止，我们只是介绍了信号条件，而不是查看幕后创建的对象。查看条件对象的最简单方法是从发出信号的条件中捕获一个条件对象。这就是 rlang::catch_cnd() 的工作：

```
cnd <- catch_cnd(stop("An error"))
str(cnd)
#> List of 2
#>  $ message: chr "An error"
#>  $ call   : language force(expr)
#>  - attr(*, "class")= chr [1:3] "simpleError" "error" "condition"
```

内置条件是具有两个元素的列表：

- message，长度为 1 的字符向量，包含需要显示给用户的文本。要提取消息，请使用 conditionMessage(cnd)。
- call，触发条件的调用。如上所述，我们不使用该调用，因此该调用通常为 NULL。要提取调用，请使用 conditionCall(cnd)。

自定义条件可能包含其他元素，我们将在 8.5 节中讨论。

条件还具有一个 class 属性，这使它们成为 S3 对象。在第 13 章之前，我们不会讨论 S3，但是幸运的是，即使不了解 S3，条件对象也非常简单。要知道的最重要的一点是，class 属性是一个字符向量，它确定哪些处理器将匹配条件。

8.4.2　退出处理器

tryCatch() 建立的退出处理器通常用于处理错误情况。它使你可以覆盖默认错误行为。
181 例如，以下代码将返回 NA 而不是抛出错误：

```
f3 <- function(x) {
  tryCatch(
    error = function(cnd) NA,
    log(x)
  )
}

f3("x")
#> [1] NA
```

如果没有发出任何信号，或者发出信号的条件的类别与处理器名字不匹配，则代码将正常执行：

```
tryCatch(
  error = function(cnd) 10,
  1 + 1
)
#> [1] 2

tryCatch(
  error = function(cnd) 10,
  {
    message("Hi!")
    1 + 1
  }
)
#> Hi!
#> [1] 2
```

由 tryCatch() 设置的处理器称为**退出**处理器，因为在发出条件信号后，控制将传递给该处理器，并且从不返回原始代码，这实际上意味着该代码已退出：

```
tryCatch(
  message = function(cnd) "There",
  {
    message("Here")
    stop("This code is never run!")
  }
)
#> [1] "There"
```

182

受保护的代码是在 tryCatch() 环境中求值的，但处理器代码则不是，因为处理器是函数。请记住，如果要在父环境中修改对象，这一点很重要。

使用单个参数（条件对象）调用处理器函数。按照惯例，我将此参数称为 cnd。该值仅对基础条件适度有用，因为它们包含的数据相对较少。很快就会看到，在自定义条件时，它会更加有用。

```
tryCatch(
  error = function(cnd) {
    paste0("--", conditionMessage(cnd), "--")
  },
  stop("This is an error")
)
#> [1] "--This is an error--"
```

tryCatch() 还有另一个参数 finally。不管初始表达式是成功还是失败，它都指定要运行的代码块（不是函数）。这对于清理（例如删除文件或关闭连接）很有用。这在功能上等同于使用 on.exit()（实际上就是这样实现的），但是它可以包装比整个函数小的代码块。

```
path <- tempfile()
tryCatch(
  {
    writeLines("Hi!", path)
    # ...
  },
  finally = {
    # always run
    unlink(path)
  }
)
```

8.4.3 调用处理器

由 tryCatch() 设置的处理器称为退出处理器，因为一旦条件被捕获，它们就会导致代码退出。相比之下，withCallingHandlers() 设置**调用**处理器：处理器返回后，代码将正常继续执行。这倾向于使 withCallingHandlers() 与非错误条件更自然地配对。退出处理器和调用处理器使用“处理器”的含义略有不同： 183

- 退出处理器会像处理问题一样处理信号，它使问题消失了。
- 调用处理器处理信号后，信号仍然存在。

在下面的示例中比较 tryCatch() 和 withCallingHandlers() 的结果。在第一种情况下不会打印消息，因为一旦退出处理器完成，代码就会终止。在第二种情况下会打印它们，因为调用处理器不会退出。

```
tryCatch(
  message = function(cnd) cat("Caught a message!\n"),
  {
    message("Someone there?")
    message("Why, yes!")
  }
)
#> Caught a message!

withCallingHandlers(
  message = function(c) cat("Caught a message!\n"),
  {
    message("Someone there?")
    message("Why, yes!")
  }
)
#> Caught a message!
#> Someone there?
#> Caught a message!
#> Why, yes!
```

处理器是按顺序应用的，因此不必担心陷入无限循环。在以下示例中，处理器发出的 message() 也没有被捕获：

```
withCallingHandlers(
  message = function(cnd) message("Second message"),
  message("First message")
)
#> Second message
#> First message
```

（但是请注意，如果有多个处理器，并且某些处理器会发出可能被其他处理器捕获的信
184 号条件时，需要仔细考虑先后顺序。）

调用处理器的返回值将被忽略，因为处理器完成后代码将继续执行。返回值会去哪里？这意味着调用处理器仅对它们的副作用有用。

调用处理器特有的一个重要副作用是可以**覆盖**（muffle）信号。默认情况下，条件将继续传递到父处理器，一直到默认处理器（或是一个退出处理器，如果提供的话）：

```
# Bubbles all the way up to default handler which generates the message
withCallingHandlers(
  message = function(cnd) cat("Level 2\n"),
  withCallingHandlers(
    message = function(cnd) cat("Level 1\n"),
    message("Hello")
  )
)
#> Level 1
#> Level 2
#> Hello

# Bubbles up to tryCatch
tryCatch(
  message = function(cnd) cat("Level 2\n"),
  withCallingHandlers(
    message = function(cnd) cat("Level 1\n"),
    message("Hello")
  )
```

```
)
#> Level 1
#> Level 2
```

如果要防止出现条件“冒泡”后其余代码仍在运行的情况，则需要使用 `rlang::cnd_muffle()` 显式地将其覆盖：

```
# Muffles the default handler which prints the messages
withCallingHandlers(
  message = function(cnd) {
    cat("Level 2\n")
    cnd_muffle(cnd)
  },
  withCallingHandlers(
    message = function(cnd) cat("Level 1\n"),
    message("Hello")
  )
)
#> Level 1
#> Level 2

# Muffles level 2 handler and the default handler
withCallingHandlers(
  message = function(cnd) cat("Level 2\n"),
  withCallingHandlers(
    message = function(cnd) {
      cat("Level 1\n")
      cnd_muffle(cnd)
    },
    message("Hello")
  )
)
#> Level 1
```

185

8.4.4 调用堆栈

退出处理器和调用处理器的调用堆栈之间有一些明显的区别。这些差异通常并不重要，但是我将它们包括在这里是因为我偶尔发现它们很有用，并且不想忘记它们！

通过设置一个使用 `lobstr::cst()` 的小示例，最容易看出差异：

```
f <- function() g()
g <- function() h()
h <- function() message("!")
```

调用处理器是在发出信号条件的调用上下文中调用的：

```
withCallingHandlers(f(), message = function(cnd) {
  lobstr::cst()
  cnd_muffle(cnd)
})
#>     █
#>  1. ├─base::withCallingHandlers(...)
#>  2. ├─global::f()
#>  3. │ └─global::g()
#>  4. │   └─global::h()
#>  5. │     └─base::message("!")
#>  6. │       ├─base::withRestarts(...)
#>  7. │       │ └─base:::withOneRestart(expr, restarts[[1L]])
```

186

```
#>   8. │       │    └─base:::doWithOneRestart(return(expr), restart)
#>   9. │       └─base::signalCondition(cond)
#>  10. └─(function (cnd) ...
#>  11.   └─lobstr::cst()
```

在 tryCatch() 的调用上下文中调用了退出处理器：

```
tryCatch(f(), message = function(cnd) lobstr::cst())
#>     █
#>  1. └─base::tryCatch(f(), message = function(cnd) lobstr::cst())
#>  2.   └─base:::tryCatchList(expr, classes, parentenv, handlers)
#>  3.     └─base:::tryCatchOne(expr, names, parentenv, handlers[[1L]])
#>  4.       └─value[[3L]](cond)
#>  5.         └─lobstr::cst()
```

8.4.5 练习

1. 与 stop() 生成的条件相比，abort() 生成的条件包含什么额外的信息？即这两个对象之间有什么区别？阅读有关 ?abort 的帮助文档以了解更多信息。

```
catch_cnd(stop("An error"))
catch_cnd(abort("An error"))
```

2. 预测以下代码求值的结果：

```
show_condition <- function(code) {
  tryCatch(
    error = function(cnd) "error",
    warning = function(cnd) "warning",
    message = function(cnd) "message",
    {
      code
      NULL
187    }
  )
}

show_condition(stop("!"))
show_condition(10)
show_condition(warning("?!"))
show_condition({
  10
  message("?")
  warning("?!")
})
```

3. 解释运行此代码后的结果：

```
withCallingHandlers(
  message = function(cnd) message("b"),
  withCallingHandlers(
    message = function(cnd) message("a"),
    message("c")
  )
)
#> b
#> a
#> b
#> c
```

4. 阅读 catch_cnd() 的源代码并解释其工作方式。
5. 如何重写 show_condition() 以使用单个处理器？

8.5 自定义条件

R 中错误处理的挑战之一是大多数函数都会生成一个内置条件，其中仅包含一条 message 和一个 call。这意味着，如果要检测特定类型的错误，则只能使用错误消息的文本。这很容易出错，这不仅是因为消息可能会随时间而变化，而且还因为消息可以转换成其他语言。 188

幸运的是，R 具有一个强大但很少使用的功能：创建可以包含其他元数据的自定义条件的能力。在 R 基础包中创建自定义条件有点麻烦，但是 rlang::abort() 使其变得非常容易，因为你可以提供自定义 .subclass 和其他元数据。

以下示例显示了基本的模式。我建议对自定义条件使用以下调用结构。这利用了 R 灵活的参数匹配功能，因此错误类型的名称排在首位，其次是面向用户的文字，然后是自定义元数据。

```
abort(
  "error_not_found",
  message = "Path `blah.csv` not found",
  path = "blah.csv"
)
#> Error: Path `blah.csv` not found
```

交互使用自定义条件的工作方式与常规条件一样，但允许处理器执行更多操作。

8.5.1 动机

要更深入地探讨这些想法，请使用 base::log()。当抛出由无效参数引起的错误时，它将执行最少的操作：

```
log(letters)
#> Error in log(letters): non-numeric argument to mathematical function
log(1:10, base = letters)
#> Error in log(1:10, base = letters): non-numeric argument to
#> mathematical function
```

我认为通过明确指出哪个参数是有问题的（即 x 或 base），并说出有问题的输入是什么（而不仅仅说出输入是不是有问题），我们可以做得更好。

```
my_log <- function(x, base = exp(1)) {
  if (!is.numeric(x)) {
    abort(paste0(
      "`x` must be a numeric vector; not ", typeof(x), "."
    ))
  }
  if (!is.numeric(base)) {
    abort(paste0(
      "`base` must be a numeric vector; not ", typeof(base), "."
    ))
  }

  base::log(x, base = base)
}
```
189

该函数可用于：

```
my_log(letters)
#> Error: `x` must be a numeric vector; not character.
my_log(1:10, base = letters)
#> Error: `base` must be a numeric vector; not character.
```

这是交互式用法的一种改进，因为错误消息更有可能引导用户进行正确的修复。但是，如果要以编程的方式处理错误，它们并没有更好的表现：有关该错误的所有有用的元数据都被塞进一个字符串中。

8.5.2　信号

让我们构建一些基础结构来改善这种情况。首先，为错误的参数提供一个自定义的 abort() 函数。对于当前示例，这有点过分笼统了，但是它反映了我在其他函数中看到的常见模式。模式非常简单。我们使用 glue::glue() 为用户创建一个错误消息，并将元数据存储在开发人员的条件调用中。

190
```
abort_bad_argument <- function(arg, must, not = NULL) {
  msg <- glue::glue("`{arg}` must {must}")
  if (!is.null(not)) {
    not <- typeof(not)
    msg <- glue::glue("{msg}; not {not}.")
  }

  abort("error_bad_argument",
    message = msg,
    arg = arg,
    must = must,
    not = not
  )
}
```

在 R 基础包中

如果要抛出自定义错误而不添加对 rlang 的依赖，则可以“手动”创建条件对象，然后将其传递给 stop()：

```
stop_custom <- function(.subclass, message, call = NULL, ...) {
  err <- structure(
    list(
      message = message,
      call = call,
      ...
    ),
    class = c(.subclass, "error", "condition")
  )
  stop(err)
}

err <- catch_cnd(
  stop_custom("error_new", "This is a custom error", x = 10)
)
class(err)
err$x
```

现在，我们可以重写 my_log() 以使用此新方法：

```
my_log <- function(x, base = exp(1)) {
  if (!is.numeric(x)) {
    abort_bad_argument("x", must = "be numeric", not = x)
  }
  if (!is.numeric(base)) {
    abort_bad_argument("base", must = "be numeric", not = base)
  }

  base::log(x, base = base)
}
```

my_log() 本身并没有短很多，但更具含义，它可以确保错误参数的错误消息在各个函数之间保持一致。它产生与之前相同的交互式错误消息：

```
my_log(letters)
#> Error: `x` must be numeric; not character.
my_log(1:10, base = letters)
#> Error: `base` must be numeric; not character.
```
191

8.5.3 处理

这些结构化条件对象更易于编程。首先可能要使用此功能的地方是在测试函数的时候。单元测试不是本书的主题（有关详细信息，请参见 R 添加包（http://r-pkgs.had.co.nz/）），但是基础知识很容易理解。下面的代码捕获了错误，然后断言它具有我们期望的结构。

```
library(testthat)

err <- catch_cnd(my_log("a"))
expect_s3_class(err, "error_bad_argument")
expect_equal(err$arg, "x")
expect_equal(err$not, "character")
```

我们还可以在 tryCatch() 中使用类 error_bad_argument 仅处理该特定错误：

```
tryCatch(
  error_bad_argument = function(cnd) "bad_argument",
  error = function(cnd) "other error",
  my_log("a")
)
#> [1] "bad_argument"
```

将 tryCatch() 与多个处理器和自定义类一起使用时，将调用第一个与信号的类向量中的任何类匹配的处理器，而不是最佳匹配。因此，需要确保将最特定的处理器放在首位。下面的代码不能满足你的期望：

```
tryCatch(
  error = function(cnd) "other error",
  error_bad_argument = function(cnd) "bad_argument",
  my_log("a")
)
#> [1] "other error"
```
192

8.5.4 练习

1. 在添加包内部，使用它之前检查添加包是否已安装有时会很有用。编写一个函数，以检查是否已安装了添加包（使用 requireNamespace("pkg", quietly = FALSE)），如果没有安装，则引发一个自定义条件，该条件包括元数据中的添加包名称。

2. 在添加包内部，当某些内容不正确时，通常需要停止并显示错误信息。依赖于你的添加包的其他添加包可能会在其单元测试中尝试检查这些错误。如何帮助这些添加包避免依赖错误消息？该错误消息是用户界面而不是 API 的一部分，并且可能在不另行通知的情况下进行更改。

8.6 应用

现在，你已经了解了 R 条件系统的基本工具，是时候深入了解某些应用了。本部分的目的不是展示 tryCatch() 和 withCallingHandlers() 的每种可能用法，而是说明一些经常出现的常见模式。希望这些将使你的创意源源不断，当你遇到新问题时，可以提出一个有用的解决方案。

8.6.1 运行失败返回的值

根据从错误处理器返回的值，有一些简单但有用的 tryCatch() 模式。最简单的情况是包装在发生错误时返回默认值：

```
fail_with <- function(expr, value = NULL) {
  tryCatch(
    error = function(cnd) value,
    expr
  )
}

fail_with(log(10), NA_real_)
```

193

```
#> [1] 2.3
fail_with(log("x"), NA_real_)
#> [1] NA
```

一个更复杂的应用是 base::try()。下面，try2() 提取了 base::try() 的本质。为了使错误消息看起来更像不使用 tryCatch() 时所显示的内容，实际函数更加复杂。

```
try2 <- function(expr, silent = FALSE) {
  tryCatch(
    error = function(cnd) {
      msg <- conditionMessage(cnd)
      if (!silent) {
        message("Error: ", msg)
      }
      structure(msg, class = "try-error")
    },
    expr
  )
}

try2(1)
#> [1] 1
try2(stop("Hi"))
#> Error: Hi
#> [1] "Hi"
```

```
#> attr(,"class")
#> [1] "try-error"
try2(stop("Hi"), silent = TRUE)
#> [1] "Hi"
#> attr(,"class")
#> [1] "try-error"
```

8.6.2 运行成功与失败后返回的值

如果代码求值成功（success_val），我们可以扩展此模式以返回一个值，如果失败则返回另一个值（error_val）。这种模式仅需要一个小技巧：对用户提供的代码进行求值，然后给出 success_val。如果代码抛出错误，我们将永远不会进入 success_val，而是返回 error_val。

```
foo <- function(expr) {
  tryCatch(                                                   194
    error = function(cnd) error_val,
    {
      expr
      success_val
    }
  )
}
```

我们可以使用以下函数确定表达式是否失败：

```
does_error <- function(expr) {
  tryCatch(
    error = function(cnd) TRUE,
    {
      expr
      FALSE
    }
  )
}
```

或者捕获任何条件，例如 rlang::catch_cnd()：

```
catch_cnd <- function(expr) {
  tryCatch(
    condition = function(cnd) cnd,
    {
      expr
      NULL
    }
  )
}
```

我们还可以使用此模式来创建 try() 变体。try() 的一大挑战是确定代码是成功还是失败。我认为与其返回具有特殊类的对象，不如返回一个包含 result 和 error 两个部分的列表，这会更好一些。

```
safety <- function(expr) {
  tryCatch(
    error = function(cnd) {
      list(result = NULL, error = cnd)
    },
    list(result = expr, error = NULL)                          195
```

```
  )
}

str(safety(1 + 10))
#> List of 2
#>  $ result: num 11
#>  $ error : NULL
str(safety(stop("Error!")))
#> List of 2
#>  $ result: NULL
#>  $ error :List of 2
#>   ..$ message: chr "Error!"
#>   ..$ call   : language doTryCatch(return(expr), name, parentenv, h..
#>   ..- attr(*, "class")= chr [1:3] "simpleError" "error" "condition"
```

(这与函数运算符 purrr::safely() 密切相关，11.2.1 节将再次涉及这一部分。)

8.6.3 Resignal

除了在发出条件信号时返回默认值之外，还可以使用处理器来生成更多有用的错误消息。一个简单的应用是为单个代码块创建一个类似于 options(warn = 2) 的函数。这个想法很简单：我们通过抛出错误来处理警告：

```
warning2error <- function(expr) {
  withCallingHandlers(
    warning = function(cnd) abort(conditionMessage(cnd)),
    expr
  )
}


warning2error({
  x <- 2 ^ 4
  warn("Hello")
})
#> Error: Hello
```

如果试图查找令人讨厌的消息的来源，则可以编写类似的函数。有关更多信息，请参
196 见 22.6 节。

8.6.4 记录

另一个常见的模式是记录条件以便以后进行调查。这里的新挑战是，调用处理器仅是由于它们的副作用而被调用，因此我们无法返回值，而是需要就地修改某些对象。

```
catch_cnds <- function(expr) {
  conds <- list()
  add_cond <- function(cnd) {
    conds <<- append(conds, list(cnd))
    cnd_muffle(cnd)
  }

  withCallingHandlers(
    message = add_cond,
    warning = add_cond,
    expr
  )
```

```
  conds
}

catch_cnds({
  inform("a")
  warn("b")
  inform("c")
})
#> [[1]]
#> <message: a
#> >
#>
#> [[2]]
#> <warning: b>
#>
#> [[3]]
#> <message: c
#> >
```

如果还想捕获错误怎么办？此时需要将 withCallingHandlers() 包装在 tryCatch() 中。如果发生错误，它将是最后的条件。

197

```
catch_cnds <- function(expr) {
  conds <- list()
  add_cond <- function(cnd) {
    conds <<- append(conds, list(cnd))
    cnd_muffle(cnd)
  }

  tryCatch(
    error = function(cnd) {
      conds <<- append(conds, list(cnd))
    },
    withCallingHandlers(
      message = add_cond,
      warning = add_cond,
      expr
    )
  )

  conds
}

catch_cnds({
  inform("a")
  warn("b")
  abort("C")
})
#> [[1]]
#> <message: a
#> >
#>
#> [[2]]
#> <warning: b>
#>
#> [[3]]
#> <error>
#> message: C
#> class:   `rlang_error`
#> backtrace:
```

```
#>  1. global::catch_cnds(...)
#>  6. base::withCallingHandlers(...)
#> Call `rlang::last_trace()` to see the full backtrace
```

这是为 knitr 提供支持的 evaluate 添加包 [Wickham and Xie，2018] 的关键思想：它将所有输出捕获到一个特殊的数据结构中，以便以后可以再次演示。总体而言，evaluate 添加

198 包比此处的代码复杂得多，因为它还需要处理绘图和文本输出。

8.6.5 无默认行为

最后一种有用的模式是发出一种条件，该条件不是从消息、警告或错误中继承的。因为没有默认行为，所以这意味着该条件不起作用，除非用户特别要求。例如，想象一个基于条件的日志系统：

```
log <- function(message, level = c("info", "error", "fatal")) {
  level <- match.arg(level)
  signal(message, "log", level = level)
}
```

当调用 log() 时，会发出条件信号，但不会发生任何事情，因为它没有默认处理器：

```
log("This code was run")
```

要激活日志记录，需要一个处理器来处理 log 条件。在下面，我定义了一个 record_log() 函数，它将所有日志消息记录到一个文件中：

```
record_log <- function(expr, path = stdout()) {
  withCallingHandlers(
    log = function(cnd) {
      cat(
        "[", cnd$level, "] ", cnd$message, "\n", sep = "",
        file = path, append = TRUE
      )
    },
    expr
  )
}

record_log(log("Hello"))
#> [info] Hello
```

你甚至可以想象使用另一个函数进行分层，该函数可以有选择地抑制某些日志记录水平。

```
ignore_log_levels <- function(expr, levels) {
  withCallingHandlers(
    log = function(cnd) {
      if (cnd$level %in% levels) {
        cnd_muffle(cnd)
      }
    },
    expr
  )
}

record_log(ignore_log_levels(log("Hello"), "info"))
```

199

在 R 基础包中

如果你手动创建条件对象，并用 signalCondition() 发出信号，则 cnd_muffle() 将不起作用。取而代之的是，需要使用定义的 muffle 进行重启（restart）来调用它，如下所示：

```
withRestarts(signalCondition(cond), muffle = function() NULL)
```

目前，重启不在本书的讨论范围之内，但它可能会包含在第 3 版中。

8.6.6 练习

1. 创建与 suppressMessages() 和 suppressWarnings() 进行相似操作但同时抑制所有内容的 suppressConditions()。仔细考虑如何处理错误。

2. 对下面的两个 message2error() 的实现进行比较。在这种情况下 withCallingHandlers() 的主要优点是什么（提示：仔细查看 traceback）？

```
message2error <- function(code) {
  withCallingHandlers(code, message = function(e) stop(e))
}
message2error <- function(code) {
  tryCatch(code, message = function(e) stop(e))
}
```

3. 如果要重新创建警告和消息的原始混合，将如何修改 catch_cnds() 定义？

4. 为什么捕获中断很危险？运行下面代码以找出答案。 200

```
bottles_of_beer <- function(i = 99) {
  message(
    "There are ", i, " bottles of beer on the wall, ",
    i, " bottles of beer."
  )
  while(i > 0) {
    tryCatch(
      Sys.sleep(1),
      interrupt = function(err) {
        i <<- i - 1
        if (i > 0) {
          message(
            "Take one down, pass it around, ", i,
            " bottle", if (i > 1) "s", " of beer on the wall."
          )
        }
      }
    )
  }
  message(
    "No more bottles of beer on the wall, ",
    "no more bottles of beer."
  )
}
```

8.7 小测验答案

1. 错误（error）、警告（warning）和消息（message）。

2. 可以使用 try() 和 tryCatch()。

3. tryCatch() 创建退出处理器，该处理器将终止包装代码的执行；withCallingHandlers() 创建不会影响包装代码执行的调用处理器。

4. 因为我们可以使用 tryCatch() 捕获特定类型的错误，而不是依赖于错误字符串的比
201 较，比较是有很大风险的，尤其是当消息被转换后。

第二部分

函数式编程

本质上 R 是**函数式**（functional）语言。这意味着它具有某些技术特性，但更重要的是，它使自己适合于以函数为中心的问题解决方式。接下来将简要概述函数式语言的技术定义，但是在本书中，我将主要侧重于编程的函数式风格，因为我认为它非常适合用于对常见问题类型进行数据分析。

最近，函数式技术引起了人们的关注，因为它们可以为许多现代问题提供有效而优雅的解决方案。函数风格倾向于创建可以轻松地独立分析（即仅使用局部信息）的函数，因此通常更容易自动优化或并行化。近年来，函数式语言的传统弱点、较差的性能以及有时无法预测的内存使用情况已得到大大改善。函数式编程是对面向对象编程的补充，后者在过去的几十年中一直是占主导地位的编程范例。

函数式编程语言

每种编程语言都有函数，那么是什么使编程语言函数化呢？关于使语言函数化的确切定义有很多，但是有两个共同的线程认识。

首先，函数式语言具有**第一类函数**（first-class function），这些函数的行为类似于任何其他数据结构。在 R 中，这意味着能够通过可使用向量执行的函数来完成许多事情：你可
以将它们赋值给变量，将它们存储在列表中，将它们作为参数传递给其他函数，在函数内 202~205
部创建它们，甚至将它们作为函数的结果返回。

其次，许多函数式语言要求函数是**纯**（pure）的。如果一个函数满足两个属性，则该函数是纯函数：

- 输出仅取决于输入，即如果再次使用相同的输入进行调用，则会得到相同的输出。因此不能使用诸如 `runif()`、`read.csv()` 或 `Sys.time()` 之类的可以返回不同值的函数。
- 该函数没有副作用，例如更改全局变量的值、写入磁盘或在屏幕上显示内容。因此不能使用 `print()`、`write.csv()` 和 `<-` 之类的函数。

纯函数更容易对其进行推论，但显然有很大的缺点：想象一下进行数据分析时，你将无法生成随机数或无法从磁盘读取文件。

严格来说，R 不是函数式编程语言，因为它不需要你编写纯函数。但是，你当然可以在部分代码中采用函数式风格：不必编写纯函数，但通常应该这样做。以我的经验，将代码划分为极纯或非常不纯的函数往往会导致代码易于理解，并能够扩展到新的情况。

函数式风格

很难确切地描述什么是函数式风格，但是通常我认为这意味着将一个大问题分解为较小的部分，然后使用一个函数或函数组合来解决每个部分。使用函数式风格时，努力将问题的组成部分分解为独立运行的独立函数。每种函数本身简单易懂。复杂的问题通过以各种方式组合函数来进行处理。

以下三章讨论了可帮助你将问题分解为较小部分的三种关键函数式技术：

1）第 9 章展示如何使用将另一个函数作为参数的**泛函**（functional）（如 `lapply()`）替换许多 for 循环。泛函使你可以采用一种函数来解决单个输入的问题并将其通用化以处理任意数量的输入。到目前为止，泛函是最重要的技术，你将在数据分析中经常使用它们。

2）第 10 章介绍**函数工厂**（function factory）：用于创建函数的函数。函数工厂不像泛函那样常用，但是可以让你优雅地在代码的不同部分之间划分工作。

3）第 11 章介绍如何创建**函数运算符**（function operator）：以函数作为输入并将函数作为输出的函数。它们就像副词一样，因为它们通常会修改函数的操作。

这些类型的函数统称为**高阶函数**（higher-order function），如下表所示。

206~207

输入 \ 输出	向　量	函　数
向量	常规函数	函数工厂
函数	泛函	函数运算符

第9章 泛函

9.1 本章简介

为了使程序变得更加可靠，代码就必须变得更加透明。尤其是，嵌套条件和循环必须认真审视。复杂的控制流会让程序员迷惑。杂乱的代码经常隐藏着漏洞。

——Bjarne Stroustrup

泛函（functional）是以函数作为输入并返回一个向量的函数。这里有一个简单的泛函：它调用输入的函数，假设输入是1000个随机均匀数。

```
randomise <- function(f) f(runif(1e3))
randomise(mean)
#> [1] 0.506
randomise(mean)
#> [1] 0.501
randomise(sum)
#> [1] 489
```

很可能你已经使用过泛函。你可能使用了例如R基础包中的`lapply()`、`apply()`和`tapply()`或purrr的`map()`替换for循环，或者使用过诸如`integrate()`或`optim()`之类的数学函数。

泛函的常用功能之一就是替代循环。在R语言中，循环的口碑很差，因为许多人认为它们运行很慢[⊖]，但是for循环的真正缺点是它们过于灵活：循环传达的是要迭代的结果，而不是对结果的处理。正如使用`while`比使用`repeat`好，使用`for`比使用`while`好（5.3.2节），使用函数要好于使用`for`。每个泛函都是为一个特殊任务量身定做的，所以当你认识了泛函后你也就知道了为什么这里要使用它。 208 ~ 209

如果你是经验丰富的循环用户，那么切换到泛函通常是一种模式匹配练习。你需要查看循环并找到与基本形式匹配的函数。如果不存在，请勿尝试折磨现有函数以适合所需，而应该将其保留为for循环！（或者，如果重复相同的循环两次或更多次，则可以考虑编写自己的函数）。

⊖ 通常，不是for循环本身变慢，而是你在其中进行的操作。循环变慢的一个常见原因是修改数据结构，每次修改都会生成一个复制。有关更多详细信息，请参见2.5.1节和24.6节。

主要内容

- 9.2 节介绍第一个泛函：`purrr::map()`。
- 9.3 节演示如何组合多个简单函数来解决更复杂的问题，并讨论 purrr 风格与其他方法的不同之处。
- 9.4 节介绍有关 `purrr::map()` 的 18 个（!!）重要变体。幸运的是，它们的正交设计使它们易于学习、记忆和掌握。
- 9.5 节介绍一种新的函数形式：`purrr::reduce()`。`reduce()` 通过应用接受两个输入的函数，系统地将向量简化为单个结果。
- 9.6 节介绍判断泛函：返回单个 `TRUE` 或 `FALSE` 的函数，以及使用它们来解决常见问题的函数系列。
- 9.7 节回顾 R 基础包中的一些函数（而不是 map、reduce 或判断泛函系列）。

预备工具

本章将重点介绍 purrr 添加包（https://purrr.tidyverse.org）[Henry and Wickham，2018a] 提供的函数。这些函数具有一致的接口，与多年来已经有机地增长的基本思想相比，它们更易于理解关键思想。接下来，我将比较和对比 R 基础包函数，然后在本章中结束对在 purrr 包中没有等价函数的基本函数的讨论。

210

```
library(purrr)
```

9.2　第一个泛函：map()

最基本的泛函是 `purrr::map()`[⊖]。它需要一个向量和一个函数，对向量的每个元素调用一次函数，然后将结果返回到列表中。换句话说，`map(1:3, f)` 等同于 `list(f(1), f(2), f(3))`。

```
triple <- function(x) x * 3
map(1:3, triple)
#> [[1]]
#> [1] 3
#>
#> [[2]]
#> [1] 6
#>
#> [[3]]
#> [1] 9
```

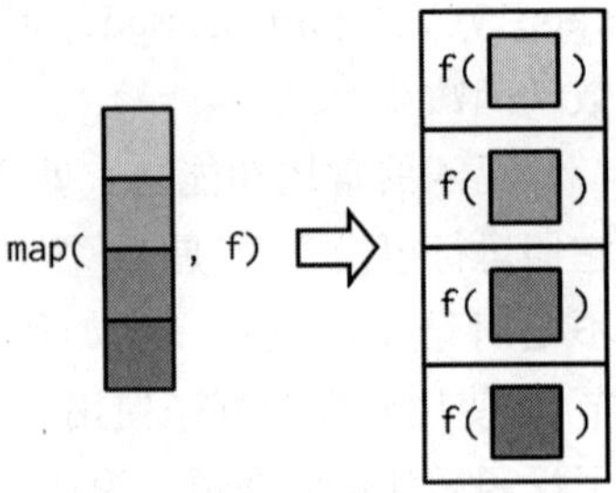

或者，以图形方式表示为（见图 9-1）：

图　9-1

你可能想知道为什么将此函数称为 `map()`。与描绘陆地或海洋的物理特征有什么关系吗？实际上，其中的含义来自数学，map 表示“将给定集合的每个元素与第二个集合的一个或多个元素相关联的操作”。这在这里很有意义，因为 `map()` 定义了从一个向量到另一个向量的映射。（“map”还具有简短的好性质，对于这样的基本构建块很有用。）

211

⊖　不要与 `base::Map()` 混淆，后者要复杂得多。我将在 9.4.5 节中讨论 `Map()`。

map() 的实现非常简单。我们分配一个与输入长度相同的列表，然后用 for 循环填充列表。实现的核心仅是几行代码：

```
simple_map <- function(x, f, ...) {
  out <- vector("list", length(x))
  for (i in seq_along(x)) {
    out[[i]] <- f(x[[i]], ...)
  }
  out
}
```

真正的 purrr::map() 函数有一些区别：用 C 语言编写，可以充分发挥性能的最后一部分，保留名称，并提供一些捷径，你将在 9.2.2 节中了解到。

在 R 基础包中

与 map() 等效的基础是 lapply()。唯一的区别是 lapply() 不支持你接下来将要了解的其他功能，因此，如果仅使用 purrr 中的 map() 函数，则可以跳过其他依赖项，而直接使用 lapply()。

9.2.1 生成原子向量

map() 返回一个列表，这使它成为 map 系列中最通用的函数，因为你可以在列表中放入任何内容。但是在使用更简单的数据结构时返回列表很不方便，因此有四个更具体的变体：map_lgl()、map_int()、map_dbl() 和 map_chr()。每个变体返回指定类型的原子向量：

```
# map_chr() always returns a character vector
map_chr(mtcars, typeof)
#>      mpg      cyl     disp       hp     drat       wt     qsec
#> "double" "double" "double" "double" "double" "double" "double"
#>       vs       am     gear     carb
#> "double" "double" "double" "double"

# map_lgl() always returns a logical vector
map_lgl(mtcars, is.double)
#>  mpg  cyl disp   hp drat   wt qsec   vs   am gear carb
#> TRUE TRUE TRUE TRUE TRUE TRUE TRUE TRUE TRUE TRUE TRUE
# map_int() always returns a integer vector
n_unique <- function(x) length(unique(x))
map_int(mtcars, n_unique)
#>  mpg  cyl disp   hp drat   wt qsec   vs   am gear carb
#>   25    3   27   22   22   29   30    2    2    3    6

# map_dbl() always returns a double vector
map_dbl(mtcars, mean)
#>     mpg     cyl    disp      hp    drat      wt    qsec      vs
#>  20.091   6.188 230.722 146.688   3.597   3.217  17.849   0.438
#>      am    gear    carb
#>   0.406   3.688   2.812
```

212

purrr 使用后缀（如 _dbl()）引用输出的约定。所有 map_*() 函数都可以采用任何类型的向量作为输入。这些示例基于两个事实：mtcars 是数据框，而数据框是包含相同长度向量的列表。如果我们将具有相同方向的数据框绘制为向量，则更明显，见图 9-2。

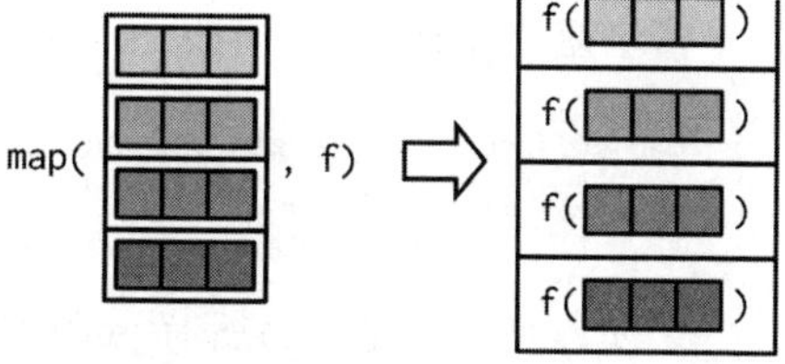

图 9-2

所有映射函数始终返回与输入长度相同的输出向量，这意味着对 .f 的每次调用都必须返回单个值。如果不是返回单个值，则将得到一个错误信息：

```
pair <- function(x) c(x, x)
map_dbl(1:2, pair)
#> Error: Result 1 must be a single double, not an integer vector of
#> length 2
```

这类似于当 .f 返回错误类型的结果时将出现的错误：

```
map_dbl(1:2, as.character)
#> Error: Can't coerce element 1 from a character to a double
```

无论哪种情况，切换回 map() 都是很有用的，因为 map() 可以接受任何类型的输出。
213 这样就可以查看有问题的输出，并弄清楚该如何处理。

```
map(1:2, pair)
#> [[1]]
#> [1] 1 1
#>
#> [[2]]
#> [1] 2 2
map(1:2, as.character)
#> [[1]]
#> [1] "1"
#>
#> [[2]]
#> [1] "2"
```

在 R 基础包中

R 基础包具有两个可以返回原子向量的 apply 函数：sapply() 和 vapply()。我建议你避免使用 sapply()，因为它会尝试简化结果，使其可以返回列表、向量或矩阵。这使编程变得困难，并且在非交互设置中应避免使用它。vapply() 更安全，因为它允许你提供描述输出形状的模板 FUN.VALUE。如果不想使用 purrr，建议你始终在函数中使用 vapply() 而不是 sapply()。vapply() 的主要缺点是它过于冗长：例如，与 map_dbl(x, mean, na.rm = TRUE) 等效的是 vapply(x, mean, na.rm = TRUE, FUN.VALUE = double(1))。

9.2.2 匿名函数和快捷方式

除了将 map() 与现有函数一起使用，你也可以创建一个内联匿名函数（如 6.2.3 节所述）：

```
map_dbl(mtcars, function(x) length(unique(x)))
#>  mpg  cyl disp   hp drat   wt qsec   vs   am gear carb
#>   25    3   27   22   22   29   30    2    2    3    6
```

匿名函数非常有用，但语法冗长。因此 purrr 支持一个特殊的快捷方式：

214

```
map_dbl(mtcars, ~ length(unique(.x)))
#>  mpg  cyl disp   hp drat   wt qsec   vs   am gear carb
#>   25    3   27   22   22   29   30    2    2    3    6
```

之所以可行，是因为所有 purrr 函数都将 ~ 创建的公式（称为“旋转”（twiddle））转换为函数。可以通过调用 as_mapper() 来了解其背后的情况：

```
as_mapper(~ length(unique(.x)))
#> <lambda>
#> function (..., .x = ..1, .y = ..2, . = ..1)
#> length(unique(.x))
#> attr(,"class")
#> [1] "rlang_lambda_function"
```

函数参数看起来有些古怪：对于一个参数函数允许通过 . 进行引用，如 .x 和 .y；对于两个参数函数允许通过 .. 进行引用，如 ..1、..2、..3 等，对于具有任意数量参数的函数，为了保持向后兼容性，仍然保留了 ..，但我不建议使用它，因为它很容易与 magrittr 的管道符使用的 . 混淆。

此快捷方式对于生成随机数据特别有用：

```
x <- map(1:3, ~ runif(2))
str(x)
#> List of 3
#>  $ : num [1:2] 0.281 0.53
#>  $ : num [1:2] 0.433 0.917
#>  $ : num [1:2] 0.0275 0.8249
```

保留此语法用于简短的函数。一个好的经验法则是，如果你的函数跨越行或使用 {}，那么就该给它起个名字。

map 函数还具有 purrr::pluck() 支持的从向量中提取元素的快捷方式。可以使用字符向量按名称选择元素，使用整数向量按位置选择，或使用列表按名称和位置选择。这些对于使用深度嵌套的列表非常有用，而嵌套列表通常在使用 JSON 时会出现。 215

```
x <- list(
  list(-1, x = 1, y = c(2), z = "a"),
  list(-2, x = 4, y = c(5, 6), z = "b"),
  list(-3, x = 8, y = c(9, 10, 11))
)

# Select by name
map_dbl(x, "x")
#> [1] 1 4 8
# Or by position
map_dbl(x, 1)
#> [1] -1 -2 -3

# Or by both
map_dbl(x, list("y", 1))
#> [1] 2 5 9

# You'll get an error if a component doesn't exist:
map_chr(x, "z")
#> Error: Result 3 must be a single string, not NULL of length 0

# Unless you supply a .default value
map_chr(x, "z", .default = NA)
#> [1] "a" "b" NA
```

在 R 基础包中

在基本的 R 函数（例如 lapply()）中，可以将函数的名称提供为字符串。这不是很有用，因为 lapply(x, "f") 几乎总是等同于 lapply(x, f)，并且需要输入更多内容。

9.2.3 通过 ... 传递参数

将其他参数传递给想要调用的函数通常很方便。例如，你可能想要将 na.rm = TRUE 传递给 mean()。一种实现方法是使用匿名函数：

```
x <- list(1:5, c(1:10, NA))
map_dbl(x, ~ mean(.x, na.rm = TRUE))
#> [1] 3.0 5.5
```

但是由于 map 函数可以传递 ...，因此有一种更简单的形式：

```
map_dbl(x, mean, na.rm = TRUE)
#> [1] 3.0 5.5
```

用技术图最容易理解：将对 map() 的调用中 f 之后的所有参数插入到对 f() 的单独调
216 用中的数据之后，见图 9-3。

重要的是要注意，这些参数不会分解。换句话说，map() 仅在其第一个参数上向量化。如果 f 之后的参数是向量，则将按原样传递，见图 9-4。

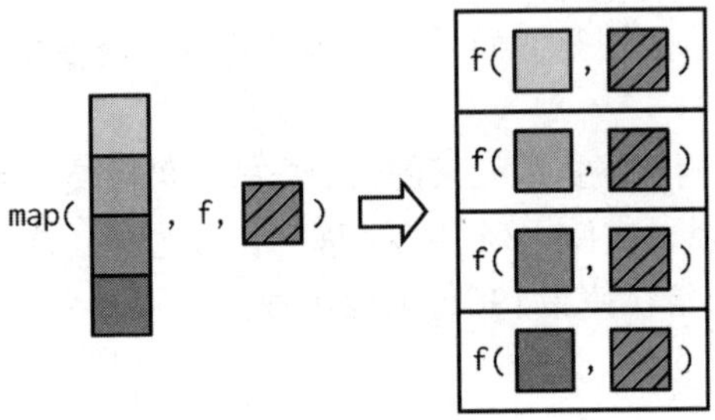

图 9-3

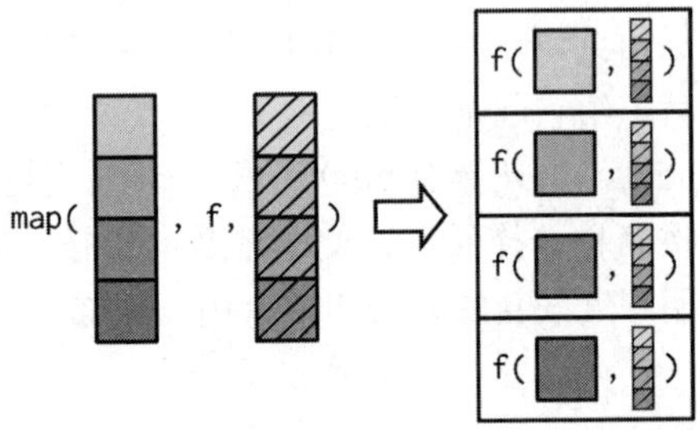

图 9-4

（你将在 9.4.2 节和 9.4.5 节中了解在多个参数上向量化的 map 变体。）

请注意，将额外的参数放入匿名函数与将其传递给 map() 相比，存在细微的区别。将它们放在匿名函数中意味着它们将在每次执行 f() 时进行求值，而不仅仅是在调用 map() 时进行一次求值。通过观察随机化参数是否多次随机，可以很容易看出这一点：

```
plus <- function(x, y) x + y

x <- c(0, 0, 0, 0)
map_dbl(x, plus, runif(1))
#> [1] 0.0625 0.0625 0.0625 0.0625
map_dbl(x, ~ plus(.x, runif(1)))
```
217
```
#> [1] 0.903 0.132 0.629 0.945
```

9.2.4 参数名字

在图中，为了关注整体结构，我省略了参数名称。但是，我建议在代码中写出全名，因为这样更易于阅读。map(x, mean, 0.1) 是完全有效的代码，但是将调用 mean(x[[1]], 0.1)，因此这需要读者记住 mean() 的第二个参数是 trim。为避免对读者[⊖]的大脑造成不必要的负担，请改为 map(x, mean, trim = 0.1)。

这就是 map() 的参数有点奇怪的原因：它们使用 .x 和 .f 代替 x 和 f。使用前面定义

⊖ 未来的读者也可能是你！

的 simple_map() 很容易导致出现这些名字的问题。simple_map() 具有参数 x 和 f，因此，无论何时调用具有参数 x 或 f 的函数，都会遇到问题：

```
boostrap_summary <- function(x, f) {
  f(sample(x, replace = TRUE))
}

simple_map(mtcars, boostrap_summary, f = mean)
#> Error in mean.default(x[[i]], ...): 'trim' must be numeric of length
#> one
```

如果不知道对 simple_map() 的调用等效于 simple_map(x = mtcars, f = mean, bootstrap_summary)，该错误有些令人困惑，因为命名匹配优于位置匹配。

purrr 函数通过使用 .f 和 .x 代替更常见的 f 和 x 来减少发生这种冲突的可能性。当然，这种技术并不是完美的（因为你正在调用的函数可能也使用 .f 和 .x），但可以避免 99% 的问题。其余 1% 的情况使用匿名函数。

在 R 基础包中

传递 ... 的基础函数使用各种命名约定来防止不必要的参数匹配：

- apply 系列中大多使用大写字母（例如 X 和 FUN）。
- transform() 使用更奇特的前缀 _：这使名字成为非语法名字，因此必须始终将其括在 ` 中，如 2.2.1 节中所述。这使得不必要的冲突变得极不可能。
- 诸如 uniroot() 和 optim() 之类的其他函数没有尝试避免冲突，但是它们往往与专门创建的函数一起使用，因此产生冲突的可能性较小。 218

9.2.5 改变其他参数

到目前为止，map() 的第一个参数始终成为函数的第一个参数。但是，如果第一个参数应为常数，而你想改变另一个参数，会发生什么呢？如何对图 9-5 进行求值？

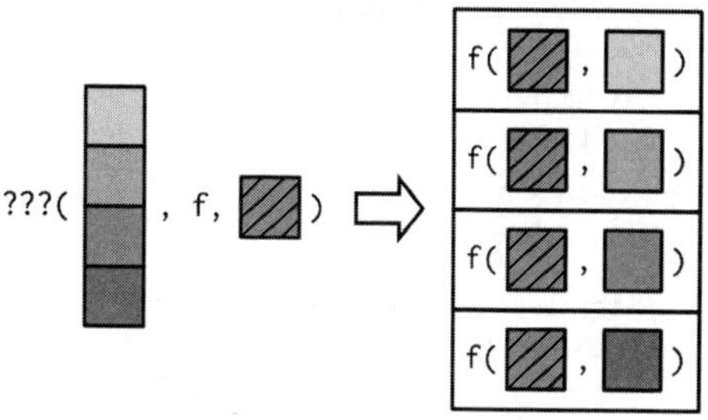

图 9-5

事实证明，无法直接执行此操作，但是可以使用两种技巧。为了说明它们，假设我有一个包含一些异常值的向量，并且我想在计算平均值时探索不同大小的修整（trim）的影响。在这种情况下，mean() 的第一个参数将是常数，我想更改第二个参数 trim。

```
trims <- c(0, 0.1, 0.2, 0.5)
x <- rcauchy(1000)
```

- 最简单的技术是使用匿名函数重新排列参数顺序：

```
map_dbl(trims, ~ mean(x, trim = .x))
#> [1] -0.3500  0.0434  0.0354  0.0502
```

这仍然有点令人困惑，因为我同时使用 x 和 .x。你可以通过放弃使用 ~ 来使其更加清晰：

```
map_dbl(trims, function(trim) mean(x, trim = trim))
#> [1] -0.3500  0.0434  0.0354  0.0502
```

- 有时候，如果你想变得（太）聪明，可以利用 R 灵活的参数匹配规则（如 6.8.2 节中所述）。例如，在此示例中，你可以将 `mean(x, trim = 0.1)` 重写为 `mean(0.1, x = x)`，因此可以将对 `map_dbl()` 的调用编写为：
219

```
map_dbl(trims, mean, x = x)
#> [1] -0.3500  0.0434  0.0354  0.0502
```

我不建议你使用此技术，因为它取决于读者对 `.f` 的参数顺序和 R 的参数匹配规则的熟悉程度。

你将在 9.4.5 节中看到另一种替代方法。

9.2.6 练习

1. 使用 `as_mapper()` 探索 purrr 如何为整数、字符和列表生成匿名函数。哪些程序可以提取属性？阅读文档以查找答案。

2. `map(1:3, ~ runif(2))` 是用于生成随机数的有效代码，而 `map(1:3, runif(2))` 则不是。为什么会这样？解释一下代码为什么会返回结果？

3. 使用适当的 `map()` 函数执行以下操作：

   a）计算数字数据框中每一列的标准偏差。

   b）计算混合数据框中每个数值列的标准偏差。（提示：需要分两个步骤进行操作。）

   c）计算数据框中因子的水平数。

4. 下面的代码模拟对非正态数据 t 检验的性能。从每个检验中提取 p 值，然后进行可视化。

```
trials <- map(1:100, ~ t.test(rpois(10, 10), rpois(7, 10)))
```

5. 以下代码使用嵌套在另一个映射中的映射将函数应用于嵌套列表的每个元素。为什么会失败，如何修改能够使其起作用？

```
x <- list(
  list(1, c(3, 9)),
  list(c(3, 6), 7, c(4, 7, 6))
)

triple <- function(x) x * 3
map(x, map, .f = triple)
#> Error in .f(.x[[i]], ...): unused argument (map)
```
220

6. 通过 `map()` 使用存储在此列表中的公式对 `mtcars` 数据集进行线性模型拟合：

```
formulas <- list(
  mpg ~ disp,
  mpg ~ I(1 / disp),
  mpg ~ disp + wt,
  mpg ~ I(1 / disp) + wt
)
```

7. 将模型 `mpg ~ disp` 拟合到以下列表中每个 `mtcars` 的 bootstrap 子集，然后提取模型拟合的 R 方（提示：可以使用 `summary()` 计算 R 方。）

```
bootstrap <- function(df) {
  df[sample(nrow(df), replace = TRUE), , drop = FALSE]
}

bootstraps <- map(1:10, ~ bootstrap(mtcars))
```

9.3 purrr 风格

在继续探索更多 map 变体之前，让我们快速看一下如何倾向于使用多个 purrr 函数来解决一个中等现实的问题：将模型拟合到每个子组并提取模型的系数。在这个示例中，我将使用基础包中的 split 函数将 mtcars 数据集按气缸（cylinder，cly）数划分的子集：

```
by_cyl <- split(mtcars, mtcars$cyl)
```

这将创建三个数据框的列表：分别具有 4、6 和 8 个气缸的汽车。

现在假设我们要拟合线性模型，然后提取第二个系数（即斜率）。以下代码显示了如何使用 purrr 进行操作： 221

```
by_cyl %>%
  map(~ lm(mpg ~ wt, data = .x)) %>%
  map(coef) %>%
  map_dbl(2)
#>     4     6     8
#> -5.65 -2.78 -2.19
```

（如果以前没有看到过 %>%，可以参考 6.3 节中的相关介绍。）

我认为这段代码很容易阅读，因为每一行都封装了一个步骤，可以轻松地将泛函区分开，而 purrr 使我们可以非常简洁地描述每个步骤的操作。

使用 R 基础包如何解决这个问题？你当然可以用等效的基础函数替换每个 purrr 函数：

```
by_cyl %>%
  lapply(function(data) lm(mpg ~ wt, data = data)) %>%
  lapply(coef) %>%
  vapply(function(x) x[[2]], double(1))
#>     4     6     8
#> -5.65 -2.78 -2.19
```

但是，由于我们正在使用管道符，因此这并不是真正的 R 基础函数。为了纯粹从根本上解决问题，我认为应使用一个中间变量，并在每个步骤中都做更多的事情：

```
models <- lapply(by_cyl, function(data) lm(mpg ~ wt, data = data))
vapply(models, function(x) coef(x)[[2]], double(1))
#>     4     6     8
#> -5.65 -2.78 -2.19
```

或者，当然，可以使用 for 循环：

```
intercepts <- double(length(by_cyl))
for (i in seq_along(by_cyl)) {
  model <- lm(mpg ~ wt, data = by_cyl[[i]])
  intercepts[[i]] <- coef(model)[[2]]
}
intercepts
#> [1] -5.65 -2.78 -2.19
```

有趣的是，当你从 purrr 转移到基础应用函数再到 for 循环时，你倾向于在每次迭代中做越来越多的事情。在 purrr 中，我们迭代 3 次（map()、map()、map_dbl()），使用 apply 函数迭代两次（lapply()、vapply()），并使用 for 循环迭代一次。我喜欢更多但更简单的步骤，因为我认为它使代码更易于理解，以便之后可以修改。 222

9.4 map 变体

map() 有 23 个主要变体。到目前为止，已经了解了五个（map()、map_lgl()、map_int()、map_dbl() 和 map_chr()）。这意味着你还需要再学习 18（!!）个。听起来很多，但幸运的是，purrr 的设计意味着你只需要学习五个新想法：

- 通过 modify() 获得与输入相同类型的输出。
- 使用 map2() 遍历两个输入。
- 使用 imap() 遍历索引。
- 使用 walk() 不返回任何内容。
- 使用 pmap() 迭代任意数量的输入。

map 系列具有正交的输入和输出，这意味着我们可以将所有系列通过矩阵表格的形式总结，行代表输入，列代表输出。一旦知道了行的性质，可以将其与任意列结合使用；一旦知道了列的性质，可以将其与任意行结合使用。表 9-1 总结了这种关系：

表 9-1

	列表输出	原子向量输出	相同类型输出	无输出
一个参数	map()	map_lgl() 等	modify()	walk()
两个参数	map2()	map2_lgl() 等	modify2()	walk2()
一个参数 + 索引	imap()	imap_lgl() 等	imodify()	iwalk()
N 个参数	pmap()	pmap_lgl() 等	—	pwalk()

9.4.1 与输入类型相同的输出：modify()

想象一下，你想将数据框中的每一列加倍。你可能首先尝试使用 map()，但是 map() 总是返回一个列表：

```
df <- data.frame(
  x = 1:3,
  y = 6:4
)

map(df, ~ .x * 2)
#> $x
#> [1] 2 4 6
#>
#> $y
#> [1] 12 10  8
```

223

如果要将输出保留为数据框，可以使用 modify()，该方法始终返回与输入相同类型的输出：

```
modify(df, ~ .x * 2)
#>   x  y
#> 1 2 12
#> 2 4 10
#> 3 6  8
```

尽管名字已修改，modify() 并未就地修改，它会返回修改后的复制，因此，如果要永久修改 df，则需要为其赋值：

```
df <- modify(df, ~ .x * 2)
```

和通常一样，modify() 的基本实现很简单，实际上它比 map() 更简单，因为我们不需要创建新的输出向量。我们可以逐步替换输入。（实际代码有些复杂，无法更优雅地处理边缘情况。）

```
simple_modify <- function(x, f, ...) {
  for (i in seq_along(x)) {
    x[[i]] <- f(x[[i]], ...)
  }
  x
}
```

在 9.6.2 节中，你将学习一个非常有用的 modify() 变体，称为 modify_if()。这使你只能使用（例如）modify_if(df, is.numeric, ~ .x * 2) 对数据框的列进行双精度数值化。

9.4.2 两个输入：map2() 系列

map() 在单个参数 .x 上进行向量化。这意味着它在调用 .f 时仅改变 .x，而其他所有参数不变地传递，因此使其不太适合某些问题。例如，当你有一个观测值列表和一个权重列表时，如何找到加权平均值？假设我们有以下数据： 224

```
xs <- map(1:8, ~ runif(10))
xs[[1]][[1]] <- NA
ws <- map(1:8, ~ rpois(10, 5) + 1)
```

可以使用 map_dbl() 计算未加权均值：

```
map_dbl(xs, mean)
#> [1]    NA 0.463 0.551 0.453 0.564 0.501 0.371 0.443
```

但是将 ws 作为附加参数传递不起作用，因为 .f 之后的参数没有被转换，见图 9-6：

```
map_dbl(xs, weighted.mean, w = ws)
#> Error in weighted.mean.default(.x[[i]], ...): 'x' and 'w' must have
#> the same length
```

我们需要一个新工具 map2()，它对两个参数进行向量化。这意味着 .x 和 .y 在每次调用 .f 时都不同，见图 9-7：

```
map2_dbl(xs, ws, weighted.mean)
#> [1]    NA 0.451 0.603 0.452 0.563 0.510 0.342 0.464
```

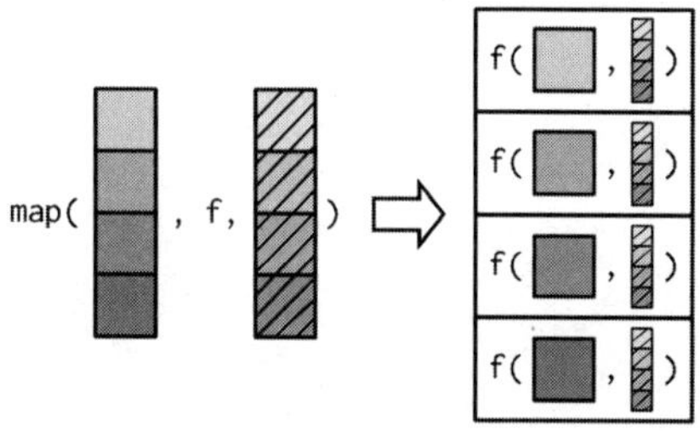

图 9-6

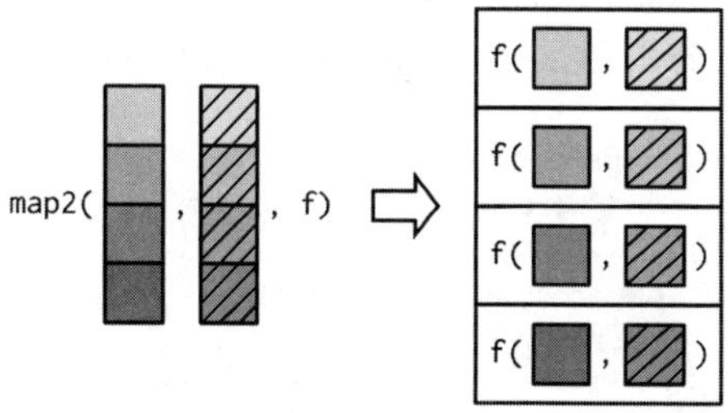

图 9-7 225

map2() 的参数与 map() 的参数略有不同，因为它在函数前有两个向量，而不是一个。之后还会有其他附加参数，见图 9-8：

```
map2_dbl(xs, ws, weighted.mean, na.rm = TRUE)
#> [1] 0.504 0.451 0.603 0.452 0.563 0.510 0.342 0.464
```

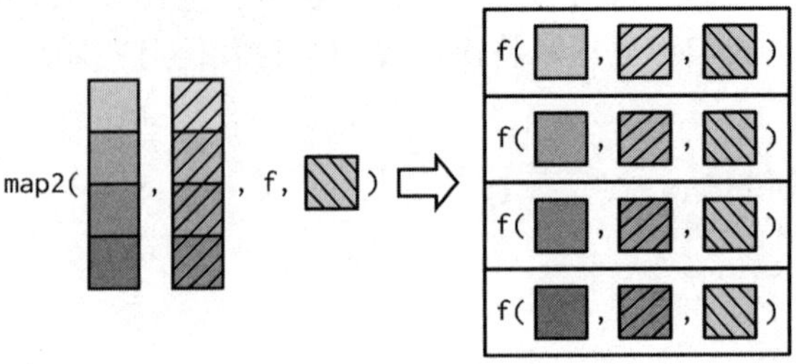

图 9-8

map2() 的基本实现很简单，并且与 map() 非常相似。map() 迭代一个向量，而 map2() 并行迭代两个向量：

```
simple_map2 <- function(x, y, f, ...) {
  out <- vector("list", length(xs))
  for (i in seq_along(x)) {
    out[[i]] <- f(x[[i]], y[[i]], ...)
  }
  out
}
```

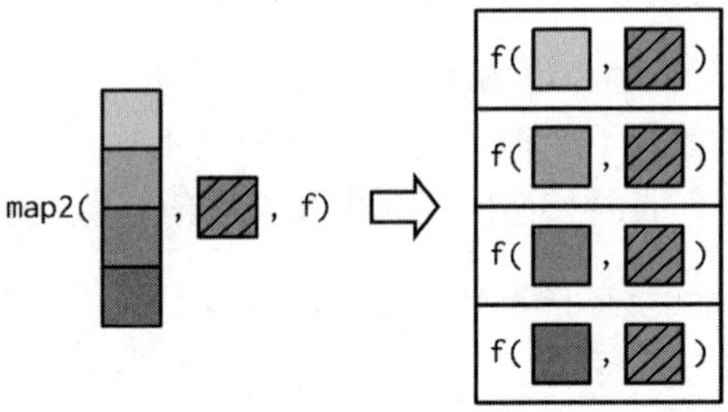

图 9-9

map2() 与上面的简单函数之间的大的区别之一是 map2() 回收其输入以确保它们的长度相同，
226 见图 9-9。

换句话说，在需要时，map2(x, y, f) 的行为将自动类似于 map(x, f, y)。这在编写函数时很有用；在脚本中，通常直接使用较简单的形式。

在 R 基础包中

与 map2() 最接近的基础函数是 Map()，这将在 9.4.5 节中讨论。

9.4.3 无输出：walk() 系列

大多数函数被调用是为了获得其返回的值，因此使用 map() 函数捕获并存储该值是有意义的。但是某些函数的主要作用是调用它们的副作用（例如 cat()、write.csv() 或 ggsave()），而捕获它们的结果没有任何意义。以这个简单的示例为例，该示例使用 cat() 显示欢迎消息。cat() 返回 NULL，因此，虽然 map() 起作用（从某种意义上说，它生成了所需的欢迎），但它也返回了 list(NULL, NULL)。

```
welcome <- function(x) {
  cat("Welcome ", x, "!\n", sep = "")
}
names <- c("Hadley", "Jenny")

# As well as generate the welcomes, it also shows
# the return value of cat()
map(names, welcome)
#> Welcome Hadley!
#> Welcome Jenny!
#> [[1]]
```

```
#> NULL
#>
#> [[2]]
#> NULL
```

可以通过将 map() 的结果分配给一个从未使用过的变量来避免此问题，但这会混淆代码的意图。相反，purrr 提供了 walk 系列函数，它们忽略了 .f 的返回值，不可见地返回 .x[⊖]。227

```
walk(names, welcome)
#> Welcome Hadley!
#> Welcome Jenny!
```

walk 的技术图试图捕获与 map() 的重要区别：输出是暂时的，而输入则被不可见地返回。见图 9-10。

walk2() 是最有用的 walk() 变体之一，因为一个非常常见的副作用是将某些内容保存到磁盘，并且在将某些内容保存到磁盘时，始终会有一对参数：要保存的对象和保存路径。见图 9-11。

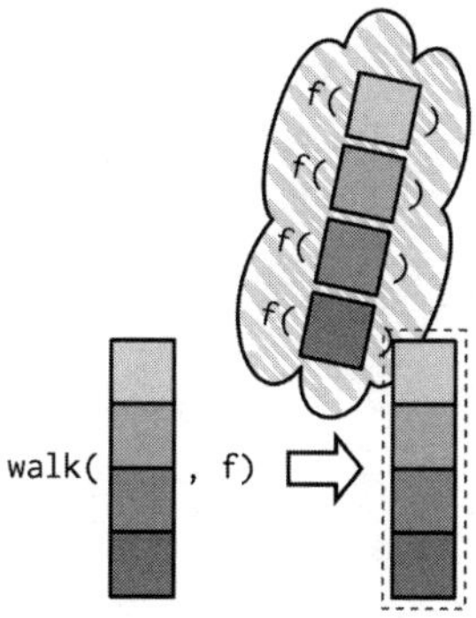

图　9-10

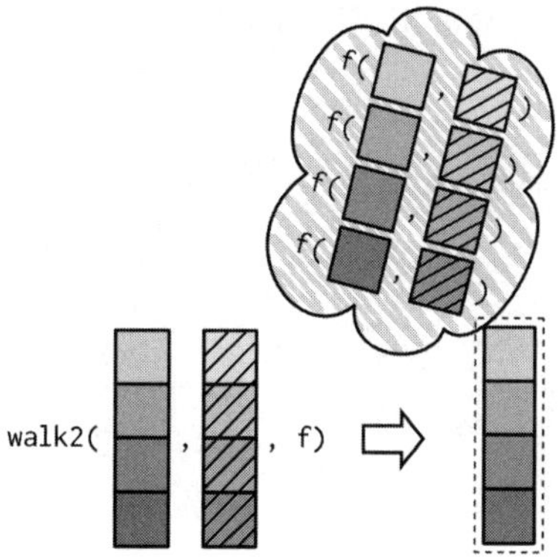

图　9-11

例如，假设有一个数据框列表（使用 split() 创建的），并且你想将每个数据框保存到单独的 CSV 文件中。使用 walk2() 很容易：228

```
temp <- tempfile()
dir.create(temp)

cyls <- split(mtcars, mtcars$cyl)
paths <- file.path(temp, paste0("cyl-", names(cyls), ".csv"))
walk2(cyls, paths, write.csv)

dir(temp)
#> [1] "cyl-4.csv" "cyl-6.csv" "cyl-8.csv"
```

这里 walk2() 等效于 write.csv(cyls[[1]], paths[[1]])、write.csv(cyls[[2]], paths[[2]])、write.csv(cyls[[3]], paths[[3]])。

⊖ 简而言之，只有在你明确要求时才显示不可见的值。这使得它们非常适合主要因副作用而调用的函数，因为它允许默认情况下忽略其输出，同时仍然提供是否捕获输出的选项。有关更多详细信息，请参见 6.7.2 节。

在R基础包中

没有相当于walk()的基础函数；要么将lapply()的结果包装在invisible()中，要么将其保存到一个从未使用过的变量中。

9.4.4 遍历取值和索引

有3种通过for循环在向量上进行遍历的基本方法：

- 对每一个元素进行循环：for (x in xs)
- 根据元素的数值索引进行循环：for (i in seq_along(xs))
- 根据元素的名字进行循环：for(nm in names(xs))

第一种形式类似于map()系列。第二种形式和第三种形式等效于imap()系列，该系列允许你并行迭代向量的取值和索引。

imap()就像map2()，在某种意义上，.f通过两个参数来调用，但是这里的两个参数都是从向量派生的。如果x具有名字，则imap(x, f)等效于map2(x, names(x), f)，如果没有，则等效于map2(x, seq_along(x), f)。

imap()通常可用于构造标签：

```
imap_chr(iris, ~ paste0("The first value of ", .y, " is ", .x[[1]]))
#>                             Sepal.Length
#> "The first value of Sepal.Length is 5.1"
#>                              Sepal.Width
#>  "The first value of Sepal.Width is 3.5"
#>                             Petal.Length
#> "The first value of Petal.Length is 1.4"
#>                              Petal.Width
#>  "The first value of Petal.Width is 0.2"
#>                                  Species
#>   "The first value of Species is setosa"
```

229

如果未命名向量，则第二个参数为索引：

```
x <- map(1:6, ~ sample(1000, 10))
imap_chr(x, ~ paste0("The highest value of ", .y, " is ", max(.x)))
#> [1] "The highest value of 1 is 885" "The highest value of 2 is 808"
#> [3] "The highest value of 3 is 942" "The highest value of 4 is 966"
#> [5] "The highest value of 5 is 857" "The highest value of 6 is 671"
```

如果要使用向量中的取值及其位置，可以使用imap()。

9.4.5 任意数量的输入：pmap()系列

由于我们有map()和map2()，因此你可能会期望map3()、map4()、map5()……。这样增加参数需要增加到什么时候为止？purrr不会将map2()泛化为任意数量的参数，而是使用pmap()进行实现：只需提供一个包含任意数量参数的列表。在大多数情况下，这将是等长向量的列表，即与数据框非常相似。在技术图中，我将通过绘制类似于数据框的输入来强调这种关系，见图9-12。

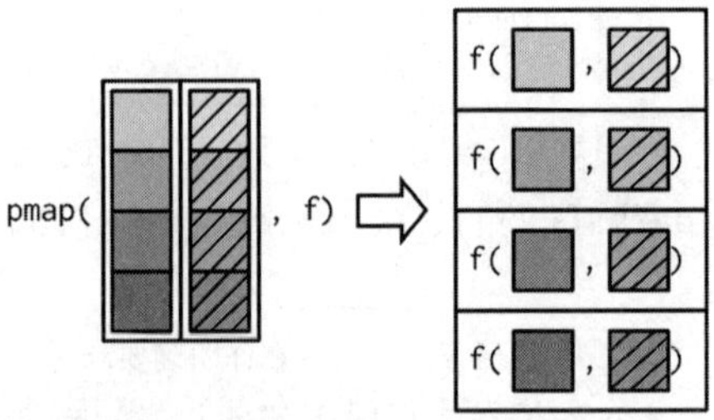

图 9-12

map2() 和 pmap() 之间有一个简单的等价关系：map2(x, y, f) 与 pmap(list(x, y), f) 相同。与上面使用的 map2_dbl(xs, ws, weighted.mean) 等效的 pmap() 是：

```
pmap_dbl(list(xs, ws), weighted.mean)
#> [1]    NA 0.451 0.603 0.452 0.563 0.510 0.342 0.464
```
230

和以前一样，变化的参数位于 .f 之前（尽管现在必须将它们包装在列表中），而常量参数则位于之后，见图 9-13。

```
pmap_dbl(list(xs, ws), weighted.mean, na.rm = TRUE)
#> [1] 0.504 0.451 0.603 0.452 0.563 0.510 0.342 0.464
```

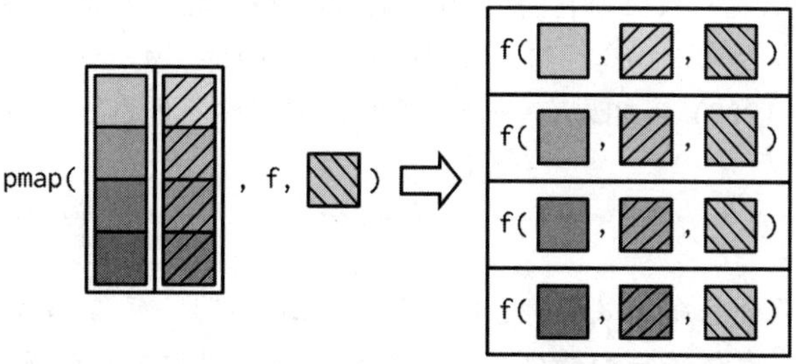

图 9-13

pmap() 与其他 map 函数之间的最大区别是 pmap() 可以更好地控制参数匹配，因为你可以命名列表的元素。回到 9.2.5 节的示例，我们希望将 trim 参数更改为 x，我们可以改用 pmap()：

```
trims <- c(0, 0.1, 0.2, 0.5)
x <- rcauchy(1000)

pmap_dbl(list(trim = trims), mean, x = x)
#> [1] -6.6754  0.0192  0.0228  0.0151
```

我认为为列表中的各个元素命名是一种很好的做法，这样可以使该函数的调用方式变得非常清晰。

使用数据框调用 pmap() 通常很方便。创建该数据框的一种简便方法是使用 tibble::tribble()，它允许你逐行描述数据框（而不是像往常一样逐列描述）：考虑将数据框作为函数的参数是非常强大的模式。以下示例显示了如何获得具有不同参数的均匀分布随机数，见图 9-14： 231

```
params <- tibble::tribble(
  ~ n, ~ min, ~ max,
   1L,     0,     1,
   2L,    10,   100,
   3L,   100,  1000
)
pmap(params, runif)
#> [[1]]
#> [1] 0.718
#>
#> [[2]]
#> [1] 19.5 39.9
#>
#> [[3]]
#> [1] 535 476 231
```

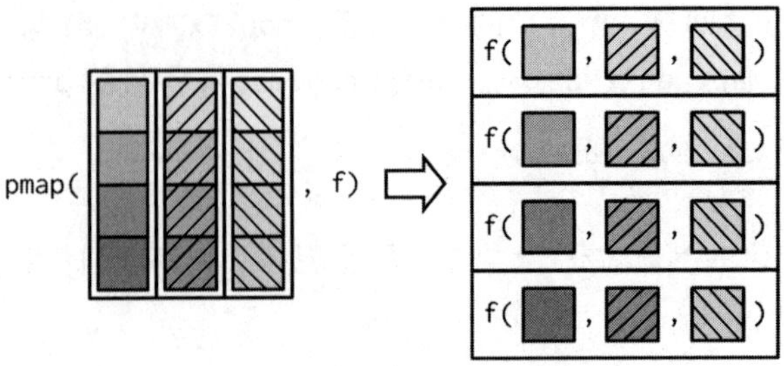

图　9-14

在这里，列名很关键：我已将它们与 runif() 的参数匹配，因此 pmap(params, runif) 等同于 runif(n = 1L, min = 0, max = 1)、runif(n = 2, min= 10, max = 100)、runif(n = 3L, min = 100, max = 1000)。（如果有一个数据框，但名称不匹配，请使用 dplyr::rename() 或类似的函数。）

在 R 基础包中

pmap() 系列有两个基础等效函数：Map() 和 mapply()。两者都有明显的缺点：

- Map() 对所有参数进行向量化处理，因此你不能提供不变的参数。
- mapply() 是 sapply() 的多维版本；从概念上讲，它获取 Map() 的输出，并在可能的情况下对其进行简化。这给它带来了与 sapply() 类似的问题。vapply() 没有多输入等效函数。

9.4.6　练习

232 1. 解释 modify(mtcars, 1) 的结果。

2. 重写以下代码，以使用 iwalk() 代替 walk2()。说明其优点和缺点？

```
cyls <- split(mtcars, mtcars$cyl)
paths <- file.path(temp, paste0("cyl-", names(cyls), ".csv"))
walk2(cyls, paths, write.csv)
```

3. 说明以下代码如何使用列表中存储的函数转换数据框。

```
trans <- list(
  disp = function(x) x * 0.0163871,
  am = function(x) factor(x, labels = c("auto", "manual"))
)

nm <- names(trans)
mtcars[nm] <- map2(trans, mtcars[nm], function(f, var) f(var))
```

比较 map2() 方法与该 map() 方法：

```
mtcars[vars] <- map(vars, ~ trans[[.x]](mtcars[[.x]]))
```

4. write.csv() 返回什么结果？即如果将它与 map2() 而不是 walk2() 一起使用会发生什么？

9.5　reduce 系列

在 map 系列之后，下一个最重要的函数系列是 reduce 系列。这个系列要小得多，只有两个主要的变体，并且使用较少，但是它是一个有力的功能，使我们有机会讨论一些有用的代数，并为经常用于处理非常大的数据集的映射 - 归约（map-reduce）框架提供了支持。 233

9.5.1 基础

reduce() 采用长度为 *n* 的向量，并通过一次调用具有一对值的函数来产生长度为 1 的向量：reduce(1:4, f) 等效于 f(f(f(f(1, 2), 3), 4)，见图 9-15。

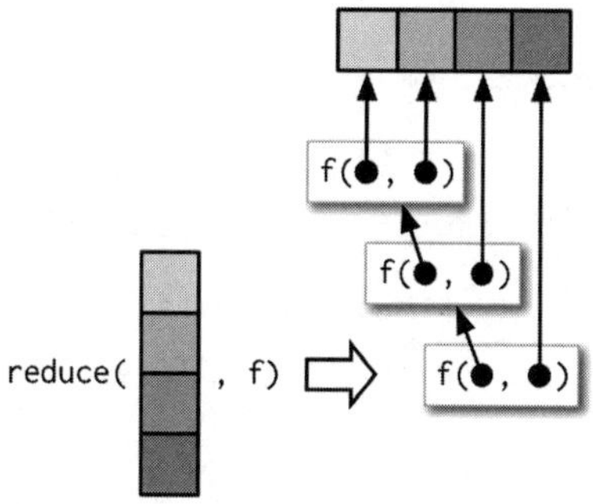

图 9-15

reduce() 是一种通用的有效方法，该函数可将两个输入（**二元函数**（binary function））一起使用，进而构成任意数量的输入。假设你有一个数值向量列表，并且想查找每个元素中出现的值。首先，我们生成一些样本数据：

```
l <- map(1:4, ~ sample(1:10, 15, replace = T))
str(l)
#> List of 4
#>  $ : int [1:15] 7 5 9 7 9 9 5 10 5 5 ...
#>  $ : int [1:15] 6 3 6 10 3 4 4 2 9 9 ...
#>  $ : int [1:15] 5 3 4 6 1 1 9 9 6 8 ...
#>  $ : int [1:15] 4 2 6 6 8 5 10 6 7 1 ...
```

为了解决这个挑战，我们需要重复使用 intersect()：

```
out <- l[[1]]
out <- intersect(out, l[[2]])
out <- intersect(out, l[[3]])
out <- intersect(out, l[[4]])
out
#> [1] 5 1
```

reduce() 为我们自动实现此解决方案，因此我们可以编写： 234

```
reduce(l, intersect)
#> [1] 5 1
```

如果我们要列出至少一个输入中出现的所有元素，则可以应用相同的想法。我们要做的就是从 intersect() 切换到 union()：

```
reduce(l, union)
#>  [1]  7  5  9 10  1  6  3  4  2  8
```

与 map 系列一样，你也可以传递其他参数。intersect() 和 union() 不需要额外的参数，因此我在这里无法演示它们，但是原理很简单，绘制技术图如图 9-16。

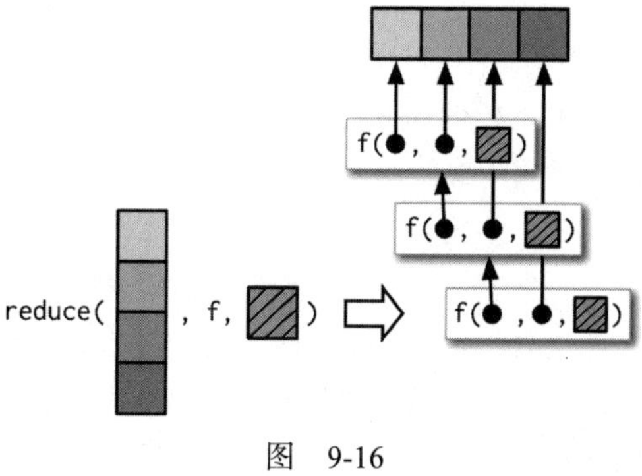

图 9-16

像往常一样，reduce() 的实质可以简化为 for 循环的简单包装：

```
simple_reduce <- function(x, f) {
  out <- x[[1]]
  for (i in seq(2, length(x))) {
    out <- f(out, x[[i]])
  }
  out
}
```

在 R 基础包中

基础等价函数为 Reduce()。请注意，参数顺序是不同的：先出现的是函数，然后是向
235 量，并且无法提供其他参数。

9.5.2　累加

reduce() 的第一个变体 accumulate() 对于理解 reduce 的工作原理很有用，因为它不仅返回最终结果，而且还返回所有中间结果：

```
accumulate(l, intersect)
#> [[1]]
#>  [1]  7  5  9  7  9  9  5 10  5  5  5 10  9  9  1
#>
#> [[2]]
#> [1]  5  9 10  1
#>
#> [[3]]
#> [1] 5 9 1
#>
#> [[4]]
#> [1] 5 1
```

了解 reduce 的另一种有用方法是考虑 sum()：sum(x) 等效于 x[[1]] + x[[2]] + x[[3]] + ...，即 reduce(x, `+`)。然后 accumulate(x, `+`) 的作用是计算累加和：

```
x <- c(4, 3, 10)
reduce(x, `+`)
#> [1] 17

accumulate(x, `+`)
#> [1]  4  7 17
```

9.5.3　输出类型

在上面使用 + 的示例中，当 x 较短（即长度 1 或 0）时，reduce() 应该返回什么？如果没有其他参数，当 x 为长度 1 时，reduce() 仅返回输入：

```
reduce(1, `+`)
#> [1] 1
```

236 这意味着 reduce() 无法检查输入是否有效：

```
reduce("a", `+`)
#> [1] "a"
```

如果长度为 0 怎么办？我们收到一个错误，提示我们需要使用 .init 参数：

```
reduce(integer(), `+`)
#> Error: `.x` is empty, and no `.init` supplied
```

.init 在这里应该是什么？为了弄清楚这一点，我们需要看看提供 .init 时会发生什么，见图 9-17。

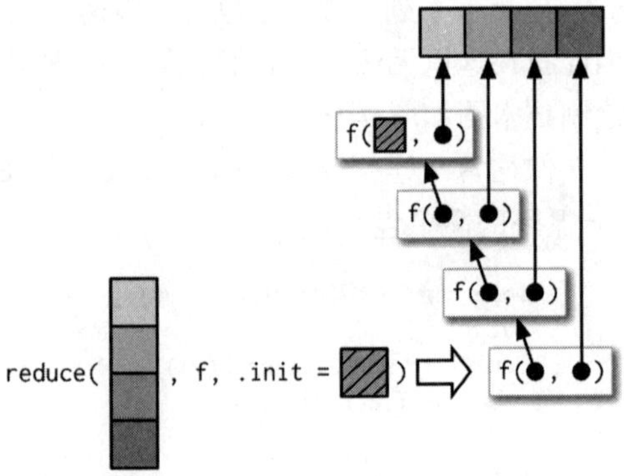

图　9-17

因此，如果我们调用 reduce(1, \`+\`, init)，结果将是 1 + init。现在我们知道结果应该仅为 1，这表明 .init 应该为 0：

```
reduce(integer(), `+`, .init = 0)
#> [1] 0
```

这也可以确保 reduce() 检查长度为 1 的输入对你正在调用的函数是否有效：

```
reduce("a", `+`, .init = 0)
#> Error in .x + .y: non-numeric argument to binary operator
```

如果要获得它的代数，则在加法运算下将 0 称为实数的**标识**（identity）：如果将 0 加到任何数字，则将获得相同的数字。R 采用相同的原理来确定应返回零长度输入的汇总函数： 237

```
sum(integer())  # x + 0 = x
#> [1] 0
prod(integer()) # x * 1 = x
#> [1] 1
min(integer())  # min(x, Inf) = x
#> [1] Inf
max(integer())  # max(x, -Inf) = x
#> [1] -Inf
```

如果在函数中使用 reduce()，则应始终提供 .init。仔细考虑传递长度为 0 或 1 的向量时函数应返回什么，并确保测试实现。

9.5.4 多个输入

有时，你需要向要归约的函数传递两个参数。例如，你可能有一个要连接在一起的数据框列表，并且用于连接的变量因元素而不同。这是一个非常专业的场景，所以我不想花很多时间，但是我想让你知道 reduce2() 存在。

第二个参数的长度取决于是否提供 .init：如果 x 有四个元素，则 f 将仅被调用三次。如果提供 init，f 将被调用四次。见图 9-18 和图 9-19。

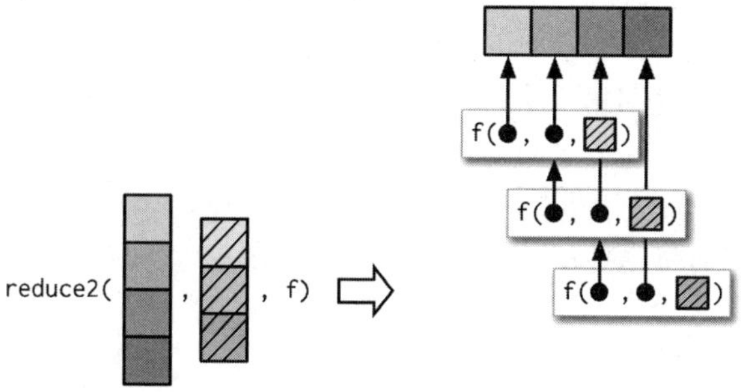

图 9-18 238

9.5.5 映射 – 归约

可能听说过映射 – 归约，这种想法为像 Hadoop 这样的技术提供了强大动力。现在，你可以了解其基本概念的简单性和强大性：映射 – 归约是结合了 reduce 的映射。大数据的区别在于数据分散在多台计算机上。每台计算机都对它拥有的数据执行映射，然后将结果发送回协调器，协调器将多个单独结果归约为单个结果。

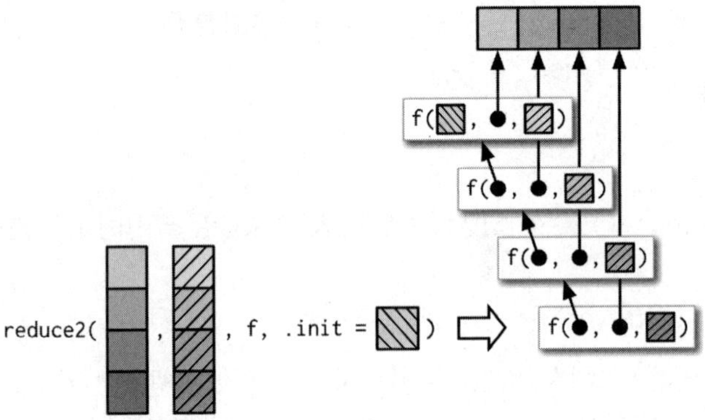

图　9-19

举一个简单的例子，想象一下计算一个非常大的向量的均值，这个向量太大，必须将其分割到多台计算机上。你可以要求每台计算机计算总和及长度，然后将它们返回给协调器，该协调器通过将总和除以总长度来计算总均值。

9.6　判断泛函

判断就是只能返回 TRUE 或者 FALSE 的函数，如 is.character()、is.null() 或 all()，
239 如果它返回 TRUE，则称为与一个向量**匹配**。

9.6.1　基础

判断泛函（predicate functional）对向量的每个元素进行判断。purrr 提供六个有用的函数，这些函数分为三对：

- 如果有任何元素匹配，some(.x, .p) 返回 TRUE；如果所有元素都匹配，则 every(.x, .p) 返回 TRUE。

  这些类似于 any(map_lgl(.x, .p)) 和 all(map_lgl(.x, .p))，但它们会提早终止：some() 在看到第一个 TRUE 时返回 TRUE，而 every() 则在看到第一个 FALSE 时返回 FALSE。
- detect(.x, .p) 返回第一个匹配项的值；detect_index(.x, .p) 返回第一个匹配项的位置。
- keep(.x, .p) 保留所有匹配的元素；discard(.x, .p) 删除所有匹配的元素。

下面的示例显示如何将这些函数与数据框一起使用：

```
df <- data.frame(x = 1:3, y = c("a", "b", "c"))
detect(df, is.factor)
#> [1] a b c
#> Levels: a b c
detect_index(df, is.factor)
#> [1] 2

str(keep(df, is.factor))
#> 'data.frame':	3 obs. of  1 variable:
#>  $ y: Factor w/ 3 levels "a","b","c": 1 2 3
str(discard(df, is.factor))
#> 'data.frame':	3 obs. of  1 variable:
#>  $ x: int  1 2 3
```

9.6.2 map 变体

map() 和 modify() 引入了带有判断泛函的变体，当 .p 为 TRUE 时，只转换 .x 的元素。 240

```
df <- data.frame(
  num1 = c(0, 10, 20),
  num2 = c(5, 6, 7),
  chr1 = c("a", "b", "c"),
  stringsAsFactors = FALSE
)

str(map_if(df, is.numeric, mean))
#> List of 3
#>  $ num1: num 10
#>  $ num2: num 6
#>  $ chr1: chr [1:3] "a" "b" "c"
str(modify_if(df, is.numeric, mean))
#> 'data.frame':	3 obs. of  3 variables:
#>  $ num1: num  10 10 10
#>  $ num2: num  6 6 6
#>  $ chr1: chr  "a" "b" "c"
str(map(keep(df, is.numeric), mean))
#> List of 2
#>  $ num1: num 10
#>  $ num2: num 6
```

9.6.3 练习

1. 为什么 is.na() 不是一个判断泛函？基础包中的哪个函数与 is.na() 的判断功能最接近？

2. 当 x 的长度为 0 或长度为 1 时，simple_reduce() 会出现问题。描述问题的根源以及解决方法。

```
simple_reduce <- function(x, f) {
  out <- x[[1]]
  for (i in seq(2, length(x))) {
    out <- f(out, x[[i]])
  }
  out
}
```

3. 编写一个 span() 函数（出自 Haskell）：给定一个列表 x 和一个判断函数 f，span(x, f) 函数返回判断为 TRUE 的最长连续游程元素的位置。（提示：也许可以发现 rle() 是有帮助的）

4. 编写函数 arg_max()。它可以接收一个函数和一个向量作为参数，并返回使函数取得最大值的输入元素。例如，arg_max(-10:5, function(x) x ^ 2) 的返回值应该是 -10。 241
arg_max(-5:5, function(x) x ^ 2) 应该返回 c(-5, 5)。再编写一个相应的 arg_min() 函数。

5. 下面的这个函数可以对一个向量进行量纲调整，使它的取值范围为 [0, 1]。如何将它应用到数据框的每一列？如何将它应用到数据框的每个数值列？

```
scale01 <- function(x) {
  rng <- range(x, na.rm = TRUE)
  (x - rng[1]) / (rng[2] - rng[1])
}
```

9.7 基础泛函

本章的最后对重要的基础函数进行介绍，这些函数不是 map 系列、reduce 系列或判断系列的成员，因此在 purrr 中没有等价函数。这并不是说它们不重要，但是它们具有更多的数学或统计意义，并且通常在数据分析中用处不大。

9.7.1 矩阵和数组

map() 及其变体专门处理一维向量。base::apply() 专用于处理二维和更高维的向量，即矩阵和数组。你可以将 apply() 想象成通过将每一行或每一列折叠为单个值来汇总矩阵或数组的操作。它有四个参数：

- X，要进行汇总的矩阵或数组。
- MARGIN，一个整数向量，它用来设定需要进行汇总的维度，1 = 行，2 = 列，等等。（参数名字来自联合分布的边际（marign）。）
- FUN，一个汇总函数。
- ...，传递给 FUN 的其他参数。

242 一个 apply() 的典型示例如下所示：

```
a2d <- matrix(1:20, nrow = 5)
apply(a2d, 1, mean)
#> [1]  8.5  9.5 10.5 11.5 12.5
apply(a2d, 2, mean)
#> [1]  3  8 13 18
```

你可以为 MARGIN 指定多个维度，这对于高维数组非常有用：

```
a3d <- array(1:24, c(2, 3, 4))
apply(a3d, 1, mean)
#> [1] 12 13
apply(a3d, c(1, 2), mean)
#>      [,1] [,2] [,3]
#> [1,]   10   12   14
#> [2,]   11   13   15
```

使用 apply() 会有两个警告：

- 与 base::sapply() 一样，你无法控制输出类型。它会自动简化为列表、矩阵或向量。但是，通常将 apply() 与数值数组和数值汇总函数一起使用，因此与 sapply() 相比，你遇到问题的可能性较小。
- 从某种意义上来说，apply() 也不是幂等的（idempotent），因为如果汇总函数是 identity 运算符，则输出并不总是与输入一致。

```
a1 <- apply(a2d, 1, identity)
identical(a2d, a1)
#> [1] FALSE

a2 <- apply(a2d, 2, identity)
identical(a2d, a2)
#> [1] TRUE
```

- 切勿将 apply() 与数据框一起使用。它总是将其强制转换为矩阵，如果你的数据框包含数值以外的任何内容，则将导致不好的结果。

```
df <- data.frame(x = 1:3, y = c("a", "b", "c"))
apply(df, 2, mean)
#> Warning in mean.default(newX[, i], ...): argument is not numeric or
#> logical: returning NA
#> Warning in mean.default(newX[, i], ...): argument is not numeric or
#> logical: returning NA
#>  x  y
#> NA NA
```
243

9.7.2 数学问题

泛函在数学中非常常见。极限、最大值、求根（满足 f(x) = 0 的点集）以及定积分都是泛函：给定一个函数，它们将返回一个值（或者一个数值向量）。乍看上去，这些函数与本章的主题（减少循环）不符，但是如果深入思考，就会发现在实现它们的算法中都包含迭代。

R 基础包提供了一个有用的集合：

- integrate() 计算曲线 f() 下的面积。
- uniroot() 计算 f() 等于零的位置。
- optimise() 计算 f() 的最低（或最高）点的位置。

以下示例显示了如何将泛函与简单函数 sin() 结合使用：

```
integrate(sin, 0, pi)
#> 2 with absolute error < 2.2e-14
str(uniroot(sin, pi * c(1 / 2, 3 / 2)))
#> List of 5
#>  $ root      : num 3.14
#>  $ f.root    : num 1.22e-16
#>  $ iter      : int 2
#>  $ init.it   : int NA
#>  $ estim.prec: num 6.1e-05
str(optimise(sin, c(0, 2 * pi)))
#> List of 2
#>  $ minimum  : num 4.71
#>  $ objective: num -1
str(optimise(sin, c(0, pi), maximum = TRUE))
#> List of 2
#>  $ maximum  : num 1.57
#>  $ objective: num 1
```

9.7.3 练习

1. apply() 是如何安排输出的？阅读文档并做一些实验。

2. eapply() 和 rapply() 有什么功能？ purrr 中是否具有等价函数？

3. 挑战：阅读不动点算法（https://mitpress. mit.edu/sites/default/files/sicp/full-text/book/book-Z-H-12.html#%25_idx_1096）。使用 R 语言来完成其中的练习。 244~245

第 10 章

函 数 工 厂

10.1 本章简介

函数工厂（function factory）是用于生成函数的函数。这是一个非常简单的示例：使用函数工厂（power1()）来创建两个子函数（square() 和 cube()）：

```
power1 <- function(exp) {
  function(x) {
    x ^ exp
  }
}

square <- power1(2)
cube <- power1(3)
```

如果这样还没有理解，请不要担心，到了本章结尾应该可以理解了！

我将其命名为 square() 和 cube() **制造函数**，但这只是为了简化与其他人之间的交流而使用的术语：从 R 的角度看，它们与用任何其他方式创建的函数没有什么不同。

```
square(3)
#> [1] 9
cube(3)
#> [1] 27
```

你已经了解了使函数工厂成为可能的各个元素：

- 在 6.2.3 节中，你了解了 R 的第一类函数。在 R 中，将函数绑定到名字的方式与将
246~247 任何对象绑定到名字的方式相同：使用 <-。
- 在 7.4.2 节中，你了解到函数捕获（封装）了创建该函数的环境。
- 在 7.4.4 节中，你了解到函数在每次运行时都会创建一个新的执行环境。该环境通常是暂时的，但是在这里它成为制造函数的封装环境。

在本章中，你将学习这三个功能的组合如何形成函数工厂。你还将看到在可视化和统计中使用它们的示例。

在三个主要的函数式编程工具（函数、函数工厂和函数运算符）中，函数工厂使用最少。通常，它们并不倾向于降低总体代码复杂度，而是将复杂度划分为更容易消化的块。对于非常有用的函数运算符，函数工厂也是重要的构建块，你将在第 11 章中了解到。

主要内容

- 10.2 节首先解释函数工厂的工作方式，将作用域和环境中的想法融合在一起。你还将看到如何使用函数工厂为函数实现内存，从而允许数据在调用之间保持不变。
- 10.3 节通过 ggplot2 中的示例说明函数工厂的用法。你将看到两个有关 ggplot2 如何与用户提供的函数工厂一起工作的示例，以及一个有关 ggplot2 在内部使用函数工厂的示例。
- 10.4 节使用函数工厂来应对统计中的三个挑战：了解 Box-Cox 变换，解决最大似然问题以及进行自助法采样。
- 10.5 节介绍如何将函数工厂和泛函结合，进而从数据中快速生成一系列函数。

预备工具

确保你已经熟悉上述 6.2.3 节、7.4.2 节和 7.4.4 节的内容。

函数工厂只需要 R 基础包。我们将使用一些 rlang（https://rlang.r-lib.org）的功能来更轻松地窥视它们的内部，同时我们将使用 ggplot2（https://ggplot2.tidyverse.org）和 scales（https://scales.r-lib.org）以探索函数工厂在可视化中的使用。 248

```
library(rlang)
library(ggplot2)
library(scales)
```

10.2 工厂基础

函数工厂工作的关键思想可以非常简洁地表达为：

所制造的函数的封装环境是函数工厂的执行环境。

表达这些大创意只用了几句话，但是要真正理解这意味着什么，还需要做大量的工作。本节将通过交互式探索和一些图标帮助你将各部分结合在一起。

10.2.1 环境

首先让我们看一下 square() 和 cube()：

```
square
#> function(x) {
#>     x ^ exp
#>   }
#> <environment: 0x7fa43cc11b00>

cube
#> function(x) {
#>     x ^ exp
#>   }
#> <bytecode: 0x7fa43d0e1740>
#> <environment: 0x7fa439297d50>
```

很明显 x 是输入变量，但是 R 如何找到与 exp 相关的值？简单地打印出制造出来的函数并不能揭示出来，因为它们的主体是相同的。封装环境的内容是重要的因素。通过使用 rlang::env_print()，我们可以了解更多。这说明我们有两个不同的环境（每个环境最初都是 249

power1() 的执行环境)。这些环境具有相同的父环境，即全局环境，也是 power1() 的封装环境。

```
env_print(square)
#> <environment: 0x7fa43cc11b00>
#> parent: <environment: global>
#> bindings:
#>  * exp: <dbl>

env_print(cube)
#> <environment: 0x7fa439297d50>
#> parent: <environment: global>
#> bindings:
#>  * exp: <dbl>
```

env_print() 向我们展示了这两种环境都对 exp 有绑定，但是我们希望看到其取值[⊖]。我们可以通过首先获取函数的环境，然后提取取值来做到这一点：

```
fn_env(square)$exp
#> [1] 2

fn_env(cube)$exp
#> [1] 3
```

这就是使制造的函数的行为彼此不同的原因：封装环境中的名字绑定到不同的值。

10.2.2 技术图约定

250 我们还可以在图中展示这些关系，见图 10-1。图中有很多内容，某些细节并不那么重要。我们可以通过使用两个约定来大大简化：

- ❑ 任何自由浮动的符号都存在于全局环境中。
- ❑ 任何没有显式父级的环境都将从全局环境继承。

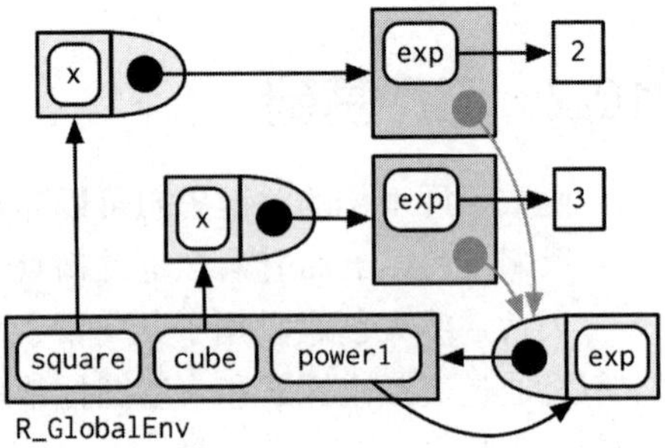

图　10-1

图 10-2 着重于环境，未显示 cube() 和 square() 之间的任何直接联系。这是因为这一联系是该函数的主体，对于 cube() 和 square() 两者而言都是相同的，但未在此图中显示。

最后，让我们看一下 square(10) 的执行环境，见图 10-3。square() 执行 x ^ exp 时，它将在执行环境中找到 x，并在其封装环境中找到 exp。

```
square(10)
#> [1] 100
```

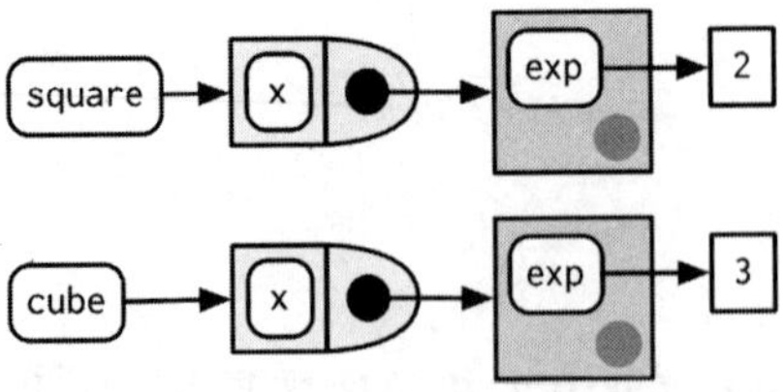

251 图　10-2

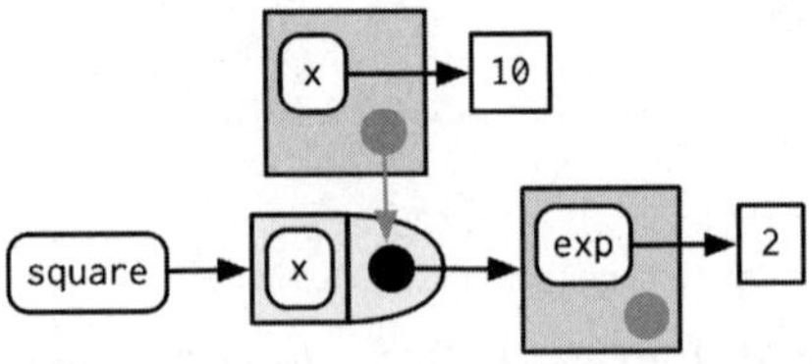

图　10-3

⊖ env_print() 的未来版本可能会更好地总结这一内容，因此无须执行此步骤。

10.2.3 强制求值

power1() 中有一个细微的错误是由于惰性求值引起的。要查看该问题，我们需要引入一些间接的内容：

```
x <- 2
square <- power1(x)
x <- 3
```

square(2) 应该返回什么？你希望它返回 4：

```
square(2)
#> [1] 8
```

不幸的是，结果并不是 4，因为 x 仅在运行 square() 时才会被惰性求值，而不是在运行 power1() 时求值。通常，只要在调用工厂函数和调用制造函数之间的绑定发生变化，就会出现此问题。这很可能很少出现，但是一旦出现，将导致错误的发生。

我们可以通过使用 force() 来**强制**求值以解决此问题：

```
power2 <- function(exp) {
  force(exp)
  function(x) {
    x ^ exp
  }
}

x <- 2
square <- power2(x)
x <- 3
square(2)
#> [1] 4
```

每当创建函数工厂时，请确保对每个参数都进行了求值，如果该参数仅由制造的函数使用，则根据需要使用 force()。

10.2.4 有状态函数

函数工厂还允许跨函数调用维护状态，由于 6.4.3 节中所述的重新开始原则，通常很难做到这一点。 252

有两点使之成为可能：

- 被制造函数的封装环境是唯一且恒定的。
- R 有一个特殊的赋值运算符 <<-，它在封装环境中修改绑定。

通常的赋值运算符 <- 始终在当前环境中创建绑定。**超级赋值运算符** <<- 重新绑定在父环境中找到的现有名字。

以下示例说明了如何结合这些想法来创建一个函数，该函数记录其被调用了多少次，见图 10-4：

```
new_counter <- function() {
  i <- 0

  function() {
    i <<- i + 1
    i
  }
}
```

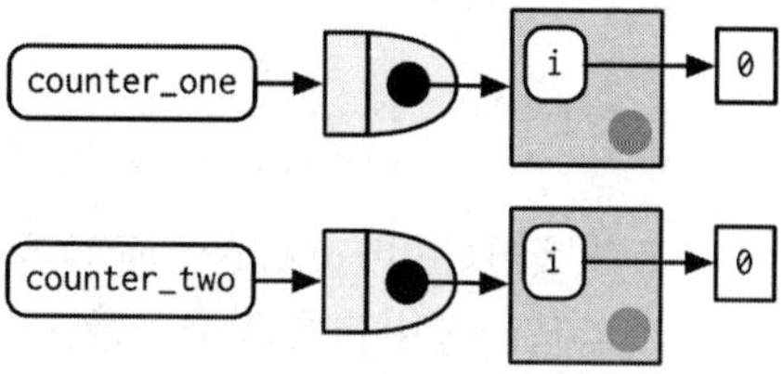

图 10-4

```
counter_one <- new_counter()
counter_two <- new_counter()
```

运行制造函数时，`i <<- i + 1` 将在其封装环境中修改 `i`。由于制造函数具有独立的封装环境，因此它们具有独立的计数，见图 10-5：

```
counter_one()
#> [1] 1
counter_one()
#> [1] 2
counter_two()
```
253
```
#> [1] 1
```

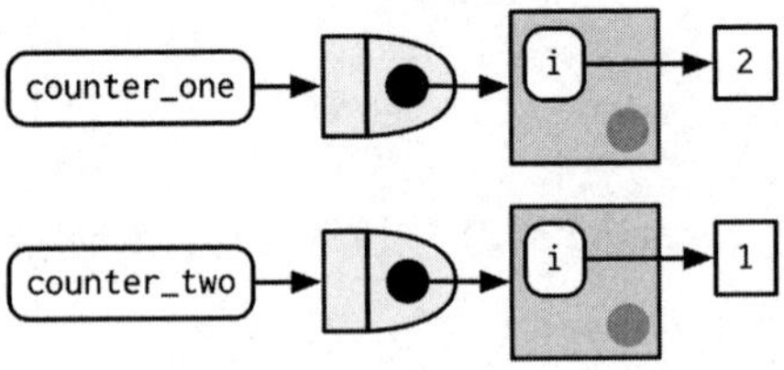

图　10-5

有状态函数的使用最好适可而止。当函数开始管理多个变量的状态后，最好切换到第 14 章的主题 R6。

10.2.5　垃圾回收

使用大多数函数，你可以借助垃圾回收来清理在函数内部创建的任何大型临时对象。但是，制造函数会保留在执行环境中，因此需要使用 `rm()` 显式取消绑定任何大型临时对象。在下面的示例中比较 `g1()` 和 `g2()` 的大小：

```
f1 <- function(n) {
  x <- runif(n)
  m <- mean(x)
  function() m
}

g1 <- f1(1e6)
lobstr::obj_size(g1)
#> 8,013,120 B

f2 <- function(n) {
  x <- runif(n)
  m <- mean(x)
  rm(x)
  function() m
}

g2 <- f2(1e6)
lobstr::obj_size(g2)
```
254
```
#> 12,960 B
```

10.2.6　练习

1. `force()` 的定义很简单：

```
force
#> function (x)
#> x
#> <bytecode: 0x7fa4381626a0>
#> <environment: namespace:base>
```

为什么最好用 `force(x)` 而不是 `x`？

2. R 基础包中包含两个函数工厂，`aproxfun()` 和 `ecdf()`。阅读帮助文档并进行实验，弄清楚函数的作用以及它们的返回结果。

3. 创建一个 pick() 函数，它接受一个索引参数 i，并根据这个参数返回一个带有参数 x 的函数，这个函数可以根据 i 对 x 进行子集选取。

```
pick(1)(x)
# should be equivalent to
x[[1]]

lapply(mtcars, pick(5))
# should be equivalent to
lapply(mtcars, function(x) x[[5]])
```

4. 创建一个函数，该函数可以创建计算数值向量的第 i 阶中心矩的函数（http://en.wikipedia.org/wiki/Central_moment），运行下面的代码来检测你的函数。

```
m1 <- moment(1)
m2 <- moment(2)

x <- runif(100)
stopifnot(all.equal(m1(x), 0))
stopifnot(all.equal(m2(x), var(x) * 99 / 100))
```

5. 如果不使用闭包会发生什么？进行预测，然后运行下面的代码进行验证。 255

```
i <- 0
new_counter2 <- function() {
  i <<- i + 1
  i
}
```

6. 如果使用 <- 而不使用 <<- 会发生什么？进行预测，然后运行下面的代码进行验证。

```
new_counter3 <- function() {
  i <- 0
  function() {
    i <- i + 1
    i
  }
}
```

10.3 图形工厂

我们将从 ggplot2 的一些示例开始对函数工厂进行探索。

10.3.1 标签

scales 添加包（http://scales.r-lib.org）的目标之一是使自定义 ggplot2 上的标签变得容易。它提供了许多函数来控制坐标轴和图例的精细细节。格式化程序函数[⊖]是一类有用的函数，可以更轻松地控制坐标轴中断的外观。这些函数的设计最初可能看起来有些奇怪：它们都返回一个函数，必须调用该函数才能格式化数字。 256

```
y <- c(12345, 123456, 1234567)
comma_format()(y)
#> [1] "12,345"    "123,456"   "1,234,567"
```

⊖ 不幸的是，使用后缀函数而不是前缀函数进行缩放是历史的偶然。那是因为它是在我理解使用通用前缀而不是通用后缀的自动完成优点之前编写的。

```
number_format(scale = 1e-3, suffix = " K")(y)
#> [1] "12 K"    "123 K"   "1 235 K"
```

换句话说，主要接口是函数工厂。乍看起来，这似乎增加了额外的复杂性，却几乎没有好处。但这可以与 ggplot2 的缩放（scale）实现良好的交互，因为它们在 `label` 参数中接受函数，见图 10-6：

```
df <- data.frame(x = 1, y = y)
core <- ggplot(df, aes(x, y)) +
  geom_point() +
  scale_x_continuous(breaks = 1, labels = NULL) +
  labs(x = NULL, y = NULL)

core
core + scale_y_continuous(
  labels = comma_format()
)
core + scale_y_continuous(
  labels = number_format(scale = 1e-3, suffix = " K")
)
core + scale_y_continuous(
  labels = scientific_format()
)
```

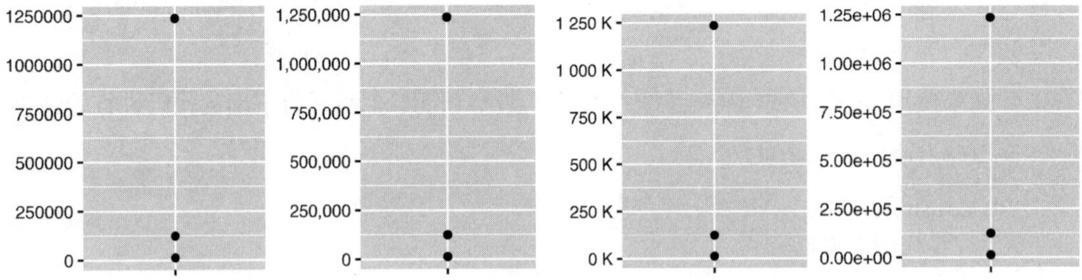

图 10-6

10.3.2 直方图的 bin

`geom_histogram()` 鲜为人知的功能是 `binwidth` 参数可以是一个函数。这对每个组执行一次函数，这特别有用，这意味着你可以在不同分面具有不同的 binwidth，否则是不可能实现的。

为了说明这个想法，并查看可变 binwidth 在哪里有用，我将构建一个示例，其中如果
257 使用固定 binwidth 则效果不好，见图 10-7。

```
# construct some sample data with very different numbers in each cell
sd <- c(1, 5, 15)
n <- 100

df <- data.frame(x = rnorm(3 * n, sd = sd), sd = rep(sd, n))

ggplot(df, aes(x)) +
  geom_histogram(binwidth = 2) +
  facet_wrap(~ sd, scales = "free_x") +
  labs(x = NULL)
```

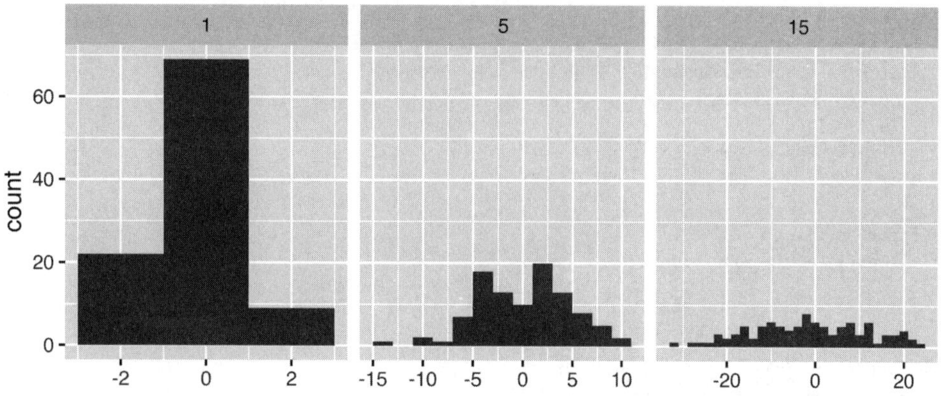

图 10-7

在这里，每个分面都有相同数量的观察值，但变异性却大不相同。如果我们可以要求 binwidth 发生变化，以便在每个 bin 中获得大约相同数量的观察值，那就太好了。一种方法是使用函数工厂，输入所需数量的 bin（n），然后输出采用数值向量返回 binwidth 的函数，见图 10-8：

```
binwidth_bins <- function(n) {
  force(n)

  function(x) {
    (max(x) - min(x)) / n
  }
}

ggplot(df, aes(x)) +
  geom_histogram(binwidth = binwidth_bins(20)) +
  facet_wrap(~ sd, scales = "free_x") +
  labs(x = NULL)
```

258

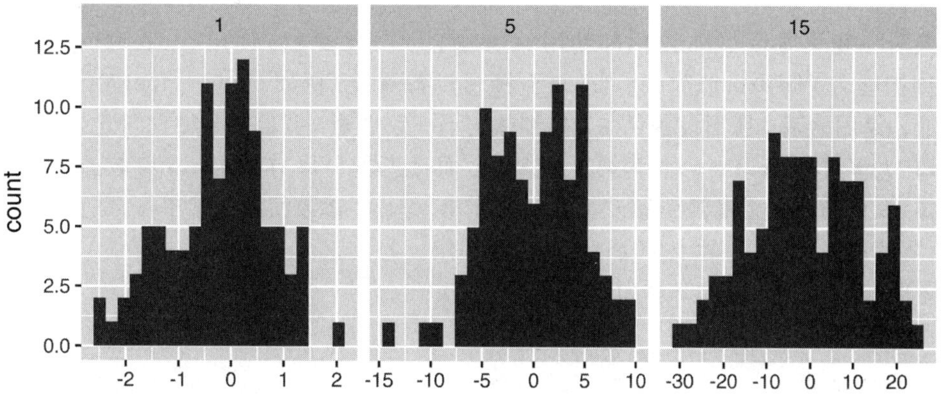

图 10-8

我们可以使用相同的模式来包装 R 基础包函数，这些函数自动找到所谓的最佳⊖ binwidth，如 nclass.Sturges()、nclass.scott() 和 nclass.FD()，见图 10-9：

⊖ ggplot2 不会直接公开这些函数，因为我认为需要使问题在数学上易于解决而得到的最优定义并不符合数据探索的实际需求。

```
base_bins <- function(type) {
  fun <- switch(type,
    Sturges = nclass.Sturges,
    scott = nclass.scott,
    FD = nclass.FD,
    stop("Unknown type", call. = FALSE)
  )

  function(x) {
    (max(x) - min(x)) / fun(x)
  }
}

ggplot(df, aes(x)) +
  geom_histogram(binwidth = base_bins("FD")) +
  facet_wrap(~ sd, scales = "free_x") +
259 labs(x = NULL)
```

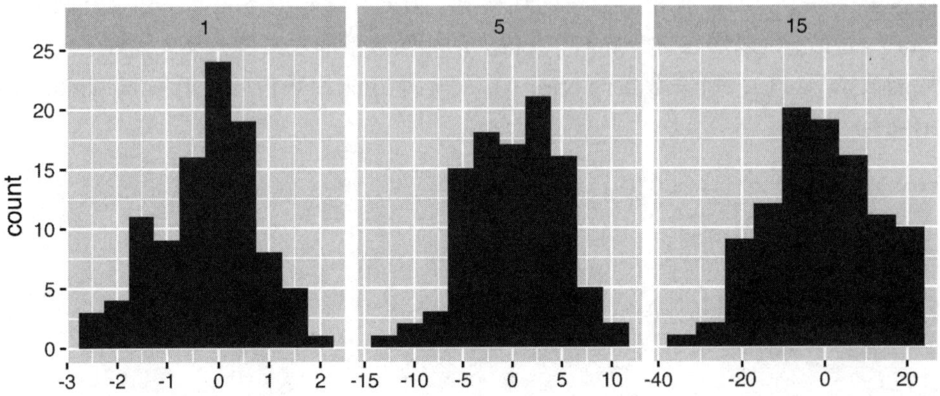

图　10-9

10.3.3 ggsave()

最后，我想展示 ggplot2 内部使用的函数工厂。ggsave() 使用 ggplot2::plot_dev() 从文件扩展名（例如 png、jpeg 等）转到图形设备函数（例如 png()、jpeg()）。之所以出现挑战，是因为基本图形设备存在一些细微的不一致之处，我们需要将它们记录下来：

- 大多数将 filename 作为第一个参数，而有些将 file 作为第一个参数。
- 默认情况下，栅格图形设备的 width 和 height 参数使用像素单位，但是向量图形使用英寸（1 英寸 = 0.0254 米）作为单位。

下面显示了一个 plot_dev() 的简化版本：

```
plot_dev <- function(ext, dpi = 96) {
  force(dpi)

  switch(ext,
    eps = ,
    ps  =  function(path, ...) {
      grDevices::postscript(
        file = filename, ..., onefile = FALSE,
        horizontal = FALSE, paper = "special"
      )
    },
```

```
    pdf = function(filename, ...) grDevices::pdf(file = filename, ...),
    svg = function(filename, ...) svglite::svglite(file = filename, ...),
    emf = ,
    wmf = function(...) grDevices::win.metafile(...),
    png = function(...) grDevices::png(..., res = dpi, units = "in"),
    jpg = ,
    jpeg = function(...) grDevices::jpeg(..., res = dpi, units = "in"),
    bmp = function(...) grDevices::bmp(..., res = dpi, units = "in"),
    tiff = function(...) grDevices::tiff(..., res = dpi, units = "in"),
    stop("Unknown graphics extension: ", ext, call. = FALSE)
  )
}

plot_dev("pdf")
#> function(filename, ...) grDevices::pdf(file = filename, ...)
#> <bytecode: 0x7fa781166af8>
#> <environment: 0x7fa78049e698>
plot_dev("png")
#> function(...) grDevices::png(..., res = dpi, units = "in")
#> <bytecode: 0x7fa7812d2708>
#> <environment: 0x7fa780a65a40>
```
260

10.3.4 练习

1. 比较和对比 ggplot2::label_bquote() 与 scales::number_format()。

10.4 统计工厂

有关使用函数工厂的更多动机示例来自统计数据：

- Box-Cox 变换。
- bootstrap 重采样。
- 最大似然估计。

所有这些示例都可以在没有函数工厂的情况下解决，但是我认为函数工厂非常适合这些问题，并且提供了很好的解决方案。这些示例需要一定的统计背景，因此如果对你没有太大意义，请随时跳过。

10.4.1 Box-Cox 变换

Box-Cox 变换（一种幂变换（https://en.wikipedia.org/wiki/Power_transform））是一种灵活的变换，通常用于将数据变换为正态分布。它具有一个参数 λ，它控制变换的强度。我们可以将变换表示为简单的两个参数的函数： 261

```
boxcox1 <- function(x, lambda) {
  stopifnot(length(lambda) == 1)

  if (lambda == 0) {
    log(x)
  } else {
    (x ^ lambda - 1) / lambda
  }
}
```

但是将其重新构造为函数工厂可以轻松地使用 stat_function() 探索其行为，见图 10-10：

```
boxcox2 <- function(lambda) {
  if (lambda == 0) {
    function(x) log(x)
  } else {
    function(x) (x ^ lambda - 1) / lambda
  }
}

stat_boxcox <- function(lambda) {
  stat_function(aes(colour = lambda), fun = boxcox2(lambda), size = 1)
}

ggplot(data.frame(x = c(0, 5)), aes(x)) +
  lapply(c(0.5, 1, 1.5), stat_boxcox) +
  scale_colour_viridis_c(limits = c(0, 1.5))

# visually, log() does seem to make sense as the transformation
# for lambda = 0; as values get smaller and smaller, the function
# gets close and closer to a log transformation
ggplot(data.frame(x = c(0.01, 1)), aes(x)) +
  lapply(c(0.5, 0.25, 0.1, 0), stat_boxcox) +
  scale_colour_viridis_c(limits = c(0, 1.5))
```

262

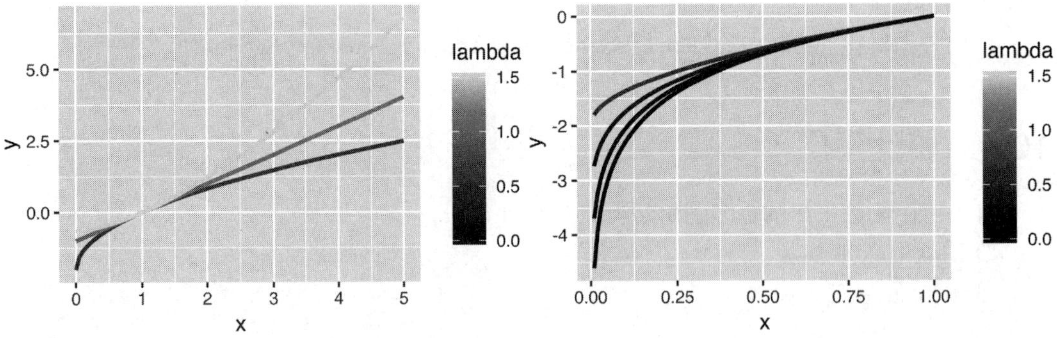

图　10-10

通常，这允许你使用任何接受一元变换函数的函数进行 Box-Cox 变换：不必担心该函数提供 ... 来传递其他参数。同时，我认为将 `lambda` 和 `x` 划分为两个不同的函数参数是很自然的，因为 `lambda` 的作用与 `x` 完全不同。

10.4.2　bootstrap 生成器

函数工厂是自助法抽样（bootstrapping）的有用方法。相对于单个自助法抽样（因为你总是需要多个自助法抽样！），可以考虑一个自助法抽样**生成器**，该函数每次调用都会产生一个新的自助法抽样：

```
boot_permute <- function(df, var) {
  n <- nrow(df)
  force(var)

  function() {
    col <- df[[var]]
    col[sample(n, replace = TRUE)]
  }
}
```

```
boot_mtcars1 <- boot_permute(mtcars, "mpg")
head(boot_mtcars1())
#> [1] 18.1 22.8 21.5 14.7 21.4 17.3
head(boot_mtcars1())
#> [1] 19.2 19.2 14.3 21.0 13.3 21.4
```

通过参数自助法抽样，我们必须首先拟合模型，函数工厂的优势更加明显。我们可以在调用函数工厂时执行一次此设置步骤，而不是每次生成引导程序时执行一次： 263

```
boot_model <- function(df, formula) {
  mod <- lm(formula, data = df)
  fitted <- unname(fitted(mod))
  resid <- unname(resid(mod))
  rm(mod)

  function() {
    fitted + sample(resid)
  }
}

boot_mtcars2 <- boot_model(mtcars, mpg ~ wt)
head(boot_mtcars2())
#> [1] 23.1 24.3 23.0 19.1 19.1 16.2
head(boot_mtcars2())
#> [1] 30.2 17.4 31.3 26.1 17.8 16.7
```

我使用 `rm(mod)` 是因为线性模型对象非常大（它们包括模型矩阵和输入数据的完整副本），并且我希望使制造函数尽可能小。

10.4.3 最大似然估计

最大似然估计（Maximum Likelihood Estimation，MLE）的目标是找到观测数据最有可能服从的分布参数值。要进行 MLE，需要从似然函数开始。例如，采用泊松分布。如果我们知道 λ，则可以通过乘以以下泊松分布似然函数来计算获得值为 $(x_1, x_2, \cdots, x_n)$ 的向量 $\boldsymbol{x}$ 的概率：

$$P(\lambda, \boldsymbol{x}) = \prod_{i=1}^{n} \frac{\lambda^{x_i} e^{-\lambda}}{x_i!}$$

在统计中，我们几乎总是使用此函数的对数形式。该对数形式是一个单调变换，它保留了重要的性质（即极值出现在同一位置），但具有以下特殊优点：

- 对数将乘积转换为求和，使用起来更容易。
- 乘以小数会得出更小的数字，这会使计算机使用的浮点近似值不太准确。

让我们将对数转换应用于此似然函数，并尽可能简化它： 264

$$\log(P(\lambda, \boldsymbol{x})) = \sum_{i=1}^{n} \log\left(\frac{\lambda^{x_i} e^{-\lambda}}{x_i!}\right)$$

$$\log(P(\lambda, \boldsymbol{x})) = \sum_{i=1}^{n} (x_i \log(\lambda) - \lambda - \log(x_i!))$$

$$\log(P(\lambda, \boldsymbol{x})) = \sum_{i=1}^{n} x_i \log(\lambda) - \sum_{i=1}^{n} \lambda - \sum_{i=1}^{n} \log(x_i!)$$

$$\log(P(\lambda, \boldsymbol{x})) = \log(\lambda) \sum_{i=1}^{n} x_i - n\lambda - \sum_{i=1}^{n} \log(x_i!)$$

现在，我们可以将此函数转换为 R 函数。R 函数非常优雅，因为 R 是向量化的，并且 R 是一种统计编程语言，所以 R 附带了诸如 log-factorial（`lfactorial()`）之类的内置函数。

```
lprob_poisson <- function(lambda, x) {
  n <- length(x)
  (log(lambda) * sum(x)) - (n * lambda) - sum(lfactorial(x))
}
```

考虑以下观测向量：

```
x1 <- c(41, 30, 31, 38, 29, 24, 30, 29, 31, 38)
```

我们可以使用 `lprob_poisson()` 计算不同 `lambda` 值时 `x1` 的（对数）似然。

```
lprob_poisson(10, x1)
#> [1] -184
lprob_poisson(20, x1)
#> [1] -61.1
lprob_poisson(30, x1)
#> [1] -31
```

到目前为止，我们一直认为 `lambda` 是固定的并且是已知的，该函数告诉我们获得不同 `x` 值的概率。但是在现实生活中，我们观察到 `x`，而 λ 是未知的。似然是通过这样一种方式获得的概率函数：我们想找到使观察到的 `x` 最有可能服从的 `lambda`。就是说，给定 `x`，`lambda` 等于何值时将赋予 `lprob_poisson()` 最大值?

在统计学中，我们通过写 $f_x(\lambda)$ 而不是 $f(\lambda, \boldsymbol{x})$ 来突出显示这种变化。在 R 中，我们可以
265 使用函数工厂。我们提供 `x` 并生成带有单个参数 `lambda` 的函数：

```
ll_poisson1 <- function(x) {
  n <- length(x)

  function(lambda) {
    log(lambda) * sum(x) - n * lambda - sum(lfactorial(x))
  }
}
```

（我们不需要使用 `force()`，因为 `length()` 隐含了对 `x` 的求值。）

这种方法的优点是我们可以进行一些预计算：任何只涉及 `x` 的项都可以在工厂中计算一次。这很有用，因为我们将需要多次调用此函数以找到最佳的 `lambda`。

```
ll_poisson2 <- function(x) {
  n <- length(x)
  sum_x <- sum(x)
  c <- sum(lfactorial(x))

  function(lambda) {
    log(lambda) * sum_x - n * lambda - c
  }
}
```

现在，我们可以使用此函数查找使（对数）似然最大化的 `lambda` 值：

```
ll1 <- ll_poisson2(x1)

ll1(10)
#> [1] -184
```

```
ll1(20)
#> [1] -61.1
ll1(30)
#> [1] -31
```

我们可以通过 optimise() 自动化寻找最优值的过程，而不是反复试验。它将使用数学技巧尽可能快地接近最大值，从而对 ll1() 进行多次评估。结果告诉我们，在 lambda = 32.1 时得到最大值为 -30.27： 266

```
optimise(ll1, c(0, 100), maximum = TRUE)
#> $maximum
#> [1] 32.1
#>
#> $objective
#> [1] -30.3
```

现在，我们无须使用函数工厂就可以解决此问题，因为 optimise() 将 ... 传递给了正在优化的函数。这意味着我们可以直接使用对数似然函数：

```
optimise(lprob_poisson, c(0, 100), x = x1, maximum = TRUE)
#> $maximum
#> [1] 32.1
#>
#> $objective
#> [1] -30.3
```

在这里使用函数工厂的优点很小，但是有两个好处：

- 我们可以在工厂中预先计算一些值，从而节省每次迭代的计算时间。
- 两步设计更好地反映了潜在问题的数学结构。

在具有多个参数和多个数据向量的更复杂的 MLE 问题中，这些优势将变得更大。

10.4.4 练习

1. 在 boot_model() 中，为什么不需要对 df 或 model 进行强制求值？
2. 为什么要按如下形式表达 Box-Cox 变换？

```
boxcox3 <- function(x) {
  function(lambda) {
    if (lambda == 0) {
      log(x)
    } else {
      (x ^ lambda - 1) / lambda
    }
  }
}
```

267

3. 为什么不用担心 boot_permute() 将数据副本存储在它生成的函数中？
4. 与 ll_poisson1() 相比，ll_poisson2() 可节省多少时间？使用 bench::mark() 查看优化发生的速度。改变 x 的长度将如何改变结果？

10.5 函数工厂 + 泛函

在本章结束时，我将展示如何将泛函和函数工厂结合起来以将数据转换为许多函数。

以下代码通过遍历参数列表来创建许多特殊命名的幂函数：

```
names <- list(
  square = 2,
  cube = 3,
  root = 1/2,
  cuberoot = 1/3,
  reciprocal = -1
)
funs <- purrr::map(names, power1)

funs$root(64)
#> [1] 8
funs$root
#> function(x) {
#>     x ^ exp
#>   }
#> <bytecode: 0x7fa43d0e1740>
#> <environment: 0x7fa43cb6bf90>
```

如果你的函数工厂采用两个（用 map2() 替换 map()）或更多（用 pmap() 替换）参数，可以以简单的方式扩展此思想。

当前构造的一个缺点是，必须在每个函数调用前添加 funs$ 前缀。有三种消除这种附
268 加语法的方法：

- 对于临时效果，可以使用 with()：

```
with(funs, root(100))
#> [1] 10
```

我建议这样做是因为它可以清楚地看到代码在特殊上下文中执行的时间以及该上下文的内容。

- 要获得更长期的效果，可以用 attach() 将函数连接到搜索路径，然后在完成后使用 detach()：

```
attach(funs)
#> The following objects are masked _by_ .GlobalEnv:
#>
#>     cube, square
root(100)
#> [1] 10
detach(funs)
```

之前可能已经告诉你避免使用 attach()，这通常是一个很好的建议。但是，这里的情况与通常的情况有所不同，因为我们连接了函数列表，而不是数据框。与数据框中的列相比，修改函数的可能性较小，因此，attach() 的一些最严重的问题并不会在这里出现。

- 最后，可以使用 env_bind() 将函数复制到全局环境中（在 19.6 节中将进行介绍 !!!）。这通常是永久性的：

```
rlang::env_bind(globalenv(), !!!funs)
root(100)
#> [1] 10
```

之后可以取消绑定这些相同的名字，但是不能保证它们在此期间不会继续绑

定，并且你可能会删除其他人创建的对象。

```
rlang::env_unbind(globalenv(), names(funs))
```

你将在 19.7.4 节中学习解决这一问题的另一种方法。除了使用函数工厂，还可以使用准引用构造函数。这需要额外的知识，但是能生成具有可读体的函数，同时避免意外捕获封闭作用域内的大型对象。当我们在 21.2.4 节中研究用于从 R 生成 HTML 的工具时，将使用该思想。 269

10.5.1 练习

1. 以下哪个命令等价于 `with(x, f(z))`？

(a) `x$f(x$z)`

(b) `f(x$z)`

(c) `x$f(z)`

(d) `f(z)`

(e) 视情况而定

2. 对于以下代码，比较并对比 `env_bind()` 与 `attach()` 的效果。

```
funs <- list(
  mean = function(x) mean(x, na.rm = TRUE),
  sum = function(x) sum(x, na.rm = TRUE)
)

attach(funs)
#> The following objects are masked from package:base:
#>
#>     mean, sum
mean <- function(x) stop("Hi!")
detach(funs)

env_bind(globalenv(), !!!funs)
mean <- function(x) stop("Hi!")
env_unbind(globalenv(), names(funs))
```

270

第 11 章

函数运算符

11.1 本章简介

本章将要学习**函数运算符**（function operator）。函数运算符以一个（或多个）函数作为输入，并返回一个函数作为输出。下面的代码展示了一个简单的函数运算符 chatty()。它包装一个函数，并创建一个可以将它的第一个参数打印输出的新函数。你可能会创建这样的函数，它提供了一个窗口，以查看诸如 map_int() 之类的函数如何工作。

```
chatty <- function(f) {
  force(f)

  function(x, ...) {
    res <- f(x, ...)
    cat("Processing ", x, "\n", sep = "")
    res
  }
}
f <- function(x) x ^ 2
s <- c(3, 2, 1)

purrr::map_dbl(s, chatty(f))
#> Processing 3
#> Processing 2
#> Processing 1
#> [1] 9 4 1
```

函数运算符与函数工厂密切相关。实际上，函数运算符只是一个将函数作为输入的函数工厂。像工厂一样，它们不是不可或缺的，但是它们通常能帮助你消除复杂性，以使你
271 的代码更具可读性和可重用性。

函数运算符通常与泛函配对。如果你使用的是 for 循环，则几乎没有理由使用函数运算符，因为这会使你的代码变得更复杂，却几乎不会带来好处。

如果你熟悉 Python，则会知道其中的装饰器（decorator）只是函数运算符的别称。

主要内容

- 11.2 节介绍两个非常有用的现有的函数运算符，并展示了如何使用它们来解决实际问题。

❑ 11.3 节介绍函数运算符可以解决的问题：下载多个网页。

预备工具

函数运算符是函数工厂的一种，因此请确保至少熟悉 6.2 节。

我们将使用第 9 章中介绍的 purrr（https://purrr.tidyverse.org）的几个函数，以及一些你将在下面了解到的函数运算符。我们还将使用 memoise 添加包（https://memoise.r-lib.org）[Wickham et al.，2018] 中的 memoise() 运算符。

```
library(purrr)
library(memoise)
```

11.2 现有的函数运算符

有两个非常有用的函数运算符，既可以帮助你解决常见的重复出现的问题，又可以使你了解函数运算符的作用：purrr::safely() 和 memoise::memoise()。

11.2.1 使用 purrr::safely() 捕获错误

for 循环的优点之一是，如果其中一个迭代失败，你仍然可以访问直到失败为止的所有结果： 272

```
x <- list(
  c(0.512, 0.165, 0.717),
  c(0.064, 0.781, 0.427),
  c(0.890, 0.785, 0.495),
  "oops"
)

out <- rep(NA_real_, length(x))
for (i in seq_along(x)) {
  out[[i]] <- sum(x[[i]])
}
#> Error in sum(x[[i]]): invalid 'type' (character) of argument
out
#> [1] 1.39 1.27 2.17   NA
```

如果对泛函执行相同的操作，则不会得到任何输出，从而很难找出问题所在：

```
map_dbl(x, sum)
#> Error in .Primitive("sum")(..., na.rm = na.rm): invalid 'type'
#> (character) of argument
```

purrr::safely() 提供了一个工具来解决此问题。safely() 是函数运算符，可对函数进行转换以将错误转换为数据。（你可以在 8.6.2 节中了解它运作的基本概念。）让我们从 map_dbl() 之外的地方开始看看：

```
safe_sum <- safely(sum)
safe_sum
#> function (...)
#> capture_error(.f(...), otherwise, quiet)
#> <bytecode: 0x7fe46b20f348>
#> <environment: 0x7fe46b20eeb0>
```

像所有函数运算符一样，safely() 接受一个函数并返回一个封装函数，我们可以像往常一样调用该函数：

```
str(safe_sum(x[[1]]))
#> List of 2
#>  $ result: num 1.39
#>  $ error : NULL
str(safe_sum(x[[4]]))
#> List of 2
#>  $ result: NULL
#>  $ error :List of 2
#>   ..$ message: chr "invalid 'type' (character) of argument"
#>   ..$ call   : language .Primitive("sum")(..., na.rm = na.rm)
273 #>   ..- attr(*, "class")= chr [1:3] "simpleError" "error" "condition"
```

可以看到，由 safely() 转换的函数始终返回一个包含两个元素（即 result 和 error）的列表。如果函数运行成功，则 error 为 NULL，并且 result 包含结果；如果函数运行失败，则 result 为 NULL，并且 error 中包含错误。

现在，让我们结合泛函使用 safely()：

```
out <- map(x, safely(sum))
str(out)
#> List of 4
#>  $ :List of 2
#>   ..$ result: num 1.39
#>   ..$ error : NULL
#>  $ :List of 2
#>   ..$ result: num 1.27
#>   ..$ error : NULL
#>  $ :List of 2
#>   ..$ result: num 2.17
#>   ..$ error : NULL
#>  $ :List of 2
#>   ..$ result: NULL
#>   ..$ error :List of 2
#>   .. ..$ message: chr "invalid 'type' (character) of argument"
#>   .. ..$ call   : language .Primitive("sum")(..., na.rm = na.rm)
#>   .. ..- attr(*, "class")= chr [1:3] "simpleError" "error" "condit"..
```

输出形式稍微有点复杂，因为我们有四个列表，每个列表都是一个包含 result 和 error 的列表。通过使用 purrr::transpose() 将输出进行"由内向外"的转换，可以使输出更易于使用，这样我们就可以得到一个 result 列表和一个 error 列表：

```
out <- transpose(map(x, safely(sum)))
str(out)
#> List of 2
#>  $ result:List of 4
#>   ..$ : num 1.39
#>   ..$ : num 1.27
#>   ..$ : num 2.17
#>   ..$ : NULL
#>  $ error :List of 4
#>   ..$ : NULL
#>   ..$ : NULL
#>   ..$ : NULL
#>   ..$ :List of 2
#>   .. ..$ message: chr "invalid 'type' (character) of argument"
#>   .. ..$ call   : language .Primitive("sum")(..., na.rm = na.rm)
274 #>   .. ..- attr(*, "class")= chr [1:3] "simpleError" "error" "condit"..
```

现在，我们可以轻松找到有效的结果或失败的输入：

```
ok <- map_lgl(out$error, is.null)
ok
#> [1]  TRUE  TRUE  TRUE FALSE

x[!ok]
#> [[1]]
#> [1] "oops"

out$result[ok]
#> [[1]]
#> [1] 1.39
#>
#> [[2]]
#> [1] 1.27
#>
#> [[3]]
#> [1] 2.17
```

可以在许多不同的情况下使用这种相同的技术。例如，假设你正在将广义线性模型（GLM）拟合到数据框列表中。GLM 有时会由于优化问题而失败，但是你仍然希望能够尝试拟合所有模型，然后再回顾失败的模型：

```
fit_model <- function(df) {
  glm(y ~ x1 + x2 * x3, data = df)
}

models <- transpose(map(datasets, safely(fit_model)))
ok <- map_lgl(models$error, is.null)

# which data failed to converge?
datasets[!ok]

# which models were successful?
models[ok]
```

275

我认为这是结合泛函和函数运算符的强大示例：safely() 使你可以简洁地表达解决常见数据分析问题所需的内容。

purrr 带有其他三个类似的函数运算符：

- possibly()：出现错误时返回默认值。它无法判断是否发生错误，因此最好保留一些明显的标记值（例如 NA）。
- quietly()：将输出、消息和警告副作用转换为输出中的 output、message 和 warning 元素。
- auto_browser()：发生错误时自动在函数内执行 browser()。

有关更多详细信息，请参见其文档。

11.2.2 使用 memoise::memoise() 缓存计算

另一个方便的函数运算符是 memoise::memoise()。它**缓存**（memoise）一个函数，表示该函数将记住先前的输入并返回缓存的结果。缓存问题是计算机科学以内存换速度的典型例子。一个被缓存的函数可以运行得非常快，因为它存储以前的输入和输出，所以它使用更多的内存。

让我们通过一个示例函数来说明这个想法，该函数可以模拟昂贵的操作：

```
slow_function <- function(x) {
  Sys.sleep(1)
  x * 10 * runif(1)
}
system.time(print(slow_function(1)))
#> [1] 0.808
#>    user  system elapsed
#>    0.00    0.00    1.01

system.time(print(slow_function(1)))
#> [1] 8.34
#>    user  system elapsed
#>   0.002   0.000   1.006
```

276

当我们缓存该函数时，使用新的参数调用它时，它会很慢。但是，当我们再次使用之前的参数来调用它时，它很快：它会检索计算的前一个值。

```
fast_function <- memoise::memoise(slow_function)
system.time(print(fast_function(1)))
#> [1] 6.01
#>    user  system elapsed
#>       0       0       1

system.time(print(fast_function(1)))
#> [1] 6.01
#>    user  system elapsed
#>   0.019   0.000   0.019
```

使用缓存的一个真实案例是计算斐波那契数列。斐波那契数列是递归定义的：$f(0) = 0$，$f(n) = 1$，后续值的计算公式为 $f(n) = f(n - 1) + f(n - 2)$。使用 R 语言的原始版本会非常慢，例如，fib(10) 要计算 fib(9) 和 fib(8)，fib(9) 又要计算 fib(8) 和 fib(7)，以此类推。

```
fib <- function(n) {
  if (n < 2) return(1)
  fib(n - 2) + fib(n - 1)
}
system.time(fib(23))
#>    user  system elapsed
#>   0.040   0.002   0.043
system.time(fib(24))
#>    user  system elapsed
#>   0.064   0.003   0.068
```

对 fib() 进行缓存可以使它的计算变得非常快，因为每个值只需要计算一次。

```
fib2 <- memoise::memoise(function(n) {
  if (n < 2) return(1)
  fib2(n - 2) + fib2(n - 1)
})
system.time(fib2(23))
#>    user  system elapsed
#>    0.01    0.00    0.01
```

277

未来的调用可以依赖以前的计算：

```
system.time(fib2(24))
#>    user  system elapsed
#>   0.001   0.000   0.000
```

这是**动态编程**（dynamic programming）的一个示例，其中一个复杂的问题可以分解为许多重叠的子问题，并且缓存子问题的结果可以大大提高性能。

在缓存函数之前请仔细考虑。如果函数不是**纯**函数，即输出不仅仅取决于输入，那么你将获得令人误解和困惑的结果。我在 devtools 中创建了一个细微的错误，因为我记下了 `available.packages()` 的结果，这相当慢，因为它必须从 CRAN 下载大文件。可用的添加包不会经常更改，但是如果你的 R 进程已经运行了几天，那么更改可能变得很重要，并且由于问题仅在长期运行的 R 进程中出现，因此寻找错误变得非常痛苦。

11.2.3 练习

1. R 基础包提供了 `Vectorize()` 形式的函数运算符。它有什么作用？应该在什么时候使用？
2. 阅读 `possibly()` 的源代码。它是如何工作的？
3. 阅读 `safely()` 的源代码。它是如何工作的？ 278

11.3 案例学习：生成你自己的函数运算符

`memoise()` 和 `safely()` 非常有用，但也很复杂。在本案例研究中，你将学习如何创建自己的简单函数运算符。假设你有一个命名的 URL 向量，并且希望将其中每个网址下载到磁盘。使用 `walk2()` 和 `file.download()` 非常简单：

```
urls <- c(
  "adv-r" = "https://adv-r.hadley.nz",
  "r4ds" = "http://r4ds.had.co.nz/"
  # and many many more
)
path <- paste(tempdir(), names(urls), ".html")

walk2(urls, path, download.file, quiet = TRUE)
```

这种方法适用于少数 URL，而随着向量变长，你可能希望添加更多功能：

- 在每个请求之间添加一小段延迟，以避免重击服务器。
- 每隔几个网址显示一个 `.`，以便我们知道该函数仍在运行。

如果我们使用 for 循环，添加这些额外功能相对容易：

```
for(i in seq_along(urls)) {
  Sys.sleep(0.1)
  if (i %% 10 == 0) cat(".")
  download.file(urls[[i]], paths[[i]])
}
```

我认为此 for 循环不是最佳选择，因为它将不同的关注点交错执行：暂停、显示进度和下载。这使代码更难阅读，在新情况下也更难重用其中元素。相反，让我们看看是否可以使用函数运算符来提取暂停和显示进度，并使它们变得可重用。

首先，让我们编写一个函数操作符，以增加一个小的延迟。我将其称为 `delay_by()`，其原因很快就会清楚，它有两个参数：要封装的函数和要添加的延迟量。实际的实现非常简单。主要技巧如 10.2.5 节中所述，强制求值所有参数，因为函数运算符是函数工厂的一种特殊类型： 279

```
delay_by <- function(f, amount) {
  force(f)
  force(amount)

  function(...) {
    Sys.sleep(amount)
    f(...)
  }
}
system.time(runif(100))
#>    user  system elapsed
#>       0       0       0
system.time(delay_by(runif, 0.1)(100))
#>    user  system elapsed
#>   0.000   0.000   0.103
```

我们可以将其与原始 walk2() 一起使用：

```
walk2(urls, path, delay_by(download.file, 0.1), quiet = TRUE)
```

创建一个显示偶发点的函数要困难一些，因为我们不能再依赖循环中的索引了。我们可以将索引作为另一个参数传递，但这会破坏封装：现在，对进度函数的关注成为高级封装程序需要处理的问题。取而代之的是，我们将使用另一个函数工厂技巧（来自 10.2.4 节），以便进度封装器可以管理自己的内部计数器：

```
dot_every <- function(f, n) {
  force(f)
  force(n)

  i <- 0
  function(...) {
    i <<- i + 1
    if (i %% n == 0) cat(".")
    f(...)
  }
}
walk(1:100, runif)
walk(1:100, dot_every(runif, 10))
#> ..........
```

现在我们可以将原始 for 循环表示为：

```
walk2(
  urls, path,
  dot_every(delay_by(download.file, 0.1), 10),
  quiet = TRUE
)
```

280

由于我们正在编写许多函数调用，而且参数也越来越分散，这开始变得有点难以阅读。解决该问题的一种方法是使用管道符：

```
walk2(
  urls, path,
  download.file %>% dot_every(10) %>% delay_by(0.1),
  quiet = TRUE
)
```

管道符在这里运作良好，因为我精心选择了函数名称以产生（几乎）可读的句子：选取

download.file，然后每 10 次迭代添加一个点，然后延迟 0.1s。你能越清楚地通过函数名称表达代码的意图，其他人（包括将来的你自己！）就越容易阅读和理解代码。

11.3.1 练习

1. 权衡 `download.file %>% dot_every(10) %>% delay_by(0.1)` 与 `download.file %>% delay_by(0.1) %>% dot_every(10)` 的优缺点。

2. 应该缓存 `file.download()` 吗？为什么？

3. 创建一个可以报告工作目录中文件创建和删除的函数运算符，使用 `dir()` 和 `setdiff()`。你还要跟踪哪些函数的其他全局影响？

4. 编写一个函数运算符，在每次运行函数时将时间戳和消息记录到一个文件中。

5. 对 `delay_by()` 进行修改，使它不是延迟一个固定的时间而是在函数最后一次调用后等待一个固定的时间。也就是说，如果调用：`g <- delay_by(1, f); g(); Sys.sleep(2); g()`，不应该有附加的延迟。 281

第三部分

面向对象编程

在接下来的 5 章中，你将学习**面向对象编程**（Object-Oriented Programming，OOP）。与其他语言相比，R 语言中的 OOP 更具挑战性，因为：

- 有多个 OOP 系统可供选择。在本书中，我将重点介绍我认为最重要的三个：S3、R6 和 S4。S3 和 S4 由 R 基础包提供。R6 由 R6 添加包提供，与 R 基础包中的参考类（Reference Class，RC）相似。
- 关于 OOP 系统的相对重要性存在分歧。我认为 S3 最重要，其次是 R6，然后是 S4。有的人认为，S4 最重要，其次是 RC，应避免使用 S3。这意味着不同的 R 社区使用不同的系统。
- S3 和 S4 使用泛型函数化 OOP，它与当今大多数流行语言[1]使用的封装 OOP 完全不同。稍后，我们将再次精确地说明这些术语的含义，但是基本上，尽管 OOP 的基本思想在各种语言中都是相同的，它们的表达方式却截然不同。这意味着你无法立即将现有的 OOP 技能转移给 R。

通常，在 R 中，函数式编程比面向对象的编程更为重要，因为通常通过将复杂的问题分解为简单的函数而不是简单的对象来解决它们。但是，学习这三个系统中的每一个都有重要的理由：

- S3 允许函数通过对用户友好的显示和对程序员友好的内部结构返回丰富的结果。S3 在整个 R 基础包中使用，因此，如果想扩展 R 基础包函数以使用新的输入类型，那么掌握这一点很重要。
- R6 提供了一种标准化的方法来逃避 R 的"复制后修改"语义。如果要对独立于 R 存在的对象进行建模，这尤其重要。如今，R6 的普遍需求是对来自 Web API 的数据进行建模，其中的变化来自 R 内部或外部。
- S4 是一个严格的系统，它会要求你仔细考虑程序设计。它特别适合于构建随时间 282～285
而发展的大型系统，并且会得到许多程序员的贡献。这就是 Bioconductor 项目使用它的原因，因此学习 S4 的另一个原因是希望你能为该项目做出贡献。

简短介绍本部分的目的是为你提供一些重要的词汇表，以及一些识别 OOP 系统的工具。接下来的章节将深入介绍 R 的 OOP 系统：

---

[1] Julia 是一个例外，它也使用泛型函数化 OOP。与 R 相比，Julia 的实现是经过充分开发的，性能非常出色。

1）第 12 章详细介绍构成所有其他 OO 系统基础的基础类型。

2）第 13 章介绍 S3，这是最简单和最常用的 OO 系统。

3）第 14 章讨论 R6，这是一个在环境之上构建的封装 OO 系统。

4）第 15 章介绍 S4，它与 S3 类似，但更为正式和严格。

5）第 16 章比较这三个主要的 OO 系统。通过了解每个系统的优缺点，可以知道应该在何时使用哪一个系统。

本书侧重于 OOP 的机制，而不是其有效使用，如果你以前没有进行过面向对象的编程，可能很难完全理解。你可能想知道为什么我不选择提供更直接有用的介绍。在这里我专注于机制，因为它们需要在某个地方得到很好的描述（写下这些章需要我进行大量的阅读、探索和综合），并且如何有效地使用 OOP 非常复杂，需要通过一本书来进行介绍。本书根本没有足够的篇幅来覆盖所需深度。

OOP 系统

不同的人以不同的方式使用 OOP 术语，因此本节提供了重要词汇的快速概述。有必要压缩对词汇的解释，但我们将多次回顾这些内容。

使用 OOP 的主要原因是**多态性**（polymorphism，字面意思：多种形状）。多态性意味着开发人员可以将函数的接口与其实现分开考虑，从而可以对不同类型的输入使用相同的函数形式。这与封装的概念紧密相关：用户无须担心对象的细节，因为它们被封装在标准
286 界面的背后。

具体而言，多态性使 summary() 可以为数值和因子变量生成不同的输出：

```
diamonds <- ggplot2::diamonds

summary(diamonds$carat)
#>    Min. 1st Qu.  Median    Mean 3rd Qu.    Max.
#>    0.20    0.40    0.70    0.80    1.04    5.01

summary(diamonds$cut)
#>      Fair      Good Very Good   Premium     Ideal
#>      1610      4906     12082     13791     21551
```

你可以想象 summary() 包含一系列 if-else 语句，但这意味着只有原始作者才能添加新的实现。OOP 系统使任何开发人员都可以为新输入类型扩展实现接口。

更准确地说，OO 系统将对象的类型称为其**类**（class），而特定类的实现称为**方法**（method）。粗略地讲，一个类定义一个对象是什么，方法描述该对象可以做什么。该类定义**字段**（field），即该类的每个实例所拥有的数据。类是按层次结构组织的，因此，如果一个类不存在任何方法，则使用其父类的方法，并且称子类为**继承**（inherit）行为。例如，在 R 中，有序因子从常规因子继承，而广义线性模型则从线性模型继承。在给定类的情况下，查找正确方法的过程称为**方法分派**（method dispatch）。

面向对象编程的两个主要范式在方法和类的关联方式上有所不同。在本书中，我们将借用 *Extending R* [Chambers，2016] 的术语，并将这些范式称为封装的（encapsulated）OOP 和函数化（functional）OOP：

- **在封装的 OOP 中**，方法属于对象或类，并且方法调用通常看起来像 object.method

(arg1, arg2)。之所以称为封装的 OOP，是因为对象封装了数据（带有字段）和行为（带有方法），并且是大多数流行语言中的范式。

- **在函数化 OOP 中**，方法属于**泛型**（generic）函数，方法调用看起来像普通函数调用：generic(object, arg2, arg3)。之所以称为函数化 OOP，是因为从外部看，它像是常规函数调用，而内部组件也是函数。

有了这些术语，我们现在可以准确地谈论 R 中可用的不同 OO 系统了。 287

R 中的 OOP 系统

R 基础包提供了三种 OOP 系统：S3、S4 和参考类（RC）：

- S3 是 R 的第一个 OOP 系统，并在 *Statistical Models in S* [Chambers and Hastie，1992] 中进行了描述。S3 是函数化 OOP 的非正式实现，它依赖于通用约定而不是严格的保证。这使其易于上手，提供了解决许多简单问题的低成本方法。
- S4 是对 S3 的正式而严格的重写，并在 *Programming with Data* [Chambers，1998] 中引入。它比 S3 需要更多的前期工作，但作为回报，它提供了更多的保证和更大的封装性。S4 在基础 methods 添加包中实现，该添加包始终与 R 一起安装。

  （你可能想知道 S1 和 S2 是否存在。它们不存在：S3 和 S4 是根据它们随附的 S 语言版本命名的。S 语言的前两个版本没有任何 OOP 框架。）
- RC 实现了封装的 OO。RC 对象是 S4 对象的一种特殊类型，它也是**可变的**（mutable），即无须使用 R 常用的“复制后修改”语义，就可以对其进行修改。这使它们难以推理，但可以解决使用 S3 和 S4 的函数化 OOP 风格难以解决的问题。

CRAN 添加包提供了许多其他 OOP 系统：

- R6 [Chang，2017] 实现了像 RC 一样的封装 OOP，但解决了一些重要问题。在本书中，由于 14.5 节所述的原因，你将会了解 R6 而不是 RC。
- R.oo [Bengtsson，2003 年] 在 S3 之上增加了一些形式，并使得具有可变的 S3 对象成为可能。
- proto [Grothendieck et al.，2016] 基于 prototype 的思想实现了另一种 OOP 风格，这模糊了类与类实例（对象）之间的区别。我曾短暂地迷上了基于 prototype 的编程 [Wickham，2011]，并将其用于 ggplot2，但现在认为坚持使用标准格式会更好。

除了被广泛使用的 R6 之外，这些系统还主要具有理论意义。它们确实具有优势，但是很少有 R 用户了解和理解它们，因此其他人很难阅读并为你的代码做出贡献。 288

sloop 添加包

在继续之前，我想先介绍 sloop 包：

```
library(sloop)
```

sloop 添加包（sail the seas of OOP，在 OOP 的海洋中航行）提供了许多帮助程序，这些帮助程序填充了 R 基础包中缺少的部分。第一个是 sloop::otype()。通过它可以很容易地弄清楚对象使用的 OOP 系统：

```
otype(1:10)
#> [1] "base"

otype(mtcars)
#> [1] "S3"

mle_obj <- stats4::mle(function(x = 1) (x - 2) ^ 2)
otype(mle_obj)
#> [1] "S4"
```

289 使用此函数可以找出要阅读的章节，以了解如何使用现有对象。

第 12 章
基础类型

12.1 本章简介

要谈论 R 中的对象和 OOP，首先需要弄清对“对象”一词的两种用法的基本困惑。到目前为止，在本书中，我们使用 John Chambers 精妙的语录进行概括：“ R 中存在的一切都是对象。”但是，尽管一切都是对象，但并非一切都是面向对象的。之所以会出现这种混乱，是因为基础对象来自 S 语言，并且是在有人认为 S 语言需要 OOP 系统之前开发出来的。在没有单一指导原则的情况下，工具和术语经过了多年的有机发展。

大多数时候，对象与面向对象之间的区别并不重要。但是在这里，我们需要深入研究其中的细节，因此将使用术语**基础对象**（base object）和 **OO 对象**（OO object）来区分它们，见图 12-1。

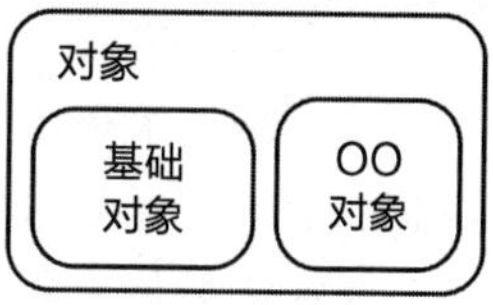

图　12-1

主要内容

- ❑ 12.2 节介绍如何识别基础对象和 OO 对象。 290~291
- ❑ 12.3 节提供用于构建所有对象的完整基础类型集。

12.2 基础对象与 OO 对象

要区分基础对象和 OO 对象之间的区别，请使用 is.object() 或 sloop::otype()：

```
# A base object:
is.object(1:10)
#> [1] FALSE
sloop::otype(1:10)
#> [1] "base"

# An OO object
is.object(mtcars)
#> [1] TRUE
sloop::otype(mtcars)
#> [1] "S3"
```

从技术上讲，基础对象与 OO 对象之间的区别在于 OO 对象具有“class”属性：

```
attr(1:10, "class")
#> NULL

attr(mtcars, "class")
#> [1] "data.frame"
```

你可能已经熟悉 class() 函数。该函数可以安全地应用于 S3 和 S4 对象，但是在应用于基础对象时会返回误导的结果。使用 sloop::s3_class() 更为安全，该函数返回 S3 和 S4 系统将用于选择方法的隐式类。你将在 13.7.1 节中了解有关 s3_class() 的更多信息。

```
x <- matrix(1:4, nrow = 2)
class(x)
#> [1] "matrix"
sloop::s3_class(x)
#> [1] "matrix"  "integer" "numeric"
```
292

12.3　基础类型

虽然只有 OO 对象具有 class 属性，但是每个对象都有**基本类型**：

```
typeof(1:10)
#> [1] "integer"

typeof(mtcars)
#> [1] "list"
```

基本类型不构成 OOP 系统，因为针对不同基本类型表现不同的函数主要是使用 switch 语句的 C 代码编写的。这意味着只有 R-core 可以创建新类型，并且创建新类型的工作量很大，因为需要修改每个 switch 语句以处理新情况。因此，很少添加新的基本类型。最近的一次更改是在 2011 年，它添加了两个在 R 本身中从未见过的类型，但它们是诊断内存问题所必需的。在此之前，最后添加的类型是 2005 年添加的 S4 对象的特殊基本类型。

总共有 25 种不同的基本类型。它们在下面列出，并按照本书中讨论的位置粗略分类。这些类型在 C 代码中最重要，因此你经常会看到它们以其 C 类型名称来调用。我已经将它们放在括号中。

- 向量（第 3 章）包括 NULL（NULLSXP）、logical（LGLSXP）、integer（INTSXP）、double（REALSXP）、complex（CPLSXP）、character（STRSXP）、list（VECSXP）和 raw（RAWSXP）。

```
typeof(NULL)
#> [1] "NULL"
typeof(1L)
#> [1] "integer"
typeof(1i)
#> [1] "complex"
```

- 函数（第 6 章）包括 closure（常规 R 函数，CLOSXP）、special（内部函数，SPECIALSXP）和 builtin（原函数，BUILTINSXP）。

```
typeof(mean)
#> [1] "closure"
typeof(`[`)
#> [1] "special"
typeof(sum)
#> [1] "builtin"
```
293

内部和原函数在 6.2.2 节中描述。

- 环境（第 7 章）包括 environment（ENVSXP）。

```
typeof(globalenv())
#> [1] "environment"
```

- S4 类型（S4SXP)(第 15 章）用于不从现有基本类型继承的 S4 类。

```
mle_obj <- stats4::mle(function(x = 1) (x - 2) ^ 2)
typeof(mle_obj)
#> [1] "S4"
```

- 语言元素（第 18 章）包括 symbol（别名，SYMSXP)、language（通常称为调用，LANGSXP）和 pairlist（用于函数参数，LISTSXP）类型。

```
typeof(quote(a))
#> [1] "symbol"
typeof(quote(a + 1))
#> [1] "language"
typeof(formals(mean))
#> [1] "pairlist"
```

expression（EXPRSXP）是一种特殊用途的类型，仅由 parse() 和 expression() 返回。用户代码中通常不需要用到表达式。

- 其余类型是深奥的，在 R 中很少见。它们主要对 C 代码很重要：externalptr（EXTPTRSXP)、weakref（WEAKREFSXP)、bytecode（BCODESXP)、promise（PROMSXP)、……（DOTSXP）和 any（ANYSXP)。

你可能听说过 mode() 和 storage.mode()。不要使用这些函数：它们仅用于提供与 S 语言兼容的类型名称。

12.3.1 数值类型

在谈论数值类型时要小心，因为 R 使用“数值”(numeric）来表示三个略有不同的事物： 294

1）在某些地方，数值用作双精度类型（double）的别名。例如，as.numeric() 与 as.double() 相同，numeric() 与 double() 相同。

（R 有时也使用实数（real）而不是双精度类型；在实践中你可能会遇到 NA_real_。）

2）在 S3 和 S4 系统中，数值用作整数或双精度类型的简写，并在选择方法时使用：

```
sloop::s3_class(1)
#> [1] "double"  "numeric"
sloop::s3_class(1L)
#> [1] "integer" "numeric"
```

3）is.numeric() 检验行为类似于数值的对象。例如，因子的类型为“整数”，但行为却不像数值（即计算因子的均值没有意义）。

```
typeof(factor("x"))
#> [1] "integer"
is.numeric(factor("x"))
#> [1] FALSE
```

在本书中，我始终使用数值来表示整数或双精度类型的对象。 295

第 13 章

S3

13.1 本章简介

S3 是 R 的第一个也是最简单的 OO 系统。S3 是非正式且临时的，但它的极简主义也有一定的风采：你无法在删除其中的任何部分后继续拥有一个有用的 OO 系统。由于这些原因，除非有充分的理由，否则应该使用它。S3 是 base 和 stats 添加包中使用的唯一 OO 系统，也是 CRAN 添加包中最常用的系统。

S3 非常灵活，这意味着你可以执行不明智的操作。如果你使用过 Java 之类的严格环境，这似乎很令你感到恐惧，但是它为 R 程序员提供了极大的自由。阻止人们做你不希望他们做的事情可能很困难，但是你的用户将永远不会受到阻碍，因为你还有一些东西没有实现。由于 S3 几乎没有内置约束，因此成功使用它的关键是自己应用约束。因此，本章将教你（几乎）始终遵循的约定。

本章的目的是向你展示 S3 系统如何工作，而不是如何有效地使用它来创建新的类和泛型。我建议将本章的理论知识与 vctrs 添加包（https://vctrs.r-lib.org）中编码的实践知识结合起来。

主要内容

- 13.2 节快速概述 S3 的所有主要元素：类、泛型和方法。你还将了解 `sloop::s3_dispatch()`，我们将在整章中使用它来探讨 S3 的工作原理。
- 13.3 节详细介绍如何创建新的 S3 类，包括大多数类应随附的三个函数：构造函数、帮助程序和验证器。
296～297
- 13.4 节介绍 S3 泛型和方法的工作方式，包括方法分派的基础。
- 13.5 节讨论 S3 对象的四种主要样式：向量、记录、数据框和标量。
- 13.6 节演示继承在 S3 中的工作方式，并展示使类“可继承”所需要的内容。
- 13.7 节在本章结尾处讨论方法分配的详细内容，包括基本类型、内部泛型、组泛型和双分派。

预备工具

S3 类是使用属性实现的，因此请确保熟悉 3.3 节中描述的详细信息。我们将使用现有的基础 S3 向量进行示例和探索，因此请确保熟悉 3.4 节中描述的因子、日期、持续时间、POSIXct 和 POSIXlt 类。

我们将使用 sloop 添加包（https://sloop.r-lib.org）作为其交互式帮助程序。

```
library(sloop)
```

13.2 基础

S3 对象是至少具有一个 class 属性的基础类型（其他属性可用于存储其他数据）。例如因子，它的基本类型是整数向量，它的 class 属性为“factor”，而 levels 属性存储可能的水平：

```
f <- factor(c("a", "b", "c"))

typeof(f)
#> [1] "integer"
attributes(f)
#> $levels
#> [1] "a" "b" "c"
#>
#> $class
#> [1] "factor"
```

298

你可以通过 unclass() 对获取其底层基础类型，去除基础属性，从而使其失去特殊的行为：

```
unclass(f)
#> [1] 1 2 3
#> attr(,"levels")
#> [1] "a" "b" "c"
```

每当将 S3 对象传递给泛型函数对象时，其行为就与其基础类型不同。判断函数是否是泛型函数的最简单方法是使用 sloop::ftype() 并在输出中查找是否存在“generic”：

```
ftype(print)
#> [1] "S3"      "generic"
ftype(str)
#> [1] "S3"      "generic"
ftype(unclass)
#> [1] "primitive"
```

泛型函数定义一个接口，该接口根据参数的类（几乎总是第一个参数）使用不同的实现。许多 R 基础包的函数都是泛型函数，包括重要的 print()：

```
print(f)
#> [1] a b c
#> Levels: a b c

# stripping class reverts to integer behaviour
print(unclass(f))
#> [1] 1 2 3
#> attr(,"levels")
#> [1] "a" "b" "c"
```

注意，str() 是泛型的，某些 S3 类可以使用该泛型函数来揭示其内部细节。例如，用

299 于表示日期时间数据的 POSIXlt 类实际上是基于列表的，这一事实可以通过 str() 方法揭示：

```
time <- strptime(c("2017-01-01", "2020-05-04 03:21"), "%Y-%m-%d")
str(time)
#>  POSIXlt[1:2], format: "2017-01-01" "2020-05-04"
str(unclass(time))
#> List of 11
#>  $ sec   : num [1:2] 0 0
#>  $ min   : int [1:2] 0 0
#>  $ hour  : int [1:2] 0 0
#>  $ mday  : int [1:2] 1 4
#>  $ mon   : int [1:2] 0 4
#>  $ year  : int [1:2] 117 120
#>  $ wday  : int [1:2] 0 1
#>  $ yday  : int [1:2] 0 124
#>  $ isdst : int [1:2] 0 1
#>  $ zone  : chr [1:2] "CST" "CDT"
#>  $ gmtoff: int [1:2] NA NA
#>  - attr(*, "tzone")= chr [1:3] "America/Chicago" "CST" "CDT"
```

泛型函数是一个中间桥梁：它的作用是定义接口（即参数），然后为其找到正确的实现。特定类的实现称为**方法**（method），泛型函数指出调用的正确方法，也就是**方法分派**（method dispatch）的过程。

你可以使用 sloop::s3_dispatch() 查看方法分派的过程：

```
s3_dispatch(print(f))
#> => print.factor
300 #>  * print.default
```

我们将在 13.4.1 节中详细讨论分派，现在请注意，S3 方法是具有特殊命名方案 generic.class() 的函数。例如，泛型函数 print() 的因子方法调用 print.factor()。你永远不应直接调用该方法，而会依靠泛型函数为你找到它。

通常，你可以通过查看函数名称中是否存在“.”来识别方法。但在 R 中有许多重要的函数在 S3 之前编写，因此使用“.”连接单词。如果不确定是否是 S3 泛型函数，请使用 sloop::ftype() 进行检查：

```
ftype(t.test)
#> [1] "S3"      "generic"
ftype(t.data.frame)
#> [1] "S3"     "method"
```

与大多数函数不同，你无法仅通过输入名称来查看大多数 S3 方法的源代码[⊖]。这是因为 S3 方法通常不会被导出：它们仅存在于添加包中，而不能在全局环境中使用。取而代之的是，你可以使用 sloop::s3_get_method()，无论该方法位于何处，它都将起作用：

```
weighted.mean.Date
#> Error in eval(expr, envir, enclos): object 'weighted.mean.Date' not
#> found

s3_get_method(weighted.mean.Date)
#> function (x, w, ...)
#> structure(weighted.mean(unclass(x), w, ...), class = "Date")
#> <bytecode: 0x7fed4af8d778>
#> <environment: namespace:stats>
```

⊖ 基础包中的方法（例如 t.data.frame）和你自己创建的方法是例外。

13.2.1 练习

1. 描述 t.test() 和 t.data.frame() 之间的区别。这两个函数在何时调用？

2. 列出命名中包含“.”但不是 S3 方法的常用基本 R 函数。

3. as.data.frame.data.frame() 方法有什么作用？为什么这会令人困惑？如何在自己的代码中避免这种混淆？

4. 描述以下两个调用在行为上的区别。

```
set.seed(1014)
some_days <- as.Date("2017-01-31") + sample(10, 5)

mean(some_days)
#> [1] "2017-02-05"
mean(unclass(some_days))
#> [1] 17202
```

5. 以下代码返回什么类的对象？它基于什么基本类型？它使用什么属性？ 301

```
x <- ecdf(rpois(100, 10))
x
#> Empirical CDF
#> Call: ecdf(rpois(100, 10))
#>  x[1:18] =  2,  3,  4,  ..., 2e+01, 2e+01
```

6. 以下代码返回什么类的对象？它基于什么基本类型？它使用什么属性？

```
x <- table(rpois(100, 5))
x
#>
#>  1  2  3  4  5  6  7  8  9 10
#>  8  5 18 14 12 19 12  3  5  4
```

13.3 类

如果你已经用其他语言完成了面向对象的编程，那么得知 S3 没有正式的类定义可能会让你感到惊讶：为一个类创建一个对象实例，只需要设置**类属性**（class attribute）即可。在创建时可以使用 structure()，或者最后使用 class<-()：

```
# Create and assign class in one step
x <- structure(list(), class = "my_class")

# Create, then set class
x <- list()
class(x) <- "my_class"
```

可以使用 class(x) 确定 S3 对象的类，并可以使用 inherits(x, "classname") 查看对象是否是类的实例。

```
class(x)
#> [1] "my_class"
inherits(x, "my_class")
#> [1] TRUE
inherits(x, "your_class")
#> [1] FALSE
```
302

类名可以是任何字符串，但是我建议仅使用字母和“_”。避免使用“.”，因为（如前所述）会与泛化函数名称和类名称之间的“.”分隔符混淆。在添加包中使用类时，建议在类名中包含包名。这样可以确保你不会意外与另一个添加包定义的类发生冲突。

S3 没有正确性检查，这意味着可以改变现有对象的类：

```
# Create a linear model
mod <- lm(log(mpg) ~ log(disp), data = mtcars)
class(mod)
#> [1] "lm"
print(mod)
#>
#> Call:
#> lm(formula = log(mpg) ~ log(disp), data = mtcars)
#>
#> Coefficients:
#> (Intercept)    log(disp)
#>       5.381       -0.459

# Turn it into a date (?!)
class(mod) <- "Date"

# Unsurprisingly this doesn't work very well
print(mod)
#> Error in as.POSIXlt.Date(x): (list) object cannot be coerced to type
#> 'double'
```

如果使用过其他 OO 语言，这可能会让你觉得不舒服，但实际上，这种灵活性并没有带来什么问题。R 保护不了我们：它没有阻止我们搬起石头砸自己的脚。如果不把枪对准自己并扣动扳机，永远都不会遇到问题。

为避免在创建自己的类时出现交叉问题，我建议你通常提供以下三个函数：

- 低级**构造函数** new_myclass()，可以有效地创建具有正确结构的新对象。
- **验证器** validate_myclass()，它执行计算量更大的检查，以确保对象具有正确的值。
303
- 用户友好的**帮助程序** myclass()，为其他人提供了创建类对象的便捷方法。

对于非常简单的类，不需要验证器；如果该类仅用于内部使用，则可以跳过帮助程序，但是应始终提供构造函数。

13.3.1 构造函数

S3 没有提供类的正式定义，因此它没有内置方法来确保给定类的所有对象都具有相同的结构（即相同的基本类型和具有相同类型的相同属性）。因此，你必须使用**构造函数**强制执行一致的结构。

构造函数应遵循三个原则：

- 被称为 new_myclass()。
- 对于基础对象有一个参数，对于每个属性有一个参数。
- 检查基础对象的类型和每个属性的类型。

我将通过为你已经熟悉的基础类[⊖]创建构造函数来说明这些想法。首先，让我们为最

⊖ R 的最新版本具有 .Date()、.difftime()、.POSIXct() 和 .POSIXlt() 构造函数，但它们是内置的，没有充分的文档说明，并且不遵循我建议的原则。

简单的 S3 类 Date 创建一个构造函数。Date 只是具有单个属性的双精度类：它的 class 为“Date”。这使得构造器非常简单：

```
new_Date <- function(x = double()) {
  stopifnot(is.double(x))
  structure(x, class = "Date")
}

new_Date(c(-1, 0, 1))
#> [1] "1969-12-31" "1970-01-01" "1970-01-02"
```

构造函数的目的是帮助开发人员。这意味着可以使它们保持简单，并且不需要优化错误消息以供公众使用。如果希望用户也创建对象，则应创建一个友好的帮助程序函数，称为 class_name()，稍后将对其进行介绍。

difftime 用于表示时间差，它的构造器稍微复杂一些。它再次基于双精度型进行构建，但是具有 units 属性，该属性必须与取值集合之一匹配： 304

```
new_difftime <- function(x = double(), units = "secs") {
  stopifnot(is.double(x))
  units <- match.arg(units, c("secs", "mins", "hours", "days", "weeks"))

  structure(x,
    class = "difftime",
    units = units
  )
}

new_difftime(c(1, 10, 3600), "secs")
#> Time differences in secs
#> [1]    1   10 3600
new_difftime(52, "weeks")
#> Time difference of 52 weeks
```

构造函数是一个开发函数：有经验的用户会在许多地方调用它。这意味着可以牺牲一些安全性来换取性能，并且你应该避免在构造函数中进行可能耗时的检查。

13.3.2 验证器

更复杂的类需要更复杂的有效性检查。以因子为例。构造函数仅检查类型是否正确，因此可以创建格式错误的因子：

```
new_factor <- function(x = integer(), levels = character()) {
  stopifnot(is.integer(x))
  stopifnot(is.character(levels))

  structure(
    x,
    levels = levels,
    class = "factor"
  )
}

new_factor(1:5, "a")
#> Error in as.character.factor(x): malformed factor
new_factor(0:1, "a")
#> Error in as.character.factor(x): malformed factor
```

305

与其将烦琐的检查工作交给构造函数，不如将它们放在单独的函数中。这样，你可以在知道取值正确的情况下如何方便地创建新对象，并轻松地在其他位置重用该检查。

```
validate_factor <- function(x) {
  values <- unclass(x)
  levels <- attr(x, "levels")

  if (!all(!is.na(values) & values > 0)) {
    stop(
      "All `x` values must be non-missing and greater than zero",
      call. = FALSE
    )
  }

  if (length(levels) < max(values)) {
    stop(
      "There must at least as many `levels` as possible values in `x`",
      call. = FALSE
    )
  }

  x
}

validate_factor(new_factor(1:5, "a"))
#> Error: There must at least as many `levels` as possible values in
#> `x`
validate_factor(new_factor(0:1, "a"))
#> Error: All `x` values must be non-missing and greater than zero
```

验证器函数主要是由于其副作用（如果对象无效而引发错误）而调用的，因此你希望它会无形地返回其主要输入（如 6.7.2 节中所述）。但是，验证方法以显式返回很有用，我们将在后面看到。

13.3.3 帮助程序

如果希望用户从你的类构造对象，则还应该提供一个帮助程序方法，使他的工作尽可能轻松。帮助程序应保持：

306 ❑ 与类名称相同，例如 myclass()。
❑ 通过调用构造函数和验证器（如果存在）来完成。
❑ 创建针对最终用户的精心设计的错误消息。
❑ 具有精心设计的用户界面，其中包含精心选择的默认值和有用的转换。

最后一个是最棘手的问题，很难给出一般性建议。但是，有三种常见的模式：

❑ 有时帮助程序需要做的就是将其输入强制为所需的类型。例如，new_difftime() 非常严格，并且违反了通常的约定，即在可以使用双精度向量的地方都可以使用整数向量：

```
new_difftime(1:10)
#> Error in new_difftime(1:10): is.double(x) is not TRUE
```

构造函数的工作不是灵活的，因此在这里我们创建一个帮助程序，将输入强制为双精度型。

```
difftime <- function(x = double(), units = "secs") {
  x <- as.double(x)
  new_difftime(x, units = units)
}

difftime(1:10)
#> Time differences in secs
#>  [1]  1  2  3  4  5  6  7  8  9 10
```

- 通常，复杂对象的最自然表示是字符串。例如，使用字符向量指定因子非常方便。下面的代码显示了 factor() 的一个简单版本：它使用一个字符向量，并猜测水平应该是向量去重后的取值。这并不总是正确的（因为可能在数据中看不到某些水平），但这是一个有用的默认值。

```
factor <- function(x = character(), levels = unique(x)) {
  ind <- match(x, levels)
  validate_factor(new_factor(ind, levels))
}

factor(c("a", "a", "b"))
#> [1] a a b
#> Levels: a b
```

- 一些复杂的对象自然地由多个简单的元素指定。例如，我认为通过提供各个组成部分（年、月、日等）来构造日期时间是很自然的。这使我找到了类似于现有 307 ISODatetime() 函数[⊖]的 POSIXct() 帮助程序：

```
POSIXct <- function(year = integer(),
                    month = integer(),
                    day = integer(),
                    hour = 0L,
                    minute = 0L,
                    sec = 0,
                    tzone = "") {
  ISOdatetime(year, month, day, hour, minute, sec, tz = tzone)
}

POSIXct(2020, 1, 1, tzone = "America/New_York")
#> [1] "2020-01-01 EST"
```

对于更复杂的类，你应该随意超越这些模式，以使用户的生活尽可能轻松。

13.3.4 练习

1. 为 data.frame 对象编写一个构造函数。数据框基于什么基本类型？它使用什么属性？对各个元素有哪些限制？应该如何命名？

2. 在水平中找不到一个或多个值时，如何增强我的 factor() 的帮助程序以具有更好的行为？在这种情况下，base::factor() 会如何处理？

3. 仔细阅读 factor() 的源代码。上文中我的构造函数不具有什么功能？

4. 因子具有可选的“对比”属性。阅读 C() 的帮助文档，并简要描述该属性的用途。它应该有什么类型？重写 new_factor() 构造函数以包含此属性。

⊖ 该帮助程序效率不高：在背后，ISODatetime() 的工作原理是将元素粘贴到字符串中，然后使用 strptime()。lubridate::make_datetime() 中提供了更有效的等效方法。

5. 阅读 utils::as.roman() 的帮助文档。如何为该类编写构造函数？需要验证器吗？
308 帮助程序可能会起什么作用？

13.4 泛型和方法

S3 泛型的工作是执行方法分派，即查找类的特定实现。方法分配由 UseMethod() 执行，每个泛型函数都会调用该方法[⊖]。UseMethod() 具有两个参数：泛型函数的名称（必填），以及用于方法分派的参数（可选）。如果省略第二个参数，它将第一个参数分派给函数，因此第一个参数是必填的。

大多数泛型函数都非常简单，并且仅包含对 UseMethod() 的调用。以 mean() 为例：

```
mean
#> function (x, ...)
#> UseMethod("mean")
#> <bytecode: 0x7fed45725430>
#> <environment: namespace:base>
```

创建泛型函数同样简单：

```
my_new_generic <- function(x) {
  UseMethod("my_new_generic")
}
```

（如果想知道为什么我们必须重复两次 my_new_generic，请回顾 6.2.3 节。）

你不会将泛型的任何参数传递给 UseMethod()，它使用深层魔法自动传递给该方法。详细的过程很复杂，并且经常令人惊讶，因此你应该避免在泛型函数中进行任何计算。若要了解全部详细信息，请仔细阅读 ?UseMethod 中的“Technical Details”部分。

13.4.1 方法分派

UseMethod() 如何工作？它创建了一个方法名称构成的向量，类似于 paste0("generic", ".", c(class(x), "default"))，并且按顺序依次查找每个可能的方法。我们可以在 sloop::s3_dispatch() 中查看这一点。你在其中调用 S3 泛型函数，它列出了所有可能的方法。例
309 如，当打印 Date 对象时调用什么方法？

```
x <- Sys.Date()
s3_dispatch(print(x))
#> => print.Date
#>  * print.default
```

这里的输出很简单：

- => 表示所调用的方法，此处为 print.Date()。
- * 表示已定义但未调用的方法，此处为 print.default()。

“default”类是特殊的**伪类**。这不是一个真正的类，但是包含它是为了定义一个标准后备，当没有特定于类的方法时可以找到该后备。

方法分派的本质很简单，但是随着本章的进行，你会发现它越来越复杂，包括继承、基本类型、内部泛型函数和组泛型函数。以下代码显示了一些更复杂的情况，我们将在

⊖ 内置泛型函数除外，它们是用 C 实现的，同时也是 13.7.2 节的主题。

14.2.4 节和 13.7 节中再次介绍。

```
x <- matrix(1:10, nrow = 2)
s3_dispatch(mean(x))
#>    mean.matrix
#>    mean.integer
#>    mean.numeric
#> => mean.default

s3_dispatch(sum(Sys.time()))
#>    sum.POSIXct
#>    sum.POSIXt
#>    sum.default
#> => Summary.POSIXct
#>    Summary.POSIXt
#>    Summary.default
#> -> sum (internal)
```

13.4.2 找到方法

sloop::s3_dispatch() 可以帮助你找到用于单个调用的特定方法。如何查找为泛型函数定义或与类相关联的所有方法？这就是 sloop::s3_methods_generic() 和 sloop::s3_methods_class() 的工作： 310

```
s3_methods_generic("mean")
#> # A tibble: 6 x 4
#>   generic class    visible source
#>   <chr>   <chr>    <lgl>   <chr>
#> 1 mean    Date     TRUE    base
#> 2 mean    default  TRUE    base
#> 3 mean    difftime TRUE    base
#> 4 mean    POSIXct  TRUE    base
#> 5 mean    POSIXlt  TRUE    base
#> 6 mean    quosure  FALSE   registered S3method

s3_methods_class("ordered")
#> # A tibble: 4 x 4
#>   generic       class   visible source
#>   <chr>         <chr>   <lgl>   <chr>
#> 1 as.data.frame ordered TRUE    base
#> 2 Ops           ordered TRUE    base
#> 3 relevel       ordered FALSE   registered S3method
#> 4 Summary       ordered TRUE    base
```

13.4.3 创建方法

创建新方法时要注意两点：

- 首先，仅应在拥有泛型函数或类的情况下编写方法。即使没有，R 也可以让你定义一个方法，但这是极其恶劣的举止。取而代之的是，应与泛型函数或类的作者一起在其代码中添加方法。
- 方法必须具有与泛型函数相同的参数。这是通过 R CMD check 在添加包中强制执行的，但是即使你没有创建添加包，这也是一个好习惯。

  此规则有一个例外：如果泛型函数具有“...”，则该方法可以包含参数的超集。这允许方法采用任意其他参数。但是，使用“...”的缺点是，所有拼写错误的参

311 数都将被默默地吞下⊖，如 6.6 节所述。

13.4.4 练习

1. 阅读 t() 和 t.test() 的源代码，并确认 t.test() 是 S3 泛型函数而不是 S3 方法。如果使用类 test 创建对象并调用 t() 会发生什么？为什么？

```
x <- structure(1:10, class = "test")
t(x)
```

2. 类 table 具有哪些泛型方法？

3. 类 ecdf 具有哪些泛型方法？

4. 哪个基本泛型函数具有最多的已定义方法？

5. 仔细阅读 UseMethod() 的文档，并解释为什么以下代码返回该结果。UseMethod() 违反了函数求值的两个通常规则吗？

```
g <- function(x) {
  x <- 10
  y <- 10
  UseMethod("g")
}
g.default <- function(x) c(x = x, y = y)

x <- 1
y <- 1
g(x)
#>  x  y
#>  1 10
```

6. [的参数是什么？为什么这是一个很难回答的问题？

13.5 对象风格

到目前为止，我专注于向量风格的类，例如 Date 和 factor。这些类具有关键属性，即
312 length(x) 表示向量中的观测次数。有三种不具有此属性的变体：

- 记录风格对象使用等长向量列表表示对象的各个组成部分。最好的例子是 POSIXlt，它的内部是 11 个日期时间组成部分（例如年、月和日）的列表。记录风格类将覆盖 length() 和子集选取方法以隐藏此实现细节。

```
x <- as.POSIXlt(ISOdatetime(2020, 1, 1, 0, 0, 1:3))
x
#> [1] "2020-01-01 00:00:01 CST" "2020-01-01 00:00:02 CST"
#> [3] "2020-01-01 00:00:03 CST"

length(x)
#> [1] 3
length(unclass(x))
#> [1] 11

x[[1]] # the first date time
```

⊖ 如果方法无法使用“...”中的所有参数，请参见 https://github.com/hadley/ellipsis，以提供实验性的警告方式，从而提供了解决此问题的潜在方法。

```
#> [1] "2020-01-01 00:00:01 CST"
unclass(x)[[1]] # the first component, the number of seconds
#> [1] 1 2 3
```

- 数据框与记录风格对象相似，因为它们都使用等长向量列表。但是，数据框在概念上是二维的，各个元素很容易显示给用户。观测数是行数，而不是长度：

```
x <- data.frame(x = 1:100, y = 1:100)
length(x)
#> [1] 2
nrow(x)
#> [1] 100
```

- 标量对象通常使用列表来表示单个事物。例如，lm 对象是长度为 12 的列表，但它表示一个模型。

```
mod <- lm(mpg ~ wt, data = mtcars)
length(mod)
#> [1] 12
```

标量对象也可以建立在函数、调用和环境之上[⊖]。这通常不太有用，但是你可以在 stats::ecdf()、R6（第 14 章）和 rlang::quo()（第 19 章）中查看相关应用。 313

不幸的是，描述每种对象样式的适当使用超出了本书的范围。但是，你可以从 vctrs 添加包（https://vctrs.r-lib.org）的文档中了解更多信息。该添加包还提供了构造函数和帮助程序，可以更容易地实现不同样式。

13.5.1 练习

1. 将 lm()、factor()、table()、as.Date()、as.POSIXct()、ecdf()、ordered()、I() 返回的对象分类为上述样式。

2. lm 对象的构造函数 new_lm() 是什么样的？使用 ?lm 和实验来找出必填字段及其类型。

13.6 继承

S3 类可以通过一种称为**继承**（inheritance）的机制来共享行为。继承由以下三个概念支撑：

- 类可以是字符向量。例如，ordered 和 POSIXct 类在其类中具有两个元素：

```
class(ordered("x"))
#> [1] "ordered" "factor"
class(Sys.time())
#> [1] "POSIXct" "POSIXt"
```

- 如果 R 在向量的第一个元素中找不到该类的方法，则 R 会在第二元素中寻找（以此类推）：

```
s3_dispatch(print(ordered("x")))
#>    print.ordered
```

⊖ 你也可以基于配对列表来构建对象，但是我还没有找到这样做的充分理由。

```
#> => print.factor
#>  * print.default
s3_dispatch(print(Sys.time()))
#> => print.POSIXct
#>    print.POSIXt
#>  * print.default
```

314

- 方法可以通过调用 NextMethod() 分派工作。我们很快就会回到这一点；现在，请注意 s3_dispatch() 使用 -> 报告分派。

```
s3_dispatch(ordered("x")[1])
#>    [.ordered
#> => [.factor
#>    [.default
#> -> [ (internal)
s3_dispatch(Sys.time()[1])
#> => [.POSIXct
#>    [.POSIXt
#>    [.default
#> -> [ (internal)
```

在继续之前，我们需要一些术语来描述在类向量中一起出现的类之间的关系。我们说 ordered（有序）是 factor 的**子类**（subclass），因为它总是出现在类向量中的前面，相反，我们说 factor 是 ordered 的**父类**（superclass）。

S3 对子类和父类之间的关系没有任何限制，但是如果强加一些关系，则你的工作会更轻松。我建议你在创建子类时遵循两个简单的原则：

- 子类的基本类型应与父类相同。
- 子类的属性应该是父类的属性的超集。

POSIXt 不遵守这些原则，因为 POSIXct 具有双精度类型，而 POSIXlt 具有列表类型。这意味着 POSIXt 不是父类，并且说明使用 S3 继承系统来实现其他风格的代码共享是很有可能的（这里 POSIXt 的作用更像是接口），但是你需要确保自己遵守安全约定。

13.6.1 NextMethod()

NextMethod() 是继承中最难理解的部分，因此，我们从最常见的 [的具体示例开始。
315 我们将从创建一个简单的类开始：一个 secret 类，在打印时会隐藏其输出：

```
new_secret <- function(x = double()) {
  stopifnot(is.double(x))
  structure(x, class = "secret")
}

print.secret <- function(x, ...) {
  print(strrep("x", nchar(x)))
  invisible(x)
}

x <- new_secret(c(15, 1, 456))
x
#> [1] "xx"  "x"   "xxx"
```

此方法有效，但默认的 [方法不会保留该类：

```
s3_dispatch(x[1])
#>    [.secret
#>    [.default
#> => [ (internal)
x[1]
#> [1] 15
```

要解决此问题，我们需要提供 [.secret 方法。如何实现这种方法？简单的方法行不通，因为我们将陷入无限循环：

```
`[.secret` <- function(x, i) {
  new_secret(x[i])
}
```

相反，我们需要某种方法来调用潜在的 [代码，即如果我们没有 [.secret 方法，则会调用该实现。一种方法是 unclass() 对象：

```
`[.secret` <- function(x, i) {
  x <- unclass(x)
  new_secret(x[i])
}
x[1]
#> [1] "xx"
```

这方法有效，但是效率不高，因为它会创建 x 的复制。更好的方法是使用 NextMethod()，该方法可以简洁地解决 [.secret 不存在时被调用方法的问题。 316

```
`[.secret` <- function(x, i) {
  new_secret(NextMethod())
}
x[1]
#> [1] "xx"
```

我们可以通过 sloop::s3_dispatch() 查看发生了什么：

```
s3_dispatch(x[1])
#> => [.secret
#>    [.default
#> -> [ (internal)
```

=> 表示已调用 [.secret，但 NextMethod() 将工作委托给了潜在的内置 [方法，如 -> 所示。

与 UseMethod() 一样，NextMethod() 的精确语义也很复杂。特别是，它使用特殊变量跟踪可能的下一方法列表，这意味着修改将要分派的对象将不会影响下一个方法的调用。

13.6.2 允许子类化

创建类时，需要确定是否允许子类化，因为它需要对构造函数进行一些更改，并需要对方法进行仔细的考虑。

要允许子类化，父构造函数需要具有 ... 和 class 参数：

```
new_secret <- function(x, ..., class = character()) {
  stopifnot(is.double(x))

  structure(
    x,
```

```
    ...,
    class = c(class, "secret")
  )
}
```

然后，子类构造函数可以根据需要的其他参数来调用父类构造函数。例如，假设我们
317 要创建一个父类 supersecret，该类也隐藏字符数：

```
new_supersecret <- function(x) {
  new_secret(x, class = "supersecret")
}

print.supersecret <- function(x, ...) {
  print(rep("xxxxx", length(x)))
  invisible(x)
}

x2 <- new_supersecret(c(15, 1, 456))
x2
#> [1] "xxxxx" "xxxxx" "xxxxx"
```

要允许继承，还需要仔细考虑你的方法，因为你将无法再使用构造函数。如果这样做，则无论输入何值，该方法将始终返回相同的类。这迫使任何创建子类的人都要做很多额外的工作。

具体来说，这意味着我们需要修改 `[.secret` 方法。当前，即使给定 supersecret，它也总是返回 `secret()`：

```
`[.secret` <- function(x, ...) {
  new_secret(NextMethod())
}

x2[1:3]
#> [1] "xx"  "x"   "xxx"
```

我们希望确保 `[.secret` 返回与 `x` 相同的类，即使它是子类也是如此。据我所知，没有办法单独使用 R 基础包来解决此问题。因此，需要使用 vctrs 添加包，该添加包以 `vctrs::vec_restore()` 泛型函数的形式提供了一种解决方案。该泛型函数有两个输入：一个丢失了子类信息的对象，以及一个用于还原的模板对象。

通常，`vec_restore()` 方法非常简单：只需使用适当的参数调用构造函数即可：

```
vec_restore.secret <- function(x, to, ...) new_secret(x)
vec_restore.supersecret <- function(x, to, ...) new_supersecret(x)
```

（如果你的类具有属性，则需要将其从 `to` 传递给构造函数。）

318 现在我们可以在 `[.secret` 方法中使用 `vec_restore()`：

```
`[.secret` <- function(x, ...) {
  vctrs::vec_restore(NextMethod(), x)
}
x2[1:3]
#> [1] "xxxxx" "xxxxx" "xxxxx"
```

（我只是在最近才完全了解这个问题，因此在撰写本文时，它并未在 tidyverse 中使用。希望当你阅读本书时，它会逐步推出，从而使（例如）子类化 tibble 变得更加容易。）

如果使用 vctrs 添加包提供的工具构建类，则 [将自动获得此行为。如果使用依赖于数据的属性或想要非标准的子集行为，则只需提供自己的 [方法。有关详细信息，请参见 ?vctrs::new_vctr。

13.6.3 练习

1. [.Date 如何支持子类？为何它会无法支持子类？

2. R 有两个可以表示日期时间的类 POSIXct 和 POSIXlt，它们都继承了 POSIXt。对于这两个类，哪些泛型函数有不同的行为？哪些具有相同的行为？

3. 预测以下代码将返回什么内容？它实际上返回什么内容？为什么？

```
generic2 <- function(x) UseMethod("generic2")
generic2.a1 <- function(x) "a1"
generic2.a2 <- function(x) "a2"
generic2.b <- function(x) {
  class(x) <- "a1"
  NextMethod()
}

generic2(structure(list(), class = c("b", "a2")))
```

319

13.7 分派细节

本章最后介绍关于方法分派的一些其他细节。如果你不熟悉 S3，可以跳过这些详细信息。

13.7.1 S3 和基础类型

当你调用带有基础对象的 S3 泛型（即没有类的对象）时会发生什么？你可能认为它将分派 class() 返回的内容：

```
class(matrix(1:5))
#> [1] "matrix"
```

但是不幸的是，分派实际上发生在**隐式类**（implicit class）上，该类具有三个组成部分：

- 字符串“array”或“matrix”(如果对象具有维度)。
- 进行细微调整的 typeof() 的结果。
- 如果对象是“integer”或“double”，则字符串为“numeric”。

没有基础函数可以计算隐式类，但是可以使用 sloop::s3_class()。

```
s3_class(matrix(1:5))
#> [1] "matrix"  "integer" "numeric"
```

以下是使用 s3_dispatch()：

```
s3_dispatch(print(matrix(1:5)))
#>    print.matrix
#>    print.integer
#>    print.numeric
#> => print.default
```

这意味着对象的 class() 不能唯一确定其分派： 320

```
x1 <- 1:5
class(x1)
#> [1] "integer"
s3_dispatch(mean(x1))
#>    mean.integer
#>    mean.numeric
#> => mean.default

x2 <- structure(x1, class = "integer")
class(x2)
#> [1] "integer"
s3_dispatch(mean(x2))
#>    mean.integer
#> => mean.default
```

13.7.2 内置泛型

一些基本函数（例如 [、sum() 和 cbind()] 被称为**内部泛型**，因为它们不调用 UseMethod()，而是调用 C 函数 DispatchGroup() 或 DispatchOrEval()。s3_dispatch() 通过包含后跟 (internal) 的泛型名称来显示内部泛型：

```
s3_dispatch(Sys.time()[1])
#> => [.POSIXct
#>    [.POSIXt
#>    [.default
#> -> [ (internal)
```

出于性能原因，除非已设置类属性，否则内部泛型不会分派给方法，这意味着内部泛型不使用隐式类。同样，如果对方法分派感到困惑，则可以使用 s3_dispatch()。

13.7.3 组泛型

组泛型是 S3 方法分派中最复杂的部分，因为它们同时涉及 NextMethod() 和内置泛型。像内置泛型一样，它们仅存在于 R 基础包中，并且你不能定义自己的组泛型。

有四个组泛型：

- Math：abs()、sign()、sqrt()、floor()、cos()、sin()、log() 等（通过 ?Math 查看完整列表）。
- Ops：+、-、*、/、^、%%、%/%、&、|、!、==、!=、<、<=、>= 和 >。
- 321 Summary：all()、any()、sum()、prod()、min()、max() 和 range()。
- Complex：Arg()、Conj()、Im()、Mod()、Re()。

为你的类定义一个组泛型，将覆盖该组所有成员的默认行为。仅当特定泛型的方法不存在时才寻找组泛型的方法：

```
s3_dispatch(sum(Sys.time()))
#>    sum.POSIXct
#>    sum.POSIXt
#>    sum.default
#> => Summary.POSIXct
#>    Summary.POSIXt
#>    Summary.default
#> -> sum (internal)
```

大多数组泛型都涉及对 NextMethod() 的调用。例如，考虑 difftime() 对象。如果查看 abs() 的方法分派，则会看到一个定义了的 Math 组泛函。

```
y <- as.difftime(10, units = "mins")
s3_dispatch(abs(y))
#>    abs.difftime
#>    abs.default
#> => Math.difftime
#>    Math.default
#> -> abs (internal)
```

Math.difftime 基本上如下所示：

```
Math.difftime <- function(x, ...) {
  new_difftime(NextMethod(), units = attr(x, "units"))
}
```

它分派给下一个方法（这里是内部默认值）以执行实际计算，然后还原类和属性。（为了更好地支持 difftime 的子类，这将需要调用 vec_restore()，如 13.6.2 节中所述。）

在组泛型函数内部有一个特殊变量 .Generic 提供了实际调用的泛型函数。这在生成错误消息时很有用，有时在需要使用不同参数手动调用泛型时也会很有用。 322

13.7.4 双分派

Ops 组中的泛型，包含两个参数的算术运算符和例如 -、& 之类的布尔运算符，它们实现了一种特殊的方法分派。它们根据两个参数的类型进行分派，这称为**双分派**（double dispatch）。这对于保留许多运算符的交换性质是必要的，即 a + b 应该等于 b + a。举一个简单的例子：

```
date <- as.Date("2017-01-01")
integer <- 1L

date + integer
#> [1] "2017-01-02"
integer + date
#> [1] "2017-01-02"
```

如果 + 仅在第一个参数上分派，则在两种情况下它将返回不同的值。为了克服这个问题，Ops 组中的泛型使用了略有不同的策略。它们没有执行单个方法分配，而是对每个参数分别执行一个操作。因此有三种可能的结果：

- 方法相同，因此使用哪种方法都没有关系。
- 方法不同，R 退回到带有警告的内部方法。
- 其中一个方法是内部方法，在这种情况下，R 调用另一个方法。

这种方法容易出错，因此，如果要为代数运算符实现可靠的双分派，则建议使用 vctrs 添加包。有关详细信息，请参见 ?vctrs::vec_arith。

13.7.5 练习

1. 解释以下分派的差异：

323

```
length.integer <- function(x) 10

x1 <- 1:5
```

```
class(x1)
#> [1] "integer"
s3_dispatch(length(x1))
#>  * length.integer
#>    length.numeric
#>    length.default
#> => length (internal)

x2 <- structure(x1, class = "integer")
class(x2)
#> [1] "integer"
s3_dispatch(length(x2))
#> => length.integer
#>    length.default
#>  * length (internal)
```

2. 哪些类对 R 基础包中的 Math 组泛型有方法？阅读源代码。方法如何工作？

324 3. Math.difftime() 比我描述的要复杂。为什么？

第 14 章 R6

14.1 本章简介

本章介绍 R6 OOP 系统。R6 具有两个特殊属性：

- 使用封装的 OOP 范例，这意味着方法属于对象，而不是泛型，并且使用如 `object$method()` 的形式调用。
- R6 对象是可变的，这意味着它们在原位被修改，因此具有引用语义。

如果你已经在另一种编程语言学习了 OOP，那么看到 R6 可能会感觉很自然，并且你将倾向于 R6 而不是 S3。抵制诱惑，以遵循阻力最小的路径：在大多数情况下，R6 将引导你使用非惯用的 R 代码。我们将在 16.3 节中回到这个主题。

R6 与称为**参考类**（Reference Class，RC）的基本 OOP 系统非常相似。我将在 14.5 节中说明为什么介绍 R6 而不是 RC。

主要内容

- 14.2 节介绍 `R6::R6class()`，这是创建 R6 类所需的一个函数。你将了解构造函数方法 `$new()`，该方法可用于创建 R6 对象。同时也将了解其他重要方法，例如 `$initialize()` 和 `$print()`。
- 14.3 节讨论 R6 的访问机制：自有字段和活动字段。它们共同帮助你向用户隐藏数据，或公开私有数据以供读取但不能写入。
- 14.4 节探讨 R6 引用语义的后果。你将了解如何使用终结器自动清除初始化程序中执行的所有操作，如果你将 R6 对象用作另一个 R6 对象中的字段，则将了解常见的陷阱。
- 14.5 节说明为什么介绍 R6，而不是基本的 RC 系统。 325

预备工具

由于 R6（https://r6.r-lib.org）并未内置在 R 基础包中，因此需要安装并加载 R6 添加包才能使用它：

```
# install.packages("R6")
library(R6)
```

R6 对象具有引用语义，这意味着它们在原位被修改，而不是复制后修改。如果你不熟悉这些术语，请阅读 2.5 节，以完善你的词汇。

14.2 类和方法

R6 只需要一个函数调用即可创建类及其方法：R6::R6Class()。这是你将要使用的添加包中唯一的函数[1]！

下面的示例显示 R6Class() 的两个最重要的参数：

- 第一个参数是 classname。并非绝对必要，但它可以改善错误消息，并可以将 R6 对象与 S3 泛型一起使用。按照惯例，R6 类具有 UpperCamelCase 名称。
- 第二个参数 public 提供了组成对象公共接口的方法（函数）和字段（其他内容）的列表。按照约定，方法和字段使用 snake_case。方法可以通过 self$[2]访问当前对象的方法和字段。

```
Accumulator <- R6Class("Accumulator", list(
  sum = 0,
  add = function(x = 1) {
    self$sum <- self$sum + x
    invisible(self)
  })
)
```

326

你应该始终将 R6Class() 的结果分配给与该类同名的变量，因为 R6Class() 返回定义该类的 R6 对象：

```
Accumulator
#> <Accumulator> object generator
#>   Public:
#>     sum: 0
#>     add: function (x = 1)
#>     clone: function (deep = FALSE)
#>   Parent env: <environment: R_GlobalEnv>
#>   Locked objects: TRUE
#>   Locked class: FALSE
#>   Portable: TRUE
```

你可以通过调用 new() 方法从类中构造一个新对象。在 R6 中，方法属于对象，因此可以使用 $ 来访问 new()：

```
x <- Accumulator$new()
```

然后，可以使用 $ 调用方法和访问字段：

```
x$add(4)
x$sum
#> [1] 4
```

[1] 这意味着，如果要在添加包中创建 R6，则只需确保将其列在 DESCRIPTION 的 Imports 字段中即可。无须将添加包导入 NAMESPACE。

[2] 与 Python 中的不同，self 变量由 R6 自动提供，并且不构成方法签名的一部分。

在此类中，字段和方法是公共的，这意味着可以获取或设置任何字段的值。稍后，我们将看到如何使用私有字段和方法来防止随意访问类的内部。

为了更清楚地表明我们在谈论字段和方法而不是变量和函数，我将在其名称前面加上 $。例如，Accumulate 类具有字段 $sum 和方法 $add()。

14.2.1 方法链

$add() 主要是因为其更新 $sum 的副作用而被调用。

```
Accumulator <- R6Class("Accumulator", list(
  sum = 0,
  add = function(x = 1) {
    self$sum <- self$sum + x
    invisible(self)
  })
)
```

327

副作用 R6 方法应始终不可见地返回 self。这将返回“当前”对象，并可以将多个方法调用链接在一起：

```
x$add(10)$add(10)$sum
#> [1] 24
```

为了提高可读性，可以在每一行上放置一个方法调用：

```
x$
  add(10)$
  add(10)$
  sum
#> [1] 44
```

该技术称为**方法链**（method chaining），通常在 Python 和 JavaScript 等语言中使用。方法链与管道符密切相关，我们将在 16.3.3 节中讨论每种方法的优缺点。

14.2.2 重要方法

对于大多数类，应该定义两个重要的方法：$initialize() 和 $print()。这些不是必需的，但是提供它们将使你的类更易于使用。

$initialize() 会覆盖 $new() 的默认行为。例如，以下代码使用字段 $name 和 $age 定义 Person 类。为了确保 $name 始终是一个字符串，而 $age 始终是一个数字，我将检查步骤放在 $initialize() 中。

```
Person <- R6Class("Person", list(
  name = NULL,
  age = NA,
  initialize = function(name, age = NA) {
    stopifnot(is.character(name), length(name) == 1)
    stopifnot(is.numeric(age), length(age) == 1)

    self$name <- name
    self$age <- age
  }
))
```

328

```
hadley <- Person$new("Hadley", age = "thirty-eight")
#> Error in .subset2(public_bind_env, "initialize")(...):
#> is.numeric(age) is not TRUE

hadley <- Person$new("Hadley", age = 38)
```

如果你有运算成本更高的验证要求，请在单独的 $validate() 中实现它们，并仅在需要时调用。

定义 $print() 允许你覆盖默认的打印行为。与任何因其副作用而调用的 R6 方法一样，$print() 应该返回 invisible(self)。

```
Person <- R6Class("Person", list(
  name = NULL,
  age = NA,
  initialize = function(name, age = NA) {
    self$name <- name
    self$age <- age
  },
  print = function(...) {
    cat("Person: \n")
    cat("  Name: ", self$name, "\n", sep = "")
    cat("  Age:  ", self$age, "\n", sep = "")
    invisible(self)
  }
))

hadley2 <- Person$new("Hadley")
hadley2
#> Person:
#>   Name: Hadley
#>   Age:  NA
```

此代码说明了 R6 的一个重要方面。由于方法绑定到单个对象，因此先前创建的 hadley
329 对象不会获得此新方法：

```
hadley
#> <Person>
#>   Public:
#>     age: 38
#>     clone: function (deep = FALSE)
#>     initialize: function (name, age = NA)
#>     name: Hadley

hadley$print
#> NULL
```

从 R6 的角度来看，hadley 和 hadley2 之间没有关系。它们恰好共享相同的类名。使用已经开发的 R6 对象时，这不会引起任何问题，但会使交互式实验混乱。如果你要更改代码，并且无法弄清楚为什么方法调用的结果没有任何不同，请确保已使用新类重构了 R6 对象。

14.2.3　创建后添加方法

除了不断地创建新的类，还可以修改现有类的字段和方法。当以交互方式进行探索时，或者当你的类中有许多函数需要分解时，此功能非常有用。使用 $set() 将新元素添加到现有类中，以提供可见性（在 14.3 节中有更多介绍）、名字和元素。

```
Accumulator <- R6Class("Accumulator")
Accumulator$set("public", "sum", 0)
Accumulator$set("public", "add", function(x = 1) {
  self$sum <- self$sum + x
  invisible(self)
})
```

如上所述，新方法和字段仅适用于新对象。它们不会追溯地添加到现有对象中。

14.2.4 继承

要从现有类继承行为，请将类对象提供给 inherit 参数： 330

```
AccumulatorChatty <- R6Class("AccumulatorChatty",
  inherit = Accumulator,
  public = list(
    add = function(x = 1) {
      cat("Adding ", x, "\n", sep = "")
      super$add(x = x)
    }
  )
)

x2 <- AccumulatorChatty$new()
x2$add(10)$add(1)$sum
#> Adding 10
#> Adding 1
#> [1] 11
```

$add() 覆盖父类实现，但是我们仍然可以使用 super$ 委托给父类实现。（这与 S3 中的 NextMethod() 类似，如 13.6 节中所述。）未重写的任何方法都将使用父类中的实现。

14.2.5 内省

每个 R6 对象都有一个 S3 类，该类反映了其 R6 类的层次结构。这意味着确定类（及其继承的所有类）的最简单方法是使用 class()：

```
class(hadley2)
#> [1] "Person" "R6"
```

S3 层次结构包括基本的“R6”类。这提供了常见的行为，包括如上所述的调用 $print() 的 print.R6() 方法。

你可以使用 names() 列出所有方法和字段：

```
names(hadley2)
#> [1] ".__enclos_env__" "age"             "name"
#> [4] "clone"           "print"           "initialize"
```

我们定义了 $name、$age、$print 和 $initialize。顾名思义，.__enclos_env__ 是你不应触摸的内部实现细节。我们将在 14.4 节中回到 $clone()。 331

14.2.6 练习

1. 创建一个银行账户 R6 类，该类存储余额并允许你存入和提取资金。如果试图进行透支，则创建一个引发错误的子类。创建另一个子类，使你可以进行透支，但需要付费。

2. 创建一个代表随机洗牌的 R6 类。你应该能够使用 `$draw(n)` 从卡牌组中抽出卡牌，将所有卡牌返回卡牌组并使用 `$reshuffle()` 进行随机重排。使用以下代码制作卡牌向量。

```
suit <- c(" ", " ", " ", " ")
value <- c("A", 2:10, "J", "Q", "K")
cards <- paste0(rep(value, 4), suit)
```

3. 为什么不能使用 S3 类为银行账户或卡牌建模？

4. 创建一个 R6 类，该类允许你获取和设置当前时区。可以使用 `Sys.timezone()` 访问当前时区，并使用 `Sys.setenv(TZ = "newtimezone")` 进行设置。设置时区时，请确保新时区在 `OlsonNames()` 提供的列表中。

5. 创建一个 R6 类来管理当前工作目录。它应该具有 `$get()` 和 `$set()` 方法。

6. 为什么不能使用 S3 类为时区或当前工作目录建模？

7. R6 对象基于什么基本类型？它们具有什么属性？

14.3　控制访问

`R6Class()` 还有另外两个与 `public` 相似的参数：

- `private` 允许创建仅在类内部而不在类外部可用的字段和方法。
- `active` 允许使用访问器函数来定义动态或活动字段。

332 这些将在以下各节中介绍。

14.3.1　自有字段

使用 R6，你可以定义 private（**自有**）字段和方法，即只能从类内部而不是外部⊖访问的元素。要利用 private 元素，需要了解两件事：

- `R6Class` 的 `private` 参数与 `public` 参数的工作方式相同：为它提供方法（函数）和字段（所有其他内容）的命名列表。
- 在 `private` 中定义的字段和方法在使用 `private$`（而不是 `self$`）的方法中可用。你不能在类之外访问 private 字段或方法。

为了具体说明，我们可以将 `Person` 类的 `$age` 和 `$name` 字段设为 `private`。使用 `Person` 的这种定义，我们只能在对象创建期间设置 `$age` 和 `$name`，而不能从类外部访问它们的值。

```
Person <- R6Class("Person",
  public = list(
    initialize = function(name, age = NA) {
      private$name <- name
      private$age <- age
    },
    print = function(...) {
      cat("Person: \n")
      cat("  Name: ", private$name, "\n", sep = "")
      cat("  Age:  ", private$age, "\n", sep = "")
    }
```

⊖ 由于 R 是一种灵活的语言，因此从技术上来说，仍然可以访问自有值，但是你将不得不付出更多努力，需要深入了解 R6 的实现细节。

```
  ),
  private = list(
    age = NA,
    name = NULL
  )
)

hadley3 <- Person$new("Hadley")
hadley3
#> Person:
#>   Name: Hadley
#>   Age:  NA
hadley3$name
#> NULL
```

333

当你创建复杂的类网络时，要区分 public 字段和 private 字段，这一点很重要，并且你希望尽可能清楚地表明其他人可以访问的内容。private 字段的任何内容都可以更容易地重构，因为你知道其他人并不依赖它。由于 R 中的对象层次结构趋于简单，因此与其他编程语言相比，private 方法在 R 中的重要性更低。

14.3.2 活动字段

活动字段使你可以通过函数（如方法）从外部定义类似于字段的元素。活动字段是使用**主动绑定**（active binding）（7.2.6 节）实现的。每个主动绑定都是一个带有单个参数 value 的函数。如果参数为 missing()，则将检索该值；否则，否则会被修改。

例如，你可以设定活动字段 random，每次访问它时都会返回一个不同的值：

```
Rando <- R6::R6Class("Rando", active = list(
  random = function(value) {
    if (missing(value)) {
      runif(1)
    } else {
      stop("Can't set `$random`", call. = FALSE)
    }
  }
))
x <- Rando$new()
x$random
#> [1] 0.0808
x$random
#> [1] 0.834
x$random
#> [1] 0.601
```

活动字段与 private 字段结合使用特别有用，因为它们使实现类似于外部字段但提供附加检查的元素成为可能。例如，我们可以使用它们创建一个只读的 age 字段，并确保 name 是长度为 1 的字符向量。 334

```
Person <- R6Class("Person",
  private = list(
    .age = NA,
    .name = NULL
  ),
  active = list(
    age = function(value) {
      if (missing(value)) {
```

```
      private$.age
    } else {
      stop("`$age` is read only", call. = FALSE)
    }
  },
  name = function(value) {
    if (missing(value)) {
      private$.name
    } else {
      stopifnot(is.character(value), length(value) == 1)
      private$.name <- value
      self
    }
  }
),
public = list(
  initialize = function(name, age = NA) {
    private$.name <- name
    private$.age <- age
  }
)
)

hadley4 <- Person$new("Hadley", age = 38)
hadley4$name
#> [1] "Hadley"
hadley4$name <- 10
#> Error in (function (value) : is.character(value) is not TRUE
hadley4$age <- 20
#> Error: `$age` is read only
```

14.3.3　练习

1. 创建一个银行账户类，以防止你直接设置账户余额，但是你仍然可以从中进行取款
335 和存款。如果你尝试进行透支，则会引发错误。

2. 创建一个带有只写字段 `$password` 的类。它应该具有返回 TRUE 或 FALSE 的 `$check_password(password)` 方法，但是没有办法查看完整的密码。

3. 用另一个主动绑定扩展 Rando 类，该绑定使你可以访问先前的随机值。确保主动绑定是访问值的唯一方法。

4. 子类可以从其父类访问自有字段 / 方法吗？进行实验以找出答案。

14.4　引用语义

R6 对象和大多数其他对象之间的最大区别之一是它们具有引用语义。引用语义的主要结果是修改时不会复制对象：

```
y1 <- Accumulator$new()
y2 <- y1

y1$add(10)
c(y1 = y1$sum, y2 = y2$sum)
#> y1 y2
#> 10 10
```

相反，如果你想要复制，则需要显式地使用 `$clone()`：

```
y1 <- Accumulator$new()
y2 <- y1$clone()

y1$add(10)
c(y1 = y1$sum, y2 = y2$sum)
#> y1 y2
#> 10  0
```

（$clone() 不会递归地克隆嵌套的 R6 对象。如果想要达到这一目的，则需要使用 $clone(deep = TRUE)。）

还有其他三个潜在的后果：

- 很难对使用 R6 对象的代码进行推理，因为你需要了解更多上下文。 336
- 考虑何时删除 R6 对象是有意义的，你可以编写 $finalize() 来补充 $initialize()。
- 如果字段之一是 R6 对象，则必须在 $initialize() 而不是 R6Class() 中创建它。

这些后果将在下面更详细地描述。

14.4.1 推理

通常，引用语义使代码难以推理。举一个非常简单的例子：

```
x <- list(a = 1)
y <- list(b = 2)

z <- f(x, y)
```

对于绝大多数函数，最后一行仅修改 z。

举一个使用虚构的 List 引用类的类似示例：

```
x <- List$new(a = 1)
y <- List$new(b = 2)

z <- f(x, y)
```

最后一行很难推理：如果 f() 调用 x 或 y 的方法，则可能会修改它们以及 z。这是 R6 的最大潜在缺点，你应注意这一点，并编写返回值或修改其 R6 输入（但不能同时使用两者）的函数，以避免出现这种情况。也就是说，在某些情况下，两者都可以使代码简单得多，我们将在 16.3.2 节中进一步讨论。

14.4.2 终结器

引用语义的一个有用属性是，考虑何时**终结** R6 对象，即何时删除它。对于大多数对象而言，这是没有意义的，因为复制后修改的语义意味着对象可能存在许多临时版本，如 2.6 节所述。例如，以下代码创建两个因子对象：修改水平时创建第二个因子对象，而第一个对象则由垃圾收集器销毁。 337

```
x <- factor(c("a", "b", "c"))
levels(x) <- c("c", "b", "a")
```

由于 R6 对象不会在复制后修改，它们仅被删除一次，因此可以将 $finalize() 视为对 $initialize() 的补充。终结器通常扮演与 on.exit() 类似的角色（如 6.7.4 节中所述），清理由初始化器创建的所有资源。例如，下面的类封装了一个临时文件，在该类完成后会自动将其删除。

```
TemporaryFile <- R6Class("TemporaryFile", list(
  path = NULL,
  initialize = function() {
    self$path <- tempfile()
  },
  finalize = function() {
    message("Cleaning up ", self$path)
    unlink(self$path)
  }
))
```

当删除对象（或更确切地说，由所有名字解除与对象的绑定之后的第一个垃圾回收）或R退出时，将运行finalize方法。这意味着可以在你的R代码中的任何位置有效地调用终结器，因此，几乎不可能推理出涉及共享数据结构的终结器代码。通过仅使用终结器来清理初始化器分配的自有资源，可以避免这些潜在的问题。

```
tf <- TemporaryFile$new()
rm(tf)
#> Cleaning up /tmp/Rtmpk73JdI/file155f31d8424bd
```

14.4.3 R6字段

引用语义的最后一个结果可能会出现在你不期望的地方。如果使用R6类作为字段的默认值，它将在对象的所有实例之间共享！使用以下代码：每次调用TemporaryDatabase$new()
338 时，我们都想创建一个临时数据库，但是当前代码始终使用相同的路径。

```
TemporaryDatabase <- R6Class("TemporaryDatabase", list(
  con = NULL,
  file = TemporaryFile$new(),
  initialize = function() {
    self$con <- DBI::dbConnect(RSQLite::SQLite(), path = file$path)
  },
  finalize = function() {
    DBI::dbDisconnect(self$con)
  }
))

db_a <- TemporaryDatabase$new()
db_b <- TemporaryDatabase$new()

db_a$file$path == db_b$file$path
#> [1] TRUE
```

（如果你熟悉Python，则与“可变默认参数”问题非常相似。）

出现问题是因为在定义TemporaryDatabase类时，TemporaryFile$new()仅被调用一次。要解决该问题，我们需要确保每次都会调用TemporaryDatabase$new()，即需要将其放入$initialize()中：

```
TemporaryDatabase <- R6Class("TemporaryDatabase", list(
  con = NULL,
  file = NULL,
  initialize = function() {
    self$file <- TemporaryFile$new()
```

```
    self$con <- DBI::dbConnect(RSQLite::SQLite(), path = file$path)
  },
  finalize = function() {
    DBI::dbDisconnect(self$con)
  }
))

db_a <- TemporaryDatabase$new()
db_b <- TemporaryDatabase$new()

db_a$file$path == db_b$file$path
#> [1] FALSE
```
339

14.4.4 练习

1. 创建一个类，使你可以将行写入指定的文件。你应该在 `$initialize()` 中打开与文件的连接，在 `$append_line()` 中使用 `cat()` 添加一行，并在 `$finalize()` 中关闭连接。

14.5 为什么是 R6

R6 与称为**参考类**的内置 OO 系统非常相似。我更喜欢 R6 而不是 RC，原因是：

- R6 更简单。R6 和 RC 都是在环境之上构建的，但是 R6 使用 S3，而 RC 使用 S4。这意味着要完全了解 RC，需要了解更复杂的 S4 的工作原理。
- R6 在 https://r6.r-lib.org 上具有全面的在线文档。
- R6 具有更简单的跨包子类化机制，该机制无须考虑即可使用。对于 RC，请阅读 `?setRefClass` 的 “External Method；Inter-Package Superclasses” 节中的详细信息。
- RC 将变量和字段混合在同一环境堆栈中，以便像常规值一样获得（如 `field`）和设置（`field <<- value`）字段。R6 将字段放在单独的环境中，因此使用前缀获得（`self$field`）和设置（`self$field <- value`）字段。R6 方法更冗长，但我喜欢它，因为它更明确。
- R6 比 RC 快得多。通常，方法分派的速度在微基准之外并不重要。但是，RC 相当慢，并且从 RC 切换到 R6 导致 shiny 添加包的性能大幅提高。有关更多详细信息，请参见 `vignette("Performance", "R6")`。
- RC 与 R 相关联。这意味着，如果修复了任何错误，则只能通过要求使用 R 的较新版本来利用这些修补程序。这对于使用添加包（如 tidyverse 中的添加包）来说很困难，因为它们将需要跨越许多 R 版本。
- 最后，由于 R6 和 RC 的基础思想相似，因此如果需要，只需少量的额外工作即可学习 RC。 340

第 15 章 S4

15.1 本章简介

S4 为函数型 OOP 提供了一种正式方法。S4 的基本思想与 S3（第 13 章的主题）相似，但是实现更为严格，并利用专门的函数来创建类（`setClass()`）、泛型（`setGeneric()`）和方法（`setMethod()`）。另外，S4 提供了多个继承（即一个类可以具有多个父对象）和多个分派（即方法分派可以使用多个参数的类）。

S4 的一个重要的新元素是 slot（**字段**），它是对象的命名元素，可使用专门的子集设置运算符 `@`（发音为 at）进行访问。slot 的集合及其类构成了 S4 类定义的重要组成部分。

主要内容

- 15.2 节快速概述 S4 的主要组成部分：类、泛型和方法。
- 15.3 节深入探讨 S4 类的细节，包括 prototype、构造函数、帮助程序和验证器。
- 15.4 节展示如何创建新的 S4 泛型，以及如何为这些泛型提供方法。你还将了解访问器函数，这些函数旨在允许用户安全地检查和修改对象 slot。
- 15.5 节深入介绍 S4 中方法分派的全部细节。基本思想很简单，但是一旦将多个继承和多个调度结合，它就会变得更加复杂。
- 341 15.6 节讨论 S4 和 S3 之间的交互，展示了如何一起使用它们。

更多内容

像其他关于 OO 的章节一样，本章的重点将放在 S4 的工作方式上，而不是如何最有效地部署它。如果你确实想在实践中使用它，则存在两个主要挑战：

- 没有一个参考资料可以回答有关 S4 的所有问题。
- R 的内置文档有时会与社区建议的最佳做法冲突。

当你朝着更高级的用法迈进时，将需要通过仔细阅读文档，在 StackOverflow 上提问并进行实验来整理所需的信息。以下是一些建议：

- Bioconductor 社区是 S4 的长期用户，并且已产生了许多关于有效使用 S4 的最佳材料。从 Martin Morgan 和 Hervé Pagès 教授的 S4 类和方法（https://bioconductor.org/help/course-materials/2017/Zurich/S4-classes-and-methods.html）开始学习，或者在 Bioconductor

课程材料（https://bioconductor.org/help/course-materials/）中查看更新的版本。

Martin Morgan 是 R-core 的成员，也是 Bioconductor 的项目负责人。他是 S4 实际使用方面的世界专家，我建议阅读他所写的任何文章，从他在 StackOverflow 回答的问题开始（http://stackoverflow.com/search?tab=votes&q=user%3a547331%20%5bs4%5d%20is%3aanswe）。

- John Chambers 是 S4 系统的作者，并在 *Object-oriented programming, functional programming and R*[Chambers，2014] 中概述了其动机和历史背景。有关 S4 的更全面介绍，请参见 *Software for Data Analysis*[Chambers，2008]。

预备工具

与 S4 相关的所有函数都位于 methods 添加包中。当以交互方式运行 R 时，此添加包始终可用，但以批处理模式（即 `Rscript`[⊖]）运行 R 时，此添加包可能不可用。因此，每次使用 S4 时最好调用 `library(methods)`。这也能够向读者表明你将使用 S4 对象系统。

```
library(methods)
```

342

15.2　基础

我们将快速概述 S4 的主要元素。你可以通过调用 `setClass()` 来定义 S4 类，其中包含类名称和其 slot 的定义，slot 中包括类数据的名称和类：

```
setClass("Person",
  slots = c(
    name = "character",
    age = "numeric"
  )
)
```

定义了类后，可以通过调用 `new()` 并使用类的名称和每个 slot 的值来从中构造新对象：

```
john <- new("Person", name = "John Smith", age = NA_real_)
```

给定一个 S4 对象，可以通过 `is()` 查看它的类，并通过 `@`（相当于 `$`）和 `slot()`（相当于 `[[`）访问 slot：

```
is(john)
#> [1] "Person"
john@name
#> [1] "John Smith"
slot(john, "age")
#> [1] NA
```

通常，只应在方法中使用 `@`。如果你正在使用其他人建立的类，请寻找**访问器**函数，这些函数可让你安全地设置和获取 slot 的值。作为类的开发人员，你还应该提供自己的访问器函数。访问器通常是 S4 泛型，允许多个类共享同一外部接口。

⊖ 这是一个历史性的问题，因为 methods 添加包需要很长时间才能加载。`Rscript` 已针对快速命令行调用进行了优化。

在这里，我们将首先通过 setGeneric() 创建泛型来为 age slot 创建一个设置程序（setter）和获取程序（getter）：

```
setGeneric("age", function(x) standardGeneric("age"))
setGeneric("age<-", function(x, value) standardGeneric("age<-"))
```

343 然后使用 setMethod() 定义方法：

```
setMethod("age", "Person", function(x) x@age)
setMethod("age<-", "Person", function(x, value) {
  x@age <- value
  x
})

age(john) <- 50
age(john)
#> [1] 50
```

如果你使用的是添加包中定义的 S4 类，则可以通过 class?Person 获得该类的帮助文档。要获得方法的帮助，请通过在调用前输入 ?（例如 ?age(john)），? 将使用参数的类来确定你需要的帮助文件。

最后，你可以使用 sloop 函数识别你发现的 S4 对象和泛型：

```
sloop::otype(john)
#> [1] "S4"
sloop::ftype(age)
#> [1] "S4"      "generic"
```

15.2.1 练习

1. lubridate::period() 返回 S4 类。它具有哪些 slot ？分别属于哪一类？它提供什么访问器？

2. 你还可以通过哪些其他方式寻求帮助？阅读 ?"?" 并进行总结。

15.3 类

要定义 S4 类，请使用三个参数调用 setClass()：

- **类名字**（name）。按照惯例，S4 类名使用开头字母大写的驼峰拼法。
- 带有名字的字符向量，描述 slot（字段）的名和允许的类。例如，一个 Person 类可以使用字符型的名字和数值型的年龄来表示：c(name = "character", age =
344 "numeric")。伪类 ANY 允许 slot 接收任何类型的对象。
- prototype，每个 slot 的默认值列表。从技术上讲，prototype 是可选的[⊖]，但是你应该始终提供它。

下面的代码通过创建带有字符型的 name 和数值型的 age 的 Person 类来说明三个参数。

```
setClass("Person",
  slots = c(
    name = "character",
```

⊖ ?setClass 建议你避免使用 prototype 参数，但这通常被认为是不好的建议。

```
    age = "numeric"
  ),
  prototype = list(
    name = NA_character_,
    age = NA_real_
  )
)

me <- new("Person", name = "Hadley")
str(me)
#> Formal class 'Person' [package ".GlobalEnv"] with 2 slots
#>   ..@ name: chr "Hadley"
#>   ..@ age : num NA
```

15.3.1 继承

setClass() 还有一个重要的参数 contains。该参数指定一个或多个要继承 slot 和行为的类。例如，我们可以创建一个从 Person 类继承的 Employee 类，并添加一个 slot 用于描述 boss。

```
setClass("Employee",
  contains = "Person",
  slots = c(
    boss = "Person"
  ),
  prototype = list(
    boss = new("Person")
  )
)
str(new("Employee"))
#> Formal class 'Employee' [package ".GlobalEnv"] with 3 slots
#>   ..@ boss:Formal class 'Person' [package ".GlobalEnv"] with 2 slots
#>   .. .. ..@ name: chr NA
#>   .. .. ..@ age : num NA
#>   ..@ name: chr NA
#>   ..@ age : num NA
```
345

setClass() 还有其他 9 个参数，但已弃用或不建议使用。

15.3.2 内省

要确定对象从哪些类继承，请使用 is()：

```
is(new("Person"))
#> [1] "Person"
is(new("Employee"))
#> [1] "Employee" "Person"
```

要测试对象是否从特定类继承，请使用 is() 的第二个参数：

```
is(john, "person")
#> [1] FALSE
```

15.3.3 重新定义

在大多数编程语言中，类定义发生在编译时，而对象构造则发生在运行时。但在 R 中，定义和构造都在运行时发生。调用 setClass() 时，你正在（隐藏的）全局变量中注册一个

类定义。与所有状态修改函数一样，你需要谨慎使用 setClass()。如果你在已经实例化一
346 个对象后重新定义一个类，则可能会创建无效的对象：

```
setClass("A", slots = c(x = "numeric"))
a <- new("A", x = 10)

setClass("A", slots = c(a_different_slot = "numeric"))
a

#> An object of class "A"
#> Slot "a_different_slot":
#> Error in slot(object, what): no slot of name "a_different_slot" for
#> this object of class "A"
```

这可能在交互式创建新类的过程中引起混乱。（R6 类具有相同的问题，如 14.2.2 节中所述。）

15.3.4 帮助程序

new() 是适合开发人员使用的低级构造函数。面向用户的类应始终与用户友好的帮助程序配对。帮助程序应始终具有以下特点：

- 与类名称相同，例如 myclass()。
- 具有精心设计的用户界面，其中包含精心选择的默认值和有用的转换。
- 创建针对最终用户的精心设计的错误消息。
- 通过调用 methods::new() 完成。

Person 类是如此简单，以至于几乎没有多余的帮助程序，但是我们可以使用它来清楚地说明：age 是可选的，但 name 是必需的。我们还会将 age 强制为双精度型，以便帮助程序在传递整数时也可以使用。

```
Person <- function(name, age = NA) {
  age <- as.double(age)

  new("Person", name = name, age = age)
}

Person("Hadley")
#> An object of class "Person"
#> Slot "name":
#> [1] "Hadley"
#>
#> Slot "age":
#> [1] NA
```

15.3.5 验证器

347 构造函数会自动检查 slot 是否具有正确的类：

```
Person(mtcars)
#> Error in validObject(.Object): invalid class "Person" object:
#> invalid object for slot "name" in class "Person": got class
#> "data.frame", should be or extend class "character"
```

你将需要自己实施更复杂的检查（即涉及长度或多个 slot 的检查）。例如，我们可能想明确表示 Person 类是向量类，并且可以存储有关多人的数据。目前这一点尚不明确，因为

@name 和 @age 的长度可以不同：

```
Person("Hadley", age = c(30, 37))
#> An object of class "Person"
#> Slot "name":
#> [1] "Hadley"
#>
#> Slot "age":
#> [1] 30 37
```

为了强制执行这些附加约束，我们使用 setValidity() 编写了一个验证器。它包含一个类和一个函数，如果输入有效，则该函数返回 TRUE，否则返回描述问题的字符向量：

```
setValidity("Person", function(object) {
  if (length(object@name) != length(object@age)) {
    "@name and @age must be same length"
  } else {
    TRUE
  }
})
```

现在我们不再可以创建无效的对象：

```
Person("Hadley", age = c(30, 37))
#> Error in validObject(.Object): invalid class "Person" object: @name
#> and @age must be same length
```

注意：validity 方法仅由 new() 自动调用，因此你仍然可以通过对其进行修改来创建无效对象：

```
alex <- Person("Alex", age = 30)
alex@age <- 1:10
```

348

你可以通过调用 validObject() 来显式检查有效性：

```
validObject(alex)
#> Error in validObject(alex): invalid class "Person" object: @name and
#> @age must be same length
```

在 15.4.4 节中，我们将使用 validObject() 建立不能创建无效对象的访问器。

15.3.6 练习

1. 用字段扩展 Person 类以匹配 utils::person()。考虑一下你将需要哪些 slot，每个 slot 应具有什么类，以及哪些需要在 validity 方法中检查。

2. 如果定义了一个不包含任何 slot 的新的 S4 类，将会发生什么？(提示：阅读命令 ?setClass 给出的文档中的虚拟类部分)

3. 假设你要在 S4 中重新实现因子、日期和数据框。给出用于定义类的 setClass() 调用。考虑适当的 slots 和 prototype。

15.4 泛型和方法

泛型的工作是执行方法分派，即为传递给泛型的类的组合找到特定的实现。在这里，你将学习如何定义 S4 泛型和方法，然后在下一节中，我们将详细探索 S4 方法分派的工作方式。

要创建新的 S4 泛型，请在 setGeneric() 中调用 standardGeneric()：

```
setGeneric("myGeneric", function(x) standardGeneric("myGeneric"))
```

按照惯例，新的 S4 泛型应使用开头字母小写的驼峰拼法。

在泛型中使用 {} 是一种不好的做法，因为它会触发一个更麻烦的特殊情况，通常最好避免这种情况。

```
# Don't do this!
setGeneric("myGeneric", function(x) {
  standardGeneric("myGeneric")
})
```

349

15.4.1 参数 signature

像 setClass() 一样，setGeneric() 也有许多其他参数。你只需要了解其中一项：signature。该参数使你可以控制用于方法分派的参数。如果未提供 signature，则使用所有参数（除了 ...）。从分派中删除参数有时是有用的。这使你可以要求方法提供诸如 verbose = TRUE 或 quiet = FALSE 之类的参数，但它们不参与分派。

```
setGeneric("myGeneric",
  function(x, ..., verbose = TRUE) standardGeneric("myGeneric"),
  signature = "x"
)
```

15.4.2 方法

如果缺少一些方法，泛型就没有用，在 S4 中，你可以使用 setMethod() 定义方法。有三个重要的参数：泛型的名字、类的名字和方法本身。

```
setMethod("myGeneric", "Person", function(x) {
  # method implementation
})
```

更正式地说，setMethod() 的第二个参数称为**签名**（signature）。在 S4 中，与 S3 不同，签名可以包含多个参数。这使得 S4 中的方法分派实质上更为复杂，但是在特殊情况下避免了必须执行双分派。在下一节中，我们将详细讨论多分派（multiple dispatch）。setMethod() 还有其他参数，但是绝对不要使用它们。

要列出属于泛型或与类相关联的所有方法，请使用 methods("generic") 或 methods
350 (class = "class")；要查找特定方法的实现，请使用 selectMethod("generic", "class")。

15.4.3 显示方法

控制打印的最常用的 S4 方法是 show()，它控制对象在打印时的外观。要为现有泛型定义方法，必须首先确定参数。可以从文档中或通过 args() 查看泛型以获得它们：

```
args(getGeneric("show"))
#> function (object)
#> NULL
```

显示方法需要有一个参数 object：

```
setMethod("show", "Person", function(object) {
  cat(is(object)[[1]], "\n",
      "  Name: ", object@name, "\n",
      "  Age:  ", object@age, "\n",
      sep = ""
  )
})
john
#> Person
#>   Name: John Smith
#>   Age:  50
```

15.4.4 访问器

slot 应被视为内部实现细节：它们可以更改而不会发出警告，并且用户代码应避免直接访问它们。所有用户都可访问的 slot 应带有一对**访问器**（accessor）。如果 slot 对于该类是唯一的，则可以只是一个函数：

```
person_name <- function(x) x@name
```

但是，通常，你将定义一个泛型，以便多个类可以使用同一接口：

```
setGeneric("name", function(x) standardGeneric("name"))
setMethod("name", "Person", function(x) x@name)

name(john)
#> [1] "John Smith"
```

351

如果该 slot 也是可写的，则应提供一个设置器函数。你应该始终在设置器中包含 validObject()，以防止用户创建无效的对象。

```
setGeneric("name<-", function(x, value) standardGeneric("name<-"))
setMethod("name<-", "Person", function(x, value) {
  x@name <- value
  validObject(x)
  x
})

name(john) <- "Jon Smythe"
name(john)
#> [1] "Jon Smythe"

name(john) <- letters
#> Error in validObject(x): invalid class "Person" object: @name and
#> @age must be same length
```

（如果不熟悉形如 name<- 的表示法，请参阅 6.8 节。）

15.4.5 练习

1. 为 Person 类添加 age() 访问器。
2. 在泛型的定义中，为什么必须重复两次泛型的名字？
3. 为什么在 15.4.3 节中定义的 show() 方法使用 is(object)[[1]]？（提示：尝试打印 employee 子类。）
4. 如果定义的方法名字与泛型名字不同，会发生什么？

15.5 方法分派

S4 的分派很复杂，因为 S4 具有两个重要功能：

- 多重继承，即一个类可以有多个父类。
- 352 多分派，即泛型可以使用多个参数来选择一个方法。

这些功能使 S4 变得非常强大，但也会使你难以理解将为给定的输入组合选择哪种方法。实际上，通过避免多重继承，并仅在绝对必要的情况下保留多分派，使方法分派尽可能简单。

但是，描述全部细节很重要，因此在这里，我们将以单继承和单分派开始，并逐步处理更复杂的案例。为了说明这些想法而不会陷入细节，我们将使用基于表情符号的虚构**类图**（class graph），见图 15-1。

表情符号为我们提供了非常简洁的类名，这些类名构成了类之间的关系。记住，😜从😉继承，😉从😶继承，而😎从🕶和🙂继承。

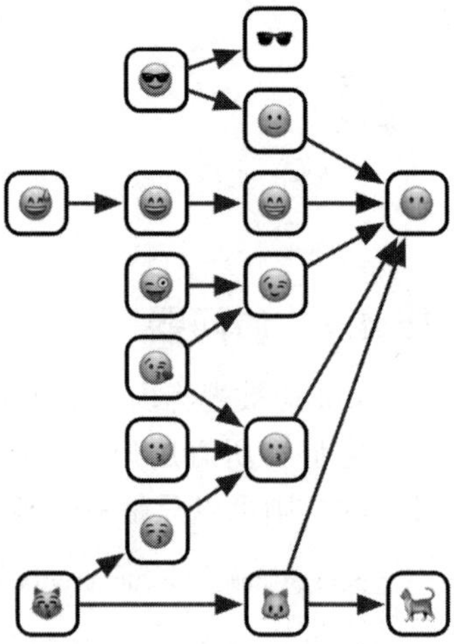

图 15-1

15.5.1 单分派

让我们从最简单的情况开始：一个泛型函数。该函数在具有单个父对象的单个类上分派。这里的方法分派很简单，因此我们可以定义即将在较复杂情况下使用的图形约定。见图 15-2。

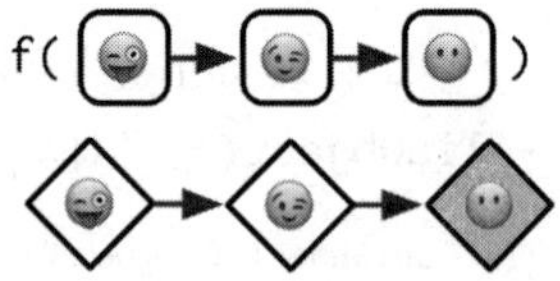

图 15-2

353 此图分为两部分：

- 顶部 f(...) 定义图的范围。在这里，我们有一个带有单个参数的泛型，它具有一个三层深的类层次结构。
- 底部是**方法图**（method graph），并显示可以定义的所有可能方法。已存在的方法（即已使用 setMethod() 定义的方法）具有灰色背景。

要查找被调用的方法，请从实际参数最具体的类开始，然后按照箭头进行操作，直到找到存在的方法为止。例如，如果使用😉类的对象调用该函数，则将按照向右箭头找到为更一般的😶类定义的方法。如果未找到方法，则方法分派失败，并引发错误。实际上，这意味着你应始终定义为终端节点而定义的方法，即最右边的方法。

你可以为它们定义方法的两个**伪类**（pseudo-class）。之所以称它们为伪类，是因为它们实际上并不存在，但是允许你定义有用的行为。第一个伪类是 ANY，它与任何类[⊖]匹配。由于（我们之后将介绍的）技术原因，到 ANY 方法的链接比其他类之间的链接长，见图 15-3。

第二个伪类是 MISSING。如果为该伪类定义一个方法，则在缺少参数的情况下它将被匹配。它对单分派没有用，但对于 + 和 - 这样的函数很重要，这些函数使用双分派，并且根据它们是否具有一个或两个参数而表现不同。

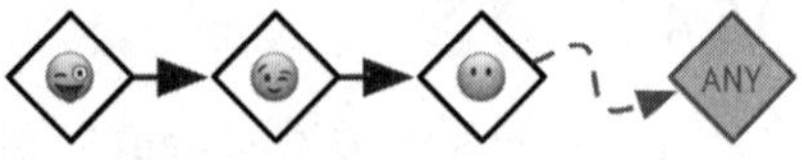

图 15-3

⊖ S4 ANY 伪类与 S3 default 伪类具有相同的作用。

15.5.2 多重继承

当一个类具有多个父类时，事情变得更加复杂，见图 15-4。 354

基本过程保持不变：从提供给泛型的实际类开始，然后按照箭头指示，直到找到定义的方法。麻烦的是，现在有多个箭头可以跟随，因此你可能会找到多种方法。如果发生这种情况，请选择最接近的方法，即通过最少箭头的方法。

注意：虽然方法图是理解方法分派的强大工具，但是以这种方式实现它效率不高，因此 S4 使用的实际工具有所不同。你可以在 ?Methods_Details 中阅读详细信息。

如果方法的距离相等，会发生什么？例如，假设我们已经为🕶和🙂定义了方法，并使用😎调用了泛型。请注意，找不到😶类的方法，我将用双边框突出显示该方法。见图 15-5。

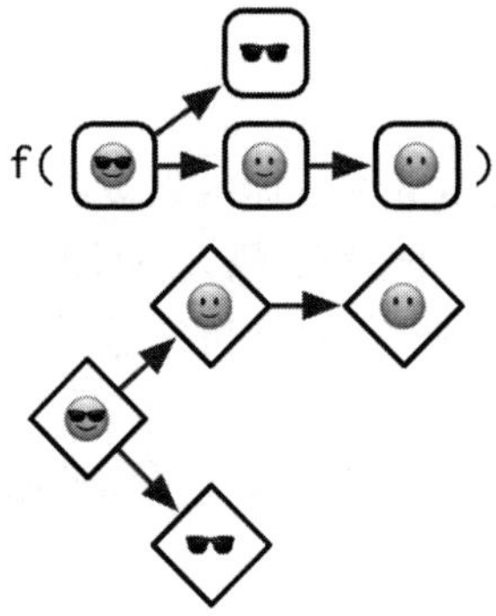

图 15-4

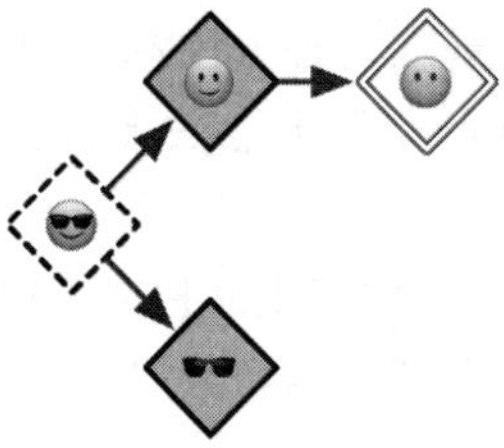

图 15-5

这被称为**歧义**方法（ambiguous method），在图中，我将使用粗虚线框表示该方法。在 R 中发生这种情况时，你会得到警告，并且会选择字母表中靠前的类的方法（这实际上是随机的，并不可靠）。当出现歧义情况时，应始终通过提供更精确的方法来解决它，见图 15-6。

后备 ANY 方法仍然存在，但是规则稍微复杂一些。如波浪线所示，ANY 方法始终被认为比真实类的方法更远。这意味着它将永远不会造成歧义。见图 15-7。 355

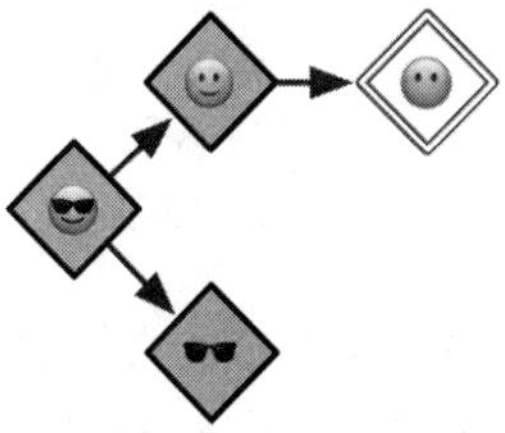

图 15-6

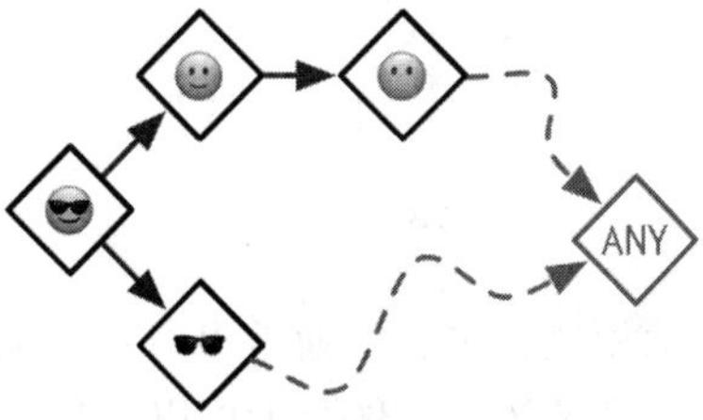

图 15-7

对于多重继承，很难同时防止歧义，确保每个终端方法都具有实现并最小化已定义方法的数量（以便从 OOP 中受益）。例如，在为该调用定义两种方法的六种形式中，只有一种没有问题。因此，我建议格外小心地使用多重继承：你需要仔细考虑方法图并相应地进行计划。见图 15-8。

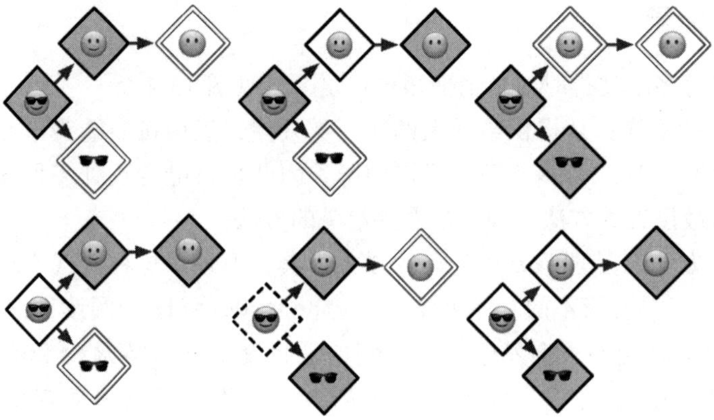

图　15-8

15.5.3　多分派

一旦理解了多重继承，就可以很容易地理解多分派。你可以按照与以前相同的方式使
356 用多个箭头，但是现在每种方法都由两个类指定（以逗号分隔）。见图 15-9。

我将不展示在两个以上参数上进行分派的示例，但是你可以遵循基本原理来生成自己的方法图。

多重继承和多分派之间的主要区别在于，还有更多的箭头可以遵循。下图显示了四种定义的方法，它们会产生两种歧义的情况，见图 15-10。

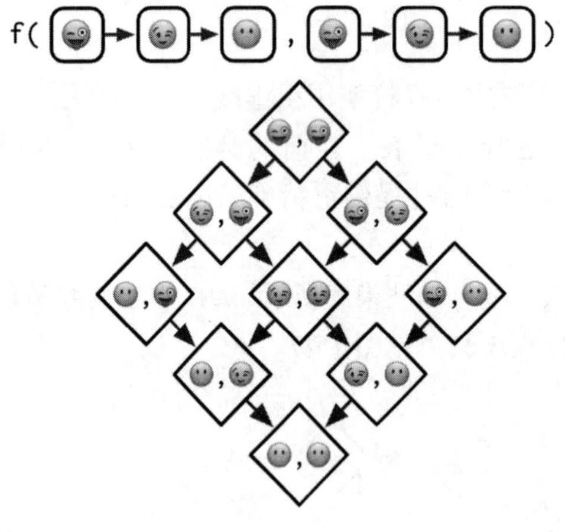

图　15-9

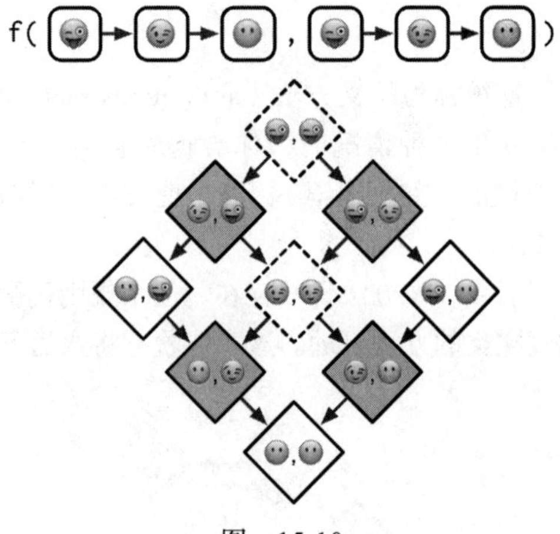

图　15-10

与多重继承相比，多分派通常没有那么复杂，因为终端类组合通常较少。在此示例中，只有一个终端。这意味着，你至少可以定义一个方法，并对所有输入具有默认行为。

15.5.4　多分派与多重继承

357 当然，你可以将多分派与多重继承结合在一起，见图 15-11。

在两个类上还有一个更复杂的分派情况，这两个类都具有多重继承，见图 15-12。

随着方法图变得越来越复杂，在输入组合的情况下，预测将要调用的方法变得越来越困难，并且要确保没有引入歧义也变得越来越困难。如果必须绘制方法图以找出实际上将要调用的方法，这有力地表明你应该回顾并简化设计。

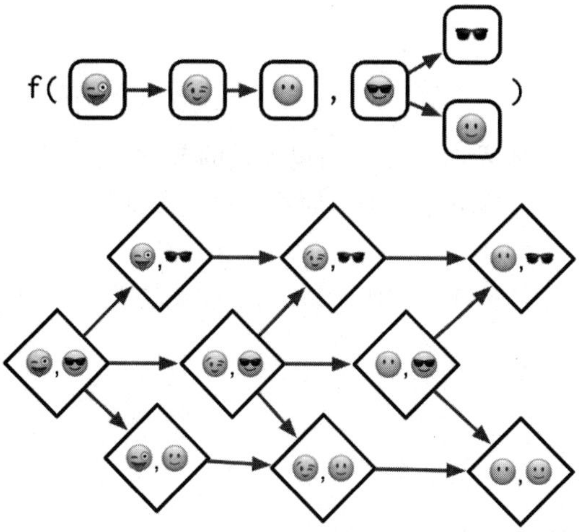

图　15-11

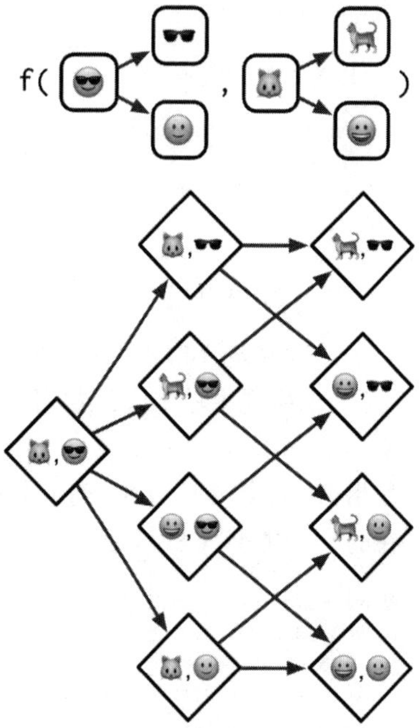

图　15-12　358

15.5.5　练习

1. 绘制 f(😅, 😽) 的方法图。
2. 绘制 f(😃, 😉, 😙) 的方法图。
3. 以最后一个示例为例，该示例显示了使用多重继承的两个类的多分派。如果为所有终端类定义一个方法会怎样？为什么方法分派在这里没有为我们节省很多工作？

15.6　S4 和 S3

编写 S4 代码时，通常需要与现有的 S3 类和泛型进行交互。本节描述 S4 类、方法和泛型如何与现有代码交互。

15.6.1　类

在 slots 和 contains 中，你可以使用 S4 类、S3 类或基础类型的隐式类（13.7.1 节）。要使用 S3 类，必须首先使用 setOldClass() 注册。你可以为每个 S3 类调用一次此函数，并为其赋予 class 属性。例如，R 基础包已提供以下定义：

```
setOldClass("data.frame")
setOldClass(c("ordered", "factor"))
setOldClass(c("glm", "lm"))
```

但是，通常最好是更加具体，并提供带有 slots 和 prototype 的完整 S4 定义：

```
setClass("factor",
  contains = "integer",
  slots = c(
    levels = "character"
  ),
  prototype = structure(
    integer(),
    levels = character()
  )
)
```

359 `setOldClass("factor", S4Class = "factor")`

通常，这些定义应由 S3 类的创建者提供。如果你要在添加包提供的 S3 类的基础上构建 S4 类，则应要求添加包维护者将此调用添加到其添加包中，而不是将其添加到你自己的代码中。

如果 S4 对象继承自 S3 类或基础类型，则它将具有称为 .Data 的特殊虚拟 slot。这包含潜在的基础类型或 S3 对象：

```
RangedNumeric <- setClass(
  "RangedNumeric",
  contains = "numeric",
  slots = c(min = "numeric", max = "numeric"),
  prototype = structure(numeric(), min = NA_real_, max = NA_real_)
)
rn <- RangedNumeric(1:10, min = 1, max = 10)
rn@min
#> [1] 1
rn@.Data
#>  [1]  1  2  3  4  5  6  7  8  9 10
```

可以为 S4 泛型定义 S3 方法，或为 S3 泛型定义 S4 方法（前提是你已调用了 setOldClass()）。但是，它比乍看之下要复杂得多，因此请确保你已完整阅读 ?Methods_for_S3。

15.6.2 泛型

除了从头开始创建新的泛型代码之外，还可以将现有的 S3 泛型代码转换为 S4 泛型代码：

```
setGeneric("mean")
```

360 在这种情况下，现有函数将成为默认（ANY）方法：

```
selectMethod("mean", "ANY")
#> Method Definition (Class "derivedDefaultMethod"):
#>
#> function (x, ...)
#> UseMethod("mean")
#> <bytecode: 0x7fd256468a30>
#> <environment: namespace:base>
#>
#> Signatures:
#>         x
#> target  "ANY"
#> defined "ANY"
```

注意：如果第一个参数不是泛型参数，则 `setMethod()` 将自动调用 `setGeneric()`，使你可以将任何现有函数转换为 S4 泛型函数。将现有的 S3 泛型转换为 S4 是可以的，但是你应该避免在添加包中将常规函数转换为 S4 泛型，因为如果该过程由多个添加包完成，则需要仔细协调。

15.6.3 练习

1. 对于有序因子，完整的 `setOldClass()` 定义会是什么样（即添加 `slots` 并 prototype 化上面的定义）？

2. 为 `Person` 类定义一个 `length` 方法。 361

第 16 章
权　　衡

16.1　本章简介

你已经了解了 R 中可用的三个最重要的 OOP 工具。既然你了解了它们的基本操作和构成它们的基础原理，我们可以开始比较和对比这三个系统，以了解它们的优缺点。这将帮助你选择最有可能解决新问题的系统。

总体而言，在选择 OO 系统时，建议你默认选择 S3。S3 很简单，并且在整个 R 和 CRAN 中广泛使用。尽管还远远不够完美，但其特质已广为人知，并且有已知的方法可以克服大多数缺点。如果你已有编程背景，那么你可能会倾向于 R6，因为它会让你感到熟悉。我认为有两个原因让你应该抵制这种趋势。首先，如果你使用 R6，则很容易创建一个非惯用的 API，该 API 对于只会 R 语言的用户而言会感到很奇怪，并且由于引用语义的原因会带来令人惊讶的痛苦。其次，如果你坚持使用 R6，将会失去学习 OOP 新思路的机会，而这一新思路提供了一套解决问题的新工具。

主要内容

- 16.2 节比较 S3 与 S4。简而言之，S4 更正式，并且往往需要更多的前期计划。这使其更适合团队而非个人开发的大型项目。
- 16.3 节比较 S3 与 R6。本节很长，因为这两个系统在根本上是不同的，并且需要进行很多权衡。

362~363 预备工具

你需要熟悉 S3、S4 和 R6（前三章所述的内容）。

16.2　S4 与 S3

一旦掌握了 S3，S4 就不会太难：两者基本思想是相同的，S4 更加正式、更加严格和更加冗长。S4 的严格性和形式性使其非常适合大型团队。由于系统本身提供了更多的结构，因此对惯例的需求减少了，新的贡献者也不需要那么多的培训。与 S3 相比，S4 往往需要更多的前期设计，并且这种投资更有可能在可获得更多资源的较大项目上获得回报。

Bioconductor 是使用 S4 取得良好效果的一项大型团队工作。Bioconductor 类似于 CRAN：

这是一种在更广泛的受众中共享添加包的方式。Bioconductor 的体积小于 CRAN（2017 年 7 月约为 1300 个添加包，而 CRAN 则为 10 000 个添加包），并且由于共享领域以及 Bioconductor 的审核流程更加严格，因此其中的添加包趋于紧密集成。Bioconductor 的添加包不需要使用 S4，但大多数都会这样做，因为关键数据结构（例如 SummarizedExperiment、IRanges、DNAStringSet）是使用 S4 构建的。

S4 也非常适合于相互关联的对象的复杂系统，并且可以通过精心实现方法来最大限度地减少代码重复。这种系统的最佳示例是 Matrix 添加包 [Bates and Maechler，2018]。它旨在有效地存储和计算许多不同类型的稀疏矩阵和密集矩阵。从版本 1.2.15 开始，它定义了 102 个类、21 个泛型函数和 1993 个方法，并且提供了一些复杂的想法，图 16-1 显示了一小部分类图。

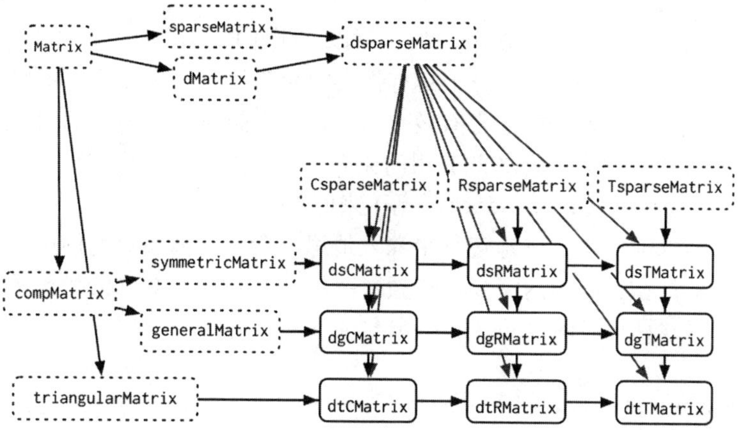

图 16-1　Matrix 类图的一小部分，显示了稀疏矩阵的继承。每个具体的类都继承自两个虚拟父类：一个描述数据的存储方式（C= 面向列，R= 面向行，T= 标记），另一个描述对矩阵的任何限制（s= 对称，t= 三角形，g= 一般）

该领域非常适合 S4，因为稀疏矩阵的特定组合通常存在计算捷径。使用 S4 可以轻松地提供适用于所有输入的泛型方法，然后在输入允许更有效的实现的情况下提供更专门的方法。这就需要进行仔细的规划，以避免方法分派的歧义，但是规划会以更高的性能获得回报。

使用 S4 的最大挑战是复杂性增加并且缺少单一文档来源。S4 是一个复杂的系统，在实践中有效使用可能会是一个挑战。如果 S4 文档没有分散在 R 文档、书籍和网站中，这一挑战就能得以解决。S4 需要阅读具体书籍才能完整学习，但这样的书还不存在。（关于 S3 文档的情况并没有更好，但是由于 S3 更简单，因此缺少该文档的痛苦也较小。） 364

16.3　R6 与 S3

R6 是与 S3 和 S4 截然不同的 OO 系统，因为它是基于封装的对象而不是泛型函数构建的。另外，R6 对象具有引用语义，这意味着可以在适当位置修改它们。这两个大差异会带来许多并非显而易见的后果，我们将在这里进行探讨：

- 泛型是常规函数，因此它位于全局命名空间中。R6 方法属于对象，因此它位于局部命名空间中。这影响了我们对命名的看法。
- R6 的引用语义允许方法同时返回值并修改对象。这解决了一个痛苦的问题，称为

"线程状态"。

- 使用 $（一个中缀运算符）调用 R6 方法。如果正确设置了方法，则可以使用方法链调用代替管道符。

这些是函数型 OOP 和封装的 OOP 之间的一般权衡，因此它们还可以作为 R 与 Python
365 进行系统设计的讨论。

16.3.1 命名

S3 和 R6 之间的一个明显区别是找到方法的空间：

- 泛型函数是全局的：所有添加包共享相同的命名空间。
- 封装的方法是局部的：方法绑定到单个对象。

全局命名空间的优点在于，多个添加包可以使用相同的动词来处理不同类型的对象。泛型函数提供了一个统一的 API，由于具有强大的命名约定，因此可以更轻松地对新对象执行典型操作。这对于数据分析非常有效，因为你经常想对不同类型的对象执行相同的操作。特别是，这是 R 的建模系统如此有用的原因之一：无论在哪里实现了模型，你都始终使用同一套工具（`summary()`、`predict()` 等）来使用它。

全局命名空间的缺点是，它迫使你更深入地思考命名。你要避免使用不同添加包中多个具有相同名称的泛型，因为这需要用户频繁键入 `::`。这很困难，因为函数名称通常是英语动词，而动词通常具有多种含义。以 `plot()` 为例：

```
plot(data)        # plot some data
plot(bank_heist) # plot a crime
plot(land)        # create a new plot of land
plot(movie)       # extract plot of a movie
```

通常，应避免使用与原始泛型同名的方法，而应定义新的泛型。

R6 方法不会发生此问题，因为它们的作用域仅限于该对象。以下代码很好，因为这并不意味着两个不同的 R6 对象的 plot 方法具有相同的含义：

```
data$plot()
bank_heist$plot()
land$plot()
movie$plot()
```

这些注意事项也适用于泛型的参数。S3 泛型必须具有相同的核心参数，这意味着它们通常具有非特定的名称，例如 `x` 或 `.data`。S3 泛型通常需要 `...` 将其他参数传递给方法，但这有一个缺点，就是拼写错误的参数名称不会产生错误。相比之下，R6 方法的变化范围
366 更大，并且使用更具体和令人回味的参数名称。

局部命名空间的第二个优点是创建 R6 方法的成本非常低。大多数封装的 OO 语言都鼓励你创建许多小的方法，每个方法都使用一个令人回味的名称去完成一件事。创建新的 S3 方法的成本更高，因为你可能还必须创建一个泛型，并考虑上述命名问题。这意味着创建许多小方法的建议不适用于 S3。将代码分解成易于理解的小块仍然是一个好主意，但是它们通常应该只是常规函数，而不是方法。

16.3.2 线程状态

使用 S3 编程的一个挑战是要返回一个值并修改该对象。这违反了我们的准则，即应该

为函数的返回值或其副作用而调用函数，但是在少数情况下是必需的。

例如，假设你要创建对象的**堆栈**（stack）。堆栈有两种主要方法：

- push() 将新对象添加到堆栈顶部。
- pop() 返回最上面的值，并将其从堆栈中删除。

构造函数和 push() 方法的实现很简单。堆栈包含项目列表，将对象推入堆栈只需将其追加到此列表。

```
new_stack <- function(items = list()) {
  structure(list(items = items), class = "stack")
}

push <- function(x, y) {
  x$items <- c(x$items, list(y))
  x
}
```

（我尚未为 push() 创建真正的方法，因为使其泛型化只会使此示例变得更加复杂，而没有实际好处。）

实现 pop() 更具挑战性，因为它既要返回一个值（在堆栈顶部的对象），又要具有一个副作用（从该顶部除去该对象）。由于我们无法在 S3 中修改输入对象，因此我们需要返回两个东西：值和更新后的对象。 367

```
pop <- function(x) {
  n <- length(x$items)
  item <- x$items[[n]]
  x$items <- x$items[-n]

  list(item = item, x = x)
}
```

这导致相当尴尬的用法：

```
s <- new_stack()
s <- push(s, 10)
s <- push(s, 20)

out <- pop(s)
out$item
#> [1] 20
s <- out$x
s
#> $items
#> $items[[1]]
#> [1] 10
#>
#>
#> attr(,"class")
#> [1] "stack"
```

这个问题被称为**线程状态**（threading state）或**累加器编程**（accumulator programming），因为无论 pop() 调用的深度如何，都必须将修改后的堆栈对象一直线程化到它所在的位置。

其他 FP 语言处理此挑战的一种方法是提供一个**多重分配**（multiple assign）（或解构绑定）运算符，该运算符使你可以在一个步骤中分配多个值。zeallot 添加包 [Teetor，2018] 通过 %<-% 为 R 提供多重分配。这使代码更加优雅，但不能解决关键问题：

```
library(zeallot)

c(value, s) %<-% pop(s)
value
#> [1] 10
```

368 堆栈的 R6 实现更为简单，因为 $pop() 可以在原地修改对象，并且仅返回最上面的值：

```
Stack <- R6::R6Class("Stack", list(
  items = list(),
  push = function(x) {
    self$items <- c(self$items, x)
    invisible(self)
  },
  pop = function() {
    item <- self$items[[self$length()]]
    self$items <- self$items[-self$length()]
    item
  },
  length = function() {
    length(self$items)
  }
))
```

这导致了更自然的代码：

```
s <- Stack$new()
s$push(10)
s$push(20)
s$pop()
#> [1] 20
```

我在 ggplot2 比例尺中遇到了一个真实的线程状态示例。比例尺很复杂，因为它需要在每个分面和每个图层上组合数据。我最初使用 S3 类，但是它需要在许多函数之间传递比例数据。切换到 R6 可使代码大大简化。但是，它也带来了一些问题，因为我在修改绘图时忘记了调用 $clone()。这允许独立的绘图共享相同比例的数据，从而创建了难以跟踪的细微错误。

16.3.3 方法链

管道符 %>% 很有用，因为它提供了一个中缀运算符，可以轻松地从左到右编写函数。有趣的是，管道符对于 R6 对象不是那么重要，因为它们已经使用了中缀运算符 $。这使用户可以在单个表达式中将多个方法调用链接在一起，这种方法称为**方法链**（method chaining）：

```
s <- Stack$new()
s$
  push(10)$
  push(20)$
  pop()
#> [1] 20
```

这项技术通常在其他编程语言（例如 Python 和 JavaScript）中使用，并且通过一种约定才可以实现：任何主要因其副作用（通常是修改对象）而调用的 R6 方法都应返回 invisible(self)。

369~370 方法链的主要优点是你可以获得有用的自动完成功能。主要缺点是只有该类的创建者才能添加新方法（并且无法使用多分派）。

第四部分

元 编 程

关于 R 的最有趣的事情之一是它的**元编程**（metaprogramming）能力，也就是代码是可以通过程序检查和修改的数据的想法。这是一个强大的想法，深刻影响很多 R 代码。在最基本的层次上，它允许你执行诸如编写 `library(purrr)` 而不是 `library("purrr")` 的操作，并使 `plot(x, sin(x))` 能够在绘制 `x` 和 `sin(x)` 时自动标记坐标轴。在更深的层次上，它允许你执行诸如使用 `y～x1+x2` 的式子，代表使用 `x1` 和 `x2` 预测 `y` 值的模型，以及将 `subset(df, x == y)` 转换为 `df[df$x == df$y, , drop = FALSE]`，并且当 `db` 是远程数据库表时，使用 `dplyr::filter(db, is.na(x))` 生成 SQL 语句 `WHERE x IS NULL`。

与元编程密切相关的是**非标准评估**（non-standard evaluation，NSE）。该术语通常用于描述 R 函数的行为，它在两个方面存在问题。首先，NSE 实际上是函数参数（或多个参数）的属性，因此称 NSE 函数会有点草率。其次，用非（标准）来定义某个东西会令人困惑，因此在本书中，我将介绍更精确的词汇。

具体来说，本书着重于 tidy 计算（tidy evaluation，有时简称为 tidy eval）。tidy 计算是在 rlang 添加包 [Henry and Wickham，2018b] 中实现的，在这些章节中，我将广泛使用 rlang。这样一来，你就可以专注于一些大的创意，而不会因 R 的历史所引起的执行问题而分心。在用 rlang 介绍了每个大想法之后，我将回过头来谈论这些想法如何在 R 基础包中表达。这种过程在某些人看来可能是倒退的，但这就像是学习如何使用自动变速器而不是操纵杆来驾驶的转变：它使你可以在了解细节之前专注于全局。本书侧重于 tidy 计算的理论方面，因此你完全可以理解它的工作原理。如果你正在寻找更实用的介绍，我推荐在 https://tidyeval.tidyverse.org⊖上寻找关于 tidy 计算的书籍。 371~373

你将在以下 5 章中了解元编程和 tidy 计算：

1）第 17 章对整个元编程进行总体的概述，简要介绍所有主要组成部分以及它们如何组合成一个有凝聚力的整体。

2）第 18 章介绍所有 R 代码都可以描述为树。你将学习如何对代码树进行可视化，R 的语法规则如何将线性字符序列转换为代码树，以及如何使用递归函数来处理代码树。

3）第 19 章介绍 rlang 中的工具，可用于捕获（引用）未计算的函数参数。你还将学习

⊖ 在撰写本书时，tidy 计算的书籍仍在开发中，但是到你阅读本书时，它有望能够完成。

准引用（quasiquotation），准引用提供了一组取消引用输入的技术，使你可以轻松地从代码片段中生成新的树。

4）第 20 章继续对捕获的代码进行计算。在这里，你将了解重要的数据结构——quosure，它通过捕获要计算的代码和计算的环境来确保正确的计算。本章将展示如何将所有片段放在一起，以了解 NSE 在 R 基础包中的工作方式，以及如何编写类似于 `subset()` 的函数。

5）第 21 章结合第一类环境、语法作用域和元编程，将 R 代码翻译为其他语言（即
374 HTML 和 LaTeX）。

第 17 章

元编程概述

17.1 本章简介

元编程是本书中最难的主题，因为它汇集了许多以前不相关的主题，并迫使你应对以前可能从未考虑过的问题。你还需要学习很多新词汇，并且每个新的词汇似乎都是由你从未听说过的其他三个词定义的。即使你是使用另一种语言的经验丰富的程序员，由于很少有现代流行的语言能够揭示 R 提供的元编程水平，因此你的现有技能也不太会有帮助。因此，如果你一开始感到沮丧或困惑，请不要感到惊讶，这是每个人都会经历的自然过程！

但是我认为现在学习元编程比以往任何时候都容易。在过去的几年中，理论和实践已经日趋成熟，为你提供了坚实的基础以及可用来解决常见问题的工具。在本章中，你将了解所有主要内容的整体情况，以及它们如何组合在一起。

主要内容

本章的每一节都介绍一个大的新概念：

- 17.2 节介绍代码就是数据，并教你如何通过捕获代码来创建和修改表达式。
- 17.3 节介绍代码的树结构，称为抽象语法树。
- 17.4 节介绍如何以编程方式创建新表达式。
- 17.5 节介绍如何通过在环境中计算来执行表达式。
- 17.6 节介绍如何通过在新环境中提供自定义函数来自定义计算。 375
- 17.7 节将 17.6 节的内容拓展到自定义数据掩码，这模糊了环境和数据框之间的界限。
- 17.8 节介绍一种称为 quosure 的新数据结构，它使所有这些操作更加简单和正确。

预备工具

本章介绍了使用 rlang 的主要思想；本章的内容是你将在后面章节中学习的内容的基本概述。我们还将使用 lobstr 添加包来探索代码的树形结构。

```
library(rlang)
library(lobstr)
```

确保你还熟悉环境（7.2 节）和数据框（3.6 节）数据结构。

17.2 代码是数据

第一个大想法是，代码就是数据：你可以捕获代码并像使用其他任何类型的数据一样进行计算。捕获代码的第一种方法是使用 `rlang::expr()`。你可以认为 `expr()` 恰好返回你传递的内容：

```
expr(mean(x, na.rm = TRUE))
#> mean(x, na.rm = TRUE)
expr(10 + 100 + 1000)
#> 10 + 100 + 1000
```

更正式地说，捕获的代码称为**表达式**（expression）。表达式不是单一类型的对象，而是四种类型（调用、符号、常量或成对列表）中任何一种的总称，你将在第 18 章中详细了解。

`expr()` 可让你捕获你键入的代码。你需要使用其他工具来捕获传递给函数的代码，因
376 为 `expr()` 不起作用：

```
capture_it <- function(x) {
  expr(x)
}
capture_it(a + b + c)
#> x
```

在这里，你需要使用专门为捕获函数参数中的用户输入而设计的函数：`enexpr()`。在 exper 前增加 “enrich” 中的 “en”：`enexpr()` 接受一个惰性求值的参数并将其转换为表达式：

```
capture_it <- function(x) {
  enexpr(x)
}
capture_it(a + b + c)
#> a + b + c
```

因为 `capture_it()` 使用 `enexpr()`，所以我们说它会自动引用其第一个参数。你将在 19.2.1 节中进一步了解此词。

捕获表达式后，你可以对其进行检查和修改。复杂表达式的行为很像列表。这意味着你可以使用 `[[` 和 `$`：

```
f <- expr(f(x = 1, y = 2))

# Add a new argument
f$z <- 3
f
#> f(x = 1, y = 2, z = 3)

# Or remove an argument:
f[[2]] <- NULL
f
#> f(y = 2, z = 3)
```

调用的第一个元素是要调用的函数，这意味着第一个参数位于第二个位置。你将在 18.3 节中了解全部详细信息。

17.3 代码是树

要对表达式进行更复杂的操作，你需要完全了解它们的结构。在背后，几乎每种编程语言都将代码表示为一棵树，通常称为**抽象语法树**（Abstract Syntax Tree，AST）。R 语言可以检查和操作抽象语法树，因此显得不同寻常。 377

lobstr::ast() 是了解树状结构的一种非常方便的工具。给定一些代码，此函数将显示其背后的树结构。函数调用形成树的分支，并以矩形显示。树的叶子是符号（如 a）和常数（如 "b"）。

```
lobstr::ast(f(a, "b"))
#> █─f
#> ├─a
#> └─"b"
```

嵌套函数调用会创建更深的分支树：

```
lobstr::ast(f1(f2(a, b), f3(1, f4(2))))
#> █─f1
#> ├─█─f2
#> │ ├─a
#> │ └─b
#> └─█─f3
#>   ├─1
#>   └─█─f4
#>     └─2
```

因为所有函数形式都可以用前缀形式编写（见 6.8.2 节），所以每个 R 表达式都可以这样显示：

```
lobstr::ast(1 + 2 * 3)
#> █─`+`
#> ├─1
#> └─█─`*`
#>   ├─2
#>   └─3
```

以这种方式显示 AST 是探索 R 语法（18.4 节的主题）的有用工具。

17.4 代码能生成代码

就像从键入的代码中看到树一样，你还可以使用代码来创建新的树。有两个主要工具：call2() 和取消引用。 378

rlang::call2() 从其组成部分中构造函数调用：被调用的函数以及用来调用它的参数。

```
call2("f", 1, 2, 3)
#> f(1, 2, 3)
call2("+", 1, call2("*", 2, 3))
#> 1 + 2 * 3
```

call2() 通常便于编程，但对于交互使用而言却有些笨拙。另一种技术是通过将较简单的代码树与模板结合来构建复杂的代码树。expr() 和 enexpr() 通过 !!（发音为 bang-bang）内置了对这个想法的支持，即**取消引用运算符**（unquote operator）。

更详细的细节是 19.4 节的主题，但是基本上 !!x 会将存储在 x 中的代码树插入表达式中。这使得从简单片段构建复杂树变得容易：

```
xx <- expr(x + x)
yy <- expr(y + y)

expr(!!xx / !!yy)
#> (x + x)/(y + y)
```

请注意，输出保留了运算符的优先级，因此我们得到 `(x + x)/(y + y)` 而不是 `x + x / y + y`（即 `x + (x / y) + y`）。这很重要，特别是如果想知道将字符串粘贴在一起是否会更容易。

将其包装到函数中时，取消引用将变得更加有用，首先使用 `enexpr()` 捕获用户的表达式，然后使用 `expr()` 和 `!!` 通过模板创建新的表达式。下面的示例显示了如何生成一个计算变异系数的表达式：

```
cv <- function(var) {
  var <- enexpr(var)
  expr(sd(!!var) / mean(!!var))
}

cv(x)
#> sd(x)/mean(x)
cv(x + y)
#> sd(x + y)/mean(x + y)
```

（这种方法在这里不是很有用，但是在解决更复杂的问题时，能够创建这种构造块会非
379 常有用。）

重要的是，即使给定了奇怪的变量名称，这也可以工作：

```
cv(`)`)
#> sd(`)`)/mean(`)`)
```

处理奇怪的名称[⊖]是在生成 R 代码时避免使用 `paste()` 的另一个很好的理由。你可能会认为这是一个深奥的问题，但是这样就不需要担心在 Web 应用程序中生成 SQL 代码时导致总计花费数十亿美元的 SQL 注入攻击。

17.5 计算表达式

检查和修改代码为你提供了一组强大的工具。在**计算**（即执行或运行）表达式时，你会获得另一套功能强大的工具。表达式计算需要一个环境，该环境告诉 R 表达式中符号的含义。你将在第 20 章中了解计算的详细信息。

对表达式进行计算的主要工具是 `base::eval()`，它接受一个表达式和一个环境：

```
eval(expr(x + y), env(x = 1, y = 10))
#> [1] 11
eval(expr(x + y), env(x = 2, y = 100))
#> [1] 102
```

如果省略环境，则 eval 使用当前环境：

⊖ 从技术上讲，它们称为非语法名称，它们是 2.2.1 节的主题。

```
x <- 10
y <- 100
eval(expr(x + y))
#> [1] 110
```

手动计算代码的一大优势是可以调整环境。这样做的主要原因有两个：

- 可以临时重写函数以执行特定领域的语言。
- 要添加数据掩码，以便可以引用数据框中的变量，就像它们是环境中的变量一样。 380

17.6　使用函数进行自定义计算

上面的示例使用了将 x 和 y 绑定到向量的环境。这还不是很明显，你还可以将名字绑定到函数，从而可以覆盖现有函数的行为。这是一个很大的想法，我们将在第 21 章重新开始，我将探讨从 R 生成 HTML 和 LaTeX。下面的示例使你体会到了这种功能。在这里，我计算一个特殊环境中的代码，其中 * 和 + 已被覆盖以使用字符串而不是数字：

```
string_math <- function(x) {
  e <- env(
    caller_env(),
    `+` = function(x, y) paste0(x, y),
    `*` = function(x, y) strrep(x, y)
  )

  eval(enexpr(x), e)
}

name <- "Hadley"
string_math("Hello " + name)
#> [1] "Hello Hadley"
string_math(("x" * 2 + "-y") * 3)
#> [1] "xx-yxx-yxx-y"
```

dplyr 将这个想法做到了极致，以下代码在远程数据库中执行 SQL：

```
library(dplyr)
#>
#> Attaching package: 'dplyr'
#> The following objects are masked from 'package:stats':
#>
#>     filter, lag
#> The following objects are masked from 'package:base':
#>
#>     intersect, setdiff, setequal, union

con <- DBI::dbConnect(RSQLite::SQLite(), filename = ":memory:")
mtcars_db <- copy_to(con, mtcars)
mtcars_db %>%
  filter(cyl > 2) %>%
  select(mpg:hp) %>%
  head(10) %>%
  show_query()
#> <SQL>
#> SELECT `mpg`, `cyl`, `disp`, `hp`
#> FROM `mtcars`
#> WHERE (`cyl` > 2.0)
#> LIMIT 10

DBI::dbDisconnect(con)
```

381

17.7 使用数据进行自定义计算

重新绑定功能是一项非常强大的技术，但它往往需要大量投资。更直接的实际应用是修改计算以在数据框中而不是环境中查找变量。这个想法为基础包中的 subset() 和 transform() 函数以及许多 tidyverse 函数（例如 ggplot2::aes() 和 dplyr::mutate()）提供了支撑。可以使用 eval()，但有一些潜在的陷阱（20.6 节），因此我们改用 rlang::eval_tidy()。

除了表达式和环境，eval_tidy() 还带有一个**数据掩码**（data mask），通常是一个数据框：

```
df <- data.frame(x = 1:5, y = sample(5))
eval_tidy(expr(x + y), df)
#> [1] 2 6 5 9 8
```

使用数据掩码进行计算是一种用于交互式分析的有用技术，因为它允许你编写 x + y 而不是 df$x + df$y。但是，这种便利是有代价的：歧义。在 20.4 节中，你将学习如何使用特殊的 .data 和 .env 代词来处理歧义。

我们可以使用 enexpr() 将这种模式包装成一个函数。这给我们提供了一个非常类似于 base::with() 的函数：

382
```
with2 <- function(df, expr) {
  eval_tidy(enexpr(expr), df)
}

with2(df, x + y)
#> [1] 2 6 5 9 8
```

不幸的是，此函数有一个细微的错误，我们需要一个新的数据结构来帮助处理它。

17.8 quosure

为了使问题更明显，我将使用 with2() 进行修改。如果不进行此修改，仍然会出现这一问题，但很难发现。

```
with2 <- function(df, expr) {
  a <- 1000
  eval_tidy(enexpr(expr), df)
}
```

当我们使用 with2() 引用一个称为 a 的变量时，我们可以看到问题。我们希望 a 的值来自我们可以看到的绑定（10），而不是函数内部的绑定（1000）：

```
df <- data.frame(x = 1:3)
a <- 10
with2(df, x + a)
#> [1] 1001 1002 1003
```

出现问题是因为我们需要在捕获的表达式的编写环境（其中 a 为 10）而不是 with2() 内部的环境（其中 a 为 1000）中计算捕获的表达式。

幸运的是，我们可以通过使用新的数据结构来解决此问题：将表达式与环境捆绑在一起的 quosure。eval_tidy() 知道如何使用 quosure，因此我们要做的就是将 enexpr() 换成 enquo()：

```
with2 <- function(df, expr) {
  a <- 1000
  eval_tidy(enquo(expr), df)
}

with2(df, x + a)
#> [1] 11 12 13
```

每当使用数据掩码时，都必须始终使用 enquo() 而不是 enexpr()。这是第 20 章的主题。 383~384

第 18 章

表　达　式

18.1　本章简介

为了对语言进行计算，首先需要理解语言的结构。这需要学习一些新的词汇、一些新的工具和对 R 代码进行思考的新方法。首先是操作及其结果之间的区别。使用以下代码，该代码将变量 x 乘以 10，并将结果保存到名为 y 的新变量中。它并没有用，因为我们还没有定义变量 x：

```
y <- x * 10
#> Error in eval(expr, envir, enclos): object 'x' not found
```

如果我们可以捕获代码的意图而不执行它，那将是很好的。换句话说，我们如何将对动作的描述与动作本身分开？

一种方法是使用 rlang::expr()：

```
z <- rlang::expr(y <- x * 10)
z
#> y <- x * 10
```

expr() 返回一个表达式，该对象捕获代码的结构而不对其计算（即运行它）。如果你有表达式，则可以使用 base::eval() 计算它：

```
x <- 4
eval(z)
y
#> [1] 40
```

本章的重点是表达式基础的数据结构。掌握这些知识将使你能够检查和修改捕获的代
385 码，并使用代码生成代码。我们将在第 19 章回到 expr()，在第 20 章回到 eval()。

主要内容

- 18.2 节介绍抽象语法树（AST）的概念，并揭示了所有 R 基础包的树状结构。
- 18.3 节详细介绍支持 AST 的数据结构的详细信息：常量、符号和调用，它们统称为表达式。
- 18.4 节介绍解析（将代码中的线性字符序列转换为 AST 的动作），并使用该思想来探索 R 语法的一些细节。

- 18.5 节展示如何使用递归函数在语言上进行计算，并编写使用表达式进行计算的函数。
- 18.6 节介绍三个更专用的数据结构：成对列表、缺失参数和表达式向量。

预备工具

确保你已阅读第 17 章中的元编程概述，以全面了解本章动机和基本词汇。你还需要 rlang 添加包（https://rlang.r-lib.org）来捕获表达式并对其进行计算，需要 lobstr 添加包（https://lobstr.r-lib.org）来对它们进行可视化。

```
library(rlang)
library(lobstr)
```

18.2 抽象语法树

表达式也称为**抽象语法树**（Abstract Syntax Tree，AST），因为代码的结构是分层的，可以自然地表示为树。了解这种树结构对于检查和修改表达式（即元编程）至关重要。 386

18.2.1 绘制

我们将首先介绍绘制 AST 的一些约定，首先是一个简单的调用，显示其主要组成部分：`f(x, "y", 1)`。我将以两种方式[⊖]绘制树结构：

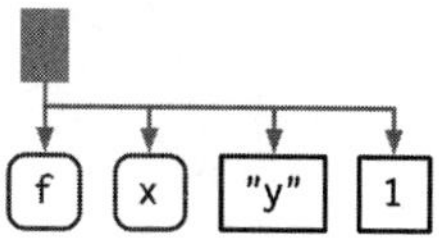

图 18-1

- 通过“手动”(例如，使用 OmniGraffle)，见图 18-1。
- 使用 `lobstr::ast()`：

```
lobstr::ast(f(x, "y", 1))
#> █─f
#> ├─x
#> ├─"y"
#> └─1
```

两种方法都尽可能共享约定：

- 树的叶子是符号，例如 `f` 和 `x`，或常数，例如 `1` 或 `"y"`。符号带有圆角。常数具有黑色边框和正方形角。字符串和符号很容易混淆，因此字符串总是用引号包含。
- 树的分支是调用对象，代表函数调用，并绘制为灰色矩形。第一个子节点（`f`）是被调用的函数；第二个和后续子节点（`x`、`"y"` 和 `1`）是该函数的参数。

当你调用 `ast()` 时，将显示颜色，但由于复杂的技术原因，在本书中不显示颜色。

上面的示例仅包含一个函数调用，因此生成了一棵非常浅的树。大多数表达式将包含更多的调用，从而创建具有多个层的树。例如，考虑 `f(g(1, 2), h(3, 4, i()))` 的 AST，见图 18-2。

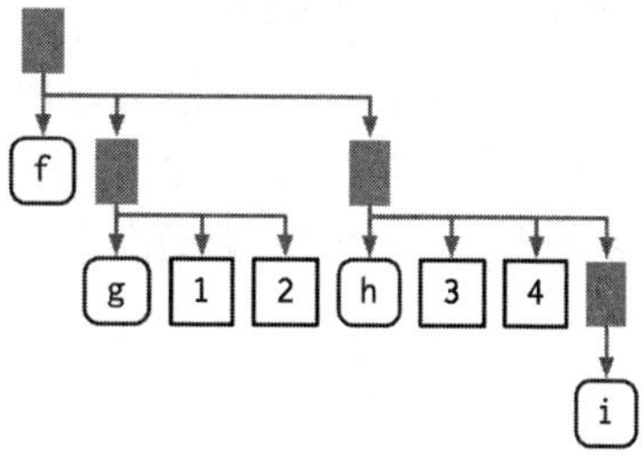

图 18-2 387

⊖ 对于更复杂的代码，你还可以使用 RStudio 的树查看器，该树查看器不遵循完全相同的图形约定，但允许你以交互方式浏览大型 AST。使用 `View(expr(f(x, "y", 1)))` 进行尝试。

```
lobstr::ast(f(g(1, 2), h(3, 4, i())))
#> █─f
#> ├─█─g
#> │ ├─1
#> │ └─2
#> └─█─h
#>   ├─3
#>   ├─4
#>   └─█─i
```

你可以从左到右（忽略垂直位置）阅读手绘图，从上到下（忽略水平位置）阅读整体图。树中的深度由函数调用的嵌套确定。这也决定了计算顺序，因为计算通常是从最深到最浅进行的，但是由于惰性求值（6.5 节）因此不能保证这一点。同时注意 `i()` 的外观，它是不带参数的函数调用，它是一个具有单个（符号）叶子的分支。

18.2.2 非代码元素

你可能想知道是什么构成了这些抽象语法树。它们是抽象的，因为它们仅捕获代码的重要结构细节，而不捕获空格或注释：

```
ast(
  f(x,  y)  # important!
)
#> █─f
#> ├─x
#> └─y
```

388 空格只在一个地方影响 AST：

```
lobstr::ast(y <- x)
#> █─`<-`
#> ├─y
#> └─x
lobstr::ast(y < -x)
#> █─`<`
#> ├─y
#> └─█─`-`
#>   └─x
```

18.2.3 中缀调用

R 中的每个调用都可以树形形式编写，因为任何调用都可以改写为前缀形式（6.8.1 节）。再次以 y <-x * 10 为例：被调用的函数是什么？它不像 f(x, 1) 那样容易发现，因为此表达式包含两个中缀调用：<- 和 *。这意味着以下两行代码是等效的：

```
y <- x * 10
`<-`(y, `*`(x, 10))
```

它们都有如图 18-3 所示的 AST[⊖]。

```
lobstr::ast(y <- x * 10)
#> █─`<-`
```

[⊖] 非前缀函数的名称是非语法的，因此我将其用 `` 括起来，如 2.2.1 节所述。

```
#> ├─y
#> └─█─`*`
#>   ├─x
#>   └─10
```
389

它们的 AST 之间确实没有区别，并且如果你生成带有前缀调用的表达式，R 仍将以中缀形式打印它：

```
expr(`<-`(y, `*`(x, 10)))
#> y <- x * 10
```

中缀运算符的应用顺序受一组称为运算符优先级的规则支配，在 18.4.1 节中，我们将使用 lobstr::ast() 进行探讨。

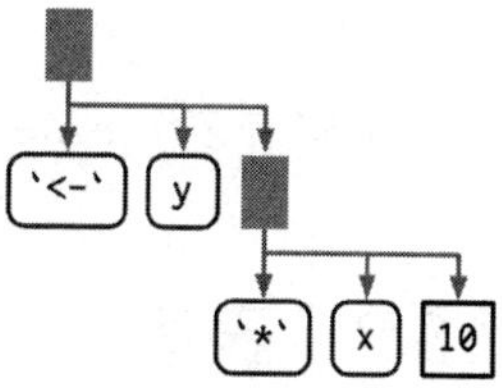

图 18-3

18.2.4 练习

1. 重建以下树所代表的代码：

```
#> █─f
#> └─█─g
#>   └─█─h
#> █─`+`
#> ├─█─`+`
#> │ ├─1
#> │ └─2
#> └─3
#> █─`*`
#> ├─█─`(`
#> │ └─█─`+`
#> │   ├─x
#> │   └─y
#> └─z
```

2. 手工绘制以下树，然后使用 lobstr::ast() 检查你的答案。

```
f(g(h(i(1, 2, 3))))
f(1, g(2, h(3, i())))
f(g(1, 2), h(3, i(4, 5)))
```

3. 下面的 AST 发生了什么？（提示：请仔细阅读 ?"^"。） 390

```
lobstr::ast(`x` + `y`)
#> █─`+`
#> ├─x
#> └─y
lobstr::ast(x ** y)
#> █─`^`
#> ├─x
#> └─y
lobstr::ast(1 -> x)
#> █─`<-`
#> ├─x
#> └─1
```

4. 下面的 AST 有什么特别之处？（提示：请重新阅读 6.2.1 节。）

```
lobstr::ast(function(x = 1, y = 2) {})
```

```
#> █─`function`
#> ├─█─x = 1
#> │ └─y = 2
#> ├─█─`{`
#> └─<inline srcref>
```

5. 带有多个 else if 条件的 if 语句的调用树是什么样的？为什么？

18.3 表达式

总的来说，AST 中存在的数据结构称为表达式。**表达式**是通过解析代码创建的基本类型集合的任何成员：常量标量、符号、调用对象和成对列表。这些是用于表示从 expr() 捕获的代码的数据结构，并且 is_expression(expr(...)) 的结果始终为真[⊖]。常量、符号和调用对象是最重要的，下面将进行讨论。成对列表和空符号更加专业，我们将在 18.6.1 节和 18.6.2 节中再次介绍它们。

注意：在 R 基础包的文档中，“表达式”用来表示两件事。除了上面的定义，表达式还用于表示由 expression() 和 parse() 返回的对象的类型，它们基本上是上面定义的表达式
391 的列表。在本书中，我将它们称为**表达式向量**（expression vector），在 18.6.3 节中将再次介绍它们。

18.3.1 常数

标量常数是 AST 的最简单组成部分。更准确地说，**常数**（constant）可以是 NULL，也可以是长度为 1 的原子向量（或标量，见 3.2.1 节），例如 TRUE、1L、2.5 或 "x"。你可以使用 rlang::is_syntactic_literal() 对常量进行检验。

用于表示常量的表达式是相同常量，因此常量是自引用的：

```
identical(expr(TRUE), TRUE)
#> [1] TRUE
identical(expr(1), 1)
#> [1] TRUE
identical(expr(2L), 2L)
#> [1] TRUE
identical(expr("x"), "x")
#> [1] TRUE
```

18.3.2 符号

符号（symbol）代表对象的名字，例如 x、mtcars 或 mean。在 R 基础包中，术语“symbol”和“name”可以互换使用（即 is.name() 与 is.symbol() 相同），但是在本书中，我始终使用“symbol”，因为“name”还有许多其他含义。

你可以通过两种方式创建符号：通过使用 expr() 捕获引用对象的代码，或使用 rlang::sym() 将字符串转换为符号：

⊖ 可以在表达式中插入任何其他基础对象，但这是不寻常的，仅在极少数情况下才需要。我们将在 19.4.7 节中回述这个想法。

```
expr(x)
#> x
sym("x")
#> x
```

你可以使用 as.character() 或 rlang::as_string() 将符号变回字符串。as_string() 的优点是可以清楚地表明你将获得长度为 1 的字符向量。

```
as_string(expr(x))
#> [1] "x"
```
392

你可以识别符号，因为它在打印时没有引号，str() 会告诉你它是符号，并且 is.symbol() 为 TRUE：

```
str(expr(x))
#>  symbol x
is.symbol(expr(x))
#> [1] TRUE
```

符号类型不是向量化的，即符号的长度始终为 1。如果要使用多个符号，则需要使用（例如）rlang::syms() 将其放入列表中。

18.3.3 调用

调用对象（call object）代表捕获的函数调用。调用对象是列表[1]的一种特殊类型，其中第一个元素指定要调用的函数（通常是符号），其余元素是该调用的参数。调用对象可以在 AST 中创建分支，因为调用可以嵌套在其他调用中。

你可以在打印时识别调用对象，因为它看起来像函数调用。令人困惑的是，typeof() 和 str() 为调用对象打印 "language"[2]，而 is.call() 返回 TRUE：

```
lobstr::ast(read.table("important.csv", row.names = FALSE))
#> █─read.table
#> ├─"important.csv"
#> └─row.names = FALSE
x <- expr(read.table("important.csv", row.names = FALSE))

typeof(x)
#> [1] "language"
is.call(x)
#> [1] TRUE
```

18.3.3.1 子集选取

调用行为通常类似于列表，也就是说，你可以使用标准的子集选取工具。调用对象的第一个元素是要调用的函数，通常是一个符号： 393

```
x[[1]]
#> read.table
is.symbol(x[[1]])
#> [1] TRUE
```

其余元素是参数：

---

[1] 更确切地说，它们是成对列表（18.6.1 节），但这种区别很少起作用。

[2] 避免使用 is.language()，对于符号、调用和表达式向量，它返回 TRUE。

```
as.list(x[-1])
#> [[1]]
#> [1] "important.csv"
#>
#> $row.names
#> [1] FALSE
```

你可以使用 [[来获取单个参数或使用 $ 来提取命名参数：

```
x[[2]]
#> [1] "important.csv"
x$row.names
#> [1] FALSE
```

你可以通过将调用对象的长度减去 1 来确定调用对象中的参数数量：

```
length(x) - 1
#> [1] 2
```

由于 R 的参数匹配规则很灵活，因此从调用中提取特定的参数具有挑战性：它可以位于任何位置，可以使用全名、缩写名称或没有名称。要变通解决此问题，你可以使用 `rlang::call_standardise()` 标准化所有参数以使用全名：

```
rlang::call_standardise(x)
#> read.table(file = "important.csv", row.names = FALSE)
```

（注意：如果函数使用 ...，则无法标准化所有参数。）

可以按照与列表相同的方式修改调用：

```
x$header <- TRUE
x
#> read.table("important.csv", row.names = FALSE, header = TRUE)
```

394

18.3.3.2　函数位置

调用对象的第一个元素是**函数位置**（function position）。它包含在计算对象时将调用的函数，通常是一个符号[⊖]：

```
lobstr::ast(foo())
#> █─foo
```

尽管 R 允许你将函数名字用引号包含，但解析器会将其转换为符号：

```
lobstr::ast("foo"())
#> █─foo
```

但是，有时该函数在当前环境中不存在，你需要进行一些计算来检索它：例如，如果该函数在另一个添加包中，检验是 R6 对象的方法还是由函数工厂创建的。在这种情况下，函数位置将被另一个调用占据，见图 18-4：

```
lobstr::ast(pkg::foo(1))
#> █─█─`::`
#> │ ├─pkg
#> │ └─foo
#> └─1
```

⊖ 特别地，它也可以是数字，如表达式 3() 所示。但是此调用始终无法计算，因为数字不是函数。

```
lobstr::ast(obj$foo(1))
#> █─█─`$`
#> │ ├─obj
#> │ └─foo
#> └─1
lobstr::ast(foo(1)(2))
#> █─█─foo
#> │ └─1
#> └─2
```

395

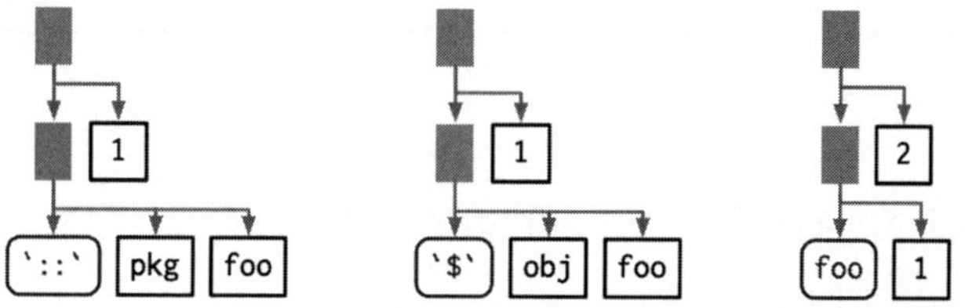

图 18-4

18.3.3.3 构造

你可以使用 rlang::call2() 从其元素构造一个调用对象。第一个参数是要调用的函数的名称（以字符串、符号或其他调用的形式来表示）。其余参数将传递给调用：

```
call2("mean", x = expr(x), na.rm = TRUE)
#> mean(x = x, na.rm = TRUE)
call2(expr(base::mean), x = expr(x), na.rm = TRUE)
#> base::mean(x = x, na.rm = TRUE)
```

以这种方式创建的中缀调用仍照常打印。

```
call2("<-", expr(x), 10)
#> x <- 10
```

使用 call2() 创建复杂的表达式有点笨拙。你将在第 19 章学习另一种技术。

18.3.4 总结

表 18-1 总结了 str() 和 typeof() 中不同表达式子类型的外观。

表 18-1

	str()	typeof()
标量常数	logi/int/num/chr	logical/integer/double/character
符号	symbol	symbol
调用对象	language	language
成对列表	Dotted pair list	pairlist
表达式向量	expression()	expression

396

尽管涵盖的类型略有不同，但 R 基础包和 rlang 均提供了用于检验每种输入类型的函数，见表 18-2。你可以轻松区分它们，因为所有基础函数均以 is 开头，而 rlang 函数以 is_ 开头。

表 18-2

	基础包	rlang
标量常数	—	is_syntactic_literal()
符号	is.symbol()	is_symbol()
调用对象	is.call()	is_call()
成对列表	is.pairlist()	is_pairlist()
表达式向量	is.expression()	—

18.3.5 练习

1. 六种原子向量中的哪两种不能出现在表达式中？为什么？同样，为什么不能创建一个包含长度大于 1 的原子向量的表达式？

2. 通过子集选取调用对象以删除第一个元素时会发生什么？例如 expr(read.csv("foo.csv", header = TRUE))[-1]。为什么？

3. 描述以下调用对象之间的区别。

```
x <- 1:10

call2(median, x, na.rm = TRUE)
call2(expr(median), x, na.rm = TRUE)
call2(median, expr(x), na.rm = TRUE)
call2(expr(median), expr(x), na.rm = TRUE)
```

4. rlang::call_standardise() 在以下调用中效果不佳。为什么？是什么让 mean() 变得特别？

```
call_standardise(quote(mean(1:10, na.rm = TRUE)))
#> mean(x = 1:10, na.rm = TRUE)
call_standardise(quote(mean(n = T, 1:10)))
#> mean(x = 1:10, n = T)
call_standardise(quote(mean(x = 1:10, , TRUE)))
#> mean(x = 1:10, , TRUE)
```

5. 为什么这段代码没有意义？

397~398

```
x <- expr(foo(x = 1))
names(x) <- c("x", "y")
```

6. 使用对 call2() 的多次调用来构造表达式 if(x > 1) "a" else"b"。代码结构如何反映 AST 的结构？

18.4 解析与语法

我们已经讨论了很多有关表达式和 AST 的问题，但没有讨论如何根据你键入的代码（例如 "x + y"）创建表达式。计算机语言采用字符串并构造表达式的过程称为**解析**（parsing），并由一组称为**语法**（grammar）的规则控制。在本节中，我们将使用 lobstr::ast() 探索 R 语法的一些细节，然后说明如何在表达式和字符串之间来回转换。

18.4.1 运算符优先级

中缀函数引入了两个歧义来源[⊖]。如图 18-5 所示，歧义的第一个来源来自中缀函数：1 + 2 * 3 产生什么？你将得到 9（即（1 + 2）* 3）还是 7（即 1 +（2 * 3））？换句话说，R 使用以下两个可能的解析树中的哪一个？

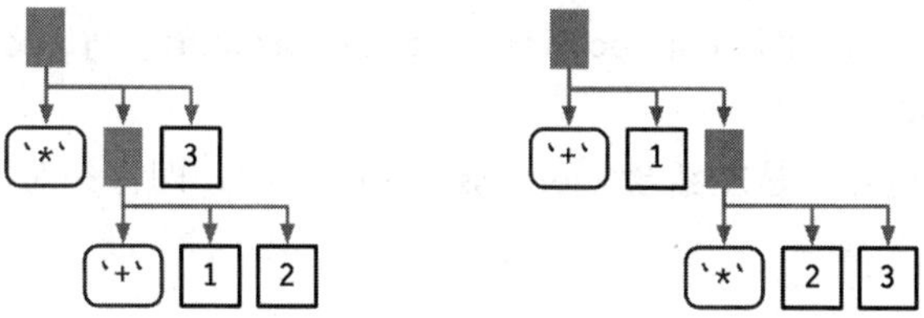

图 18-5

编程语言使用称为**运算符优先级**（operator precedence）的约定来解决这种歧义。我们可以使用 ast() 来查看 R 中的行为： 399

```
lobstr::ast(1 + 2 * 3)
#> █─`+`
#> ├─1
#> └─█─`*`
#>   ├─2
#>   └─3
```

预测算术运算的优先级通常很容易，因为它是在学校中学习的，并且在绝大多数编程语言中都是一致的。

很难预测其他运算符的优先级。R 中有一种特别令人惊讶的情况："!" 的优先级比你预期的低得多（即绑定的紧密度较低）。这使你可以编写有用的操作，例如：

```
lobstr::ast(!x %in% y)
#> █─`!`
#> └─█─`%in%`
#>   ├─x
#>   └─y
```

R 有 30 多个中缀运算符，分为 18 个优先级组。虽然在 ?Syntax 中描述了详细信息，但很少有人记住完整的命令。如果有任何混淆，请使用括号！

```
lobstr::ast((1 + 2) * 3)
#> █─`*`
#> ├─█─`(`
#> │ └─█─`+`
#> │   ├─1
#> │   └─2
#> └─3
```

请注意，AST 中括号的外观是对 (函数的调用。

⊖ 仅使用前缀或后缀调用的语言不存在这种歧义。有必要比较一下 Lisp（前缀）和 Forth（后缀）中的简单算术运算。在 Lisp 中，你要写为 (* (+1 2) 3))；通过在所有地方都需要括号来避免歧义。在 Forth 中，你将输入 1 2 + 3 *；这不需要任何括号，但是在阅读时需要更多的思考。

18.4.2 结合性

重复使用相同的中缀函数会引入歧义的第二个来源。例如，`1 + 2 + 3` 是等于 `(1 + 2) + 3` 还是等于 `1 + (2 + 3)`？这通常无关紧要，因为 `x + (y + z) == (x + y) + z`，即加法是结合的，但因为某些 S3 类以非结合的方式定义 `+`，所以此操作是必需的。例如，ggplot2 多次加载 `+` 以从简单的片段构建一个复杂的图；这是非结合的，因为较早的图层绘制在较后的图层下方（即 `geom_point() + geom_smooth()` 与 `geom_smooth() + geom_`
400 `point()` 产生的图不同）。

在 R 中，大多数运算符是**左结合**（left-associative）的，即首先对左侧进行计算：

```
lobstr::ast(1 + 2 + 3)
#> █─`+`
#> ├─█─`+`
#> │ ├─1
#> │ └─2
#> └─3
```

有两个例外：求幂和赋值。

```
lobstr::ast(2^2^3)
#> █─`^`
#> ├─2
#> └─█─`^`
#>   ├─2
#>   └─3
lobstr::ast(x <- y <- z)
#> █─`<-`
#> ├─x
#> └─█─`<-`
#>   ├─y
#>   └─z
```

18.4.3 解析与逆解析

多数情况下，你在控制台中输入代码，R 负责将你键入的字符转换为 AST。但是有时你会将代码存储在字符串中，并且想要自己解析。你可以使用 `rlang::parse_expr()` 做到这一点：

```
x1 <- "y <- x + 10"
x1
#> [1] "y <- x + 10"
is.call(x1)
#> [1] FALSE

x2 <- rlang::parse_expr(x1)
x2
#> y <- x + 10
is.call(x2)
#> [1] TRUE
```
401

`parse_expr()` 始终返回单个表达式。如果多个表达式之间用“;”或“\n”隔开，则需要使用 `rlang::parse_exprs()`。它返回一个表达式列表：

```
x3 <- "a <- 1; a + 1"
rlang::parse_exprs(x3)
#> [[1]]
```

```
#> a <- 1
#>
#> [[2]]
#> a + 1
```

如果发现自己经常使用包含代码的字符串，则应重新考虑你的过程。阅读第 19 章，考虑是否可以更安全地使用准引用生成表达式。

在 R 基础包中

与 parse_exprs() 等价的基础函数是 parse()。该函数使用起来有点困难，因为它专用于解析存储在文件中的 R 代码。你需要将字符串提供给 text 参数，它返回一个表达式向量（18.6.3 节）。我建议将输出转换为列表：

```
as.list(parse(text = x1))
#> [[1]]
#> y <- x + 10
```

解析的反过程就是**逆解析**（deparsing）：给定一个表达式，你想要生成它的字符串。当你打印表达式时，这种情况会自动发生，并且可以使用 rlang::expr_text() 获取字符串：

```
z <- expr(y <- x + 10)
expr_text(z)
#> [1] "y <- x + 10"
```

解析和逆解析不是完全对称的，因为解析会生成抽象语法树。这意味着我们失去了普通名字周围的反引号、注释和空格： 402

```
cat(expr_text(expr({
  # This is a comment
  x <-             `x` + 1
})))
#> {
#>     x <- x + 1
#> }
```

在 R 基础包中

使用 R 基础包中的等价函数 deparse() 时要小心：它返回一个字符向量，每行包含一个元素。每当使用它时，请记住输出的长度可能大于 1，并进行相应的计划。

18.4.4 练习

1. R 以两种略有不同的方式使用括号，如以下两个调用所示：

```
f((1))
`(`(1 + 1)
```

通过引用 AST 比较这两种用法。

2. = 也可以以两种方式使用。构建一个简单的示例，同时显示两种用法。

3. -2^2 产生 4 还是 -4？为什么？

4. !1 + !1 返回什么？为什么？

5. 为什么 x1 <- x2 <- x3 <- 0 起作用？描述两个原因。

6. 比较 x + y %+% z 和 x ^ y %+% z 的 AST。你了解了自定义中缀函数的优先级吗？

7. 如果使用生成多个表达式的字符串调用 parse_expr() 会发生什么？例如 parse_expr("x + 1; y + 1")。

8. 如果你尝试解析无效的表达式会怎样？例如 "a +" 或 "f())"。

403 9. 当输入很长时，deparse() 会产生向量。例如，以下调用产生长度为 2 的向量：

```
expr <- expr(g(a + b + c + d + e + f + g + h + i + j + k + l +
  m + n + o + p + q + r + s + t + u + v + w + x + y + z))

deparse(expr)
```

expr_text() 会做什么呢？

10. pairwise.t.test() 假设 deparse() 始终返回一个字符向量的长度。你可以构造违反此期望的输入吗？发生了什么？

18.5 使用递归函数遍历抽象语法树

在本章结束时，我将使用你所学的关于 AST 的所有知识来解决更复杂的问题。灵感来自基础 codetools 添加包，该添加包提供了两个有趣的功能：

- findGlobals() 可以定位函数使用到的所有全局变量。如果你希望检查函数是否无意中依赖于父环境中定义的变量，那么这将非常有用。
- checkUsage() 可以检查一系列常见问题，包括未使用的局部变量、未使用的参数和部分参数匹配的使用情况。

这些函数的所有细节都正确无误，所以我们不会充分发展这些想法。取而代之的是，我们将重点放在一个重要的基本概念上：递归遍历 AST。递归函数很自然地适合于树状数据结构，因为递归函数的两个组成部分与树的两个部分相对应：

- **递归案例**（recursive case）处理树中的节点。通常，你将对节点的每个子节点执行操作，通常再次调用递归函数，然后将结果重新组合在一起。对于表达式，你需要处理调用和成对列表（函数参数）。
- **基本情况**（base case）处理树的叶子。基本情况通过直接解决最简单的情况来确保函数最终终止。对于表达式，你需要在基本情况下处理符号和常量。

为了使这种模式更容易理解，我们需要两个辅助函数。首先，我们定义 expr_type()，它将返回 “constant”（常数）、“symbol”（符号）、“call”（调用）和 “pairlist”（成对列表）以
404 及其他任何内容的 “type”：

```
expr_type <- function(x) {
  if (rlang::is_syntactic_literal(x)) {
    "constant"
  } else if (is.symbol(x)) {
    "symbol"
  } else if (is.call(x)) {
    "call"
  } else if (is.pairlist(x)) {
    "pairlist"
  } else {
```

```
    typeof(x)
  }
}

expr_type(expr("a"))
#> [1] "constant"
expr_type(expr(x))
#> [1] "symbol"
expr_type(expr(f(1, 2)))
#> [1] "call"
```

我们将其与 switch 函数的包装一起使用：

```
switch_expr <- function(x, ...) {
  switch(expr_type(x),
    ...,
    stop("Don't know how to handle type ", typeof(x), call. = FALSE)
  )
}
```

有了这两个函数，我们可以为使用 switch() 遍历 AST 的任何函数编写一个基本模板（5.2.3 节）：

```
recurse_call <- function(x) {
  switch_expr(x,
    # Base cases
    symbol = ,
    constant = ,

    # Recursive cases
    call = ,
    pairlist =
  )
}
```

405

通常，解决基本情况很容易，因此我们将首先对其进行处理，然后检查结果。递归的情况比较棘手，并且经常需要一些泛函编程。

18.5.1 寻找 F 和 T

我们从一个简单的函数开始，这个函数可以判断一个函数是否使用了简写的逻辑符 T 和 F。代码中出现 T 和 F，通常认为是不好的。我们的目标是，如果输入包含逻辑值缩写，则返回 TRUE，否则返回 FALSE。

首先让我们找出 T 与 TRUE 的类型：

```
expr_type(expr(TRUE))
#> [1] "constant"

expr_type(expr(T))
#> [1] "symbol"
```

TRUE 被解析为长度为 1 的逻辑向量，而 T 却被解析为一个名字。这样我们就知道如何编写递归函数的基本情况：常数永远不可能是简写的逻辑符，如果符号是“F”或“T”则可能是简写的：

```
logical_abbr_rec <- function(x) {
  switch_expr(x,
    constant = FALSE,
    symbol = as_string(x) %in% c("F", "T")
  )
}

logical_abbr_rec(expr(TRUE))
#> [1] FALSE
logical_abbr_rec(expr(T))
#> [1] TRUE
```

我已经编写了 logical_abbr_rec() 函数，假设输入将是一个表达式，因为这将简化递归操作。但是，在编写递归函数时，通常会编写提供默认值或使函数易于使用的包装器。
406 我们在这里将制作一个引用其输入内容的包装器（我们将在下一章中详细了解这一内容），因此我们不必每次都使用 expr()。

```
logical_abbr <- function(x) {
  logical_abbr_rec(enexpr(x))
}

logical_abbr(T)
#> [1] TRUE
logical_abbr(FALSE)
#> [1] FALSE
```

接下来，我们需要实现递归情况。在这里，我们要对所有的调用和成对列表做同样的事情：将函数递归地应用于每个子元素，如果任何子元素包含逻辑缩写，则返回 TRUE。通过 purrr::some() 可以很容易地执行此操作，该函数遍历列表，如果判断函数对任何元素为真，则返回 TRUE。

```
logical_abbr_rec <- function(x) {
  switch_expr(x,
    # Base cases
    constant = FALSE,
    symbol = as_string(x) %in% c("F", "T"),

    # Recursive cases
    call = ,
    pairlist = purrr::some(x, logical_abbr_rec)
  )
}

logical_abbr(mean(x, na.rm = T))
#> [1] TRUE
logical_abbr(function(x, na.rm = T) FALSE)
#> [1] TRUE
```

18.5.2 寻找通过赋值创建的所有变量

logical_abbr() 相对简单：它只能返回一个单独的 TRUE 或 FALSE。下一个任务，列出通过赋值创建的所有变量，这有一点儿复杂。先从简单情况开始，然后逐步完善我们的函数。

407 我们从查看赋值运算的 AST 开始：

```
ast(x <- 10)
#> █─`<-`
#> ├─x
#> └─10
```

赋值运算是一个调用，调用的第一个元素是符号 <-，第二个元素是变量的名字，第三个元素是被赋给的值。

接下来，我们需要确定要用于结果的数据结构。在这里，我认为最简单的是返回字符向量。如果返回符号，则需要使用 list()，这会使事情变得更加复杂。

基于这一点，我们就可以开始实现基本情况并为递归函数提供有用的包装器。这里的基本情况很简单，因为我们知道符号和常量都不代表赋值。

```
find_assign_rec <- function(x) {
  switch_expr(x,
    constant = ,
    symbol = character()
  )
}
find_assign <- function(x) find_assign_rec(enexpr(x))

find_assign("x")
#> character(0)
find_assign(x)
#> character(0)
```

接下来，我们实现递归情况。通过 purrr 提供的函数会使此操作变得容易，但目前尚不存在。flat_map_chr() 期望 .f 返回任意长度的字符向量，并将所有结果展平为单个字符向量。

```
flat_map_chr <- function(.x, .f, ...) {
  purrr::flatten_chr(purrr::map(.x, .f, ...))
}

flat_map_chr(letters[1:3], ~ rep(., sample(3, 1)))
#> [1] "a" "b" "b" "b" "c" "c"
```

成对列表的递归情况很简单：我们遍历成对列表的每个元素（即每个函数参数）并组合结果。调用的情况稍微复杂一点：如果这是对 <- 的调用，那么我们应该返回该调用的第二 408
个元素：

```
find_assign_rec <- function(x) {
  switch_expr(x,
    # Base cases
    constant = ,
    symbol = character(),

    # Recursive cases
    pairlist = flat_map_chr(as.list(x), find_assign_rec),
    call = {
      if (is_call(x, "<-")) {
        as_string(x[[2]])
      } else {
        flat_map_chr(as.list(x), find_assign_rec)
      }
    }
  )
```

```
}

find_assign(a <- 1)
#> [1] "a"
find_assign({
  a <- 1
  {
    b <- 2
  }
})
#> [1] "a" "b"
```

现在，我们需要提出一些旨在破坏函数的示例，以使我们的函数更加强大。当我们多次对同一变量赋值时会发生什么？

```
find_assign({
  a <- 1
  a <- 2
})
#> [1] "a" "a"
```

409 最简单的方法是在包装器函数水平上解决此问题：

```
find_assign <- function(x) unique(find_assign_rec(enexpr(x)))

find_assign({
  a <- 1
  a <- 2
})
#> [1] "a"
```

如果我们嵌套调用 <-，会发生什么？目前，我们只返回第一个。这是因为当 <- 出现时，我们会立即终止递归。

```
find_assign({
  a <- b <- c <- 1
})
#> [1] "a"
```

相反，我们需要采取更严格的方法。我认为最好将递归函数的重点放在树形结构上，所以我将把 `find_assign_call()` 提取到一个单独的函数中。

```
find_assign_call <- function(x) {
  if (is_call(x, "<-") && is_symbol(x[[2]])) {
    lhs <- as_string(x[[2]])
    children <- as.list(x)[-1]
  } else {
    lhs <- character()
    children <- as.list(x)
  }

  c(lhs, flat_map_chr(children, find_assign_rec))
}

find_assign_rec <- function(x) {
  switch_expr(x,
    # Base cases
    constant = ,
    symbol = character(),
```

```
    # Recursive cases
    pairlist = flat_map_chr(x, find_assign_rec),
    call = find_assign_call(x)
  )
}
find_assign(a <- b <- c <- 1)
#> [1] "a" "b" "c"
find_assign(system.time(x <- print(y <- 5)))
#> [1] "x" "y"
```
410

虽然函数的完整版有点儿复杂，但要记住我们可以通过一步步编写简单的组成部分来实现它。

18.5.3 练习

1. logical_abbr() 对于 T(1, 2, 3) 返回 TRUE。如何修改 logical_abbr_rec()，使其忽略使用 T 或 F 的函数调用？

2. logical_abbr() 可用于表达式。目前，当你赋予它函数时会失败。为什么？如何修改 logical_abbr() 使其起作用？需要递归函数的哪些元素？

```
logical_abbr(function(x = TRUE) {
  g(x + T)
})
```

3. 修改 find_assign 以使用替换函数（即 names(x) <- y）来检测赋值。

4. 编写一个提取对指定函数的所有调用的函数。

18.6 专用数据结构

为了完整起见，我们需要介绍两种数据结构和一个特殊符号。但在实践中，它们通常并不重要。 411

18.6.1 成对列表

成对列表是 R 过去遗留下的痕迹，如今几乎都被列表取代。在 R[⊖]中唯一可能看到成对列表的地方是在处理对函数的调用时，因为函数的形式参数存储在成对列表中：

```
f <- expr(function(x, y = 10) x + y)

args <- f[[2]]
args
#> $x
#>
#>
#> $y
#> [1] 10
typeof(args)
#> [1] "pairlist"
```

幸运的是，每当遇到成对列表时，你都可以将其视为常规列表：

⊖ 如果你使用的是 C 语言，那么你会更频繁地遇到成对列表。例如，调用对象也可以使用成对列表来实现。

```
pl <- pairlist(x = 1, y = 2)
length(pl)
#> [1] 2
pl$x
#> [1] 1
```

在背后，成对列表使用不同的数据结构，即链表而不是数组。这使得对成对列表进行子集选取比对列表进行子集选取要慢得多，但这几乎没有实际影响。

18.6.2 缺失参数

需要进行一些额外讨论的特殊符号是空符号，用于表示缺少的参数（而不是缺少的值！）。如果你以编程方式创建参数缺失的函数，则只需要关心缺失的符号即可，我们将在
412 19.4.3 节中再次讨论。

可以使用 missing_arg()（或 expr()）制作一个空符号：

```
missing_arg()
typeof(missing_arg())
#> [1] "symbol"
```

空符号不会显示任何内容，因此可以使用 rlang::is_missing() 检查是否存在空符号：

```
is_missing(missing_arg())
#> [1] TRUE
```

你会在函数表达式中找到它们：

```
f <- expr(function(x, y = 10) x + y)
args <- f[[2]]
is_missing(args[[1]])
#> [1] TRUE
```

这对于 ... 尤其重要，它总是与空符号关联：

```
f <- expr(function(...) list(...))
args <- f[[2]]
is_missing(args[[1]])
#> [1] TRUE
```

空符号具有一个特殊的属性：如果将其绑定到变量，然后访问该变量，则会出现错误：

```
m <- missing_arg()
m
#> Error in eval(expr, envir, enclos): argument "m" is missing, with no
#> default
```

但是，如果将其存储在另一个数据结构中，则不会！

```
ms <- list(missing_arg(), missing_arg())
ms[[1]]
```

如果需要保留变量的缺失，rlang::maybe_missing() 通常会很有帮助。它使你可以引
413 用可能丢失的变量而不会触发错误。有关用例和更多详细信息，请参见相关文档。

18.6.3 表达式向量

最后，我们需要简要讨论的是表达式向量。表达式向量仅由基本函数 expression() 和

parse() 产生：

```
exp1 <- parse(text = c("
x <- 4
x
"))
exp2 <- expression(x <- 4, x)

typeof(exp1)
#> [1] "expression"
typeof(exp2)
#> [1] "expression"

exp1
#> expression(x <- 4, x)
exp2
#> expression(x <- 4, x)
```

像调用和成对列表一样，表达式向量的行为类似于列表：

```
length(exp1)
#> [1] 2
exp1[[1]]
#> x <- 4
```

从概念上讲，表达式向量只是表达式的列表。唯一的区别是，在表达式上调用 eval() 会计算每个单独的表达式。我不认为这种优势值得引入新的数据结构，因此，我只使用表达式列表来代替表达式向量。 414

第 19 章

准　引　用

19.1 本章简介

现在你已经了解 R 代码的树形结构，是时候回到使 `expr()` 和 `ast()` 起作用的基本思想之一了：引用。在 tidy 计算中，所有引用函数实际上都是准引用函数，因为它们还支持取消引用。在引用是捕获未计算表达式的动作的情况下，**取消引用**是选择性地计算如果不求值则将被引用的表达式部分的能力。两者结合在一起，称为准引用。准引用使创建函数变得轻松，这些函数将函数作者编写的代码与函数用户编写的代码结合在一起。这有助于解决各种具有挑战性的问题。

准引用是 tidy 计算的三个支柱之一。在第 20 章中，你将学习另外两个支柱（quosure 和数据掩码）。准引用单独使用时，对编程（尤其是生成代码）最有用。而将其与其他技术结合使用时，tidy 计算将成为强大的数据分析工具。

主要内容

- 19.2 节通过使用函数 `cement()` 来推动准引用的发展，该函数的作用类似于 `paste()`，但是会自动引用其参数，因此你不必这样做。
- 19.3 节为你提供引用表达式的工具，无论它们来自你还是用户，也无论是使用 rlang 还是 R 基础包的工具。
- 19.4 节介绍 rlang 添加包中的引用函数和基本引用函数之间的最大区别：使用 !! 和 !!! 的取消引用。
- 19.5 节讨论 R 基础包的函数用来禁止引用行为的三种主要的非引用技术。
415 - 19.6 节探讨可以使用 !!! 的另一个位置，即带有 ... 的函数。它还引入了特殊的 := 运算符，该运算符使你可以动态更改参数名称。
- 19.7 节展示一些引用的实际用法，以解决自然需要一些代码生成的问题。
- 19.8 节为感兴趣的人介绍一些准引用的历史。

预备工具

确保你已阅读第 17 章关于元编程的概述，以大致了解动机和基本词汇，并且熟悉 18.3 节中所述的表达式树结构。

在代码方面，我们将主要使用 rlang（https://rlang.r-lib.org）中的工具，但是在本章的最后，你还将看到一些与 purrr（https://purrr.tidyverse.org）有关的强大应用。

```
library(rlang)
library(purrr)
```

相关工作

引用函数与 Lisp **宏**（macros）有很深的联系。但是宏通常是在编译时运行的，R 中不存在宏，它们总是输入和输出 AST。关于在 R 中实现它们的一种方法请参见 Lumley[2001]。引用函数与较为深奥的 Lisp fexprs（http://en.wikipedia.org/wiki/Fexpr）密切相关，该函数默认情况下所有参数都被引用。在寻找其他编程语言的相关工作时，这些术语很有用。

19.2 动机

我们将从一个具体的示例开始，该示例有助于激发取消引用的必要性，从而激发准引用的需求。想象一下，通过将单词组合在一起创建了许多字符串：

```
paste("Good", "morning", "Hadley")
#> [1] "Good morning Hadley"
paste("Good", "afternoon", "Alice")
#> [1] "Good afternoon Alice"
```

416

你已经厌倦了编写所有这些引号，而是只想使用裸露的单词。为此，你编写了以下函数。（现在不必担心实现，你稍后将了解这些内容。）

```
cement <- function(...) {
  args <- ensyms(...)
  paste(purrr::map(args, as_string), collapse = " ")
}

cement(Good, morning, Hadley)
#> [1] "Good morning Hadley"
cement(Good, afternoon, Alice)
#> [1] "Good afternoon Alice"
```

正式地，此函数引用其所有输入。你可以将其视为自动在每个参数周围加上引号。这并不完全正确，因为它生成的中间对象是表达式，而不是字符串，但这是一个有用的近似，也是术语“引用”的根本含义。

这个函数很好，因为我们不再需要键入引号。当要使用变量时，问题就来了。在 paste() 中使用变量很容易：不需用引号将它们包含。

```
name <- "Hadley"
time <- "morning"

paste("Good", time, name)
#> [1] "Good morning Hadley"
```

显然，这不适用于 cement()，因为每个输入都会自动加引号：

```
cement(Good, time, name)
#> [1] "Good time name"
```

417

我们需要某种方法来显式取消对输入的引用，以告诉 cement() 删除自动引号。在这里，我们需要将 time 和 name 与 Good 区别对待。准引用为我们提供了一个标准的工具 !!，称为“取消引用”，发音为 bang-bang。!! 告诉引用函数删除隐式引号：

```
cement(Good, !!time, !!name)
#> [1] "Good morning Hadley"
```

直接比较 cement() 和 paste() 非常有用。paste() 计算其参数，因此必须在需要的地方加引号；cement() 引用了它的参数，因此必须在需要的地方取消引用。

```
paste("Good", time, name)
cement(Good, !!time, !!name)
```

19.2.1 词汇

被引用的参数和被计算的参数之间的区别很重要：

- **被计算的**参数遵守 R 的通常计算规则。
- **被引用的**参数由函数捕获，并以某种自定义方式处理。

paste() 计算其所有参数；cement() 引用其所有参数。

如果你不确定某个参数是被引用的还是被计算的，请尝试在函数之外执行代码。如果它不起作用或执行其他操作，则该参数是被引用的。例如，你可以使用此技术确定对 library() 的第一个参数是被引用的：

```
# works
library(MASS)

# fails
MASS
#> Error in eval(expr, envir, enclos): object 'MASS' not found
```

谈论参数是被引用还是被计算是一种更精确的方式来说明函数是否使用非标准计算（NSE）。有时，我会使用“引用函数”作为引用一个或多个参数的函数的简写，但是通常，我会谈论被引用的参数，因为这是区别的适用级别。

19.2.2 练习

418 1. 对于以下 R 基础包代码中的每个函数，请标识哪些参数被引用，以及哪些被计算。

```
library(MASS)
mtcars2 <- subset(mtcars, cyl == 4)

with(mtcars2, sum(vs))
sum(mtcars2$am)

rm(mtcars2)
```

2. 对于以下 tidyverse 代码中的每个函数，请标识哪些参数被引用以及哪些被计算。

```
library(dplyr)
library(ggplot2)

by_cyl <- mtcars %>%
  group_by(cyl) %>%
```

```
  summarise(mean = mean(mpg))

ggplot(by_cyl, aes(cyl, mean)) + geom_point()
```

19.3 引用

准引用的第一部分是引用：捕获表达式而不对其进行计算。我们需要一对函数，因为可以通过惰性求值的函数参数直接或间接提供表达式。我将从 rlang 引用函数开始，然后再回溯到 R 基础包提供的函数。

19.3.1 捕获表达式

有 4 个重要的引用功能。对于交互式探索，最重要的是 expr()，它完全按照提供的内容捕获其参数：

```
expr(x + y)
#> x + y
expr(1 / 2 / 3)
#> 1/2/3
```

419

（请记住，空格和注释不是表达式的一部分，因此不会被引用函数捕获。）

expr() 非常适合进行交互式探索，因为它可以捕获开发人员键入的内容。在函数内部没有那么有用：

```
f1 <- function(x) expr(x)
f1(a + b + c)
#> x
```

我们需要另一个函数来解决此问题：enexpr()。该函数通过查看支撑惰性求值的内部 promise 对象来捕获调用者提供给函数的内容（6.5.1 节）。

```
f2 <- function(x) enexpr(x)
f2(a + b + c)
#> a + b + c
```

（参照“enrich”来称呼它为“en”-expr()。丰富某人会使其变得更富有；enexpr() 使一个参数成为一个表达式。）

要捕获 ... 中的所有参数，请使用 enexprs()。

```
f <- function(...) enexprs(...)
f(x = 1, y = 10 * z)
#> $x
#> [1] 1
#>
#> $y
#> 10 * z
```

最后，exprs() 可用于交互式地创建表达式列表：

```
exprs(x = x ^ 2, y = y ^ 3, z = z ^ 4)
# shorthand for
# list(x = expr(x ^ 2), y = expr(y ^ 3), z = expr(z ^ 4))
```

简而言之，使用 enexpr() 和 enexprs() 捕获用户作为参数提供的表达式。使用 expr()

和 exprs() 捕获你提供的表达式。

19.3.2　捕获符号

有时，你只希望允许用户指定变量名，而不是任意表达式。在这种情况下，可以使用
420 ensym() 或 ensyms()。这些是 enexpr() 和 enexprs() 的变体，它们检查捕获的表达式是符号还是字符串（将被转换为符号[1]）。如果给出其他任何内容，ensym() 和 ensyms() 会引发错误。

```
f <- function(...) ensyms(...)
f(x)
#> [[1]]
#> x
f("x")
#> [[1]]
#> x
```

19.3.3　R 基础包中的引用

上面介绍的每个 rlang 函数在 R 基础包中都有一个等价函数。它们的主要区别是基础包中的等价函数不支持取消引用（我们将很快讨论）。因此它们具有引用函数，而不是准引用函数。

expr() 在基础包中的等价函数是 quote()：

```
quote(x + y)
#> x + y
```

最接近 enexpr() 的基本函数是 substitute()：

```
f3 <- function(x) substitute(x)
f3(x + y)
#> x + y
```

与 exprs() 等效的基础包函数是 alist()：

```
alist(x = 1, y = x + 2)
#> $x
#> [1] 1
#>
#> $y
421 #> x + 2
```

与 enexprs() 等效的是没有文档的 substitute()[2]：

```
f <- function(...) as.list(substitute(...()))
f(x = 1, y = 10 * z)
#> $x
#> [1] 1
#>
#> $y
#> 10 * z
```

---

[1] 这是为了与 R 基础包兼容，它允许你在许多地方提供字符串而不是符号："x" <- 1，"foo"(x, y)，c("x" = 1)。

[2] 由 Peter Meilstrup 发现并于 2018 年 8 月 13 日在 R-devel（http://r.789695.n4.nabble.com/substitute-on-arguments-in-ellipsis-quot-dot-dot-dot-quot-td4751658.html）中进行描述。

我们还将在其他地方介绍另外两个重要的基础包引用函数：

- bquote() 提供了有限形式的准引用，将在 19.5 节中讨论。
- ~，公式，是一个引用函数，还可以捕获环境。这是 quosure 的灵感来源（下一章的主题），将在 20.3.4 节进行讨论。

19.3.4 替换

通常你会看到 substitute() 用于捕获未计算的参数。但是，除了引用之外，substitute() 也会进行替换（顾名思义！）。如果给它一个表达式，而不是一个符号，它将替换当前环境中定义的符号值。

```
f4 <- function(x) substitute(x * 2)
f4(a + b + c)
#> (a + b + c) * 2
```

我认为这会使代码难以理解，因为如果将代码从上下文中取出，则无法确定 substitute(x + y) 的目标是替换 x、y 还是两者都替换。如果你确实想使用 substitute() 进行替换，我建议你使用第二个参数来明确目标：

```
substitute(x * y * z, list(x = 10, y = quote(a + b)))
#> 10 * (a + b) * z
```
422

19.3.5 总结

引用（即捕获代码）时，有两个重要区别：

- 它是由代码开发人员还是代码用户提供的？换句话说，它是固定的（在函数的主体中提供）还是变化的（通过参数提供）？
- 你要捕获单个表达式还是多个表达式？

这将为 rlang（见表 19-1）和 R 基础包（见表 19-2）生成 2×2 函数表。

表 19-1 rlang 准引用函数

	开发人员	用户
一个	expr()	enexpr()
多个	exprs()	enexprs()

表 19-2 R 基础包引用函数

	开发人员	用户
一个	quote()	substitute()
多个	alist()	as.list(substitute(...()))

19.3.6 练习

1. 如何实现 expr()？查看其源代码。
2. 比较以下两个函数。你可以在运行之前预测输出吗？

```
f1 <- function(x, y) {
  exprs(x = x, y = y)
}
```

```
f2 <- function(x, y) {
  enexprs(x = x, y = y)
}
f1(a + b, c + d)
f2(a + b, c + d)
```
423

3. 如果尝试将 enexpr() 与表达式一起使用（即 enexpr(x + y)），会发生什么？如果 enexpr() 传递了缺失参数，会发生什么？

4. exprs(a) 和 exprs(a =) 有何不同？考虑它们的输入和输出。

5. exprs() 和 alist() 之间的其他区别是什么？阅读文档获取 exprs() 的命名参数以查找它们的区别。

6. substitute() 的文档中提道：

通过检查解析树的每个元素来进行替换，如下所示：

- 如果它不是 env 中的绑定符号，则不会更改。
- 如果它是一个 promise 对象（即函数的形式参数），则 promise 表达式的 slot 将替换符号。
- 如果它是一个普通变量，则将其值替换。除非 env 是 .GlobalEnv，在这种情况下，该符号将保持不变。

为上述每种情况创建示例以进行说明。

19.4　取消引用

到目前为止，你仅看到 rlang 引用函数对于 R 基础包引用函数具有相对较小的优势：它们具有更一致的命名方案。最大的区别在于，rlang 引用函数实际上是准引用函数，因为它们也可以取消引用。

取消引用使你可以有选择性地计算如果不求值则将被引用的参数部分，从而有效地使你可以使用 AST 模板合并 AST。由于基础函数不使用取消引用，因此它们使用了多种其他技术，你将在 19.5 节中了解到。

取消引用是引用的逆形式。它允许你有选择地计算 expr() 中的代码，以便 expr(!!x) 等价于 x。在第 20 章中，你将学习另一种逆向操作，即求值（evaluation）。这发生在 expr()
424 外部，使得 eval(expr(x)) 等价于 x。

19.4.1　取消引用单个参数

采用 !! 取消引用函数调用中的单个参数。!! 接受一个表达式，对其求值，然后将结果内联到 AST 中。

```
x <- expr(-1)
expr(f(!!x, y))
#> f(-1, y)
```

我认为用图表最容易理解。!! 在 AST 中引入占位符，并用虚线边框显示。在这里，占位符 x 替换为 AST（用点线表示）。见图 19-1。

对于调用对象，!! 也适用于符号和常量，见图 19-2：

```
a <- sym("y")
b <- 1
```

```
expr(f(!!a, !!b))
#> f(y, 1)
```

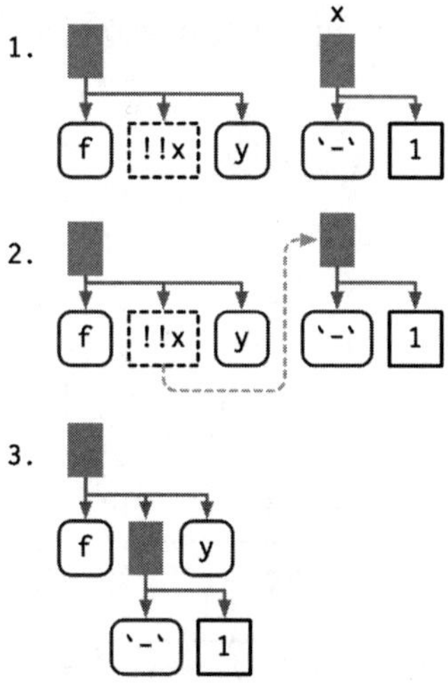

图 19-1

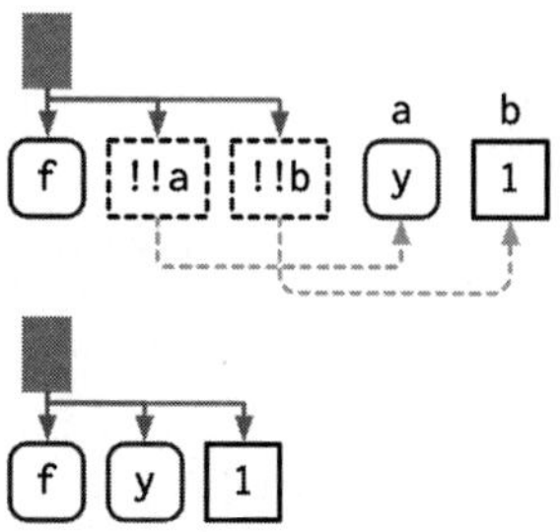

图 19-2 425

如果 !! 右侧是一个函数调用，!! 将对其进行计算并插入结果：

```
mean_rm <- function(var) {
  var <- ensym(var)
  expr(mean(!!var, na.rm = TRUE))
}
expr(!!mean_rm(x) + !!mean_rm(y))
#> mean(x, na.rm = TRUE) + mean(y, na.rm = TRUE)
```

!! 保留运算符优先级，因为它可与表达式一起使用。见图 19-3。

```
x1 <- expr(x + 1)
x2 <- expr(x + 2)

expr(!!x1 / !!x2)
#> (x + 1)/(x + 2)
```

如果我们仅将表达式的文本粘贴在一起，则最终得到 `x + 1 / x + 2`，它们具有非常不同的 AST，见图 19-4。

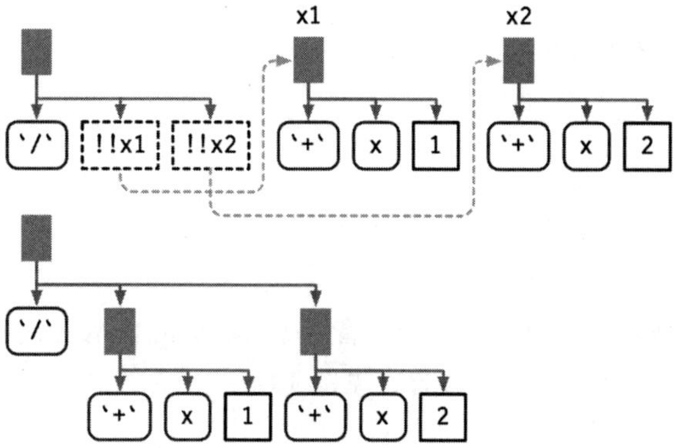

图 19-3

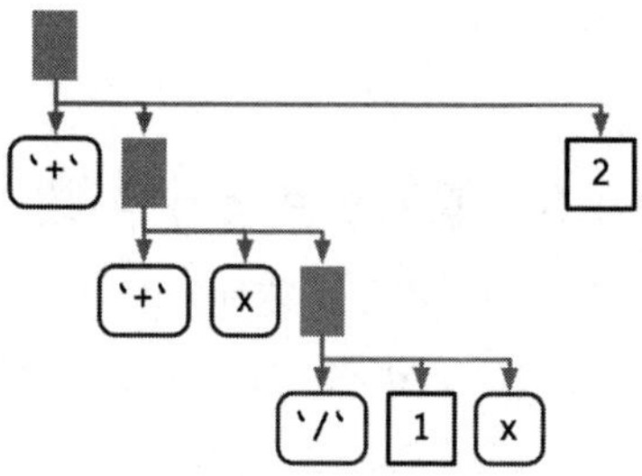

图 19-4

19.4.2　取消引用单个函数

!! 最常用于替换函数参数，但是你也可以使用它来替换函数。这里唯一的挑战是运算符优先级：expr(!!f(x, y)) 取消对 f(x, y) 的结果的引用，因此需要额外的一对括号。

```
f <- expr(foo)
expr((!!f)(x, y))
#> foo(x, y)
```

当 f 是调用时，也同样适用见图 19-5：

426~427

```
f <- expr(pkg::foo)
expr((!!f)(x, y))
#> pkg::foo(x, y)
```

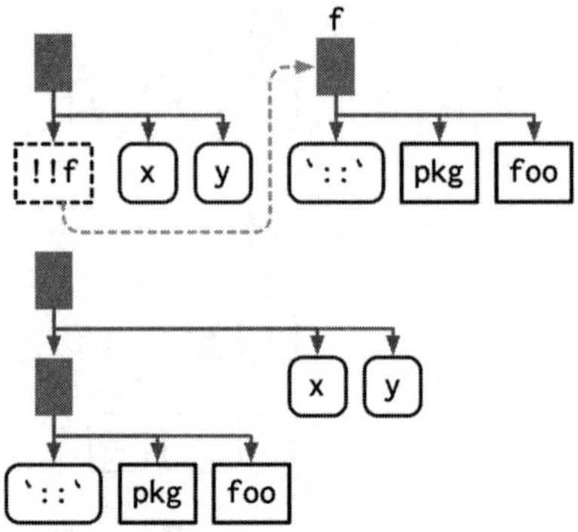

图　19-5

由于包含大量括号，因此使用 rlang::call2() 会更清楚：

```
f <- expr(pkg::foo)
call2(f, expr(x), expr(y))
#> pkg::foo(x, y)
```

19.4.3　取消引用单个缺失参数

有时，取消引用缺失参数（18.6.2 节）很有用，但是简单的方法不起作用：

```
arg <- missing_arg()
expr(foo(!!arg, !!arg))
#> Error in enexpr(expr): argument "arg" is missing, with no default
```

你可以使用 rlang::maybe_missing() 帮助解决此问题：

```
expr(foo(!!maybe_missing(arg), !!maybe_missing(arg)))
#> foo(, )
```

19.4.4　在特殊形式中取消引用

有一些特殊的形式，其中的引用是语法错误。以 $ 为例：它必须始终跟随一个变量名，
428 而不是另一个表达式。这意味着尝试在 $ 中取消引用将因语法错误而失败：

```
expr(df$!!x)
#> Error: unexpected '!' in "expr(df$!"
```

要取消引用，你需要使用前缀形式（6.8.1 节）：

```
x <- expr(x)
expr(`$`(df, !!x))
#> df$x
```

19.4.5　取消引用多个参数

!! 是一对一的替换。!!!（称为“取消引用 - 拼接”，发音为 bang-bang-bang）是一对多的替换。它获取一个表达式列表，并将其插入 !!! 的位置，见图 19-6：

```
xs <- exprs(1, a, -b)
expr(f(!!!xs, y))
```

```
#> f(1, a, -b, y)

# Or with names
ys <- set_names(xs, c("a", "b", "c"))
expr(f(!!!ys, d = 4))
#> f(a = 1, b = a, c = -b, d = 4)
```

!!! 可以在带有 ... 的任何 rlang 函数中使用，无论 ... 是被引用的或被计算的。我们将在 19.6 节中再次讨论这一点；现在请注意，这在 call2() 中可能很有用。 429

```
call2("f", !!!xs, expr(y))
#> f(1, a, -b, y)
```

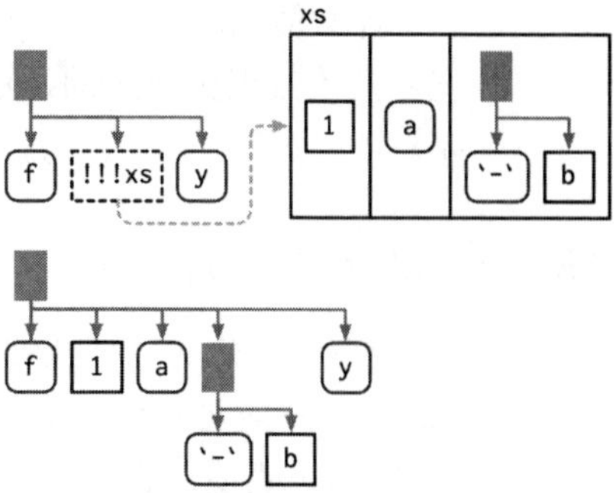

图 19-6

19.4.6　!! 的说明

到目前为止，似乎 !! 和 !!! 是像 +、- 和 ! 一样的常规前缀运算符。但事实并不是这样。从 R 的角度来看，!! 和 !!! 只是重复使用 !：

```
!!TRUE
#> [1] TRUE
!!!TRUE
#> [1] FALSE
```

在由 rlang 提供支持的所有引用函数中，!! 和 !!! 的表现有些特别，它们的行为类似于具有一元 + 和 - 优先级的真运算符。这需要在 rlang 中进行大量工作，但是这意味着你可以编写 !!x + !!y 而不是 (!!x) + (!!y)。

使用伪运算符的最大缺点[⊖]是，在准引用函数之外滥用 !! 时你可能会得到无声的错误。在大多数情况下，这不是问题，因为 !! 通常用于取消对表达式或 quosure 的引用。由于否定运算符不支持表达式，因此在这种情况下，你将得到一个参数类型错误：

```
x <- quote(variable)
!!x
#> Error in !x: invalid argument type
```

但是，使用数值时，你会得到无声的错误结果：

```
df <- data.frame(x = 1:5)
y <- 100
with(df, x + !!y)
#> [1] 2 3 4 5 6
```

鉴于这些缺点，你可能想知道为什么我们引入新语法而不是使用常规函数调用。确实，tidy 计算的早期版本使用了诸如 UQ() 和 UQS() 之类的函数调用。但是，它们并不是真正的 430
函数调用，并且假设它们会导致误导性思维模式。我们选择了 !! 和 !!! 作为最糟糕的解决方案：

⊖ 在 R 3.5.1 之前，还有另一个主要缺点：R 的逆分析器将 !!x 视为 !(!x)。这就是为什么在旧版本的 R 中打印表达式时可能会看到多余的括号。好消息是这些括号不是真实的，并且在大多数情况下可以安全地忽略。坏消息是，如果你将打印输出解析为 R 代码，它们将变为现实。由于 !(!x) 不会取消引用，因此这些双向函数将无法按预期工作。

- 它们在视觉上很强大，看起来不像现有语法。当你看到 `!!x` 或 `!!!x` 时，很明显发生了异常情况。
- 它们会覆盖很少使用的语法，因为在 R 中双重否定不是常见的模式[⊖]。如果确实需要，可以添加括号 `!(!x)`。

19.4.7　非标准 AST

取消引用后，创建非标准 AST（即包含非表达式成分的 AST）很容易。（也可以通过直接操作基础对象来创建非标准 AST，但是有时这样做很难。）这些是有效的，有时是有用的，但是它们的正确使用超出了本书的范围。但是，了解它们很重要，因为它们可能会以误导性的方式被逆解析和打印。

例如，如果你内联更复杂的对象，则不会打印它们的属性。这可能导致输出混乱：

```
x1 <- expr(class(!!data.frame(x = 10)))
x1
#> class(list(x = 10))
eval(x1)
#> [1] "data.frame"
```

你有两个主要的工具可以减少这种混淆：`rlang::expr_print()` 和 `lobstr::ast()`：

```
expr_print(x1)
#> class(<data.frame>)
lobstr::ast(!!x1)
#> █─class
#> └─<inline data.frame>
```

如果内联整数序列，则会出现另一种令人困惑的情况：

```
x2 <- expr(f(!!c(1L, 2L, 3L, 4L, 5L)))
x2
#> f(1:5)
expr_print(x2)
#> f(<int: 1L, 2L, 3L, 4L, 5L>)
lobstr::ast(!!x2)
#> █─f
#> └─<inline integer>
```

还可以创建由于运算符优先级而无法从代码生成的常规 AST。在这种情况下，R 将打
431 印 AST 中不存在的括号：

```
x3 <- expr(1 + !!expr(2 + 3))
x3
#> 1 + (2 + 3)

lobstr::ast(!!x3)
#> █─`+`
#> ├─1
#> └─█─`+`
#>   ├─2
#>   └─3
```

⊖ 与 JavaScript 不同，JavaScript 中的 `!!x` 是将整数型转换为逻辑型的常用快捷方式。

19.4.8 练习

1. 考虑以下组成部分：

```
xy <- expr(x + y)
xz <- expr(x + z)
yz <- expr(y + z)
abc <- exprs(a, b, c)
```

使用准引用构造以下调用：

```
(x + y) / (y + z)
-(x + z) ^ (y + z)
(x + y) + (y + z) - (x + y)
atan2(x + y, y + z)
sum(x + y, x + y, y + z)
sum(a, b, c)
mean(c(a, b, c), na.rm = TRUE)
foo(a = x + y, b = y + z)
```

432

2. 以下两个调用打印看似相同的结果，但实际上不同：

```
(a <- expr(mean(1:10)))
#> mean(1:10)
(b <- expr(mean(!!(1:10))))
#> mean(1:10)
identical(a, b)
#> [1] FALSE
```

两者有什么不同？哪一种更自然？

19.5 非引用

R 基础包具有一个实现准引用的函数：bquote()。它使用 .() 取消引用：

```
xyz <- bquote((x + y + z))
bquote(-.(xyz) / 2)
#> -(x + y + z)/2
```

R 基础包中的任何其他函数均未使用 bquote()，并且对 R 代码的编写方式影响较小。有效使用 bquote() 面临三个挑战：

- 它仅能与你的代码一起轻松使用；很难将其应用于用户提供的任意代码。
- 它不提供允许你取消引用存储在列表中的多个表达式的取消引用 - 拼接运算符。
- 它缺乏处理伴随环境的代码的能力，这对于在数据框的上下文中计算代码的函数（例如 subset() 等）至关重要。

引用参数的基础函数使用其他技术来允许间接指定。R 基础包的方法有选择地关闭引用，而不是使用取消引用，因此我将其称为**非引用**（non-quoting）技术。 433

在 R 基础包中有四种基本形式：

- 一对引用和非引用函数。例如，$ 有两个参数，第二个参数被引用。如果你以前缀形式编写，将更容易看清：mtcars$cyl 等价于 \`$\`(mtcars, cyl)。如果要间接引用变量，请使用 [[，因为它将变量名作为字符串。

```
x <- list(var = 1, y = 2)
var <- "y"

x$var
#> [1] 1
x[[var]]
#> [1] 2
```

还有三个与 $ 密切相关的引用函数：subset()、transform() 和 with()。这些被视为 $ 的包装，仅适合交互式使用，因此它们都有相同的非引用替代方案：[

<-/ assign() 和 ::/getExportedValue() 的作用类似于 $/[。

- 一对引用和非引用的参数。例如，rm() 允许你在 ... 中提供裸露的变量名，或在 list 中提供变量名的字符向量：

```
x <- 1
rm(x)

y <- 2
vars <- c("y", "vars")
rm(list = vars)
```

data() 和 save() 的工作方式类似。

- 一个参数，控制另一个参数是否带引号。例如，在 library() 中，character.only 参数控制第一个参数 package 的引用行为：

```
library(MASS)

pkg <- "MASS"
library(pkg, character.only = TRUE)
```

434 demo()、detach()、example() 和 require() 的工作方式类似。

- 如果计算失败，则引用。例如，如果 help() 的第一个计算参数为字符串，则该参数非引用。如果计算失败，则第一个参数被引用。

```
# Shows help for var
help(var)

var <- "mean"
# Shows help for mean
help(var)

var <- 10
# Shows help for var
help(var)
```

ls()、page() 和 match.fun() 的工作方式相似。

引用函数的另一重要类是基础包的建模和绘图函数，它们遵循所谓标准的非标准计算规则：http://developer.r-project.org/nonstandard-eval.pdf。例如，lm() 引用 weight 和 subset 参数，并且与公式参数一起使用时，绘图函数引用美学参数（col、cex 等）。采取以下代码：我们只需要使用 col = Species 而不是 col = iris$Species。见图 19-7。

```
palette(RColorBrewer::brewer.pal(3, "Set1"))
plot(
  Sepal.Length ~ Petal.Length,
```

```
  data = iris,
  col = Species,
  pch = 20,
  cex = 2
)
```

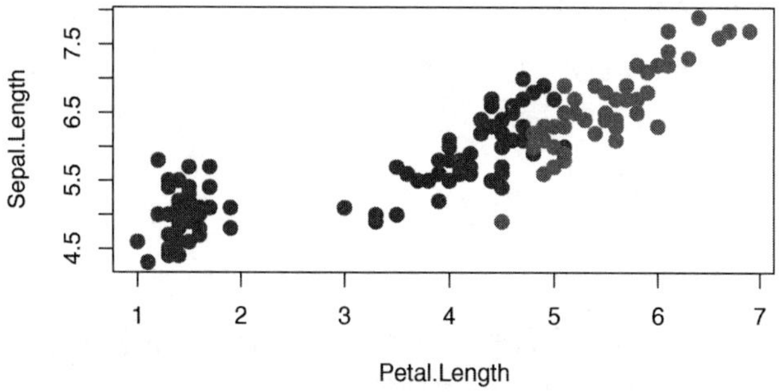

图　19-7

435

这些函数没有用于间接指定的内置选项，但是你将在 20.6 节中学习如何模拟取消引用。

19.6　“...”

!!! 之所以有用，是因为你希望插入调用中的表达式列表并不罕见。事实证明，这种模式在其他地方很常见。提出以下两个激励性问题：

- 如果要放入 ... 的元素已经存储在列表中，该怎么办？例如，假设你有一个想要通过 rbind() 连接的数据框列表：

```
dfs <- list(
  a = data.frame(x = 1, y = 2),
  b = data.frame(x = 3, y = 4)
)
```

  你可以使用 rbind(dfsa, dfsb) 解决此特定情况，但是如何将该解决方案推广到任意长度的列表呢？

- 如果要间接提供参数名称，该怎么办？例如，假设你想创建一个单列数据框，其中列名在变量中指定：

```
var <- "x"
val <- c(4, 3, 9)
```

  在这种情况下，你可以创建一个数据框，然后更改名称（即 setNames(data.frame(val), var)），但这感觉不佳。我们如何做得更好？

  考虑这些问题的一种方法是借鉴准引用的思想：

- 将多个数据框进行行绑定就像取消引用一样，我们希望将列表的各个元素内联到调用中：

```
dplyr::bind_rows(!!!dfs)
#>   x y
#> 1 1 2
#> 2 3 4
```

436

在此上下文中使用时，!!! 在 Ruby、Go、PHP 和 Julia 中被称为“spatting”。它与 Python 中的 `*args`（star-args）和 `**kwarg`（star-star-kwargs）密切相关，有时也称为参数解压缩。

- 第二个问题就像对 `=` ：的左侧取消引用，而不是从字面上解释 `var`，我们要使用存储在名为 `var` 的变量中的值：

```
tibble::tibble(!!var := val)
#> # A tibble: 3 x 1
#>       x
#>   <dbl>
#> 1     4
#> 2     3
#> 3     9
```

请注意使用 := (发音为冒号 - 等于)，而不是 =。不幸的是，我们需要此新操作，因为 R 的语法不允许将表达式用作参数名称：

```
tibble::tibble(!!var = value)
#> Error: unexpected '=' in "tibble::tibble(!!var ="
```

:= 就像是一个遗留器官：R 的解析器可以识别它，但是没有任何关联的代码。它看起来像一个 =，但在任一侧都允许使用表达式，从而使其成为 = 的更灵活替代。它在 data.table 中出于类似的原因而被使用。

R 基础包中采用了不同的方法，我们将在 19.6.4 节中回到这里。

我们称支持这些工具的函数（不带引用参数）具有 **tidy 点**（tidy dot）⊖。要在自己的函数中获得 tidy 点的行为，你所需要做的就是使用 `list2()`。

19.6.1　例子

我们可以使用 `list2()` 的一个地方是围绕 `attributes()` 创建一个包装器，使我们可以
437 灵活地设置属性：

```
set_attr <- function(.x, ...) {
  attr <- rlang::list2(...)
  attributes(.x) <- attr
  .x
}

attrs <- list(x = 1, y = 2)
attr_name <- "z"

1:10 %>%
  set_attr(w = 0, !!!attrs, !!attr_name := 3) %>%
  str()
#>  int [1:10] 1 2 3 4 5 6 7 8 9 10
#>  - attr(*, "w")= num 0
#>  - attr(*, "x")= num 1
#>  - attr(*, "y")= num 2
#>  - attr(*, "z")= num 3
```

⊖ 诚然，这不是最具创造力的名称。但这清楚地表明它是在一些内容之后再添加到 R 中的东西。

19.6.2 exec()

如果你想将此技术与没有 tidy 点的函数一起使用怎么办？一种选择是使用 rlang::exec() 调用带有直接（在 ... 中）提供的某些参数和间接（在列表中）提供的其他参数的函数：

```
# Directly
exec("mean", x = 1:10, na.rm = TRUE, trim = 0.1)
#> [1] 5.5

# Indirectly
args <- list(x = 1:10, na.rm = TRUE, trim = 0.1)
exec("mean", !!!args)
#> [1] 5.5

# Mixed
params <- list(na.rm = TRUE, trim = 0.1)
exec("mean", x = 1:10, !!!params)
#> [1] 5.5
```

rlang::exec() 也可以间接提供参数名称：

```
arg_name <- "na.rm"
arg_val <- TRUE
exec("mean", 1:10, !!arg_name := arg_val)
#> [1] 5.5
```
438

最后，如果你要使用相同的参数调用函数名称向量或函数列表，这将非常有用：

```
x <- c(runif(10), NA)
funs <- c("mean", "median", "sd")

purrr::map_dbl(funs, exec, x, na.rm = TRUE)
#> [1] 0.444 0.482 0.298
```

exec() 与 call2() 密切相关；其中 call2() 返回一个表达式，exec() 对其计算。

19.6.3 dots_list()

list2() 提供了另一个方便的功能：默认情况下，它将在最后忽略所有空参数。这在 tibble::tibble() 之类的函数中很有用，因为这意味着你可以轻松更改变量的顺序而不必担心最后的逗号：

```
# Can easily move x to first entry:
tibble::tibble(
  y = 1:5,
  z = 3:-1,
  x = 5:1,
)

# Need to remove comma from z and add comma to x
data.frame(
  y = 1:5,
  z = 3:-1,
  x = 5:1
)
```

list2() 是 rlang::dots_list() 的包装，默认设置为最常用的设置。你可以通过直接调用 dots_list() 来进行更多控制：

- .ignore_empty 使你可以精确控制要忽略的参数。默认忽略单个尾随参数来获得上
439 述行为，但是你可以选择忽略所有缺失参数，或者不忽略任何缺失参数。
- .homonoyms 控制如果多个参数使用相同名称的话选择哪个参数：

```
str(dots_list(x = 1, x = 2))
#> List of 2
#>  $ x: num 1
#>  $ x: num 2
str(dots_list(x = 1, x = 2, .homonyms = "first"))
#> List of 1
#>  $ x: num 1
str(dots_list(x = 1, x = 2, .homonyms = "last"))
#> List of 1
#>  $ x: num 2
str(dots_list(x = 1, x = 2, .homonyms = "error"))
#> Error: Arguments can't have the same name.
#> We found multiple arguments named `x` at positions 1 and 2
```

- 如果有不忽略的空参数，.preserve_empty 控制如何处理它们。默认抛出错误；设置 .preserve_empty = TRUE 会返回缺失的符号。如果你使用 dots_list() 来生成函数调用，这将很有用。

19.6.4 R 基础包中的应用

R 基础包中提供了一个好方法来解决这些问题：do.call()。do.call() 有两个主要参数。第一个参数是 what，指定调用的函数。第二个参数 args 是要传递给该函数的参数列表，因此 do.call("f", list(x, y, z)) 等价于 f(x, y, z)。

- do.call() 提供了一个简单的解决方案，使用 rbind() 将许多数据框组合在一起：

```
do.call("rbind", dfs)
#>   x y
#> a 1 2
#> b 3 4
```

- 需要使用 do.call() 做更多的工作来解决第二个问题。我们首先创建一个参数列表
440 并命名，然后使用 do.call()：

```
args <- list(val)
names(args) <- var

do.call("data.frame", args)
#>   x
#> 1 4
#> 2 3
#> 3 9
```

一些基本函数（包括 interact()、expand.grid()、options() 和 par()）通过一种技巧避免使用 do.call()：如果 ... 的第一个元素是列表，它们将采用其元素而不是 ... 的其他元素。类似于如下实现：

```
f <- function(...) {
  dots <- list(...)
  if (length(dots) == 1 && is.list(dots[[1]])) {
    dots <- dots[[1]]
  }
```

```
  # Do something
  ...
}
```

避免 do.call() 的另一种方法是在 Duncan Temple Lang 编写的 RCurl::getURL() 函数中找到。getURL() 同时将 ... 和 .dots 串联在一起，看起来像这样：

```
f <- function(..., .dots) {
  dots <- c(list(...), .dots)
  # Do something
}
```

在我发现它的时候，我发现这项技术特别引人注目，因此你可以看到它在整个 tidyverse 中都得到了使用。但是现在，我更喜欢前面描述的方法。

19.6.5 练习

1. 一种实现 exec() 的方法如下所示。描述它是如何工作的。它的关键思想是什么？

```
exec <- function(f, ..., .env = caller_env()) {
  args <- list2(...)
  do.call(f, args, envir = .env)
}
```
441

2. 仔细阅读 interaction()、expand.grid() 和 par() 的源代码。比较它们用于在点和列表行为之间进行切换的技术。

3. 使用 set_attr() 的定义解释以下问题

```
set_attr <- function(x, ...) {
  attr <- rlang::list2(...)
  attributes(x) <- attr
  x
}
set_attr(1:10, x = 10)
#> Error in attributes(x) <- attr: attributes must be named
```

19.7 案例学习

为了使准引用的概念具体化，本节包含一些利用它来解决实际问题的案例研究。一些案例研究也使用了 purrr：我发现准引用和函数式编程的结合特别优雅。

19.7.1 libstr::ast()

准引用使我们可以使用 lobstr::ast() 解决一个烦人的问题：如果我们已经捕获了表达式，会发生什么？

```
z <- expr(foo(x, y))
lobstr::ast(z)
#> z
```

因为 ast() 引用了它的第一个参数，所以我们可以使用 !!： 442

```
lobstr::ast(!!z)
#> █─foo
#> ├─x
#> └─y
```

19.7.2 通过 map 和 reduce 生成代码

准引用为我们提供了强大的代码生成工具，尤其是与 purrr::map() 和 purr::reduce() 结合使用时。例如，假设你有一个由以下系数指定的线性模型：

```
intercept <- 10
coefs <- c(x1 = 5, x2 = -4)
```

你想将其转换为 10 + (x1 * 5) + (x2 * -4) 这样的表达式。我们需要做的第一件事是将字符名称向量转换为符号列表。rlang::syms() 专为这种情况而设计：

```
coef_sym <- syms(names(coefs))
coef_sym
#> [[1]]
#> x1
#>
#> [[2]]
#> x2
```

接下来，我们需要将每个变量名称及其系数组合在一起。我们可以通过将 rlang::expr() 与 purrr::map2() 结合使用来实现：

```
summands <- map2(coef_sym, coefs, ~ expr((!!.x * !!.y)))
summands
#> [[1]]
#> (x1 * 5)
#>
#> [[2]]
#> (x2 * -4)
```

在这种情况下，截距也是总和的一部分，尽管它不涉及乘法。我们可以将其添加到
443 summands 向量的开头：

```
summands <- c(intercept, summands)
summands
#> [[1]]
#> [1] 10
#>
#> [[2]]
#> (x1 * 5)
#>
#> [[3]]
#> (x2 * -4)
```

最后，我们需要通过将各个部分加在一起变为将单个项（9.5 节）：

```
eq <- reduce(summands, ~ expr(!!.x + !!.y))
eq
#> 10 + (x1 * 5) + (x2 * -4)
```

我们可以使这一点更加通用，通过允许用户提供系数的名称将其索引到一个变量中，而不是假设许多不同的变量。

```
var <- expr(y)
coef_sym <- map(seq_along(coefs), ~ expr((!!var)[[!!.x]]))
coef_sym
#> [[1]]
#> y[[1L]]
```

```
#>
#> [[2]]
#> y[[2L]]
```

最后，将其包装在一个函数中：

```
linear <- function(var, val) {
  var <- ensym(var)
  coef_name <- map(seq_along(val[-1]), ~ expr((!!var)[[!!.x]]))

  summands <- map2(val[-1], coef_name, ~ expr((!!.x * !!.y)))
  summands <- c(val[[1]], summands)

  reduce(summands, ~ expr(!!.x + !!.y))
}

linear(x, c(10, 5, -4))
#> 10 + (5 * x[[1L]]) + (-4 * x[[2L]])
```

444

注意 ensym() 的用法：我们希望用户提供单个变量的名称，而不是更复杂的表达式。

19.7.3　切片数组

R 基础包缺少的一个有用的工具，即提取给定维度和索引的数组切片的能力。例如，我们要编写 slice(x, 2, 1) 沿第二维提取第一个切片，即 x[, 1,]。这是一个中等挑战性的问题，因为它需要处理缺失参数。

我们需要生成带有多个缺失参数的调用。我们首先使用 rep() 和 missing_arg() 生成缺失参数的列表，然后将它们取消引用，拼接为一个调用：

```
indices <- rep(list(missing_arg()), 3)
expr(x[!!!indices])
#> x[, , ]
```

然后，我们使用子集分配将索引插入所需的位置：

```
indices[[2]] <- 1
expr(x[!!!indices])
#> x[, 1, ]
```

然后，我们使用多个 stopifnot() 将其包装为一个函数，以使接口清晰：

```
slice <- function(x, along, index) {
  stopifnot(length(along) == 1)
  stopifnot(length(index) == 1)

  nd <- length(dim(x))
  indices <- rep(list(missing_arg()), nd)
  indices[[along]] <- index

  expr(x[!!!indices])
}

x <- array(sample(30), c(5, 2, 3))
slice(x, 1, 3)
#> x[3, , ]
slice(x, 2, 2)
#> x[, 2, ]
slice(x, 3, 1)
#> x[, , 1]
```

445

一个真正的 slice() 会计算所生成的调用（第 20 章），但是在这里，我认为查看所生成的代码更具启发性，因为这是挑战的难点。

19.7.4　生成函数

引用的另一个强大应用是使用 rlang::new_function() 手动创建函数。它是一个通过以下三个部分（6.2.1 节）创建函数的函数：自变量、主体和（可选）环境：

```
new_function(
  exprs(x = , y = ),
  expr({x + y})
)
#> function (x, y)
#> {
#>     x + y
#> }
```

注意：exprs() 中的空参数会生成没有默认值的参数。

new_function() 的一种用法是带有标量或符号参数的函数工厂的替代方法。例如，我们可以编写一个函数，该函数生成计算数字幂的函数。

```
power <- function(exponent) {
  new_function(
    exprs(x = ),
    expr({
      x ^ !!exponent
    }),
    caller_env()
  )
}
power(0.5)
#> function (x)
#> {
#>     x^0.5
#> }
```

446

new_function() 的另一个应用是用于类似于 graphics::curve() 的函数，它使你可以在不创建函数的情况下绘制数学表达式，见图 19-8：

```
curve(sin(exp(4 * x)), n = 1000)
```

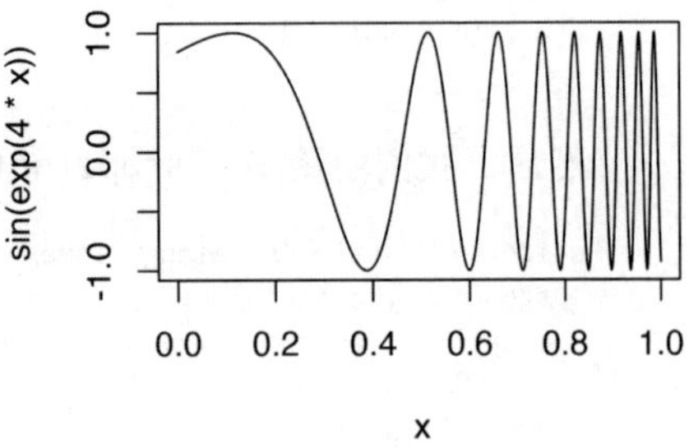

图　19-8

在此代码中，x 是代词：它不代表单个具体值，而是占位符，它在绘图范围内变化。一种实现 curve() 的方法是将该表达式转换为具有单个参数 x 的函数，然后调用该函数：

```
curve2 <- function(expr, xlim = c(0, 1), n = 100) {
  expr <- enexpr(expr)
  f <- new_function(exprs(x = ), expr)

  x <- seq(xlim[1], xlim[2], length = n)
  y <- f(x)

  plot(x, y, type = "l", ylab = expr_text(expr))
}
curve2(sin(exp(4 * x)), n = 1000)
```

使用包含代词的表达式的函数（诸如 curve() 之类）称为**回指**函数（anaphoric function）[1]。 447

19.7.5 练习

1. 在线性模型示例中，我们可以用 call2() 替换 reduce(summands, ~expr(!!.x + !!.y)) 中的 expr()：reduce(summands, call2, "+")。比较这两种方法。你认为哪种更容易阅读？

2. 使用取消引用和 new_function() 重新实现下面定义的 Box-Cox 变换：

```
bc <- function(lambda) {
  if (lambda == 0) {
    function(x) log(x)
  } else {
    function(x) (x ^ lambda - 1) / lambda
  }
}
```

3. 使用准引用和 new_function() 重新实现下面定义的简单 compose()：

```
compose <- function(f, g) {
  function(...) f(g(...))
}
```

19.8 历史

准引用是一个古老的想法。它是由哲学家 Willard van Orman Quine[2]在 20 世纪 40 年代初提出的。哲学上需要它，因为它在精确描述单词的使用和提及（即区分对象和我们用来指代该对象的单词）时会有所帮助。

准引用最早是在 20 世纪 70 年代中期用于编程语言 Lisp[Bawden，1999]。Lisp 具有一个引号函数“`”，并使用“,”来取消引用。大多数具有 Lisp 传统的语言的行为都相似。例如，Racket（使用 ` 和 @）、Clojure（使用 ` 和 ~）和 Julia（使用 : 和 @）都具有准引用工具，与 Lisp 仅有细微差别。这些语言只有一个引用函数，你必须显式调用它。 448

但是，在 R 中，许多函数引用一个或多个输入。这引入了歧义（因为你需要阅读文档以确定是否引用了参数），但是允许使用简洁明了的数据探究代码。在 R 基础包中，只有一个函数支持准引用：bquote()，由 Thomas Lumley 于 2003 年编写。但是，bquote() 有一些主要限制，使其无法对 R 代码产生广泛影响（19.5 节）。

我试图解决这些局限性而建立了 lazyeval 添加包（2014—2015）。不幸的是，我对问题的分析是不完整的，而 lazyeval 解决了一些问题，但又创造了其他问题。直到我开始与 Lionel Henry 合作解决这个问题，所有方面最终都落实到位，我们创建了完整的评估框架（2017）。尽管出现了 tidy 计算，但我还是在这里介绍这些内容，因为它是一种丰富而有力的理论，一旦掌握，就会使许多难题变得更加容易。 449

---

[1] 回指（anaphoric）来自语言学术语“anaphora”，指下文的词返指上文的词。可以在 Arc（http://www.arcfn.com/doc/anaphoric.html）（一种类似 Lisp 的语言）、Perl（http://www.perlmonks.org/index.pl?node_id=666047） 和 Clojure（http://amalloy.hubpages.com/hub/Unhygenic-anaphoric-Clojure-macros-for-fun-and-profit）中找到回指函数。

[2] 你可能会因“quines”而对 Quine 的名字很熟悉，计算机程序在运行时会返回其自身源的复制。

第 20 章

计　　算

20.1　本章简介

引用面向用户的相对操作是取消引用：它使用户能够选择性地计算如果不求值则将被引用的参数部分。引用面向开发人员的补充操作是计算：这使开发人员有能力在自定义环境中对引用的表达式进行计算以实现特定目标。

本章首先讨论计算的最纯粹的形式。你将学习 `eval()` 如何在环境中对表达式进行计算，如何将其用于实现许多重要的 R 基础包函数。掌握基础知识之后，你将学习增强鲁棒性所需的计算扩展知识。有两个大的新想法：

- quosure：一种数据结构，用于捕获表达式及其关联的环境，可用于函数参数。
- 数据掩码：它使得能够在数据框的上下文中更容易对表达式进行计算。这引入了潜在的计算歧义，我们将使用数据代词来解决。

准引用、quosure 和数据掩码共同构成了我们所谓的 **tidy 计算**（tidy evaluation，简称 tidy eval）。tidy 计算为非标准计算提供了一种原则性的方法，从而可以交互使用这些函数并与其他函数一起嵌入。tidy 计算是所有理论中最重要的实践应用，因此我们将花一些时间来探讨其含义。本章最后讨论 R 基础包中最接近的相关方法，以及如何绕过它们的缺点进行编程。

主要内容

450～451
- 20.2 节讨论使用 `eval()` 进行计算的基础，并说明如何使用它来实现诸如 `local()` 和 `source()` 之类的关键函数。
- 20.3 节介绍一种新的数据结构，即 quosure，该结构将表达式与环境结合在一起。你将学习如何从约定（promise）中获取 quosure，并使用 `rlang::eval_tidy()` 对其进行计算。
- 20.4 节使用数据掩码对计算进行扩展，这使得将环境中绑定的符号与数据框中的变量混合在一起变得不再困难。
- 20.5 节显示如何在实践中使用 tidy 计算，着重于常见的引用和取消引用模式，以及如何使用代词处理歧义。
- 20.6 节回到 R 基础包中的计算，讨论了一些弊端，并说明了如何使用准引用和计算来包装使用 NSE 的函数。

预备工具

你需要熟悉第 18 章和第 19 章的内容，以及环境数据结构（7.2 节）和调用者环境（7.5 节）。

我们将继续使用 rlang（https://rlang.r-lib.org）和 purrr（https://purrr.tidyverse.org）。

```
library(rlang)
library(purrr)
```

20.2 计算基础

在这里，我们将探讨上一章中简要提到的 eval() 的详细内容。它有两个关键参数：expr 和 envir。第一个参数 expr 是要计算的对象，通常是符号或表达式⊖。没有任何计算函数会引用它们的输入，因此通常将它们与 expr() 或类似函数一起使用： 452

```
x <- 10
eval(expr(x))
#> [1] 10

y <- 2
eval(expr(x + y))
#> [1] 12
```

第二个参数 env 给出了要在其中计算表达式的环境，即在哪里寻找 x、y 的值和 +。默认情况下，这是当前环境，即 eval() 的调用环境，但是如果需要，你可以覆盖它：

```
eval(expr(x + y), env(x = 1000))
#> [1] 1002
```

第一个参数是被计算的，而不是被引用的，如果你使用自定义环境而忘记手动引用，则可能导致混淆的结果：

```
eval(print(x + 1), env(x = 1000))
#> [1] 11
#> [1] 11

eval(expr(print(x + 1)), env(x = 1000))
#> [1] 1001
```

现在，你已经了解了基础知识，让我们探索一些应用程序。我们将主要关注你以前可能使用过的 R 基础包函数，并使用 rlang 重新实现基本原理。

20.2.1 应用：local()

有时，你需要执行大量计算来创建一些中间变量。中间变量没有长期用途，可能会很大，因此你不希望保留它们。一种方法是在使用后通过 rm() 清理；另一个方法是将代码包装在一个函数中，然后只调用一次。一种更优雅的方法是使用 local()： 453

```
# Clean up variables created earlier
rm(x, y)
```

⊖ 所有其他对象在计算时都会获得其自身，即 eval(x) 将产生 x，除非 x 是符号或表达式。

```
foo <- local({
  x <- 10
  y <- 200
  x + y
})

foo
#> [1] 210
x
#> Error in eval(expr, envir, enclos): object 'x' not found
y
#> Error in eval(expr, envir, enclos): object 'y' not found
```

local() 的本质非常简单，并在下面重新实现。我们捕获输入表达式，并创建一个新的环境对其进行计算。这是一个新环境（因此赋值不会影响现有环境），而调用者环境为父环境（因此 expr 仍可以访问该环境中的变量）。这可以像在函数内部一样有效地模拟运行 expr（即在词法作用域内，见 6.4 节）。

```
local2 <- function(expr) {
  env <- env(caller_env())
  eval(enexpr(expr), env)
}

foo <- local2({
  x <- 10
  y <- 200
  x + y
})

foo
#> [1] 210
x
#> Error in eval(expr, envir, enclos): object 'x' not found
y
#> Error in eval(expr, envir, enclos): object 'y' not found
```

了解 base::local() 的工作方式比较困难，因为它以相当复杂的方式一起使用 eval() 和 substitute()。如果你确实想了解 substitute() 和基础包的 eval() 函数的精妙之处，
454 则确切地了解其中发生的事情是一种很好的做法，因此它们包含在下面的练习中。

20.2.2 应用：source()

我们可以通过将 eval() 与 18.4.3 节中的 parse_expr() 组合来创建 source() 的简单版本。我们从磁盘读取文件，使用 parse_expr() 将字符串解析为表达式列表，然后使用 eval() 依次对每个元素进行计算。这个版本计算调用者环境中的代码，并且像 base::source() 一样无形地返回文件中最后一个表达式的结果。

```
source2 <- function(path, env = caller_env()) {
  file <- paste(readLines(path, warn = FALSE), collapse = "\n")
  exprs <- parse_exprs(file)

  res <- NULL
  for (i in seq_along(exprs)) {
    res <- eval(exprs[[i]], env)
  }
```

```
  invisible(res)
}
```

真正的 source() 非常复杂，因为它可以返回输入和输出，并具有许多其他设置来控制其行为。

表达式向量

base::eval() 对于表达式向量具有特殊的行为，依次评估每个元素。这使得 source2() 的实现非常紧凑，因为 base::parse() 还会返回一个表达式对象：

```
source3 <- function(file, env = parent.frame()) {
  lines <- parse(file)
  res <- eval(lines, envir = env)
  invisible(res)
}
```

尽管 source3() 比 source2() 简洁得多，但这是表达式向量的唯一优势。总的来说，我认为这样做的好处不会超过引入新数据结构的成本，因此，本书避免了使用表达式向量。 455

20.2.3 陷阱：function()

如果你使用 eval() 和 expr() 生成函数，则应该注意一个小陷阱：

```
x <- 10
y <- 20
f <- eval(expr(function(x, y) !!x + !!y))
f
#> function(x, y) !!x + !!y
```

该函数似乎无法正常运行，但其实可以：

```
f()
#> [1] 30
```

这是因为，如果有效的话，函数会打印其 srcref 属性（6.2.1 节），并且因为 srcref 是存在于 R 基础包中的功能，所以它不知道准引用。

要变通解决此问题，请使用 new_function()（19.7.4 节）或删除 srcref 属性：

```
attr(f, "srcref") <- NULL
f
#> function (x, y)
#> 10 + 20
```

20.2.4 练习

1. 仔细阅读 source() 的文档。默认情况下使用什么环境？如果提供 local = TRUE 会发生什么？如何提供自定义环境？

2. 预测以下代码行的结果：

```
eval(expr(eval(expr(eval(expr(2 + 2))))))
eval(eval(expr(eval(expr(eval(expr(2 + 2)))))))
expr(eval(expr(eval(expr(eval(expr(2 + 2)))))))
```

3. 填写下面的函数体，使用 sym() 和 eval() 重新实现 get()，并使用 sym()、expr()

456 和 eval() 重新实现 assign()。不必担心选择 get() 和 assign() 的支持环境的多种方式；假设用户明确提供了它。

```
# name is a string
get2 <- function(name, env) {}
assign2 <- function(name, value, env) {}
```

4. 修改 source2()，使其返回每个表达式的结果，而不仅仅是最后一个。你可以消除 for 循环吗？

5. 通过分布在多行上，我们可以使 base::local() 稍微容易理解：

```
local3 <- function(expr, envir = new.env()) {
  call <- substitute(eval(quote(expr), envir))
  eval(call, envir = parent.frame())
}
```

解释 local() 的工作方式。(提示：你可能希望 print(call) 以帮助了解 substitute() 的作用，并阅读文档以提醒自己 new.env() 将继承什么环境。)

20.3 quosure

几乎每次使用 eval() 都涉及表达式和环境。这种结合非常重要，以至于我们需要一个可以容纳这两部分的数据结构。R 基础包中没有这样的结构[⊖]，因此 rlang 使用 quosure 填补了空白，quoure 是一个包含表达式和环境的对象。该名称是引用（quote）和闭包（closure）合并的代名词，因为 quosure 既引用了表达式又包围了环境。quosure 将内部 promise 对象（6.5.1 节）化为可编程的对象。

457 在本节中，你将学习如何创建和操作 quosure，以及有关其实现方式的一些知识。

20.3.1 创建

可以通过以下三种方法来创建目标：

- 使用 enquo() 和 enquos() 捕获用户提供的表达式。绝大部分的 quosure 都应以这种方式创建。

```
foo <- function(x) enquo(x)
foo(a + b)
#> <quosure>
#> expr: ^a + b
#> env:  global
```

- 存在 quo() 和 quos() 来与 expr() 和 exprs() 匹配，但是仅出于完整性考虑将它们包括在内，很少使用它们。如果发现自己正在使用它们，请仔细考虑 expr() 和仔细的取消引用是否可以消除捕获环境的需要。

```
quo(x + y + z)
#> <quosure>
#> expr: ^x + y + z
#> env:  global
```

⊖ 从技术上讲，公式将表达式和环境结合在一起，但是公式与建模紧密结合在一起，因此使得创建新的数据结构变得有意义。

- new_quosure() 从其组件创建 quosure：表达式和环境。在实践中，这很少需要，但对学习很有用，因此在本章中经常使用。

```
new_quosure(expr(x + y), env(x = 1, y = 10))
#> <quosure>
#> expr: ^x + y
#> env:  0x7f87b9cc5fb8
```

20.3.2 计算

将 quosure 与新的计算函数 eval_tidy() 配对，该函数采用单个 quosure 而不是表达式 - 环境对。使用起来很简单：

```
q1 <- new_quosure(expr(x + y), env(x = 1, y = 10))
eval_tidy(q1)
#> [1] 11
```

458

对于这种简单情况，eval_tidy(q1) 基本上是 eval(get_expr(q1), get_env(q2)) 的快捷方式。但是，它具有两个重要的功能，你将在本章的后面部分学习：它支持嵌套 quosure（20.3.5 节）和代词（20.4.2 节）。

20.3.3 点

通常情况下，quosure 只是一种便利：它们使代码更整洁，因为你只需传递一个对象，而不是两个。但是，在使用 ... 时，它们是必不可少的，因为传递给 ... 的每个参数都可能与不同的环境相关联。在以下示例中，请注意，两个 quosure 都具有相同的表达式 x，但环境不同：

```
f <- function(...) {
  x <- 1
  g(..., f = x)
}
g <- function(...) {
  enquos(...)
}

x <- 0
qs <- f(global = x)
qs
#> <list_of<quosure>>
#>
#> $global
#> <quosure>
#> expr: ^x
#> env:  global
#>
#> $f
#> <quosure>
#> expr: ^x
#> env:  0x7f87bab6aa10
```

这意味着当你计算它们时，会得到正确的结果：

```
map_dbl(qs, eval_tidy)
#> global      f
#>      0      1
```

459

正确地计算 ... 的元素是发展 quosure 的最初动机之一。

20.3.4 quosure 的开发过程

R 的公式启发了人们的好奇心，因为公式捕获了一个表达式和一个环境：

```
f <- ~runif(3)
str(f)
#> Class 'formula'  language ~runif(3)
#>   ..- attr(*, ".Environment")=<environment: R_GlobalEnv>
```

tidy 计算的早期版本使用公式而不是 quosure，因为 ~ 的一个吸引人的特征是它只需要一次输入即可引用。但是，不幸的是，没有干净的方法可以使准引用函数生效。

quosure 是公式的子类：

```
q4 <- new_quosure(expr(x + y + z))
class(q4)
#> [1] "quosure" "formula"
```

这就意味着，像公式一样，quaquoe 是调用对象：

```
is_call(q4)
#> [1] TRUE

q4[[1]]
#> `~`
q4[[2]]
#> x + y + z
```

具有存储环境的属性：

```
attr(q4, ".Environment")
#> <environment: R_GlobalEnv>
```

如果你需要提取表达式或环境，请不要依赖这些实现细节。取而代之的是，使用 `get_expr()` 和 `get_env()`：

```
get_expr(q4)
#> x + y + z
get_env(q4)
#> <environment: R_GlobalEnv>
```

460

20.3.5 嵌套 quosure

可以使用准引用将 quosure 嵌入表达式中。这是一个高级工具，大多数时候你都不需要考虑它，因为它可以运行，但是我在这里谈论它是为了让你了解嵌套 quosure，而不会在见到它时感到困惑。以这个示例为例，它将两个 quosure 内联到一个表达式中：

```
q2 <- new_quosure(expr(x), env(x = 1))
q3 <- new_quosure(expr(x), env(x = 10))

x <- expr(!!q2 + !!q3)
```

它使用 `eval_tidy()` 正确计算：

```
eval_tidy(x)
#> [1] 11
```

但是，如果你将其打印出来，则只会看到 x，其公式传统会通过以下方式显示：

```
x
#> (~x) + ~x
```

你可以使用 rlang::expr_print() 获得更好的显示效果（19.4.7 节）：

```
expr_print(x)
#> (^x) + (^x)
```

当你在控制台中使用 expr_print() 时，将根据环境对 quosure 着色，使得它在符号被绑定到不同变量时更容易发现。

20.3.6 练习

1. 如果对以下 quosure 进行计算，预测将返回什么内容。 461

```
q1 <- new_quosure(expr(x), env(x = 1))
q1
#> <quosure>
#> expr: ^x
#> env:  0x7f87b70f83c8

q2 <- new_quosure(expr(x + !!q1), env(x = 10))
q2
#> <quosure>
#> expr: ^x + (^x)
#> env:  0x7f87baa5a908

q3 <- new_quosure(expr(x + !!q2), env(x = 100))
q3
#> <quosure>
#> expr: ^x + (^x + (^x))
#> env:  0x7f87bb0a5fb8
```

2. 编写一个 enenv() 函数来捕获与参数关联的环境。（提示：这仅需要两个函数调用。）

20.4 数据掩码

在本节中，你将了解**数据掩码**（data mask），一种数据框，其中，计算的代码将首先查找变量定义。数据掩码是为诸如 with()、subset() 和 transform() 之类的基础函数提供动力的关键思想，并且在整个 tidyverse 的 dplyr 和 ggplot2 之类的添加包中使用。

20.4.1 基础

数据掩码使你可以在单个表达式中混合环境和数据框中的变量。你将数据掩码作为 eval_tidy() 的第二个参数提供：

```
q1 <- new_quosure(expr(x * y), env(x = 100))
df <- data.frame(y = 1:10)
eval_tidy(q1, df)
#>  [1]  100  200  300  400  500  600  700  800  900 1000
```
462

这段代码有点儿难以理解，因为我们从头开始创建每个对象，出现了太多语法。如果我们做一点儿包装，就更容易看到发生了什么。我将其称为 with2()，因为它等价于 base::with()。

```
with2 <- function(data, expr) {
  expr <- enquo(expr)
  eval_tidy(expr, data)
}
```

现在，我们可以重写上面的代码，如下所示：

```
x <- 100
with2(df, x * y)
#>  [1]  100  200  300  400  500  600  700  800  900 1000
```

base::eval() 具有类似的功能，尽管它没有被称为数据掩码。你可以为第二个参数提供数据框，为第三个参数提供环境。这给出了 with() 的以下实现：

```
with3 <- function(data, expr) {
  expr <- substitute(expr)
  eval(expr, data, caller_env())
}
```

20.4.2　代词

使用数据掩码会引起歧义。例如，在下面的代码中，除非你知道在 df 中有哪些变量，否则你将无法知道 x 是来自数据掩码还是来自环境。

```
with2(df, x)
```

这使得代码难以推理（因为你需要了解更多上下文），因此可能会引入错误。为了解决该问题，数据掩码提供了两个代词：.data 和 .env。

- .data$x 始终在数据掩码中引用 x。
463 - .env$x 始终在环境中引用 x。

```
x <- 1
df <- data.frame(x = 2)

with2(df, .data$x)
#> [1] 2
with2(df, .env$x)
#> [1] 1
```

你还可以使用 [[对 .data 和 .env 进行子集选取，例如 .data[["x"]]。除此之外，代词是特殊的对象，你不应指望它们的行为像数据框或环境一样。特别是，如果找不到该对象，则会抛出错误：

```
with2(df, .data$y)
#> Error: Column `y` not found in `.data`
```

20.4.3　应用：subset()

我们将在 base::subset() 的上下文中探索 tidy 计算，因为它是一个简单但功能强大的函数，可简化常见的数据处理挑战。如果你以前从未使用过它，subset() 类似于 dplyr::filter()，可提供一种简单的方式来选择数据框的行。你可以向该函数提供一些数据，以及在该数据的上下文中计算的表达式。这大大减少了你键入数据框名称的次数：

```
sample_df <- data.frame(a = 1:5, b = 5:1, c = c(5, 3, 1, 4, 1))

# Shorthand for sample_df[sample_df$a >= 4, ]
subset(sample_df, a >= 4)
#>   a b c
#> 4 4 2 4
#> 5 5 1 1

# Shorthand for sample_df[sample_df$b == sample_df$c, ]
subset(sample_df, b == c)
#>   a b c
#> 1 1 5 5
#> 5 5 1 1
```

我们的 subset() 版本的核心是 subset2()，它非常简单。它有两个参数：一个数据框 data 和一个表达式 rows。我们使用 df 作为数据掩码来计算 rows，然后使用结果结合 [对数据框进行子集选取。我进行了非常简单的检查，以确保结果是逻辑向量；真正的代码会产生包含更多信息的错误。 464

```
subset2 <- function(data, rows) {
  rows <- enquo(rows)
  rows_val <- eval_tidy(rows, data)
  stopifnot(is.logical(rows_val))

  data[rows_val, , drop = FALSE]
}

subset2(sample_df, b == c)
#>   a b c
#> 1 1 5 5
#> 5 5 1 1
```

20.4.4 应用：转换

一个更复杂的情况是 base::transform()，它允许你向数据框中添加新变量，并在现有变量的上下文中对它们的表达式进行计算：

```
df <- data.frame(x = c(2, 3, 1), y = runif(3))
transform(df, x = -x, y2 = 2 * y)
#>    x      y    y2
#> 1 -2 0.0808 0.162
#> 2 -3 0.8343 1.669
#> 3 -1 0.6008 1.202
```

同样，我们自己的 transform2() 需要很少的代码。我们使用 enquos(...) 捕获未计算的 ...，然后使用 for 循环对每个表达式进行计算。实际代码将执行更多的错误检查，以确保每个输入都被命名，并得出与 data 长度相同的向量。

```
transform2 <- function(.data, ...) {
  dots <- enquos(...)

  for (i in seq_along(dots)) {
    name <- names(dots)[[i]]
    dot <- dots[[i]]
```
465

```
    .data[[name]] <- eval_tidy(dot, .data)
  }

  .data
}

transform2(df, x2 = x * 2, y = -y)
#>   x       y x2
#> 1 2 -0.0808  4
#> 2 3 -0.8343  6
#> 3 1 -0.6008  2
```

注意：我将第一个参数命名为 .data，以避免在用户尝试创建名为 data 的变量时出现问题。如果尝试创建一个名为 .data 的变量，他们仍然会遇到问题，但是这种可能性要小得多。这同样也是在 map() 中设置 .x 和 .f 参数的原因（9.2.4 节）。

20.4.5 应用：select()

数据掩码通常是一个数据框，但有时提供一个包含更多奇特内容的列表很有用。基本上，这就是 base::subset() 中 select 参数的工作方式。它使你可以像对待数字一样引用变量：

```
df <- data.frame(a = 1, b = 2, c = 3, d = 4, e = 5)
subset(df, select = b:d)
#>   b c d
#> 1 2 3 4
```

关键思想是创建一个命名列表，其中每个元素都给出相应变量的位置：

```
vars <- as.list(set_names(seq_along(df), names(df)))
str(vars)
#> List of 5
#>  $ a: int 1
#>  $ b: int 2
#>  $ c: int 3
#>  $ d: int 4
#>  $ e: int 5
```

466 实现仅需几行代码：

```
select2 <- function(data, ...) {
  dots <- enquos(...)

  vars <- as.list(set_names(seq_along(data), names(data)))
  cols <- unlist(map(dots, eval_tidy, vars))

  df[, cols, drop = FALSE]
}
select2(df, b:d)
#>   b c d
#> 1 2 3 4
```

dplyr::select() 接受了这个想法并付诸实践，提供了许多帮助，让你可以根据其名称选择变量（例如，starts_with("x") 或 ends_with("_a")）。

20.4.6 练习

1. 为什么我在 transform2() 而不是 map() 中使用 for 循环？考虑 transform2(df, x = x * 2, x = x * 2)。

2. 以下是 subset2() 的另一种实现：

```
subset3 <- function(data, rows) {
  rows <- enquo(rows)
  eval_tidy(expr(data[!!rows, , drop = FALSE]), data = data)
}

df <- data.frame(x = 1:3)
subset3(df, x == 1)
```

将 subset3() 与 subset2() 进行比较。它的优点和缺点是什么？

3. 以下函数实现了 dplyr::arrange() 的基础。解释每一行的功能。解释为什么 !!.na.last 是严格正确的，但省略 !! 不太可能引起问题？ 467

```
arrange2 <- function(.df, ..., .na.last = TRUE) {
  args <- enquos(...)
  order_call <- expr(order(!!!args, na.last = !!.na.last))

  ord <- eval_tidy(order_call, .df)
  stopifnot(length(ord) == nrow(.df))

  .df[ord, , drop = FALSE]
}
```

20.5 使用 tidy 计算

虽然了解 eval_tidy() 的工作原理很重要，但是大多数时候你不会直接调用它。相反，你通常会通过调用使用 eval_tidy() 的函数来间接使用它。本节将给出一些使用 tidy 计算来包装函数的实用示例。

20.5.1 引用和取消引用

假设我们编写了一个对数据集重新采样的函数：

```
resample <- function(df, n) {
  idx <- sample(nrow(df), n, replace = TRUE)
  df[idx, , drop = FALSE]
}
```

我们想创建一个新函数，使我们可以在一个步骤中同时进行重新采样和子集选取。我们幼稚的方法行不通：

```
subsample <- function(df, cond, n = nrow(df)) {
  df <- subset2(df, cond)
  resample(df, n)
}

df <- data.frame(x = c(1, 1, 1, 2, 2), y = 1:5)
subsample(df, x == 1)
#> Error in eval_tidy(rows, data): object 'x' not found
```

subsample() 没有引用任何参数，因此 cond 可以（不在数据掩码中）正常计算，并且当它尝试为 x 绑定时会出错。为了解决这个问题，我们需要引用 cond，然后在将其传递给 subset2() 时取消引用： 468

```
subsample <- function(df, cond, n = nrow(df)) {
  cond <- enquo(cond)

  df <- subset2(df, !!cond)
  resample(df, n)
}

subsample(df, x == 1)
#>     x y
#> 1   1 1
#> 1.1 1 1
#> 2   1 2
```

这是一种非常常见的模式。每当你使用用户提供的参数调用引用函数时，都需要引用它们，然后再取消引用。

20.5.2 处理歧义

在上述情况下，我们需要考虑由于准引用而进行的 tidy 计算。即使包装不需要引用任何参数，我们也需要考虑 tidy 计算。围绕 subset2() 使用此包装：

```
threshold_x <- function(df, val) {
  subset2(df, x >= val)
}
```

在两种情况下，此函数可以静默返回错误结果：

- 当 x 在调用环境中存在但在 df 中不存在时：

```
x <- 10
no_x <- data.frame(y = 1:3)
threshold_x(no_x, 2)
#>   y
#> 1 1
#> 2 2
#> 3 3
```

469 - 当 df 中存在 val 时：

```
has_val <- data.frame(x = 1:3, val = 9:11)
threshold_x(has_val, 2)
#> [1] x   val
#> <0 rows> (or 0-length row.names)
```

之所以会出现这些故障模式，是因为 tidy 计算出现了歧义：每个变量都可以在数据掩码或环境中找到。为了使此函数变得安全，我们需要使用 .data 和 .env 代词消除歧义：

```
threshold_x <- function(df, val) {
  subset2(df, .data$x >= .env$val)
}

x <- 10
threshold_x(no_x, 2)
#> Error: Column `x` not found in `.data`
threshold_x(has_val, 2)
#>   x val
#> 2 2  10
#> 3 3  11
```

通常，每当使用 .env 代词时，都可以改用取消引用：

```
threshold_x <- function(df, val) {
  subset2(df, .data$x >= !!val)
}
```

计算 val 时存在细微的差异。如果取消引用，则 val 将通过 enquo() 进行早期求值；如果使用代词，则 val 将由 eval_tidy() 惰性求值。这些差异通常并不重要，因此请选择看起来最自然的形式。

20.5.3 引用和歧义

结束讨论前，让我们考虑一下引用和潜在歧义的情况。我将稍微概括一下 threshold_x()，以便用户可以选择用于阈值设置的变量。在这里，我使用 .data[[var]]，它使代码更简单。在练习中，你将有机会探索如何使用 $。 470

```
threshold_var <- function(df, var, val) {
  var <- as_string(ensym(var))
  subset2(df, .data[[var]] >= !!val)
}

df <- data.frame(x = 1:10)
threshold_var(df, x, 8)
#>     x
#> 8   8
#> 9   9
#> 10 10
```

避免歧义并不总是函数作者的责任。假设我们进一步推广，以允许基于任何表达式进行阈值设置：

```
threshold_expr <- function(df, expr, val) {
  expr <- enquo(expr)
  subset2(df, !!expr >= !!val)
}
```

无法仅在数据掩码中对 expr 进行计算，因为数据掩码不包含 + 或 == 之类的任何函数。在这里，避免歧义是用户的责任。一般而言，作为函数作者，你有责任避免对你创建的任何表达式产生歧义；用户有责任避免自己创建的表达式含糊不清。

20.5.4 练习

1. 我在下面提供了 threshold_var() 的另一种实现。与我上面使用的方法有什么不同？是什么使它变得更难？

```
threshold_var <- function(df, var, val) {
  var <- ensym(var)
  subset2(df, `$`(.data, !!var) >= !!val)
}
```

471

20.6 使用 R 基础包计算

现在你已经了解了 tidy 计算，是时候回到 R 基础包采取的替代方法了。在这里，我将探讨 R 基础包的两种最常见用法：

- subset() 使用的调用者环境中的 substitute() 和计算。正如 subset() 文档中所警告的那样，我将演示为什么该技术对编程不友好。
- write.csv() 和 lm() 使用的 match.call()，调用操作和调用者环境中的计算。我将演示准引用和（常规）计算如何帮助你围绕此类函数编写包装。

这两种方法是非标准评估（NSE）的常见形式。

20.6.1 substitute()

R 基础包中 NSE 的最常见形式是 substitute()+ eval()。下面的代码显示了如何使用 substitute() 和 eval() 而不是 enquo() 和 eval_tidy() 来编写 subset() 的核心。我重复了 20.4.3 节中介绍的代码，因此可以轻松进行比较。主要区别在于计算环境：在 subset_base() 中，参数是在调用者环境中计算的，而在 subset_tidy() 中，则是在定义参数的环境中计算的。

```
subset_base <- function(data, rows) {
  rows <- substitute(rows)
  rows_val <- eval(rows, data, caller_env())
  stopifnot(is.logical(rows_val))

  data[rows_val, , drop = FALSE]
}

subset_tidy <- function(data, rows) {
  rows <- enquo(rows)
  rows_val <- eval_tidy(rows, data)
  stopifnot(is.logical(rows_val))

  data[rows_val, , drop = FALSE]
}
```

472

20.6.1.1 使用 subset() 编程

subset() 的文档包括以下警告：

这是旨在交互使用的便利函数。对于编程，最好使用标准的子集选取函数，例如 [，尤其是参数 subset 的非标准计算会产生意想不到的后果。

存在三个主要问题：

- base::subset() 始终在调用环境中对 rows 进行计算，但是如果已使用 ...，则可能需要在其他位置计算该表达式：

```
f1 <- function(df, ...) {
  xval <- 3
  subset_base(df, ...)
}

my_df <- data.frame(x = 1:3, y = 3:1)
xval <- 1
f1(my_df, x == xval)
#>   x y
#> 3 3 1
```

这看起来似乎是一个深奥的问题，但这意味着 subset_base() 无法可靠地使用诸如 map() 或 lapply() 之类的泛函：

```
local({
  zzz <- 2
  dfs <- list(data.frame(x = 1:3), data.frame(x = 4:6))
  lapply(dfs, subset_base, x == zzz)
})
#> Error in eval(rows, data, caller_env()): object 'zzz' not found
```

- 从另一个函数调用 subset() 时需要格外小心：你必须使用 substitute() 来捕获对 subset() 完整表达式的调用，然后进行计算。我认为这段代码很难理解，因为 substitute() 并未使用语法标记来取消引用。在这里，我将打印生成的调用，以便更轻松地了解发生了什么。 473

```
f2 <- function(df1, expr) {
  call <- substitute(subset_base(df1, expr))
  expr_print(call)
  eval(call, caller_env())
}

my_df <- data.frame(x = 1:3, y = 3:1)
f2(my_df, x == 1)
#> subset_base(my_df, x == 1)
#>   x y
#> 1 1 3
```

- eval() 不提供任何代词，因此无法要求表达式的一部分来自数据。据我所知，除了手动检查 df 中 z 变量的存在之外，没有其他方法可以确保以下函数的安全。

```
f3 <- function(df) {
  call <- substitute(subset_base(df, z > 0))
  expr_print(call)
  eval(call, caller_env())
}

my_df <- data.frame(x = 1:3, y = 3:1)
z <- -1
f3(my_df)
#> subset_base(my_df, z > 0)
#> [1] x y
#> <0 rows> (or 0-length row.names)
```

20.6.1.2 使用 [编程

鉴于 tidy 计算非常复杂，为什么不简单地使用 [作为 ?subset 建议？最主要的是，这种方法只具有交互使用的功能，而不能在其他函数中使用，因此对我来说并不具有吸引力。

此外，与 [相比，即使是简单的 subset() 函数也提供了两个有用的功能：

- 默认情况下设置 drop = FALSE，因此可以确保返回数据框。
- 它将删除条件计算为 NA 的行。

这意味着 subset(df, x == y) 可能不等于 df[x == y,]。相反，它等价于 df[x == y & !is.na(x == y), , drop = FALSE]：需要输入的内容更多！像 dplyr::filter() 这样的 subset() 的现实替代品可以做得更多。例如，dplyr::filter() 可以将 R 表达式转换为 SQL，以便可以在数据库中执行它们。这使得使用 filter() 进行编程相对更为重要。 474

20.6.2 match.call()

NSE 的另一种常见形式是使用 match.call() 捕获完整的调用，对其进行修改并计算结果。match.call() 与 substitute() 类似，但是它不捕获单个参数，而是捕获完整的调用。它在 rlang 中没有等价函数。

```
g <- function(x, y, z) {
  match.call()
}
g(1, 2, z = 3)
#> g(x = 1, y = 2, z = 3)
```

使用 match.call() 的一个杰出例子是 write.csv()，它基本上是通过将调用转换为具有适当参数集的对 write.table() 的调用来工作的。以下代码显示了 write.csv() 的核心：

```
write.csv <- function(...) {
  call <- match.call(write.table, expand.dots = TRUE)

  call[[1]] <- quote(write.table)
  call$sep <- ","
  call$dec <- "."

  eval(call, parent.frame())
}
```

我认为这种技术不是一个好主意，因为如果没有 NSE，你可以达到相同的结果：

```
write.csv <- function(...) {
  write.table(..., sep = ",", dec = ".")
}
```

不过，了解这项技术很重要，因为它通常在建模函数中使用。这些函数还可以突出显示捕获的调用，这会带来一些特殊的挑战，接下来你将看到。

20.6.2.1 包装建模函数

475 首先，考虑围绕 lm() 的最简单的包装器：

```
lm2 <- function(formula, data) {
  lm(formula, data)
}
```

该包装器有效，但由于 lm() 捕获了包装器的调用并在打印时显示它，因此它不是最佳的。

```
lm2(mpg ~ disp, mtcars)
#>
#> Call:
#> lm(formula = formula, data = data)
#>
#> Coefficients:
#> (Intercept)         disp
#>     29.5999      -0.0412
```

修复此问题很重要，因为此调用是打印模型时查看模型说明的主要方式。为了克服这个问题，我们需要捕获参数，使用取消引用创建对 lm() 的调用，然后对该调用进行计算。为了更容易了解发生的情况，我还将打印我们生成的表达式。随着调用变得越来越复杂，这将变得更加有用。

```
lm3 <- function(formula, data, env = caller_env()) {
  formula <- enexpr(formula)
  data <- enexpr(data)
```

```
  lm_call <- expr(lm(!!formula, data = !!data))
  expr_print(lm_call)
  eval(lm_call, env)
}

lm3(mpg ~ disp, mtcars)
#> lm(mpg ~ disp, data = mtcars)
#>
#> Call:
#> lm(formula = mpg ~ disp, data = mtcars)
#>
#> Coefficients:
#> (Intercept)         disp
#>     29.5999      -0.0412
```

以这种方式包装基本 NSE 函数时，将使用三部分： 476

- 使用 enexpr() 捕获未计算的参数，并使用 caller_env() 捕获调用者环境。
- 使用 expr() 和取消引用来生成新表达式。
- 在调用者环境中对该表达式进行计算。你必须接受，如果未在调用者环境中定义参数，则该函数将无法正常工作。如果默认环境不正确，提供 env 参数至少可以为专家提供一个修改的办法。

使用 enexpr() 有一个很好的副作用：我们可以使用取消引用动态生成公式：

```
resp <- expr(mpg)
disp1 <- expr(vs)
disp2 <- expr(wt)
lm3(!!resp ~ !!disp1 + !!disp2, mtcars)
#> lm(mpg ~ vs + wt, data = mtcars)
#>
#> Call:
#> lm(formula = mpg ~ vs + wt, data = mtcars)
#>
#> Coefficients:
#> (Intercept)           vs           wt
#>       33.00         3.15        -4.44
```

20.6.2.2 计算环境

如果要将用户提供的对象与你在函数中创建的对象混合在一起，怎么办？例如，假设你要创建 lm() 的自动重采样版本。你可以这样写：

```
resample_lm0 <- function(formula, data, env = caller_env()) {
  formula <- enexpr(formula)
  resample_data <- resample(data, n = nrow(data))

  lm_call <- expr(lm(!!formula, data = resample_data))
  expr_print(lm_call)
  eval(lm_call, env)
}

df <- data.frame(x = 1:10, y = 5 + 3 * (1:10) + round(rnorm(10), 2))
resample_lm0(y ~ x, data = df)
#> lm(y ~ x, data = resample_data)
#> Error in is.data.frame(data): object 'resample_data' not found
```
477

为什么此代码不起作用？我们正在调用者环境中对 lm_call 进行计算，但 resample_data 出现在执行环境中。我们可以在 resample_lm0() 的执行环境中进行计算，但不能保证可以在该环境中对 formula 进行计算。

有两种基本方法可以克服此挑战：

1）将数据框取消引用到调用中。这意味着不必进行查找，而是具有内联表达式的所有问题（19.4.7 节）。对于建模函数，这意味着捕获的调用不是最佳的：

```
resample_lm1 <- function(formula, data, env = caller_env()) {
  formula <- enexpr(formula)
  resample_data <- resample(data, n = nrow(data))

  lm_call <- expr(lm(!!formula, data = !!resample_data))
  expr_print(lm_call)
  eval(lm_call, env)
}
resample_lm1(y ~ x, data = df)$call
#> lm(y ~ x, data = <data.frame>)
#> lm(formula = y ~ x, data = list(x = c(3L, 7L, 4L, 4L,
#> 2L, 7L, 2L, 1L, 8L, 9L), y = c(13.21, 27.04, 18.63,
#> 18.63, 10.99, 27.04, 10.99, 7.83, 28.14, 32.72)))
```

2）另一种方法是，你可以创建一个继承自调用者的新环境，并将在函数内部创建的变量绑定到该环境。

```
resample_lm2 <- function(formula, data, env = caller_env()) {
  formula <- enexpr(formula)
  resample_data <- resample(data, n = nrow(data))

  lm_env <- env(env, resample_data = resample_data)
  lm_call <- expr(lm(!!formula, data = resample_data))
  expr_print(lm_call)
  eval(lm_call, lm_env)
}
resample_lm2(y ~ x, data = df)
#> lm(y ~ x, data = resample_data)
#>
#> Call:
#> lm(formula = y ~ x, data = resample_data)
#>
#> Coefficients:
#> (Intercept)            x
#>        5.17         3.00
```

478

这是需要进行更多工作，但提供了最简洁的模型说明。

20.6.3　练习

1. 为什么此函数会失败？

```
lm3a <- function(formula, data) {
  formula <- enexpr(formula)

  lm_call <- expr(lm(!!formula, data = data))
  eval(lm_call, caller_env())
}
lm3a(mpg ~ disp, mtcars)$call
#> Error in as.data.frame.default(data, optional = TRUE):
#> cannot coerce class '"function"' to a data.frame
```

2. 建立模型时，在使用不同的预测变量进行快速试验时，响应变量和数据通常相对不变。编写一个小的包装程序，使你可以减少以下代码中的重复项。

```
lm(mpg ~ disp, data = mtcars)
lm(mpg ~ I(1 / disp), data = mtcars)
lm(mpg ~ disp * cyl, data = mtcars)
```

3. 编写 resample_lm() 的另一种方法是在数据参数中包含 resample 表达式（data[sample(nrow(data), replace = TRUE), , drop = FALSE]）。实施该方法。有什么优势？缺点是什么？ 479

第 21 章

翻译 R 代码

21.1 本章简介

第一类的环境、词法作用域和元编程的结合为我们提供了一个强大的工具包，可将 R 代码转换为其他语言。dbplyr 就是这种想法的完整示例，它为 dplyr 提供了数据库后端功能，使你可以用 R 表达数据操作并将其自动转换为 SQL。你可以在 `translate_sql()` 中看到关键思想，该思想接受 R 代码并返回等效的 SQL 语句：

```
library(dbplyr)
translate_sql(x ^ 2)
#> <SQL> POWER(`x`, 2.0)
translate_sql(x < 5 & !is.na(x))
#> <SQL> `x` < 5.0 AND NOT(((`x`) IS NULL))
translate_sql(!first %in% c("John", "Roger", "Robert"))
#> <SQL> NOT(`first` IN ('John', 'Roger', 'Robert'))
translate_sql(select == 7)
#> <SQL> `select` = 7.0
```

由于 SQL 语句的许多特质，将 R 转换为 SQL 很复杂，因此在这里我将介绍两种简单但有用的领域特定语言（Domain Specific Language，DSL）：一种用于生成 HTML；另一种用于在 LaTeX 中生成数学等式。

如果你想对通常的领域特定语言有更多的了解，我强烈建议你阅读 *Domain Specific*
480～481 *Languages*[Fowler，2010]。它讨论了创建 DSL 的许多选项，并提供了许多不同语言的示例。

主要内容

- 21.2 节创建一个用于生成 HTML 的 DSL，使用准引用和 purrr 为每个 HTML 标签生成一个函数，然后进行 tidy 计算以轻松访问它们。
- 21.3 节结合使用 tidy 计算和遍历表达式，将 R 代码转换为 LaTeX 数学表达式。

预备工具

本章汇集了本书其他地方讨论的许多技术。特别是，你需要了解环境、表达式、tidy 计算以及一些函数式编程和 S3。我们将 rlang（https://rlang.r-lib.org）用于元编程工具，并将 purrr（https：//purrr.tidyverse.org）用于函数式编程。

```
library(rlang)
library(purrr)
```

21.2 HTML

HTML（HyperText Markup Language，超文本标记语言）是 Web 的基础。这是 SGML（Standard Generalised Markup Language，标准通用标记语言）的特例，它与 XML(eXtensible Markup Language，可扩展标记语言）相似但不相同。 HTML 看起来像这样：

```
<body>
  <h1 id='first'>A heading</h1>
  <p>Some text &amp; <b>some bold text.</b></p>
  <img src='myimg.png' width='100' height='100' />
</body>
```

即使你以前从未看过 HTML，你也可以看到编码结构的关键组成部分是像 `<tag></tag>` 或 `<tag/>` 一样的标签。标签可以嵌套在其他标签中并与文本混合。HTML 标签有 100 多个，但是在本章中，我们将重点介绍其中几个：

- `<body>`：最顶层的标签，所有的内容都包含在其中。
- `<h1>`：最顶层的标题。 482
- `<p>`：创建段落。
- `<b>`：加粗文字。
- `<img>`：嵌入图像。

标签可以具有类似于 `<tag name1='value1'name2 ='value2'></tag>` 的命名属性。最重要的两个属性是 `id` 和 `class`，它们与 CSS（Cascading Style Sheets，层叠样式表）一起用于控制页面的外观。

空白标签（void tag）（如 `<img>`）没有任何子代，并且标记为 `<img />`，而不是 `<img></img>`。由于它们没有内容，因此属性更为重要，而 `img` 具有几乎可用于每个图像的三个属性：`src`（图像所在的位置）、`width`（宽度）和 `height`（高度）。

由于 < 和 > 在 HTML 中具有特殊含义，因此你不能直接写它们。取而代之的是，你必须使用 HTML **转义符**：`>` 和 `<`。由于这些转义符均使用 `&`，因此，如果要使用文字 “&” 号，则必须将其转义为 `&`。

21.2.1 目标

我们的目标是从 R 代码中更容易地产生 HTML 代码。给一个具体的例子，我们希望产生下面的 HTML 代码：

```
<body>
  <h1 id='first'>A heading</h1>
  <p>Some text &amp; <b>some bold text.</b></p>
  <img src='myimg.png' width='100' height='100' />
</body>
```

使用以下代码尽可能地与 HTML 的结构匹配：

```
with_html(
  body(
    h1("A heading", id = "first"),
    p("Some text &", b("some bold text.")),
    img(src = "myimg.png", width = 100, height = 100)
  )
)
```

此 DSL 具有以下三个属性：

483
- 函数调用的嵌套与标签的嵌套匹配。
- 未命名的参数成为标签的内容，已命名的参数成为其属性。
- & 和其他特殊字符将自动转义。

21.2.2　转义

转义是 DSL 的基础，所以我们把它作为第一个主题。有两个相关的挑战：

- 在用户输入中，我们需要自动转义 &、< 和 >。
- 同时，我们需要确保生成的 &、< 和 > 不是两个空格（即我们不会意外生成 &、< 和 >）。

最简单的方法就是创建一个可以区分常规文本（需要转义）和 HTML（不需要转义）的 S3 类（13.3 节）。

```
html <- function(x) structure(x, class = "advr_html")

print.advr_html <- function(x, ...) {
  out <- paste0("<HTML> ", x)
  cat(paste(strwrap(out), collapse = "\n"), "\n", sep = "")
}
```

然后编写转义的方法。包含两种重要的方法：

- `escape.character()` 采用常规字符向量，并返回带有特殊字符（&、<、>）转义的 HTML 向量。
- `escape.advr_html()` 仅保留已转义的 HTML。

```
escape <- function(x) UseMethod("escape")

escape.character <- function(x) {
  x <- gsub("&", "&amp;", x)
  x <- gsub("<", "&lt;", x)
  x <- gsub(">", "&gt;", x)

  html(x)
}

escape.advr_html <- function(x) x
```

484 现在我们检查它是否有效

```
escape("This is some text.")
#> <HTML> This is some text.
escape("x > 1 & y < 2")
#> <HTML> x &gt; 1 &amp; y &lt; 2

# Double escaping is not a problem
```

```
escape(escape("This is some text. 1 > 2"))
#> <HTML> This is some text. 1 &gt; 2

# And text we know is HTML doesn't get escaped.
escape(html("<hr />"))
#> <HTML> <hr />
```

如果用户知道内容已被转义，这还允许用户选择退出我们的转义。

21.2.3 基本标签函数

下面，我们编写一个单标签函数，然后将这个函数推广，以便我们可以为每个带有代码的标签生成一个函数。

从 <p> 开始。HTML 标签可以包含属性（例如，id 或 class）和子标签（例如，<b> 或 <i>）。我们需要一些在函数调用中对它们进行分割的方法。给定属性是命名的值，子标签没有名字，很自然可以根据参数有没有名字来区分它们。例如，对 p() 的调用应该是：

```
p("Some text. ", b(i("some bold italic text")), class = "mypara")
```

在函数定义中，可以将标签 <p> 的所有属性都列出来。但是，这几乎是不可能的，因为有太多的属性，甚至还可能使用自定义属性（http://html5doctor.com/html5-custom-data-attributes/）。所以，我们只使用 ...，并根据它们是否被命名来进行区分。考虑到这一点，我们创建了一个帮助函数，该函数围绕 rlang::list2()（19.6 节），并分别返回已命名和未命名的元素： 485

```
dots_partition <- function(...) {
  dots <- list2(...)

 if (is.null(names(dots))) {
  is_named <- rep(FALSE, length(dots))
} else {
  is_named <- names(dots) != ""
}

  list(
    named = dots[is_named],
    unnamed = dots[!is_named]
  )
}

str(dots_partition(a = 1, 2, b = 3, 4))
#> List of 2
#>  $ named  :List of 2
#>   ..$ a: num 1
#>   ..$ b: num 3
#>  $ unnamed:List of 2
#>   ..$ : num 2
#>   ..$ : num 4
```

现在我们可以创建自己的 p() 函数。注意，这里有一个新函数：html_attributes()。它使用一个命名列表并以字符串形式返回 HTML 属性规范。它有点儿复杂（从某种程度上来看，因为它处理本章没有讲到的一些 HTML 特质）。但是，由于它并不是非常重要而且没有引入任何新的想法，所以这里就不讨论该函数了。如果你想自己研究这一问题，可以在网上找到源代码（https://github. com/hadley/adv-r/blob/master/dsl-html-attributes.r）。

```
source("dsl-html-attributes.r")
p <- function(...) {
  dots <- dots_partition(...)
  attribs <- html_attributes(dots$named)
  children <- map_chr(dots$unnamed, escape)

  html(paste0(
    "<p", attribs, ">",
    paste(children, collapse = ""),
    "</p>"
  ))
}

p("Some text")
#> <HTML> <p>Some text</p>
p("Some text", id = "myid")
#> <HTML> <p id='myid'>Some text</p>
p("Some text", class = "important", `data-value` = 10)
#> <HTML> <p class='important' data-value='10'>Some text</p>
```

486

21.2.4　标签函数

使 p() 适应其他标签很简单：我们只需要用标签名称替换 "p" 即可。一种不错的方法是使用 rlang::new_function() 创建一个函数（19.7.4 节），使用取消引用和 paste0() 来生成开始和结束标记。

```
tag <- function(tag) {
  new_function(
    exprs(... = ),
    expr({
      dots <- dots_partition(...)
      attribs <- html_attributes(dots$named)
      children <- map_chr(dots$unnamed, escape)

      html(paste0(
        !!paste0("<", tag), attribs, ">",
        paste(children, collapse = ""),
        !!paste0("</", tag, ">")
      ))
    }),
    caller_env()
  )
}
tag("b")
#> function (...)
#> {
#>     dots <- dots_partition(...)
#>     attribs <- html_attributes(dots$named)
#>     children <- map_chr(dots$unnamed, escape)
#>     html(paste0("<b", attribs, ">", paste(children, collapse = ""),
#>         "</b>"))
#> }
```

我们需要奇怪的 exprs(... =) 语法来生成标签函数中的空 ... 参数。有关更多详细信息，请参见 18.6.2 节。

487 现在可以运行前面的例子：

```
p <- tag("p")
b <- tag("b")
i <- tag("i")
p("Some text. ", b(i("some bold italic text")), class = "mypara")
#> <HTML> <p class='mypara'>Some text. <b><i>some bold italic
#> text</i></b></p>
```

在我们继续为每一个可能的 HTML 标签编写函数前，我们还需要为空白标签创建一个处理空白标签的变体。`void_tag()` 与 `tag()` 非常相似，但是如果有未命名的标签，它需要抛出错误。还要注意，标签本身看起来也有些不同：

```
void_tag <- function(tag) {
  new_function(
    exprs(... = ),
    expr({
      dots <- dots_partition(...)
      if (length(dots$unnamed) > 0) {
        abort(!!paste0("<", tag, "> must not have unnamed arguments"))
      }
      attribs <- html_attributes(dots$named)

      html(paste0(!!paste0("<", tag), attribs, " />"))
    }),
    caller_env()
  )
}

img <- void_tag("img")
img
#> function (...)
#> {
#>     dots <- dots_partition(...)
#>     if (length(dots$unnamed) > 0) {
#>         abort("<img> must not have unnamed arguments")
#>     }
#>     attribs <- html_attributes(dots$named)
#>     html(paste0("<img", attribs, " />"))
#> }
img(src = "myimage.png", width = 100, height = 100)
#> <HTML> <img src='myimage.png' width='100' height='100' />
```

488

21.2.5　处理所有标签

接下来，我们需要为每个标签生成这些函数。我们将从所有 HTML 标签的列表开始：

```
tags <- c("a", "abbr", "address", "article", "aside", "audio",
  "b","bdi", "bdo", "blockquote", "body", "button", "canvas",
  "caption","cite", "code", "colgroup", "data", "datalist",
  "dd", "del","details", "dfn", "div", "dl", "dt", "em",
  "eventsource","fieldset", "figcaption", "figure", "footer",
  "form", "h1", "h2", "h3", "h4", "h5", "h6", "head", "header",
  "hgroup", "html", "i","iframe", "ins", "kbd", "label",
  "legend", "li", "mark", "map","menu", "meter", "nav",
  "noscript", "object", "ol", "optgroup", "option", "output",
  "p", "pre", "progress", "q", "ruby", "rp","rt", "s", "samp",
  "script", "section", "select", "small", "span", "strong",
  "style", "sub", "summary", "sup", "table", "tbody", "td",
  "textarea", "tfoot", "th", "thead", "time", "title", "tr",
  "u", "ul", "var", "video"
```

```
)

void_tags <- c("area", "base", "br", "col", "command", "embed",
  "hr", "img", "input", "keygen", "link", "meta", "param",
  "source", "track", "wbr"
)
```

如果仔细地查看这个列表，就会发现有一些标签的名字与某些 R 基础函数的名字相同（body、col、q、source、sub、summary、table）。这就意味着在全局环境或者添加包中，不希望默认地访问所有的函数。我们希望将它们放入一个列表，再添加一些额外代码，以便在我们需要时可以方便地应用它们。首先，创建一个包含所有标签函数的命名列表：

```
html_tags <- c(
  tags %>% set_names() %>% map(tag),
  void_tags %>% set_names() %>% map(void_tag)
)
```

这样我们就得到了一个显式的（但有点儿冗长的）生成 HTML 的方法

```
html_tags$p(
  "Some text. ",
  html_tags$b(html_tags$i("some bold italic text")),
  class = "mypara"
)
#> <HTML> <p class='mypara'>Some text. <b><i>some bold italic
#> text</i></b></p>
```

489

我们用一个在列表的上下文中执行代码的函数来完成 HTML DSL。在这里，我们使用数据掩码，将函数列表而不是数据框传递给它。这是一种快速技巧，可以将 code 的执行环境与 html_tags 中的函数混合在一起。

```
with_html <- function(code) {
  code <- enquo(code)
  eval_tidy(code, html_tags)
}
```

这样我们就有了一个简洁的 API，它使得在需要时我们可以写出 HTML 代码，而在不需要时，它不会混乱命名空间。

```
with_html(
  body(
    h1("A heading", id = "first"),
    p("Some text &", b("some bold text.")),
    img(src = "myimg.png", width = 100, height = 100)
  )
)
#> <HTML> <body><h1 id='first'>A heading</h1><p>Some text
#> &amp;<b>some bold text.</b></p><img src='myimg.png'
#> width='100' height='100' /></body>
```

如果需要应用由于与 with_html() 内的 HTML 标签同名而被覆盖的 R 函数，可以使用 package::function 的方式进行显式设定。

21.2.6 练习

1. 标签 <script> 的转义规则是不同的，因为它们包含 JavaScript 而不是 HTML。我们

不需要对尖括号或 & 符号进行转义，但需要对 </script> 进行转义，这样标签就不会过早关闭。例如，script("'</script>'") 不应生成：

```
<script>'</script>'</script>
```
490

而是

```
<script>'<\/script>'</script>
```

当新参数 script 被设置为 TRUE 时，对上面的代码做出调整使它遵守这个规则。

2. 对所有的函数都使用 ... 有一个很大的缺点。没有输入验证，它们如何在函数中应用的文档以及如何自动补全的信息很少。创建一个新函数，当给定标签的命名列表和它们的属性名（如下所示）时，创建解决上述问题的函数。

```
list(
  a = c("href"),
  img = c("src", "width", "height")
)
```

所有的标签都应该有 class 和 id 属性。

3. 解释以下代码，这些代码调用 with_html() 引用环境中的对象。它会成功还是失败？为什么？运行代码以验证你的预测。

```
greeting <- "Hello!"
with_html(p(greeting))

p <- function() "p"
address <- "123 anywhere street"
with_html(p(address))
```

4. 现在，这个 HTML 还是不够漂亮，很难看出结构。如何对 tag() 进行修改使它可以实现缩进和格式化？（你可能需要对块标签和内联标签进行一些研究。） 491

21.3 LaTeX

接下来要学习的 DSL 可以将 R 表达式转换成与其对应的 LaTex 数学表达式（这有点像 ?plotmath，但是现在是文本而不是图形）。LaTex 是数学家和统计学家使用的通用语：当需要用文本的形式描绘一个等式时（例如，写邮件），就把它写成 LaTex 等式。由于很多报告都是使用 R 和 LaTex 创建的，所以能够自动地将数学表达式从一种语言转换成另一种语言是很有用的。

由于我们需要同时转换函数和名字，所以这个数学 DSL 比前面的 HTML DSL 更复杂一点儿。我们同样要创建一个“默认的”转换，这样我们不知道的函数也能获得一个标准转换。这意味着我们不能再只使用计算了：我们还需要遍历抽象语法树（AST）。

21.3.1 LaTeX 数学

在开始之前，让我们快速介绍一下 LaTeX 中公式的表达方式。完整的标准非常复杂，但是幸运的是，有完善的文档记录（http://en.wikibooks.org/wiki/LaTeX/Mathematics），并且最常见的命令具有相当简单的结构：

- 大多数简单的数学等式与使用 R 语言书写的格式相同：x * y、z ^ 5。使用 _ 来写下标（例如，x_1）。
- 特殊字符以 \ 为开头：\pi = π、\pm = ± 等。在 LaTeX 中还有大量的符号。在线搜索 latex math symbols 会返回很多列表（http://www.sunilpatel.co.uk/latex-type/latex-math-symbols/）。甚至还有一个服务（http://detexify.kirelabs.org/classify.html），你在浏览器中绘制一个符号，它就帮你查找相应的 LaTeX 符号。
- 更复杂的函数看起来像 \name{arg1}{arg2}。例如，为了写一个分数，需要使用 \frac{a}{b}。为了写一个平方根，需要使用 \sqrt{a}。
- 使用 {} 可以将元素分组：x ^ a + b 与 x ^ {a + b}。
- 在好的数学排版系统中，变量和函数之间是有区别的。但是，如果没有更多的信息，LaTeX 不知道 f(a * b) 代表以 a * b 作为输入调用函数 f，还是 f * (a * b) 的简写。如果 f 是一个函数，我们可以使用 \textrm{f}(a * b) 告诉 LaTeX 用垂
492 直字体进行排版。（rm 代表"Roman"，斜体的反义词。）

21.3.2　目标

我们的目标是自动地将 R 表达式转换成它的适当的 LaTeX 表示方式。我们将分 4 个阶段来实现这个目标：

- 转换已知符号：pi → \pi。
- 保留不需要转换的符号：x → x、y → y。
- 将已知函数转换成它们特定的形式：sqrt(frac(a,b)) → \sqrt{\frac{a,b}}。
- 使用 \textrm 对未知函数进行包装：f(a) → \textrm{f}(a)。

该转换的编码方式与上面处理 HTML DSL 的方式相反。我们从基础结构开始，因为这样就可以很容易地对 DSL 进行测试，然后再一步步完善，直到得到想要的输出。

21.3.3　to_math()

首先，需要一个封装函数，它将 R 表达式转换成 LaTeX 数学表达式。它的工作方式与 to_html() 相同：捕获未求值的表达式并在一个特殊环境中计算它。有两个主要的差别：

- 计算环境不再恒定，因为它必须根据输入而变化。这是处理未知符号和函数所必需的。
- 我们永远不会在参数环境中计算，因为我们会将每个函数都转换为 LaTeX 表达式。为了正常计算，用户将需要显式使用 !!。

因此可以得到：

```
to_math <- function(x) {
  expr <- enexpr(x)
  out <- eval_bare(expr, latex_env(expr))

  latex(out)
}

latex <- function(x) structure(x, class = "advr_latex")
print.advr_latex <- function(x) {
  cat("<LATEX> ", x, "\n", sep = "")
}
```

493

接下来，我们将建立 latex_env()，从简单开始并逐步变得复杂。

21.3.4 已知符号

第一步是创建一个转换希腊字母的特殊 LaTeX 符号（例如，pi 转换为 \pi）的环境。我们将使用 20.4.3 节中的技巧将符号 pi 绑定到值 "\pi"。

```
greek <- c(
  "alpha", "theta", "tau", "beta", "vartheta", "pi", "upsilon",
  "gamma", "varpi", "phi", "delta", "kappa", "rho",
  "varphi", "epsilon", "lambda", "varrho", "chi", "varepsilon",
  "mu", "sigma", "psi", "zeta", "nu", "varsigma", "omega", "eta",
  "xi", "Gamma", "Lambda", "Sigma", "Psi", "Delta", "Xi",
  "Upsilon", "Omega", "Theta", "Pi", "Phi"
)
greek_list <- set_names(paste0("\\", greek), greek)
greek_env <- as_environment(greek_list)
```

然后，我们可以检查它：

```
latex_env <- function(expr) {
  greek_env
}

to_math(pi)
#> <LATEX> \pi
to_math(beta)
#> <LATEX> \beta
```

到目前为止看起来不错！

21.3.5 未知符号

如果符号不是希腊字母，那么就保留它的原状。这有点儿技巧，因为我们事先不知道要使用到什么符号，也不可能全部生成它们。所以，我们使用遍历 AST 的技术（18.5 节）来找出所有符号。下面给出了 all_names_rec() 和帮助函数 all_names()： 494

```
all_names_rec <- function(x) {
  switch_expr(x,
    constant = character(),
    symbol =   as.character(x),
    call =     flat_map_chr(as.list(x[-1]), all_names)
  )
}

all_names <- function(x) {
  unique(all_names_rec(x))
}

all_names(expr(x + y + f(a, b, c, 10)))
#> [1] "x" "y" "a" "b" "c"
```

现在我们想接受那个符号列表，并将其转换到一个环境中，这样每个符号都映射到对应的字符串表示（例如，eval(quote(x), env) 将输出 "x"）。再次使用将命名字符向量转换成列表的转换模式，然后将列表转换到环境中。

```
latex_env <- function(expr) {
  names <- all_names(expr)
  symbol_env <- as_environment(set_names(names))

  symbol_env
}

to_math(x)
#> <LATEX> x
to_math(longvariablename)
#> <LATEX> longvariablename
to_math(pi)
#> <LATEX> pi
```

这样做是可以的，但是需要把它与希腊符号环境结合起来。由于相对于默认情况，我们首选希腊符号（例如，`to_math(pi)` 将转换成 `"\\pi"`，而不是 `"pi"`），所以 `symbol_env` 应该是 `greek_env` 的父环境。为此，我们需要在一个新的父环境中对 `greek_env` 进行复制。
495 这给我们提供了一个既可以转换已知（希腊）符号又可以转换未知符号的函数。

```
latex_env <- function(expr) {
  # Unknown symbols
  names <- all_names(expr)
  symbol_env <- as_environment(set_names(names))

  # Known symbols
  env_clone(greek_env, parent = symbol_env)
}

to_math(x)
#> <LATEX> x
to_math(longvariablename)
#> <LATEX> longvariablename
to_math(pi)
#> <LATEX> \pi
```

21.3.6　已知函数

接下来，为 DSL 添加函数。我们从多个帮助函数开始，它可以使我们很容易地添加一元和二元运算符。这些函数都非常简单：它们只是对字符串进行组合。

```
unary_op <- function(left, right) {
  new_function(
    exprs(e1 = ),
    expr(
      paste0(!!left, e1, !!right)
    ),
    caller_env()
  )
}

binary_op <- function(sep) {
  new_function(
    exprs(e1 = , e2 = ),
    expr(
      paste0(e1, !!sep, e2)
    ),
    caller_env()
  )
```

```
}

unary_op("\\sqrt{", "}")
#> function (e1)
#> paste0("\\sqrt{", e1, "}")
binary_op("+")
#> function (e1, e2)
#> paste0(e1, "+", e2)
```

496

有了这些帮助函数，我们可以映射多个从 R 转换成 LaTeX 的例子。注意，借助 R 的词法作用域，我们可以很容易地为标准函数（如，`+`、`-` 和 `*`，甚至 `(` 和 `{` 提供新的含义。

```
# Binary operators
f_env <- child_env(
  .parent = empty_env(),
  `+` = binary_op(" + "),
  `-` = binary_op(" - "),
  `*` = binary_op(" * "),
  `/` = binary_op(" / "),
  `^` = binary_op("^"),
  `[` = binary_op("_"),

  # Grouping
  `{` = unary_op("\\left{ ", " \\right}"),
  `(` = unary_op("\\left( ", " \\right)"),
  paste = paste,

  # Other math functions
  sqrt = unary_op("\\sqrt{", "}"),
  sin =  unary_op("\\sin(", ")"),
  log =  unary_op("\\log(", ")"),
  abs =  unary_op("\\left| ", "\\right| "),
  frac = function(a, b) {
    paste0("\\frac{", a, "}{", b, "}")
  },

  # Labelling
  hat =   unary_op("\\hat{", "}"),
  tilde = unary_op("\\tilde{", "}")
)
```

我们再次修改 `latex_env()`，使其包含这个环境。它应该是 R 查找名字的最后一个环境，换句话说，`sin(sin)` 应该能够工作了。 497

```
latex_env <- function(expr) {
  # Known functions
  f_env

  # Default symbols
  names <- all_names(expr)
  symbol_env <- as_environment(set_names(names), parent = f_env)

  # Known symbols
  greek_env <- env_clone(greek_env, parent = symbol_env)

  greek_env
}

to_math(sin(x + pi))
#> <LATEX> \sin(x + \pi)
```

```
to_math(log(x[i]^2))
#> <LATEX> \log(x_i^2)
to_math(sin(sin))
#> <LATEX> \sin(sin)
```

21.3.7 未知函数

最后，为我们还不知道的函数添加默认情况。我们不可能提前知道它们是什么，所以又要利用遍历 AST 来处理它们：

```
all_calls_rec <- function(x) {
  switch_expr(x,
    constant = ,
    symbol =   character(),
    call = {
      fname <- as.character(x[[1]])
      children <- flat_map_chr(as.list(x[-1]), all_calls)
      c(fname, children)
    }
  )
}
all_calls <- function(x) {
  unique(all_calls_rec(x))
}
all_calls(expr(f(g + b, c, d(a))))
#> [1] "f" "+" "d"
```

498

我们还需要一个闭包，它可以为每一个未知调用产生函数。

```
unknown_op <- function(op) {
  new_function(
    exprs(... = ),
    expr({
      contents <- paste(..., collapse = ", ")
      paste0(!!paste0("\\mathrm{", op, "}("), contents, ")")
    })
  )
}
unknown_op("foo")
#> function (...)
#> {
#>     contents <- paste(..., collapse = ", ")
#>     paste0("\\mathrm{foo}(", contents, ")")
#> }
#> <environment: 0x7f98e739d128>
```

再次更新 `latex_env()`：

```
latex_env <- function(expr) {
  calls <- all_calls(expr)
  call_list <- map(set_names(calls), unknown_op)
  call_env <- as_environment(call_list)

  # Known functions
  f_env <- env_clone(f_env, call_env)

  # Default symbols
  names <- all_names(expr)
  symbol_env <- as_environment(set_names(names), parent = f_env)
```

```
  # Known symbols
  greek_env <- env_clone(greek_env, parent = symbol_env)
  greek_env
}
```

这样就完成了我们的原始要求：

```
to_math(sin(pi) + f(a))
#> <LATEX> \sin(\pi) + \mathrm{f}(a)
```

当然可以更进一步，转换数学表达式的类型，但是这不需要任何其他的元编程工具。

21.3.8 练习

1. 添加转义。通过在前面添加反斜杠来转义的特殊符号有：`\`、`$` 和 `%`。与 HTML 相同，我们需要确保不能以双反斜杠结尾。所以我们需要创建一个小的 S3 类，然后在函数运算符中使用。这样就可以在需要时嵌入任意的 LaTeX 代码。 499~500

2. 完成这个 DSL，使它支持 `plotmath` 支持的所有函数。

第五部分

高级技术

最后的 4 章涵盖了两种通用的编程技术：查找和修复错误以及发现和修复性能问题。衡量和提高性能的工具尤为重要，因为 R 不是一种快速的语言。这不是偶然的：R 的设计目的是使交互式数据分析对人类来说更容易，而不是使计算机尽可能快。尽管 R 与其他编程语言相比速度较慢，但对于大多数用途而言，它已经足够快了。这些章节可以帮助你解决 R 不够快的情况，方法是提高 R 代码的性能，或者切换到专为性能而设计的 C++ 语言。

1）第 22 章讨论调试，因为找到错误的根本原因可能非常令人沮丧。幸运的是，R 有一些很棒的调试工具，当它们与可靠的策略结合时，你应该能够快速而相对轻松地找到大多数问题的根本原因。

2）第 23 章着重于衡量性能。 501~503

3）第 24 章介绍如何改进性能。

第 22 章

调　　试

22.1 本章简介

R 代码引发意外错误时该怎么办？需要什么工具来查找和解决问题？本章将介绍调试的技巧和科学，首先介绍一般的策略，然后介绍特定的工具。

我将展示 R 和 RStudio IDE 所提供的工具。我建议尽可能使用 RStudio 的工具，但我还会向你展示适用于所有地方的等效工具。你可能还需要参考官方 RStudio 调试文档（https://support.rstudio.com/hc/en-us/articles/205612627-Debugging-with-RStudio），这里你可以学习 RStudio 的最新调试工具。

注意：编写新函数时，不需要使用这些工具。如果发现自己经常在新代码中使用它们，请重新考虑你的方法。与其尝试一次全部编写一个大函数，不如拆分后交互地使用小代码块。如果从小代码块着手，则可以快速找出无法解决问题的原因，并且不需要复杂的调试工具。

主要内容

- 22.2 节概述发现和修复错误的一般策略。
- 22.3 节介绍 `traceback()` 函数，该函数可以帮助你准确定位发生错误的位置。
- 22.4 节展示如何暂停执行函数和启动环境，你可以在其中交互地探索正在发生的事情。
- 504~505 22.5 节讨论非交互式运行代码时的调试难题。
- 22.6 节讨论一些非错误故障，这些问题有时也需要调试。

22.2 整体方法

漏洞查找就是确认那些你认为对的的确是对的，直到找到一个错的（本来你认为是对的）。

——Norm Matloff

寻找问题的根本原因总是具有挑战性的。大多数错误都很微妙且难以发现，因为如果它们很明显，那么你首先就应该避免它们。好的策略会有所帮助。下面概述了一个有用的 4 步过程：

1. 谷歌

每当看到错误消息时，请先对其进行谷歌搜索。如果幸运的话，你会发现这是已有解决方案的常见错误。进行谷歌搜索时，请删除特定于问题的任何变量名称或值，以提高匹配的机会。

可以使用 errorist[Balamuta，2018a] 和 searcher[Balamuta，2018b] 添加包使此过程自动化。更多详细信息请参阅它们的网站。

2. 使其可重现

为了找出错误的根本原因，需要尽可能多地执行代码，考虑并拒绝一些假设。为了尽可能快地进行迭代，有必要进行一些前期投入，以使问题更容易、更快速地重现。

首先创建一个可再现示例（1.7 节）。接下来，通过删除代码并简化数据来使示例最小化。这样做时，你可能会发现不会触发错误的输入。注意留意它们：在诊断根本原因时，它们将很有帮助。

如果正在进行自动化测试，那么现在也是创建自动化测试用例的好时机。如果现有的测试只能覆盖较少的部分，那么需要添加一些相似的测试，来确保现有的好行为能够得到保存。这会减少出现新漏洞的机会。

3. 找到漏洞的根源

如果幸运的话，本节接下来要讲到的工具将帮助你快速找到产生漏洞的代码行。但是，通常情况下，我们不得不做进一步的考虑。采用科学的方法是一个好主意。产生一个假设，506
设计实验来测试这个假设，并记录结果。这似乎需要做很多工作，但是系统的方法可以帮助你节省不少时间。依靠直觉来解决代码错误的方法通常浪费了我很多时间（直觉告诉我："肯定是一个相差 1 的错误，这里减去 1 就好了"），而如果采用一套系统方法会好很多。

如果失败，则可能需要寻求其他人的帮助。如果已按照上一步进行操作，那么你将获得一个易于与他人共享的小例子。这使其他人更容易查看问题，并且更有可能帮助你找到解决方案。

4. 修复并测试

找到该错误后，你需要找出解决方法，并检查这种修复是否确实有效。同样，进行自动化测试会很有帮助。这不仅有助于确保你修复了该错误，还有助于确保在此过程中没有引入新的错误。如果没有自动化测试，就要记录正确的结果，并重新使用以前会出错的输入以便确保不会有错误产生。

22.3 定位错误

重现错误后，下一步就是找出错误的来源。此过程中最重要的工具是 `traceback()`，它向你显示导致错误的调用顺序（也称为调用堆栈，见 7.5 节）。

这里有一个简单的例子：你会发现 `f()` 调用了 `g()`，`g()` 调用 `h()`，`h()` 又调用了 `i()`，该示例将检查其参数是否为数字：

```
f <- function(a) g(a)
g <- function(b) h(b)
h <- function(c) i(c)
i <- function(d) {
  if (!is.numeric(d)) {
    stop("`d` must be numeric", call. = FALSE)
  }
  d + 10
}
```
507

当在 RStudio 中运行 f("a") 代码时，我们将看到：

```
> f("a")
Error: `d` must be numeric                                    Show Traceback
                                                              Rerun with Debug
```

错误消息的右侧将显示两个选项："Show Traceback"和"Rerun with Debug"。如果单击"Show Traceback"，则会看到：

```
> f("a")
Error: `d` must be numeric                                    Hide Traceback
                                                              Rerun with Debug
 5. stop("`d` must be numeric", call. = FALSE) at debugging.R#6
 4. i(c) at debugging.R#3
 3. h(b) at debugging.R#2
 2. g(a) at debugging.R#1
 1. f("a")
```

如果没有使用 RStudio，则可以使用 traceback() 获取相同的信息（格式很漂亮）：

```
traceback()
#> 5: stop("`d` must be numeric", call. = FALSE) at debugging.R#6
#> 4: i(c) at debugging.R#3
#> 3: h(b) at debugging.R#2
#> 2: g(a) at debugging.R#1
#> 1: f("a")
```

注意：从下到上阅读 traceback() 的输出，即初始调用为 f()，它又调用了 g()，g() 又调用了 h()，h() 又调用了 i()，最终导致错误。如果你已经用 source() 将这段代码处理进 R，回溯信息还会以 filename.r # linenumber 的形式显示函数的位置。在 RStudio 中，这些都是可以单击的，而且它将你带到编辑器中的相应代码行。

22.3.1 惰性求值

traceback() 的一个缺点是它总是将调用树线性化，如果涉及很多惰性求值，这可能
508 会造成混淆（7.5.2 节）。例如，在以下示例中，在计算 f() 的第一个参数时发生错误：

```
j <- function() k()
k <- function() stop("Oops!", call. = FALSE)
f(j())
#> Error: Oops!
```

```
traceback()
#> 7: stop("Oops!") at #1
#> 6: k() at #1
#> 5: j() at debugging.R#1
#> 4: i(c) at debugging.R#3
#> 3: h(b) at debugging.R#2
#> 2: g(a) at debugging.R#1
#> 1: f(j())
```

可以使用 rlang::with_abort() 和 rlang::last_trace() 查看调用树。在这里，我

认为这样更容易发现问题的根源。查看调用树的最后一个分支，以查看错误来自 j() 调用 k()。

```
rlang::with_abort(f(j()))
#> Error: Oops!
rlang::last_trace()
#>     █
#>  1. ├─rlang::with_abort(f(j()))
#>  2. │ └─base::withCallingHandlers(...)
#>  3. ├─global::f(j())
#>  4. │ └─global::g(a) debugging.R:1:5
#>  5. │   └─global::h(b) debugging.R:2:5
#>  6. │     └─global::i(c) debugging.R:3:5
#>  7. └─global::j() debugging.R:1:5
#>  8.   └─global::k()
```

注意：rlang::last_trace() 的顺序与 traceback() 的顺序相反。我们将在 22.4.2.4 节中讨论该问题。

22.4 交互式调试器

有时，错误的精确位置足以使你发现原因并修复它。但是，通常你需要更多信息，最简单的方法是使用交互式调试器，该调试器可以帮助你暂停执行一个函数并以交互方式查看它的状态。 509

如果使用的是 RStudio，则进入交互式调试器的最简单方法是通过 RStudio 的“Rerun with Debug”工具。这将重新运行创建错误的命令，并在发生错误的地方暂停执行。或者可以在要暂停的位置插入对 browser() 的调用，然后重新运行该函数。例如，我们可以在 g() 中插入调用 browser()：

```
g <- function(b) {
  browser()
  h(b)
}
f(10)
```

browser() 只是一个常规函数调用，这意味着你可以通过将其包装在 if 语句中有条件地运行它：

```
g <- function(b) {
  if (b < 0) {
    browser()
  }
  h(b)
}
```

无论哪种情况，你最终都将在函数内部的交互式环境中运行任意 R 代码以探究当前状态。当进入交互式调试器时你会知道状态，因为你将会得到一个特殊提示：

```
Browse[1]>
```

在 RStudio 中，你将在编辑器中看到相应的代码（高亮显示将在下一步运行的语句），当前环境中的对象会在“Environment”面板中显示，“Traceback”面板中显示调用堆栈。

22.4.1 browser() 命令

除了允许运行常规 R 代码之外，browser() 还提供了一些特殊命令。你可以通过键入短文本命令或单击 RStudio 工具栏中的按钮来使用它们，如图 22-1 所示。

图 22-1 RStudio 调试工具栏

- ❑ “Next”(执行下一步)，n：执行函数的下一步。
510 如果有变量名为 n 的对象，则需要使用 print(n) 来显示其输出。
- ❑ “Step into”（单步执行），或 s ：类似于执行下一步（Next），但如果下一步是一个函数，那么将单步执行这个函数，这样就能进行交互式浏览。
- ❑ “Finish”(结束)，或 f：结束当前循环或函数的执行。
- ❑ “Continue”（继续），c ：离开交互式调试，并继续函数的正常执行。如果已经解决最糟糕的问题并想使用它来检查函数是否正确运行，那么它是有用的。
- ❑ “Stop”(停止),Q：停止调试，终止函数，并返回全局工作空间。当你找到问题所在，准备修复这个漏洞并重载代码时，可以使用它。

还有两个不太有用的并且在工具栏中找不到的命令：

- ❑ “Enter”：重复前一个命令。一不小心很容易激活它，所以可以使用 options (browserNLdisabled = TRUE) 将它关闭。
- ❑ where：输出当前调用的堆栈跟踪（等价于交互式的 traceback）。

22.4.2 其他方案

使用 browser() 可以有三种选择：在 RStudio 中设置断点、option(error = recover)、debug() 和其他相关函数。

22.4.2.1 断点

在 RStudio 中，只需要单击左侧的行号就可以设置断点，或者使用 <Shift + F9>。断点在行为上与 browser() 类似，但更容易设置（只需要单击，而不是敲击 9 次键盘），并且也没有必要冒险在代码中添加 browser() 语句。当然断点也有两个小缺点：

- ❑ 在一些异常情况下断点会失效。可以参考断点故障排除（http://www.rstudio.com/ide/docs/debugging/breakpoint-troubleshooting）以了解更详细的信息。
- ❑ RStudio 现在还不支持条件断点。

22.4.2.2 recover()

激活 browser() 的另一种方法是使用 options(error = recover)。现在，当你遇到错误
511 时，将获得一个交互式提示，其中显示了回溯，并使你能够在任何框架内进行交互式调试：

```
options(error = recover)
f("x")
#> Error: `d` must be numeric
#>
#> Enter a frame number, or 0 to exit
#>
#> 1: f("x")
#> 2: debugging.R#1: g(a)
#> 3: debugging.R#2: h(b)
#> 4: debugging.R#3: i(c)
#>
#> Selection:
```

你可以使用 options(error = NULL) 将错误行为重置为默认状态。

22.4.2.3 debug()

另一种方法是调用一个插入 browser() 调用的函数：

- debug() 在指定函数的第一行插入一个浏览器语句。undebug() 去除它。另外，可以使用 debugonce() 函数只浏览下一次运行。
- utils::setBreakpoint() 也一样，不过它不接受函数名，它接受文件名和行号，并帮助你找到合适的函数。

这两个函数都是 trace() 函数的特例，trace() 可以在一个现有函数的任意位置插入任意代码。当对一个没有源文件的代码进行调试时，trace() 偶尔是有用的。要去除函数追踪，可以使用 untrace()。每个函数只能执行一次追踪，但是一次追踪可以调用多个函数。

22.4.2.4 调用堆栈

不幸的是，traceback()、browser() 和 where 以及 recover() 输出的调用栈是不一致的。下表 22-1 显示了使用这三个工具输出的调用栈（还是对上例的分析）。traceback() 和 where 的编号是不同的，recover() 以相反顺序显示调用。

表 22-1

traceback()	where	recover()	rlang 函数
5: stop("...")			
4: i(c)	where 1: i(c)	1: f()	1. └─global::f(10)
3: h(b)	where 2: h(b)	2: g(a)	2. └─global::g(a)
2: g(a)	where 3: g(a)	3: h(b)	3. └─global::h(b)
1: f("a")	where 4: f("a")	4: i("a")	4. └─global::i("a")

512

RStudio 显示的调用顺序与 traceback() 相同。rlang 函数使用与 recover() 相同的顺序和编号，同时也使用缩进来加强调用的层次结构。

22.4.3 编译代码

对于已编译的代码（如 C 或 C ++），也可以使用交互式调试器（gdb 或 lldb）。不幸的是，这超出了本书的范围，但是你可能会发现一些有用的资源：

- http://r-pkgs.had.co.nz/src.html#src-debugging
- https://github.com/wch/r-debug/blob/master/debugging-r.md
- http://kevinushey.github.io/blog/2015/04/05/debugging-with-valgrind/
- https://www.jimhester.com/2018/08/22/debugging-rstudio/

22.5 非交互式调试

当无法以交互方式运行代码时，调试是最具挑战性的，这通常是因为它是某些管道自动运行的一部分（可能在另一台计算机上），或者当以交互方式运行相同的代码时不会发生错误。这可能非常令人沮丧！

本节将为你提供一些有用的工具，但是请不要忘记 22.2 节中的一般策略。当无法进行交互式探索时，花一些时间使问题尽可能小以使其能够快速解决尤为重要。有时，caller::r(f, list(1, 2)) 可能很有用；这将在新的会话中调用 f(1, 2)，并且可以帮助重现该问题。

你可能还需要仔细检查以下常见问题：

- 全局环境是否不同？你是否加载了其他软件包？先前会话留下的对象是否会引起差异？
- 工作目录是否不同？
513 - 确定在哪里找到外部命令（如 git）的 PATH 环境变量是否不同？
- 用于确定 library() 在何处查找添加包的 R_LIBS 环境变量是否不同？

22.5.1 dump.frames()

dump.frames() 等价于非交互式代码的 recover()，它将 last.dump.rda 文件保存在工作目录中。之后，在交互式会话中，你可以执行 load("last.dump.rda")；debugger() 进入具有与 recover() 相同接口的交互式调试器。这使你可以“假装”以交互方式调试非交互运行的代码。

```
# In batch R process ----
dump_and_quit <- function() {
  # Save debugging info to file last.dump.rda
  dump.frames(to.file = TRUE)
  # Quit R with error status
  q(status = 1)
}
options(error = dump_and_quit)

# In a later interactive session ----
load("last.dump.rda")
debugger()
```

22.5.2 打印调试

如果 dump.frames() 不能解决问题，那么**打印调试**（print debugging）是一个不错的选择，可以在其中插入大量打印语句来精确定位问题并查看重要变量的取值。打印调试虽然缓慢且原始，但始终有效，因此如果无法获得良好的回溯，则这种方法特别有用。首先插
514 入粗粒度的标记，然后在确定问题的确切位置时逐渐使它们变得更加细化。

```
f <- function(a) {
  cat("f()\n")
  g(a)
}
g <- function(b) {
  cat("g()\n")
  cat("b =", b, "\n")
  h(b)
}
h <- function(c) {
  cat("i()\n")
  i(c)
}

f(10)
#> f()
```

```
#> g()
#> b = 10
#> i()
#> [1] 20
```

打印调试对于已编译的代码特别有用，因为编译器将代码修改到一定程度，即使在交互式调试器中也无法找出根本问题，这种情况并不罕见。

22.5.3 RMarkdown

在 RMarkdown 文件中调试代码需要一些特殊的工具。首先，如果使用 RStudio 编译文件，请改为调用 `rmarkdown::render("path/to/file.Rmd")`。这将在当前会话中运行代码，从而使调试变得更加容易。如果这样做可以解决问题，则需要找出导致环境不同的原因。

如果问题仍然存在，则需要使用交互式调试技能。无论使用哪种方法，都需要执行一个额外的步骤：在错误处理程序中，需要调用 `sink()`。这将删除 knitr 用来捕获所有输出的默认接收器，并确保你可以在控制台中看到结果。例如，要在 RMarkdown 上使用 `recover()`，请将以下代码放入设置程序块中：

```
options(error = function() {
  sink()
  recover()
})
```

编译完成后，这将生成“`no sink to remove`”的警告；你可以放心地忽略此警告。

如果只是想回溯，最简单的选择就是使用 `rlang::trace_back()`，并利用 `rlang_trace_top_env` 选项。这样可以确保你仅看到来自代码的回溯，而不包括 RMarkdown 和 knitr 调用的函数。 515

```
options(rlang_trace_top_env = rlang::current_env())
options(error = function() {
  sink()
  print(rlang::trace_back(bottom = sys.frame(-1)), simplify = "none")
})
```

22.6 非错误故障

除了引发错误外，函数还有其他导致故障的原因：

- 函数可能会产生意外警告。跟踪警告的最简单方法是使用 `options(warn = 2)` 将它们转换为错误，并使用调用堆栈，例如 `doWithOneRestart()`、`withOneRestart()` 和常规调试工具。执行此操作时，会看到一些额外的调用，包括 `withRestarts()` 和 `.signalSimpleWarning()`。忽略这些：它们是用于将警告变为错误的内部函数。
- 函数可能会生成意外消息。可以使用 `rlang::with_abort()` 将这些消息转换为错误：

```
f <- function() g()
g <- function() message("Hi!")
f()
#> Hi!

rlang::with_abort(f(), "message")
#> Error: Hi!
```

```
rlang::last_trace()
#>     █
#>  1. ├─rlang::with_abort(f(), "message")
#>  2. │ └─base::withCallingHandlers(...)
#>  3. └─global::f()
#>  4.   └─global::g()
```

- 函数可能永远不会返回结果。这很难自动调试，但是有时终止函数并查看 traceback() 会提供很多信息。否则，请使用 22.5.2 节中的打印调试。
- 最糟糕的情况是代码可能会导致 R 完全崩溃，使你无法交互式调试代码。这表示已编译的（C 或 C ++）代码中出现了错误。

如果该错误出现在已编译的代码中，则需要按照 22.4.3 节中的链接进行操作，并学习如何使用交互式 C 调试器（或插入许多打印语句）。

516~517 如果错误位于套件或 R 基础包中，则需要与添加包的维护人员联系。无论哪种情况，都应努力制作尽可能小的可再现示例（1.7 节），这样开发人员能够更好地帮助你。

第 23 章

衡 量 性 能

23.1 本章简介

程序员经常在一些非关键性的代码上花费大量的时间和精力来研究它们的执行速度(运行效率)，但是这种为提高效率而做出的努力常常会给代码调试和代码维护带来负面影响。

——Donald Knuth

在使代码更快之前，你首先需要弄清楚导致代码变慢的原因。说起来容易，但做起来就难了。即使非常有经验的程序员要找出程序的瓶颈都是很困难的。我们不能依靠直觉，而应该对代码进行**性能分析**：使用真实输入，测量程序中每一行代码的运行时间。

一旦确定了瓶颈，就需要仔细尝试替代方法，以找到等价的更快代码。在第 24 章中，你将学习多种方法来加速代码，但是首先你需要学习如何进行**微测试**（microbenchmark），以便你可以精确地衡量性能差异。

主要内容

- 23.2 节展示如何使用性能分析工具来深入研究导致代码变慢的原因。
- 23.3 节显示如何使用微测试来探索替代实现，并准确找出哪种实现最快。

预备工具

我们将使用 profvis（https://rstudio.github.io/profvis/）进行性能分析，并使用 bench（https://bench.r-lib.org/）进行微测试。 518 ≀ 519

```
library(profvis)
library(bench)
```

23.2 性能分析

在各种编程语言中，用于了解代码性能的主要工具是性能分析器（profiler）。有很多不同类型的性能分析器。R 使用一种非常简单的类型，称为采样或统计性能分析器。采样性能分析器每隔几毫秒中断程序的运行，并记录当前正在执行的函数（即正在执行的函数以及调用此函数的函数等）。例如，考虑下面的 f()：

```
f <- function() {
  pause(0.1)
  g()
  h()
}
g <- function() {
  pause(0.1)
  h()
}
h <- function() {
  pause(0.1)
}
```

（这里我使用了 profvis::pause() 而不是 Sys.sleep()，这是因为，就 R 能告诉我们的而言，Sys.sleep() 运行时不占用任何运算时间，所以它也不会出现在性能分析的输出结果中。）

如果对 f() 进行性能分析，每 0.1 秒中断一次程序的执行，我们将看到如下的结果。

```
"pause" "f"
"pause" "f" "g"
"pause" "f" "g" "h"
"pause" "f" "h"
```

每行代表性能分析器的一次中断的结果（此例中为 0.1 秒一次），函数调用从右到左记
520 录：第一行显示 f() 调用 pause()。结果表明，这段代码花费 0.1 秒运行 f()，花费 0.2 秒运行 g()，然后花费 0.1 秒运行 h()。

如果我们使用下面的代码中的 utils::Rprof() 对 f() 进行性能分析，不可能得到如此清晰的结果。

```
tmp <- tempfile()
Rprof(tmp, interval = 0.1)
f()
Rprof(NULL)
writeLines(readLines(tmp))
#> sample.interval=100000
#> "pause" "g" "f"
#> "pause" "h" "g" "f"
#> "pause" "h" "f"
```

这是因为性能分析器在准确率和性能之间做了基本的权衡。做出的妥协是，使用采样性能分析器，只对整体性能产生很小的影响，但对性能的影响基本上是随机的。计时器给出的时间与每一次运行的实际时间的精度都有所不同，所以你每次进行性能分析的结果并不是完全一致的。幸运的是，受可变性影响最大的函数通常很少使用，这些函数是最不受欢迎的函数。

23.2.1　可视化性能分析

默认的性能分析解析度非常细，因此，如果你的函数花费几秒钟，它将生成数百个样本。这很快就超出了我们直接查看的能力，因此，我们将使用 profvis 添加包来可视化聚合，而不是使用 utils::Rprof()。profvis 添加包还将性能分析数据连接回基础源代码，从而使你更容易建立描述更改过程的思维模型。如果你发现 profvis 不适用于你的代码，则

可以尝试使用其他选项，例如 `utils::summaryRprof()` 或 proftools 添加包 [Tierney and Jarjour，2016]。

有两种使用 profvis 的方法：

- ❑ RStudio 的“Profile”文件菜单。
- ❑ 使用 `profvis::profvis()`。我建议将代码存储在单独的文件中，并对其调用 `source()`；这将确保你在性能分析数据和源代码之间建立最佳连接。

```
source("profiling-example.R")
profvis(f())
```

521

分析完成后，profvis 将打开一个交互式 HTML 文档，使你可以浏览结果。有两个面板，如图 23-1 所示。

顶部面板显示了源代码，并在其上覆盖了条形图，以存储每行代码的内存和执行时间。在这里，我将重点介绍执行时间，稍后我们将回到内存。该显示可以使你对瓶颈有一个整体的感觉，但并不总是能帮助你准确地找出原因。例如，在这里，你可以看到 `h()` 耗时 150 ms，是 `g()` 的两倍；这不是因为函数运行较慢，而是因为它的调用频率是 `g()` 的两倍。

底部面板是一个**火焰图**（flame graph），显示整个调用堆栈。这使你可以看见到每个函数的完整调用序列，并且可以看到从两个不同位置调用了 `h()`。在此显示中，你可以将鼠标悬停在各个调用上以获得更多信息，并查看相应的源代码行，如图 23-2 所示。

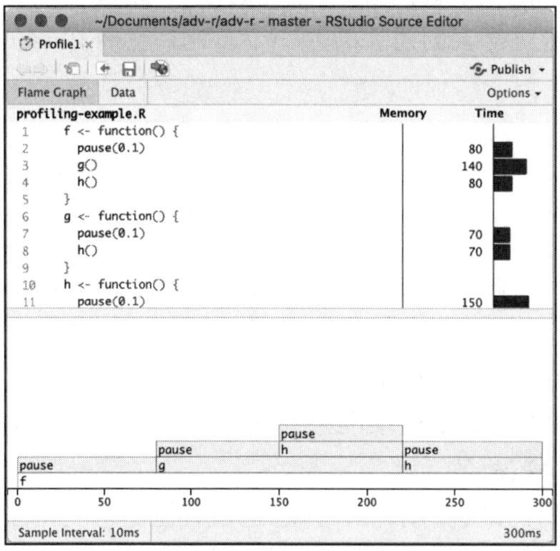

图 23-1　profvis 的输出在顶部显示了源代码，并在下方显示了的火焰图

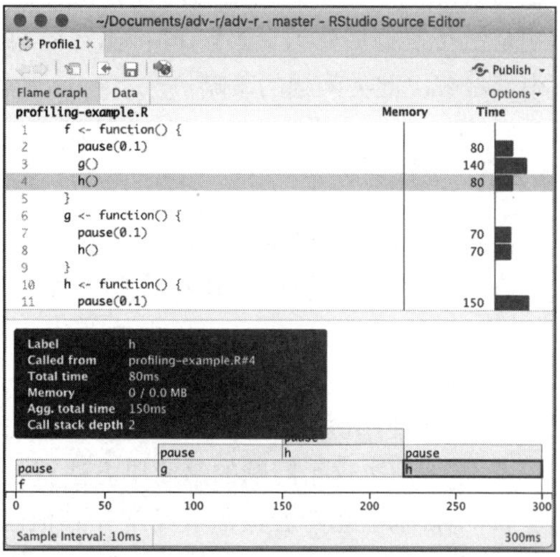

图 23-2　将鼠标悬停在火焰图中的调用上会高亮显示相应的代码行，并显示有关性能的其他信息

或者，你可以使用**数据选项卡**（data tab），图 23-3 使你可以交互式地进入性能数据树。该显示基本上与火焰图相同（旋转 90 度），但是当调用堆栈非常大或嵌套得很深时，它会更有用，因为你可以交互式地放大选定的元素。

23.2.2　内存性能分析

火焰图中有一个特殊的条目 <GC>，它与你的代码不对应，表示垃圾回收正在运行。如果 <GC> 花费很长时间，通常表明你正在创建许多使用寿命很短的对象。例如，使用以下代码片段： 522~523

```
x <- integer()
for (i in 1:1e4) {
  x <- c(x, i)
}
```

对其进行分析后，你会发现大部分时间都花在了垃圾回收上，如图 23-4 所示。

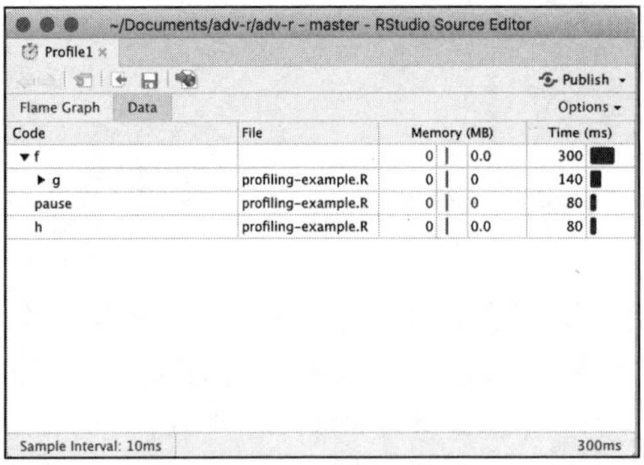

图 23-3　数据提供了一个交互式树，使你可以有选择地放大关键元素

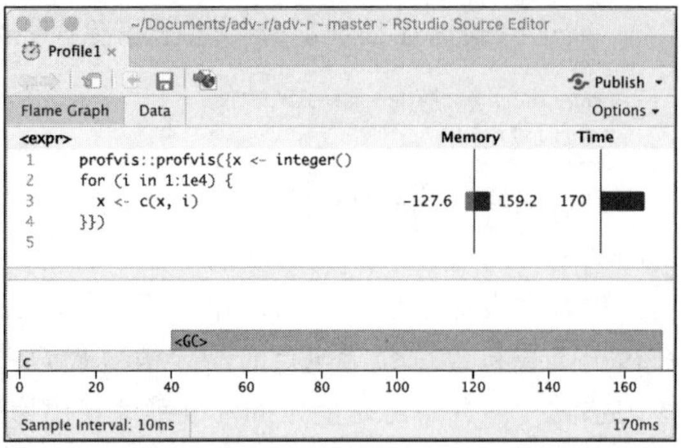

图 23-4　对修改现有变量的循环进行的性能分析表明，大部分时间都花在了垃圾回收（<GC>）上

当你看到垃圾回收在自己的代码中占用大量时间时，通常可以通过查看内存列来找出问题的根源：你会看到大量的内存分配（右侧的条）和内存释放（左侧的条）。这里出现的
524 问题是由于复制后修改（2.3 节）：循环的每次迭代都会创建 x 的另一个复制。你将在 24.6 节中学习解决此类问题的策略。

23.2.3　局限性

性能分析还有一些局限性：

- 性能分析不能扩展到 C 代码。如果 R 代码调用了 C/C++ 代码，你可以看到调用，但是看不到 C/C++ 代码中的调用函数。不幸的是，对编译代码的性能分析超出了本书的范围，可以参阅 https://github.com/r-prof/jointprof。
- 如果使用匿名函数进行大量的函数式编程，那么很难准确地找到哪个函数被调用了。解决这个问题的最简单方法就是为函数命名。
- 惰性求值意味着其参数经常在其他函数的内部进行求值，并且这使得调用栈变得复杂（7.5.2 节）。不幸的是，R 的性能分析器没有存储足够的信息来消除惰性求值，因此在下面的代码中，性能分析会使 i() 看起来像是被 j() 调用的，因为只有 j()
525 需要时才对参数进行求值。

```
i <- function() {
  pause(0.1)
  10
}
j <- function(x) {
  x + 10
}
j(i())
```

如果这里有点儿迷惑，可以使用 force()（10.2.3 节）以便提前将其计算出来。

23.2.4 练习

1. 使用 `torture = TRUE` 对以下函数进行性能分析。有什么惊喜？阅读 `rm()` 的源代码以了解发生了什么。

```
f <- function(n = 1e5) {
  x <- rep(1, n)
  rm(x)
}
```

23.3 微测试

微测试（microbenchmark）是对一小段代码性能的度量，有时也就运行几毫秒（ms）、几微秒（μs）或者几纳秒（ns）。微测试对于比较特定任务的小型代码段很有用。为实际代码归纳微测试的结果时需要非常谨慎：用微测试观测到的差异通常是由真实代码的高阶影响决定的，对亚原子物理的深刻理解对烤面包没有帮助。

bench 添加包 [Hester，2018] 是 R 中进行微测试的一个很好的工具。bench 添加包使用高精度计时器，使得比较极短时间的运算成为可能。下面的代码比较了两种计算平方根方法的速度。 526

```
x <- runif(100)
(lb <- bench::mark(
  sqrt(x),
  x ^ 0.5
))
#> # A tibble: 2 x 10
#>   expression      min    mean  median     max `itr/sec` mem_alloc
#>   <chr>      <bch:tm> <bch:> <bch:t> <bch:t>     <dbl> <bch:byt>
#> 1 sqrt(x)       442ns  1.29µs   665ns  45.6µs   776952.      848B
#> 2 x^0.5        3.05µs  3.65µs   3.2µs 100.4µs   274024.      848B
#> # … with 3 more variables: n_gc <dbl>, n_itr <int>,
#> #   total_time <bch:tm>
```

默认情况下，`bench::mark()` 至少对每个表达式运行一次（`min_iterations = 1`），并且最多运行 0.5 s（`min_time = 0.5`）。它检查每次运行是否返回相同的值，通常是你希望进行微测试的值。如果要比较返回不同值的表达式的速度，请设置 `check = FALSE`。

23.3.1 `bench::mark()` 的结果

`bench::mark()` 以 tibble 形式返回结果，每行代表一个输入表达式，并包含以下几列：

- `min`、`mean`、`median`、`max` 和 `itr/sec` 总结了表达式花费的时间。着重于运行时间的最小值（可能的最佳运行时间）和中位数（典型时间）。在此示例中，你可以看到使用特殊的 `sqrt()` 函数比常规的幂运算符要快。

你可以使用 `plot()` 可视化各个时序的分布，见图 23-5： 527

分布倾向于严重右偏（请注意，*x* 轴已经取了对数！），这就是应避免比较均值的原因。你还会经常看到多模态，因为你的计算机在后台运行其他内容。

- `mem_alloc` 告诉你第一次运行分配的内存量，`n_gc()` 告诉你所有运行的垃圾回收总数。这些对于评估表达式的内存使用情况很有用。

- n_itr 和 total_time 告诉你表达式被计算了多少次以及总共花费了多长时间。n_itr 将始终大于 min_iteration 参数，total_time 将始终大于 min_time 参数。
- result、memory、time 和 gc 是存储原始基础数据的列表列。

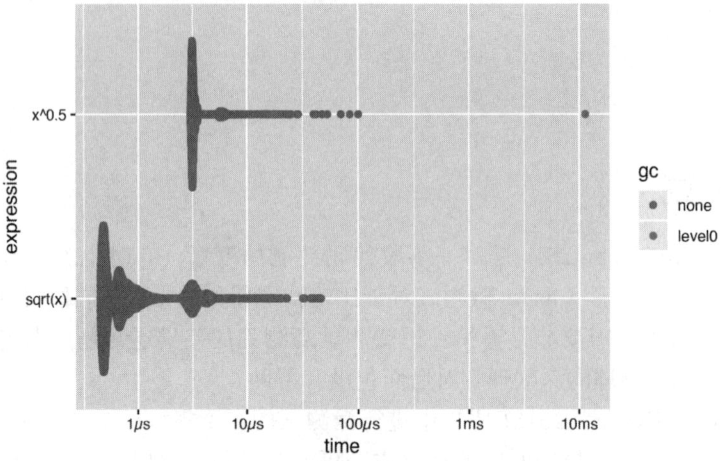

图　23-5

由于结果是特殊类型的 tibble，因此可以使用 [仅选择最重要的列。在下一章中，我会经常这样做。

```
lb[c("expression", "min", "median", "itr/sec", "n_gc")]
#> # A tibble: 2 x 5
#>   expression      min   median `itr/sec`  n_gc
#>   <chr>      <bch:tm> <bch:tm>     <dbl> <dbl>
#> 1 sqrt(x)       442ns    665ns   776952.     0
#> 2 x^0.5        3.05µs    3.2µs   274024.     1
```

23.3.2　解释结果

对于所有的微测试，要特别注意单位：每一个计算用时 440 ns。为了有助于校准微测试对运行时间的影响，考虑一个函数需要运行多少次才能用时 1 s，是有益的。如果一个微测试用时为：

- 1 ms，那么 1000 次调用用用时 1 s。
- 1 μs，那么 100 万次调用用用时 1 s。
- 1 ns，那么 10 亿次调用用用时 1 s。

计算 100 个数的平方根，函数 sqrt() 用时 440 ns 或者 0.44 µs。这说明如果重复运行该运算 100 万次，它将耗时 0.44 s。因此，改变计算平方根的方法不会显著地影响真正的代
528 码。这就是在概括微测试结果时需要格外小心的原因。

23.3.3　练习

1. 你可以使用内置函数 system.time() 来代替 bench::mark()。但是 system.time() 的精度要低得多，因此，你需要使用一个循环将每个操作重复多次，然后找到操作的平均

时间，如下面的代码所示。

```
n <- 1e6
system.time(for (i in 1:n) sqrt(x)) / n
system.time(for (i in 1:n) x ^ 0.5) / n
```

system.time() 的估计值与 bench::mark() 的估计值相比如何？它们为什么不同？

2. 这是另外两种计算向量平方根的方法。你认为哪一个最快，哪一个最慢？使用微测试来检验你的答案。

```
x ^ (1 / 2)
exp(log(x) / 2)
```

529

第 24 章

改进性能

24.1 本章简介

我们应该忽略那些对提高代码效率贡献很小的（瓶颈）代码，大概 97% 的代码都属于这一种：不完善的代码优化是一切错误的源泉。而对于提高效率非常重要的 3% 的代码，则不应该放过。一个好的程序员不应该盲目提高代码的效率，一旦找到关键瓶颈，他应该愿意仔细地查看这段代码。

——Donald Knuth

一旦找到了程序的瓶颈，就需要使它的运行速度变快。对于提高性能来说，很难提出一个通用的建议，但通常我会尽最大努力使用 4 种技术来提高性能，这 4 种技术通常适用于多种情况。对于性能优化来说，我还提出一个通用策略，它可以保证优化后的代码仍然是正确的代码。

非常容易陷入尝试删除所有瓶颈这一困境。没有这个必要！我们的时间是很宝贵的，最好把时间用来分析程序而不是消除所有可能的低效率代码。要务实：没有必要花费几个小时的时间来为计算机节约几秒。这一点非常重要，为了不浪费宝贵的时间，我们应该为代码的运行设定一个目标时间。只要能够实现这个目标就没有必要再进行优化了。这也就意味着没有必要消除所有的瓶颈，因为有些小问题不会影响目标的实现。还有一些我们不得不放弃和接受，因为目前没有更好的方法了。对于所有这些可能性我们要能够接受并及时进入下一步，找寻下一段需要优化的代码。

如果你想进一步了解 R 语言的性能特征，我强烈推荐 *Evaluating the Design of the R*
530~531 *Language*[Morandat *et al.*, 2012]。该书将修改后的 R 解释器与大量代码结合，进而得出了一系列结论。

主要内容

- 24.2 节学习如何更好地组织代码，使代码优化尽可能简单、漏洞更少。
- 24.3 节提醒你寻找一些已经有的解决方案。
- 24.4 节强调“懒惰”的重要性：使函数变快的最简单方法就是让它少做一点儿工作。
- 24.5 节简单地定义向量化，并说明如何充分利用内置函数。
- 24.6 节讨论复制数据的性能风险。

- 24.7 节将上面的知识结合在一起，并使用这些知识将重复运行的 t 检验程序的性能提高大约 1000 倍。
- 24.8 节提供更多的资源来帮助你写出更加高效的代码。

预备工具

我们将使用 bench 添加包（https://bench.r-lib.org/）来精确比较小型独立代码块的性能。

```
library(bench)
```

24.2 组织代码

当我们试图使代码运行得更快时，我们经常落入两个陷阱：

1）代码速度变快了，但代码是错的。

2）你认为快的代码但实际上并不快。

下面列出的策略可以帮助我们避免落入这两个陷阱。

在处理瓶颈时，通常有多种解决方案。为每一种方案编写一个函数，将所有相关的行为封装到这个函数中。这样就便于我们检查每一个方法是否返回了正确的结果，以及这个方法所需要的时间。下面演示这个策略，使用两种不同的方法来求平均值： 532

```
mean1 <- function(x) mean(x)
mean2 <- function(x) sum(x) / length(x)
```

对每一次尝试，无论结果成败都做一个记录。如果以后出现同样的问题，这将非常有帮助。为此，我经常使用 RMarkdown，它允许我们将代码与详细的文档注释和说明放在一起。

接下来，创建一个有代表性的测试案例。这个案例要足够大以便可以帮助我们捕获问题的本质，也要足够小以便可以在几秒内运行完。没有人希望它运行很长时间，因为我们需要运行很多次来比较不同方法的优劣。另一方面，这个案例又不能太小，因为结果可能不能反映真实的问题。在这里，我将使用 100 000 个数字：

```
x <- runif(1e5)
```

现在使用 `bench::mark()` 精确比较变化。`bench::mark()` 自动检查所有调用是否返回相同的值。这并不保证该函数在所有输入上的行为都相同，因此在理想情况下，你还将进行单元测试，以确保你不会意外更改该函数的行为。

```
bench::mark(
  mean1(x),
  mean2(x)
)[c("expression", "min", "median", "itr/sec", "n_gc")]
#> # A tibble: 2 x 5
#>   expression      min   median `itr/sec`  n_gc
#>   <chr>      <bch:tm> <bch:tm>     <dbl> <dbl>
#> 1 mean1(x)      191µs    219µs     4558.     0
#> 2 mean2(x)      101µs    113µs     8832.     0
```

（你可能对结果有些惊讶：`mean(x)` 竟然比 `sum(x)/length(x)` 慢。在众多的原因中，其中一个原因是 `mean(x)` 对向量进行两轮校验以便使数值更准确。

如果你想看看这一策略在实际工作中的应用，我在 stackoverflow 中已经使用它多次了：

- http://stackoverflow.com/questions/22515525#22518603
- http://stackoverflow.com/questions/22515175#22515856
- 533 http://stackoverflow.com/questions/3476015#22511936

24.3　检查现有解决方案

当我们组织好自己的代码并把所有能够想到的方法全部实现后，很自然应该看看其他人是如何解决这个问题的。我们只是一个非常大的社区的一部分，很有可能其他人也遇到过同样的问题。可以从下面两个地方开始：

- CRAN 任务视图（http://cran.rstudio.com/web/views/）。如果有一个 CRAN 任务视图与你的问题有关，就非常值得你看看这里的包列表。
- CRAN 页面中列出的 Rcpp 的反向依赖关系（http://cran.r-project.org/web/packages/Rcpp）。由于这些包使用 C++ 编写，因此运行会更快。

另一个挑战是如何描述遇到的问题以便帮助我们找到相关的问题和答案。知道问题的名字或者同义词可以使搜索变得更加容易。但如果不知道它叫什么，就很难进行搜索了！通过学习大量的统计和算法方面的知识，长时间的积累可以帮助我们建立自己的知识库。或者可以询问其他人。与同事进行交流，进行头脑风暴找出一些可能的名字，然后在谷歌和 stackoverflow 上搜索。将搜索限制在与 R 有关的页面经常会很有帮助。对于谷歌，可以尝试 rseek（http://www.rseek.org/）。对于 stackoverflow，可以使用 R 标签 `[R]` 来限制搜索的结果。

如上所述，记录我们能够找到的所有解决方法，而不仅仅是那些运行速度快的。有些解决方法可能刚开始时比较慢，但由于它们更容易优化，所以最终会变得很快。还可以将不同方法中最快的部分结合起来。如果你已经找到一种足够快的解决方案，那么就恭喜你！如果没有，那就继续找。

24.3.1　练习

1. 比 `lm()` 更快的可替代函数是什么？哪些用于专门处理比较大的数据集？
2. 哪个包实现了可以更快速地进行重复查找的 `match()` 函数？它到底有多快？
3. 列出 4 个可以将字符串转换成日期时间对象的函数。它们的优缺点是什么？
4. 哪个包提供了计算移动平均的功能？

534 5. `optim()` 的替代函数是什么？

24.4　尽可能少做

让函数变快的最简单方法就是让它做尽可能少的任务。做到这一点的一个方法就是为更具体类型的输入或输出，或者更具体的问题定制一个函数。例如：

- `rowSums()`、`colSums()`、`rowMeans()` 和 `colMeans()` 比使用 `apply()` 的等价调用快，因为它们是向量化的（24.5 节）。
- `vapply()` 比 `sapply()` 快，因为它预前设定了输出类型。

- 如果你想查看一个向量是否包含一个值，any(x == 10) 比 10 %in% x 快很多。这是因为测试等式比测试包含关系更简单。

要想对这些知识了如指掌，就需要知道有其他相同功能的函数存在：必须有良好的词汇（知道很多函数）。通过经常阅读 R 代码来扩充词汇量。阅读代码的好地方是 R 帮助邮件列表（https://stat.ethz.ch/mailman/listinfo/r-help）和 StackOverflow（http://stackoverflow.com/questions/tagged/r）。

有些函数强制要求它的输入为特定的类型。如果输入的类型不对，函数就必须做更多额外的工作。不应该让函数适应（不同类型的）数据，而应该在存储数据时多做一些考虑，从而便于处理。这个问题最典型的例子就是在数据框数据上使用 apply() 函数。apply() 总是将它的输入转变成矩阵。这样做不仅容易出错，而且还会使程序变慢。

如果能够提供更多与问题相关的信息，其他函数也可以减少工作量。认真阅读文档并使用不同的参数进行试验总是非常有用的。下面是我以前发现的一些例子：

- read.csv()：使用 colClasses 为已知列设置数据类型。（还可以考虑转为使用 readr::read_csv() 或 data.table::fread()，它们比 read.csv() 快得多。）
- factor()：使用 levels 设定因子的已知水平。
- cut()：如果不需要标签，可以使用 labels = FALSE 不产生标签，或者更好地，根据文档中“see also”中的建议使用 findInterval()。
- unlist(x, use.names = FALSE) 比 unlist(x) 快很多。
- interaction()：如果只需要对数据中存在的对象进行组合，使用 drop = TRUE。

下面探讨了如何改进应用此策略来改善 mean() 和 as.data.frame() 的性能。 535

24.4.1 mean()

有时避免方法调度也可以使函数变快。R 中方法调度是非常消耗资源的。如果在循环中调用一个方法，可以通过只进行一次方法查找来避免资源消耗：

- 对于 S3 系统，可以使用 generic.class() 而不使用 generic()。
- 对于 S4 系统，可以使用 findMethod() 来查找方法，将它保存在变量中，然后调用这个函数。

例如，对于小的向量，调用 mean.default() 比调用 mean() 要快一些：

```
x <- runif(1e2)

bench::mark(
  mean(x),
  mean.default(x)
)[c("expression", "min", "median", "itr/sec", "n_gc")]
#> # A tibble: 2 x 5
#>   expression          min   median `itr/sec`  n_gc
#>   <chr>          <bch:tm> <bch:tm>     <dbl> <dbl>
#> 1 mean(x)          2.48µs   2.81µs   325109.     0
#> 2 mean.default(x)  1.18µs   1.29µs   703275.     1
```

对于 100 个数，虽然 mean.default() 几乎比 mean() 快两倍，但是这种优化是有危险的，如果 x 不是数值向量，它将以一种非常惊人的方式出错。

风险更大的优化是直接调用基础 .Internal 函数。这样运行更快，因为它不进行任何输入检查或 NA 的处理，所以你将以安全为代价来提升速度。

```
x <- runif(1e2)
bench::mark(
  mean(x),
  mean.default(x),
  .Internal(mean(x))
)[c("expression", "min", "median", "itr/sec", "n_gc")]
#> # A tibble: 3 x 5
#>   expression              min   median `itr/sec`  n_gc
#>   <chr>              <bch:tm> <bch:tm>     <dbl> <dbl>
#> 1 mean(x)              2.47µs   2.79µs   344523.     1
#> 2 mean.default(x)      1.16µs   1.37µs   697365.     0
536 #> 3 .Internal(mean(x))    325ns    343ns  2813476.     0
```

注意：这些差异中的大多数是由于 x 较小而产生的。如果增加 x 的大小，差异基本上会消失，因为现在大部分时间都花在计算均值上，而不是找到底层实现。这很好地提醒你，输入的大小很重要，你应该根据实际数据来激发优化。

```
x <- runif(1e4)
bench::mark(
  mean(x),
  mean.default(x),
  .Internal(mean(x))
)[c("expression", "min", "median", "itr/sec", "n_gc")]
#> # A tibble: 3 x 5
#>   expression              min   median `itr/sec`  n_gc
#>   <chr>              <bch:tm> <bch:tm>     <dbl> <dbl>
#> 1 mean(x)                21µs   24.5µs    40569.     1
#> 2 mean.default(x)      19.7µs   19.8µs    48892.     0
#> 3 .Internal(mean(x))   18.9µs   20.2µs    48834.     0
```

24.4.2 as.data.frame()

如果我们知道要处理的输入的具体类型，可以使用其他的方法写出更快的代码。例如，as.data.frame() 非常慢，它将每个元素强制转换成数据框，然后使用 rbind() 将它们连接到一起。如果有一个命名列表，其中向量都是等长度的，我们就可以直接将它转换成数据框。在这种情况下，如果我们能够对输入做出很强的假设，我们就可以写出比默认函数快得多的函数。

```
quickdf <- function(l) {
  class(l) <- "data.frame"
  attr(l, "row.names") <- .set_row_names(length(l[[1]]))
  l
}

l <- lapply(1:26, function(i) runif(1e3))
names(l) <- letters

bench::mark(
  as.data.frame = as.data.frame(l),
  quick_df      = quickdf(l)
)[c("expression", "min", "median", "itr/sec", "n_gc")]
#> # A tibble: 2 x 5
#>   expression         min   median `itr/sec`  n_gc
#>   <chr>         <bch:tm> <bch:tm>     <dbl> <dbl>
#> 1 as.data.frame   1.01ms   1.12ms      875.     9
537 #> 2 quick_df        6.34µs   7.16µs   125452.     2
```

同样，注意代价。这种方法快，因为它有危险。如果给它错误的输入，就会得到错误的数据框：

```
quickdf(list(x = 1, y = 1:2))
#> Warning in format.data.frame(if (omit) x[seq_len(n0), , drop = FALSE]
#> else x, : corrupt data frame: columns will be truncated or padded
#> with NAs
#>   x y
#> 1 1 1
```

为了提出这个最短的方法，我仔细阅读并重写了 as.data.frame.list() 和 data.frame() 的源代码。我做了一些小修改，每次都做了检查，以保证我的修改不会破坏原有的行为。经过几个小时的工作，我分离出了上面这段最短的代码。这个技术非常有用。大多数基础 R 函数的编写都更加注重灵活性和功能而不是性能。因此，为了具体的需求重新编写源代码可能对程序的性能有显著的提高。为此，需要认真地阅读源代码。这可能有点儿复杂且令人困惑，但是不要放弃！

24.4.3 练习

1. rowSums() 和 .rowSums() 有什么不同？

2. 当输入是两个没有缺失值的数值向量时，编写一个只计算卡方检验统计量的更快的 chisq.test()。你可以对 chisq.test() 进行简化或者根据数学定义（http://en.wikipedia.org/wiki/Pearson%27s_chi-squared_test）来编程。

3. 输入为两个没有缺失值的整数向量，可以编写一个较快的 table() 吗？能用这个函数来加速卡方检验吗？ 538

24.5 向量化

如果你使用 R 有一段时间了，有人可能会告诫你要“向量化你的代码”。这到底是什么意思呢？向量化代码不只是避免使用循环，虽然这是经常要做的。向量化是对解决的问题有一种“整体观”，以向量的方式思考，而不是标量。向量化的函数有两个关键属性：

- 它可以使很多问题变简单。我们只需要对整个向量进行思考，而不是针对向量中的每个元素。
- 向量化函数中的循环使用 C 语言编写。由于它们的开销很少，所以 C 语言编写的循环非常快。

第 9 章以更高层次的抽象强调向量化代码的重要性。向量化对于编写快速的 R 代码也是非常重要的。但这并不是简单地使用 map() 或 lapply() 就行了。使用向量化改善性能意味着找到用 C 语言实现的现有 R 函数，并尽量使用它们来解决问题。

向量化函数可以解决多种性能瓶颈：

- rowSums()、colSums()、rowMeans() 和 colMeans() 这些向量化矩阵函数总是比使用 apply() 快。有时可以使用这些函数来构建其他向量化函数。

```
rowAny <- function(x) rowSums(x) > 0
rowAll <- function(x) rowSums(x) == ncol(x)
```

- 向量化子集选取可以大大地改善性能。记住查询表（4.5.1 节）以及人工比对与合并（4.5.2 节）所使用的技术。同样要记住，可以在一步中使用子集选取赋值来替换多个值。如果 x 是一个向量、矩阵或数据框，则 x[is.na(x)] <- 0 用 0 来替换所有的缺失值。
- 如果要从矩阵或数据框中的分散位置提取或替换值，可以使用整数矩阵来选取子集。详情请参阅 4.2.3 节。
- 如果要将连续值分类，确保知道如何使用 cut() 和 findInterval()。
- 知道一些向量化的函数，如 cumsum() 和 diff()。

矩阵代数是向量化的一般例子。其中的循环使用了极度优化的外部库，如 BLAS。如
539 果能够找到一种方法使用矩阵代数来解决问题，那么非常可能找到一个快速的解决方法。使用矩阵代数解决问题的能力来源于经验。我们可以经常向有经验的人请教。

向量化的缺点是，很难预测某个运算的速度被提升了多少倍。下面的例子是测量从一个列表中取出 1、10 和 100 个元素所花费的时间。我们可能认为取出 10 个元素的的时间是取出 1 个元素的时间的 10 倍，取出 100 个元素的时间是取出 10 个元素的时间的 10 倍。实际上，取出 100 个元素所用的时间仅仅大约是取出 1 个元素的时间的 10 倍。之所以会发生这种情况，是因为一旦达到一定规模，内部执行就会切换到设置成本较高但可扩展性更高的策略。

```
lookup <- setNames(as.list(sample(100, 26)), letters)

x1 <- "j"
x10 <- sample(letters, 10)
x100 <- sample(letters, 100, replace = TRUE)

bench::mark(
  lookup[x1],
  lookup[x10],
  lookup[x100],
  check = FALSE
)[c("expression", "min", "median", "itr/sec", "n_gc")]
#> # A tibble: 3 x 5
#>   expression         min   median `itr/sec`  n_gc
#>   <chr>         <bch:tm> <bch:tm>     <dbl> <dbl>
#> 1 lookup[x1]       508ns    545ns  1571545.     1
#> 2 lookup[x10]     1.55µs   1.64µs   527835.     0
#> 3 lookup[x100]    4.93µs   7.53µs   127306.     0
```

向量化并不能解决所有问题，我们不必要将一个已有算法用向量化的方法来实现，而更应该使用 C++ 自己编写一个向量化的函数。我们将在第 25 章中学习这一点。

24.5.1 练习

1. 密度函数（如 dnorm()）有一个通用接口。哪些参数被向量化了？ rnorm(10, mean = 10:1) 是做什么的？

540 2. 对于不同长度的 x，将 apply(x, 1, sum) 和 rowSums(x) 的速度进行比较。

3. 如何使用 crossprod() 计算加权和？它比 sum(x * w) 快多少？

24.6 避免复制

使 R 代码变慢的一个致命根源是使用循环不断使对象变大。当使用 c()、append()、

cbind()、rbind() 或 paste() 创建一个更大的对象时，R 必须首先为这个新对象分配空间，然后将旧对象复制到这个新空间。如果重复操作多次，比如在一个 for 循环中，这将消耗巨大的资源。你已经进入 *R inferno*（http://www.burns-stat.com/pages/Tutor/R_inferno.pdf）的 Circle 2。

你在 23.2.2 节中看到了此类问题的一个示例，因此，在这里，我将显示同一基本问题的稍微复杂的示例。首先，产生一些随机字符串，然后在一个循环中使用 collapse() 将它们组合在一起，或者就简单地使用一次 paste()。注意，随着字符串数目的增长，collapse() 的性能变得越来越糟糕：组合 100 个字符串所花费的时间是组合 10 个字符串所花费时间的 3 倍。

```
random_string <- function() {
  paste(sample(letters, 50, replace = TRUE), collapse = "")
}
strings10 <- replicate(10, random_string())
strings100 <- replicate(100, random_string())

collapse <- function(xs) {
  out <- ""
  for (x in xs) {
    out <- paste0(out, x)
  }
  out
}

bench::mark(
  loop10  = collapse(strings10),
  loop100 = collapse(strings100),
  vec10   = paste(strings10, collapse = ""),
  vec100  = paste(strings100, collapse = ""),
  check = FALSE
)[c("expression", "min", "median", "itr/sec", "n_gc")]
#> # A tibble: 4 x 5
#>   expression      min   median `itr/sec`  n_gc
#>   <chr>      <bch:tm> <bch:tm>     <dbl> <dbl>
#> 1 loop10      16.87µs   19.8µs    49742.     3
#> 2 loop100     578.8µs  618.2µs     1575.     3
#> 3 vec10        4.53µs      5µs   196192.     0
#> 4 vec100      31.65µs   32.8µs    29970.     0
```

541

在循环中对一个对象进行修改，如 x[i] <- y，也可能造成复制问题，这取决于 x 的类。2.5.1 节对这个问题有比较深入的讨论，当需要复制时，还给出了一些工具来对 x 进行判定。

24.7 案例研究：t 检验

下面的案例学习说明如何使用上面描述的技术使 t 检验变得更快。它基于 Holger Schwender 和 Tina Müller 的 *Computing thousands of test statistics simultaneously in R*（http://stat-computing.org/newsletter/issues/scgn-18-1.pdf）中的例子。我强烈建议阅读全文，看看怎样把同样的想法应用到其他检验中。

假设我们已经做了 1000 次实验（行），每次实验有 50 个数据（列）。每次实验的前 25 个结果归入第一组，剩下的归入第二组。首先，产生一些随机数来描述这个问题：

```
m <- 1000
n <- 50
X <- matrix(rnorm(m * n, mean = 10, sd = 3), nrow = m)
grp <- rep(1:2, each = n / 2)
```

对于这种形式的数据，有两种使用 `t.test()` 的方法。既可以使用公式接口，也可以提
542 供两个向量，每个组一个。计时显示公式接口相当慢。

```
system.time(
  for (i in 1:m) {
    t.test(X[i, ] ~ grp)$statistic
  }
)
#>    user  system elapsed
#>   0.707   0.003   0.712
system.time(
  for (i in 1:m) {
    t.test(X[i, grp == 1], X[i, grp == 2])$statistic
  }
)
#>    user  system elapsed
#>   0.186   0.002   0.189
```

当然，for 循环计算，但不保存值。可以使用 `map_dbl()`（9.2.1 节）实现，但这会增加一点儿开销：

```
compT <- function(i){
  t.test(X[i, grp == 1], X[i, grp == 2])$statistic
}
system.time(t1 <- purrr::map_dbl(1:m, compT))
#>    user  system elapsed
#>   0.186   0.001   0.187
```

如何能使它变得快一点？首先，可以让它做得少一点。如果查看 `stats:::t.test.default()` 的源代码，就会发现它不只是进行 t 检验。它还计算 p 值并格式化输出的格式。可以通过剥离这些功能来为它加速。

```
my_t <- function(x, grp) {
  t_stat <- function(x) {
    m <- mean(x)
    n <- length(x)
    var <- sum((x - m) ^ 2) / (n - 1)

    list(m = m, n = n, var = var)
  }

  g1 <- t_stat(x[grp == 1])
  g2 <- t_stat(x[grp == 2])

  se_total <- sqrt(g1$var / g1$n + g2$var / g2$n)
  (g1$m - g2$m) / se_total
}

system.time(t2 <- purrr::map_dbl(1:m, ~ my_t(X[.,], grp)))
#>    user  system elapsed
#>   0.028   0.000   0.028
543 stopifnot(all.equal(t1, t2))
```

现在速度已经提升了 6 倍。

既然有了一个相对简单的函数，可以通过向量化它来让它变得更快。可以对 t_stat() 进行修改，使它可以处理矩阵数据。因此，mean() 变成 rowMeans()、length() 变成 ncol()、sum() 变成 rowSums()。其余代码保持不变。

```
rowtstat <- function(X, grp){
  t_stat <- function(X) {
    m <- rowMeans(X)
    n <- ncol(X)
    var <- rowSums((X - m) ^ 2) / (n - 1)

    list(m = m, n = n, var = var)
  }

  g1 <- t_stat(X[, grp == 1])
  g2 <- t_stat(X[, grp == 2])

  se_total <- sqrt(g1$var / g1$n + g2$var / g2$n)
  (g1$m - g2$m) / se_total
}
system.time(t3 <- rowtstat(X, grp))
#>    user  system elapsed
#>   0.011   0.000   0.011
stopifnot(all.equal(t1, t3))
```

现在更快了！它是上一个版本的 40 倍，比刚开始时大约快了 1000 倍。

24.8 其他技巧

能够写出快速的 R 代码是成为一个好 R 程序员的一部分。如果想写出快速的代码，除了本章提出的这些技巧之外，还需要提高编程技巧。实现这一点的方法有： 544

- 阅读 R 博客（http://www.r-bloggers.com/），看看其他人都遇到了哪些性能方面的问题，以及他们是如何解决的。
- 阅读 R 的编程书籍，比如 *The Art of R Programming*[Matloff, 2011] 或者 Patrick Burns 的 *R Inferno*（http://www.burns-stat.com/ducuments/books/the-r-inferno/）来学习一些常见的陷阱。
- 学习一些算法和数据结构的课程，学习一些处理具体问题的常用方法。我从 Coursera 提供的普林斯顿大学的算法课程（https://www.coursera.org/course/algs4partI）学到了不少东西。
- 了解如何使代码并行运算。推荐 *Parallel R*[McCallum 和 Weston, 2011] 和 *Parallel Computing for Data Science*[Matloff, 2015]。
- 阅读一些与优化相关的书籍，如 *Mature optimisation*[Bueno, 2013] 或者 *Pragmatic Programmer*[Hunt and Thomas, 1990]。

你也可以到社区中寻找帮助。StackOverflow 有很多有用的资源。你需要花费一些时间来创建一个容易让人理解的例子，其中包含了你遇到问题的突出特性。如果你的例子太过复杂，没有人有时间和动力来帮你解决问题。如果太简单，你得到的答案可能只是帮你解决这个例子的问题，而不能解决实际中的问题。如果你也尝试在 StackOverflow 上回答一些问题，你可以很快学会如何提出一个好问题。 545

第 25 章

使用 C++ 重写 R 代码

25.1 本章简介

有时 R 代码就是不够快。虽然我们已经使用性能分析找到了程序的瓶颈，也已经在 R 中做了所有可以做的一切，但是程序仍然不够快。本章将学习如何使用 C++ 重写关键函数来改善代码性能。这个魔法是通过 Rcpp（http://www.rcpp.org/）添加包 [Eddelbuettel and Francois, 2011]（以及 Doug Bates、John Chambers 和 JJ Allaire 的关键贡献）实现的。

Rcpp 使 C++ 和 R 的结合变得非常简单。虽然也可以编写用于 R 中的 C 或 FORTRAN 代码，但相比来说这些都非常痛苦。Rcpp 为我们提供了一个简洁易用的 API，它使我们可以编写高性能的代码，并把我们与 R 复杂的 C API 分离开来。

C++ 可以解决的典型瓶颈有：

- 不容易向量化的循环，因为后边的迭代依赖于前面迭代的结果。
- 递归函数，或者包含数百万次的调用函数的问题。使用 C++ 调用函数的开销比使用 R 少很多。
- 需要 R 没有提供的高级数据结构和算法的问题。通过标准模板库（STL），C++ 已经有效实现了从有序图到双端队列等多种重要数据结构。

本章的目的就是学习 C++ 和 Rcpp 的这些知识，它们绝对可以帮我们减少代码中的瓶颈。我们不会在一些高级特征（比如，面向对象的编程、模板）上花费太多时间，因为我们的目的就是编写一些小的、自我包含的函数，而不是大程序。如果有 C++ 的使用经验，
546~547 将会很有帮助，但这不是必需的。有很多好的免费教程，如 http://www.learncpp.com/ 和 https://en.cppreference.com/w/cpp。对于高级主题，Scott Meyers 的 *Effective C++* 很受欢迎。

主要内容

- 25.2 节通过将简单的 R 函数转换成等价的 C++ 函数来学习 C++。我们将学习 R 和 C++ 的不同点，以及什么是关键标量、向量和矩阵类。
- 25.2.5 节学习使用 `sourceCpp()` 从硬盘中加载 C++ 文件，与 `source()` 从硬盘中加载 R 代码文件的方式相同。
- 25.3 节讨论如何修改 Rccp 的属性，并学习一些其他重要的类。
- 25.4 节学习如何在 C++ 中处理 R 中的缺失值。

- 25.5 节学习如何使用 C++ 内置的标准模板库（STL）中的最重要的数据结构和算法。
- 25.6 节给出两个真正的案例学习，它们使用 Rcpp 使程序性能得到大幅提升。
- 25.7 节学习如何将 C++ 代码打包进 R 添加包。
- 25.8 节总结本章的所有知识，并提供更多有助于学习 C++ 的资源。

预备工具

我们将使用 Rcpp（http://www.rcpp.org/）从 R 调用 C++：

```
library(Rcpp)
```

你还需要一个工作正常的 C++ 编译器。使用下面的命令安装：

- Windows：安装 Rtools（http://cran.r-project.org/bin/windows/Rtools/）。
- Mac：从应用程序商店安装 Xcode。
- Linux：使用 `sudo apt-get install r-base-dev` 或其他类似命令。

25.2　开始使用 C++

`cppFunction()` 允许我们在 R 中编写 C++ 函数： 548

```
cppFunction('int add(int x, int y, int z) {
  int sum = x + y + z;
  return sum;
}')
# add works like a regular R function
add
#> function (x, y, z)
#> .Call(<pointer: 0x109eeac90>, x, y, z)
add(1, 2, 3)
#> [1] 6
```

当我们运行这段代码时，Rcpp 将对 C++ 代码进行编译并构建一个与编译后的 C++ 函数连接在一起的 R 函数。我们将使用这个简单接口来学习如何编写 C++ 代码。这一操作背后有很多内容，但是 Rcpp 负责所有细节，因此你不必担心它们。

下面几节我们将通过将简单的 R 函数转换成相应的 C++ 函数来学习一些基础知识。首先从一个简单的没有输入且只有一个标量输出的 R 函数开始，然后再学习一些更复杂的函数：

- 标量输入和标量输出。
- 向量输入和标量输出。
- 向量输入和向量输出。
- 矩阵输入和向量输出。

25.2.1　没有输入，标量输出

从一个最简单的函数开始。这个函数没有参数且总是返回整数 1：

```
one <- function() 1L
```

等价的 C++ 函数是：

```
int one() {
  return 1;
}
```

我们可以在 R 中使用 cppFunction() 对其进行编译和使用：

549
```
cppFunction('int one() {
  return 1;
}')
```

这个小函数展示了 R 和 C++ 的几点重要差别：

- 创建函数的语法和调用函数的语法看起来很像，不需要像在 R 中那样使用赋值创建函数。
- 必须声明函数返回的输出类型。此函数返回一个 int（整数标量）。R 向量最常见的类型有：NumericVector、IntegerVector、CharacterVector 和 LogicalVector。
- 标量和向量是不同的。数值、整数、字符以及逻辑向量的等价类型为：double、int、String 和 bool。
- 在函数中必须使用显式的 return 语句来返回值。
- 每个语句都以 ; 结尾。

25.2.2 标量输入，标量输出

下面的示例函数实现了一个标量版的 sign() 函数，如果输入是正数，则返回 1，如果输入是负数，则返回是 -1：

```
signR <- function(x) {
  if (x > 0) {
    1
  } else if (x == 0) {
    0
  } else {
    -1
  }
}

cppFunction('int signC(int x) {
  if (x > 0) {
    return 1;
  } else if (x == 0) {
    return 0;
  } else {
    return -1;
  }
}')
```

550 在 C++ 版中：

- 声明每个输入的类型与声明输出的类型采用相同的方式。虽然这使代码变得更冗长，但是也很清楚地指出了这个函数需要的输入类型。
- if 语法相同，虽然 R 和 C++ 之间有很大的不同，但也有很多相同之处！C++ 也有 while 语句，它与 R 的 while 语句类似。在 R 中可以使用 break 跳出循环，但为了跳过一次迭代需要使用 continue 而不是 next。

25.2.3 向量输入，标量输出

R 和 C++ 之间的很大不同点就是在 C++ 中循环的开销要小得多。例如，我们可以在 R 中使用循环来实现 `sum` 函数。如果你使用 R 进行编程已经有一段时间了，使用循环可能是你的本能反应。

```
sumR <- function(x) {
  total <- 0
  for (i in seq_along(x)) {
    total <- total + x[i]
  }
  total
}
```

在 C++ 中，循环的开销很小，所以最好使用它们。在 25.5 节中有 `for` 循环的替代方案，它们可以清楚地表达我们的意图；它们虽然不会更快，但是读起来更容易让人理解。

```
cppFunction('double sumC(NumericVector x) {
  int n = x.size();
  double total = 0;
  for(int i = 0; i < n; ++i) {
    total += x[i];
  }
  return total;
}')
```

C++ 版与 R 版很相似，但是：

- 使用 `.size()` 方法来计算向量的长度，它返回一个整数。使用 `.` 来调用 C++ 方法。
- `for` 语句的语法有一点儿不同：`for(init; check; increment)`。通过创建一个称为 `i` 的新变量（值为 0）来开始循环。每次迭代前检查 `i < n` 是否成立，如果不成立就 551
  终止循环。在每次迭代后，`i` 的值就加 1，使用了特殊的前缀运算符 `++` 使值加 1。
- 在 C++ 中，向量的索引从 0 开始，这意味着最后一个元素的索引是 `n-1`。重要的事情要说两遍：**在 C++ 中，向量的索引从 0 开始**！当我们将 R 函数转换成 C++ 函数时，这是非常常见的漏洞来源。
- 使用 `=` 进行赋值，而不是 `<-`。
- C++ 提供了在原位进行修改的运算符：`total += x[i]` 等价于 `total = total + x[i]`。类似的原位操作符有：`-=`、`*=` 和 `/=`。

这是 C++ 比 R 更高效的一个好例子。如下面的微测试所示，`sumC()` 可以与内置的（经过高度优化）`sum()` 相媲美了，而 `sumR()` 却要慢几个数量级。

```
x <- runif(1e3)
bench::mark(
  sum(x),
  sumC(x),
  sumR(x)
)[1:6]
#> # A tibble: 3 x 6
#>   expression      min     mean   median      max `itr/sec`
#>   <chr>      <bch:tm> <bch:tm> <bch:tm> <bch:tm>     <dbl>
#> 1 sum(x)       1.13µs   1.21µs   1.17µs   17.2µs   823472.
#> 2 sumC(x)      2.52µs   4.53µs   4.99µs  775.4µs   220921.
#> 3 sumR(x)     42.41µs  46.03µs   43.2µs  137.9µs    21723.
```

25.2.4　向量输入，向量输出

下面我们要创建一个函数，它可以计算一个值与一个值向量之间的欧式距离：

```
pdistR <- function(x, ys) {
  sqrt((x - ys) ^ 2)
}
```

函数的定义没有明确地表明我们希望 x 为标量。这就需要我们在文档中进行详细的说
552 明。在 C++ 中这不是问题，因为必须对 x 的类型进行显式声明：

```
cppFunction('NumericVector pdistC(double x, NumericVector ys) {
  int n = ys.size();
  NumericVector out(n);

  for(int i = 0; i < n; ++i) {
    out[i] = sqrt(pow(ys[i] - x, 2.0));
  }
  return out;
}')
```

这个函数只介绍了几个概念：

- 我们使用构造器创建了一个长度为 n 的新的数值向量：`NumericVector out(n)`。创建向量的另一种方法是复制一个已有的向量：`NumericVector zs = clone(ys)`。
- C++ 使用 `pow()` 而不是 `^` 求幂。

这里需要注意的是，因为 R 版的函数是完全向量化的，所以它已经很快了。

```
y <- runif(1e6)
bench::mark(
  pdistR(0.5, y),
  pdistC(0.5, y)
)[1:6]
#> # A tibble: 2 x 6
#>   expression          min     mean   median      max `itr/sec`
#>   <chr>          <bch:tm> <bch:tm> <bch:tm> <bch:tm>     <dbl>
#> 1 pdistR(0.5, y)   5.21ms   5.57ms   5.24ms  10.89ms      180.
#> 2 pdistC(0.5, y)   2.31ms   2.48ms   2.39ms   3.39ms      404.
```

在我的计算机上，对一个包含 100 万个元素的向量 y 进行计算，它需要 5 ms。C++ 函数是它的 2.5 倍，约 2 ms，但是假设编写一个 C++ 函数花费 10 分钟，那么这个函数至少使用大约 200 000 次才值得重写它。C++ 函数之所以快的原因很微妙，并且与内存管理有点儿关系。R 版本的函数需要一个长度与 y 相同的中间向量，而分配内存又是一个昂贵的操作。由于 C++ 函数使用中间标量，所以它避免了这种开销。

25.2.5　使用 sourceCpp

到目前为止，我们已经可以应用 `cppFunction()` 使用内联 C++ 了。在表述问题时这种
553 做法很简单，但是对于实际问题，通常将 C++ 代码单独保存，在使用时用 `sourceCpp()` 把它们加载到 R 中会更方便。这使我们能够利用文本编辑器支持 C++ 文件（例如，语法高亮显示），以及标识编译错误中的行数。

单独的 C++ 文件的扩展名为 `.cpp`，文件的开头应该是：

```
#include <Rcpp.h>
using namespace Rcpp;
```

对于我们希望在 R 中使用的函数，应该给它加上前缀：

```
// [[Rcpp::export]]
```

如果你熟悉 roxygen2，你可能会问这与 @export 有什么关系。Rcpp::export 控制函数是否从 C++ 导出到 R；@export 控制函数是否从一个包中导出并可以被其他用户使用。

可以将 R 代码嵌入特殊的 C++ 注释块中。如果想运行一些测试代码，这很方便：

```
/*** R
# This is R code
*/
```

使用 source(echo = TRUE) 运行 R 代码，这样就不需要显式地打印输出。

为了编译 C++ 代码，使用 sourceCpp("path/to/file.cpp")。它将创建匹配的 R 函数并将它们添加到当前的会话。注意这些函数不能保存到 .Rdata 文件中，不能重新加载到后一个会话中；每次重启 R 时必须重新创建它们。

例如，下面的文件运行 sourceCpp()，执行一个 C++ 版的求平均数函数，并把它与内置的 mean() 进行比较： 554

```
#include <Rcpp.h>
using namespace Rcpp;

// [[Rcpp::export]]
double meanC(NumericVector x) {
  int n = x.size();
  double total = 0;

  for(int i = 0; i < n; ++i) {
    total += x[i];
  }
  return total / n;
}

/*** R
x <- runif(1e5)
bench::mark(
  mean(x),
  meanC(x)
)
*/
```

注意：如果你自己运行这段代码，你会发现 meanC() 比内置的 mean() 快很多。这是因为它在数值准确性上做出了一些牺牲。

在本章接下来的部分，所有的 C++ 代码都是单独存在的而不是包装在一个对 cppFunction 的调用中。如果你想对这些例子进行编译或修改，你应该将它们粘贴到一个包含上面这些元素的 C++ 源文件中。在 RMarkdown 中这很容易做到：只需指定 engine = "Rcpp"。

25.2.6　练习

1. 有了 C++ 的基础，现在是时候来练习阅读并编写一些简单的 C++ 函数了。阅读下面的每个函数并找出对应的基础 R 函数是什么？你可能现在还不理解程序的每个部分，但是你应该能够看出这些函数都是做什么的。 555

```
double f1(NumericVector x) {
  int n = x.size();
  double y = 0;

  for(int i = 0; i < n; ++i) {
    y += x[i] / n;
  }
  return y;
}
NumericVector f2(NumericVector x) {
  int n = x.size();
  NumericVector out(n);

  out[0] = x[0];
  for(int i = 1; i < n; ++i) {
    out[i] = out[i - 1] + x[i];
  }
  return out;
}

bool f3(LogicalVector x) {
  int n = x.size();

  for(int i = 0; i < n; ++i) {
    if (x[i]) return true;
  }
  return false;
}

int f4(Function pred, List x) {
  int n = x.size();

  for(int i = 0; i < n; ++i) {
    LogicalVector res = pred(x[i]);
    if (res[0]) return i + 1;
  }
  return 0;
}

NumericVector f5(NumericVector x, NumericVector y) {
  int n = std::max(x.size(), y.size());
  NumericVector x1 = rep_len(x, n);
  NumericVector y1 = rep_len(y, n);

  NumericVector out(n);

  for (int i = 0; i < n; ++i) {
    out[i] = std::min(x1[i], y1[i]);
  }

  return out;
}
```

2. 为了实践函数编写技术，使用 C++ 重写下面的函数。从现在开始，假设输入没有缺失值。

1）`all()`。

2）`cumprod()`、`cummin()`、`cummax()`。

3）`diff()`。假设滞后为 1，然后再将函数一般化到滞后为 n。

4）range()。

5）var()。在维基百科（Wikipedia）（http://en.wikipedia.org/wiki/Algorithms_for_calculating_variance）中阅读相关资料，看看可以使用哪种方法。当实现一种数值算法时，最好先查找相关的知识，看看哪些是已知的方法。

25.3　其他类

我们已经学习了基本的向量类（IntegerVector、NumericVector、LogicalVector、CharacterVector）以及它们对应的标量类（int、double、bool、String）。Rcpp 还为所有其他基本数据类型提供包装器。如下所述，最重要的是列表和数据框、函数以及属性。Rcpp 还提供了更多类型的类，例如 Environment、DottedPair、Language、Symbol 等，但这些不在本章的讨论范围之内。

25.3.1　列表和数据框

Rcpp 也提供 List 类和 DataFrame 类，但是它们对输出比对输入更有用。这是因为列表和数据框可以包含各种类，而 C++ 需要事先知道它们的类。如果列表的结构已知（例如，它是一个 S3 对象），那么可以提取其元素并使用 as() 将它们转换成对应的 C++ 等价类。例如，利用 lm()（拟合线性模型的函数）创建的对象，是相同类型元素的列表。下面的代码演示了如何提取一个线性模型的平均百分比误差（mpe()）。这不是一个使用 C++ 的好例子，因为使用 R 更容易实现，但是它演示了如何处理重要的 S3 类。注意这里使用 .inherits() 和 stop() 来检查对象的确是一个线性模型。 556~557

```
#include <Rcpp.h>
using namespace Rcpp;

// [[Rcpp::export]]
double mpe(List mod) {
  if (!mod.inherits("lm")) stop("Input must be a linear model");

  NumericVector resid = as<NumericVector>(mod["residuals"]);
  NumericVector fitted = as<NumericVector>(mod["fitted.values"]);

  int n = resid.size();
  double err = 0;
  for(int i = 0; i < n; ++i) {
    err += resid[i] / (fitted[i] + resid[i]);
  }
  return err / n;
}
```

```
mod <- lm(mpg ~ wt, data = mtcars)
mpe(mod)
#> [1] -0.0154
```

25.3.2　函数

可以将 R 函数放入 Function 类型的对象中。这样就可以从 C++ 中直接调用 R 函数。唯一的挑战是我们不知道函数将返回哪种输出类型，因此我们使用综合类型 RObject。

```
#include <Rcpp.h>
using namespace Rcpp;

// [[Rcpp::export]]
RObject callWithOne(Function f) {
  return f(1);
}
```

```
callWithOne(function(x) x + 1)
#> [1] 2
callWithOne(paste)
#> [1] "1"
```
558

使用位置参数调用 R 函数：

```
f("y", 1);
```

但是为了使用命名的参数，需要使用特殊的语法：

```
f(_["x"] = "y", _["value"] = 1);
```

25.3.3 属性

所有 R 对象都有属性，可以使用 .attr() 查询和修改这些属性。Rcpp 还提供 .names() 作为 name 属性的别名。以下代码段说明了这些方法。注意使用类方法 ::create()。这使你可以从 C++ 标量值创建 R 向量：

```
#include <Rcpp.h>
using namespace Rcpp;

// [[Rcpp::export]]
NumericVector attribs() {
  NumericVector out = NumericVector::create(1, 2, 3);

  out.names() = CharacterVector::create("a", "b", "c");
  out.attr("my-attr") = "my-value";
  out.attr("class") = "my-class";

  return out;
}
```

对于 S4 对象，.slot() 与 .attr() 的作用相似。

25.4 缺失值

559 如果要处理缺失值，需要知道两件事：

- 如何在 C++ 的标量中体现 R 的缺失值（例如，double）。
- 如何在向量中获取并设置缺失值（例如，NumericVector）。

25.4.1 标量

下面的代码探索当我们选择一个 R 的缺失值时会发生什么，强制将它转换成标量，然后强制转换成一个 R 向量。注意这种类型的试验对于我们学习其他操作也是非常有用的。

```
#include <Rcpp.h>
using namespace Rcpp;

// [[Rcpp::export]]
List scalar_missings() {
  int int_s = NA_INTEGER;
  String chr_s = NA_STRING;
  bool lgl_s = NA_LOGICAL;
  double num_s = NA_REAL;

  return List::create(int_s, chr_s, lgl_s, num_s);
}
```

```
str(scalar_missings())
#> List of 4
#>  $ : int NA
#>  $ : chr NA
#>  $ : logi TRUE
#>  $ : num NA
```

除了 bool 外，一切看起来都不错：保留了所有的缺失值。但是，正如我们后边看到的，事情并不是那么简单。

25.4.1.1 整数

对于整数，将缺失值存储为最小的整数。如果对它们什么都不做，它们将保留。但是，由于 C++ 不知道最小整数有这种特殊行为，所以如果我们对它进行操作就会得到错误的结果：例如，evalCpp('NA_INTEGER + 1') 的结果是 -2147483647。 560

所以，如果我们想要以整数处理缺失值，可以使用一个长度为 1 的 IntegerVector 或者编写代码时小心一点儿。

25.4.1.2 双精度

对于双精度，我们可以忽略缺失值而处理 NaN（并不是一个数）。这是因为 R 的 NA 是一种特殊类型的 IEEE 754 浮点数 NaN。所以任何包含 NaN（或者 C++ 中的 NAN）的逻辑表达式总是被当作 FALSE 来处理：

```
evalCpp("NAN == 1")
#> [1] FALSE
evalCpp("NAN < 1")
#> [1] FALSE
evalCpp("NAN > 1")
#> [1] FALSE
evalCpp("NAN == NAN")
#> [1] FALSE
```

（这里我正在使用 evalCpp()，它使你可以看到运行单个 C++ 表达式的结果，使其非常适合进行这种交互式实验。）

如果和布尔值一起使用，就需要小心了：

```
evalCpp("NAN && TRUE")
#> [1] TRUE
evalCpp("NAN || FALSE")
#> [1] TRUE
```

但是，在数值环境中 NaN 的结果就是 NA：

```
evalCpp("NAN + 1")
#> [1] NaN
evalCpp("NAN - 1")
#> [1] NaN
evalCpp("NAN / 1")
#> [1] NaN
evalCpp("NAN * 1")
561 #> [1] NaN
```

25.4.2 字符串

String 是 Rcpp 引入的标量字符串类，所以它知道如何处理缺失值。

25.4.3 布尔型

C++ 的 bool 只有两种可能的取值：true 或 false，但 R 的逻辑向量有 3 种可能的取值：TRUE、FALSE 和 NA。如果对一个长度为 1 的逻辑向量进行转换，确保它没有包含缺失值，否则它们就会被转换成 TRUE。一个简单的解决方法是改用 int，因为它可以表示 TRUE、FALSE 和 NA。

25.4.4 向量

对于向量，针对不同类型的向量需要使用不同类型的缺失值：NA_REAL、NA_INTEGER、NA_LOGICAL、NA_STRING：

```
#include <Rcpp.h>
using namespace Rcpp;

// [[Rcpp::export]]
List missing_sampler() {
  return List::create(
    NumericVector::create(NA_REAL),
    IntegerVector::create(NA_INTEGER),
    LogicalVector::create(NA_LOGICAL),
    CharacterVector::create(NA_STRING)
  );
}
```

```
str(missing_sampler())
#> List of 4
#>  $ : num NA
#>  $ : int NA
#>  $ : logi NA
562 #>  $ : chr NA
```

25.4.5 练习

1. 重写 25.2.6 节第一个练习中的所有函数，使它们可以处理缺失值。如果 na.rm 为 true，则忽略缺失值。如果 na.rm 为 false 且输入包含缺失值，则返回缺失值。可以尝试重写这些函数：min()、max()、range()、mean() 和 var()。

2. 重写 cumsum() 和 diff() 使它们可以处理缺失值。注意这些函数的行为有些复杂。

25.5 标准模板库

当我们需要实现更加复杂的算法时，C++ 才能显示出它真正的实力。标准模板库（STL）为我们提供了一套非常有用的数据结构和算法。本节将学习一些最重要的算法和数据结构，并为以后的学习指明正确的方向。我不可能教给你 STL 的所有知识，但希望这些例子能够向你展示 STL 的真正实力，并以此激发出你学习的兴趣。

如果你需要使用一个算法或者数据结构，但它没有包含在 STL 中，你可以到 boost（http://www.boost.org/doc/）中去查找。在计算机上安装 boost 已经超出了本章的范围，但安装 boost 后，在文件的开头加上特定的头文件（例如，`#include <boost/array.hpp>`），就可以使用包含在其中的数据结构和算法。

25.5.1 使用迭代器

迭代器在 STL 中广泛使用：很多函数或者接收迭代器或者输出迭代器。它们是基础循环抽象的下一个步骤，而并不关心具体数据结构的细节。迭代器包含 3 个主要的运算符：

1）使用 ++ 进入下一步。

2）使用 * 获取它引用或**解引用**的值。

3）使用 == 进行比较。

例如，我们可以使用迭代器重新编写 sum 函数： 563

```
#include <Rcpp.h>
using namespace Rcpp;

// [[Rcpp::export]]
double sum3(NumericVector x) {
  double total = 0;

  NumericVector::iterator it;
  for(it = x.begin(); it != x.end(); ++it) {
    total += *it;
  }
  return total;
}
```

for 循环中的主要变化有：

- 循环从 `x.begin()` 开始直到 `x.end()` 结束。可以做一点儿小优化，就是将结束迭代器的值存储起来，这样就不必每次都查看它。每次迭代只能节约 2 ns，所以只有当循环内的操作非常简单时这样做才重要。
- 没有使用索引来获取 x 的值，而是使用解引用操作符来获取它的当前值：*it。
- 注意迭代器的类型：`NumericVector::iterator`。每个向量类型都有自己的迭代器类型：`LogicalVector::iterator`、`CharacterVector::iterator` 等。

通过使用 C++11 功能，可以进一步简化此代码：基于范围的 for 循环。C++11 广泛可用，可以通过添加 `[[Rcpp::plugins(cpp11)]]` 轻松激活以与 Rcpp 一起使用。

```
// [[Rcpp::plugins(cpp11)]]
#include <Rcpp.h>
using namespace Rcpp;

// [[Rcpp::export]]
```

```
double sum4(NumericVector xs) {
  double total = 0;

  for(const auto &x : xs) {
    total += x;
  }
  return total;
}
```

564

迭代器还允许我们使用函数的 apply 系列的 C++ 等价体。例如，我们再次重写 sum() 来使用 accumulate() 函数，它接收开始迭代器和结束迭代器，并将向量中的所有值加起来。第三个参数累计起始值：它非常重要，因为它还决定累计所使用的数据类型（我们使用 0.0 而不是 0，所以累计使用 double 而不是 int）。为了使用 accumulate()，需要在头文件中包含 <numeric>。

```
#include <numeric>
#include <Rcpp.h>
using namespace Rcpp;

// [[Rcpp::export]]
double sum5(NumericVector x) {
  return std::accumulate(x.begin(), x.end(), 0.0);
}
```

25.5.2 算法

<algorithm> 头文件提供了大量的用来处理迭代器的算法。一个好的参考资源是：https://en.cppreference.com/w/cpp/algorithm。例如，我们可以编写一个基本 Rcpp 版的 findInterval()，它可以接受两个参数：一个值的向量和一个断点的向量，然后找出每一个 x 所在的区间。这个例子可以说明迭代器的一些高级特征。阅读下面的代码，看看它是如何工作的。

```
#include <algorithm>
#include <Rcpp.h>
using namespace Rcpp;

// [[Rcpp::export]]
IntegerVector findInterval2(NumericVector x, NumericVector breaks) {
  IntegerVector out(x.size());

  NumericVector::iterator it, pos;
  IntegerVector::iterator out_it;

  for(it = x.begin(), out_it = out.begin(); it != x.end();
      ++it, ++out_it) {
    pos = std::upper_bound(breaks.begin(), breaks.end(), *it);
    *out_it = std::distance(breaks.begin(), pos);
  }

  return out;
}
```

565

这段代码的关键点是：

- 同时单步调试两个迭代器（输入和输出）。

- 可以分配一个解引用迭代器（out_it）来改变 out 中的值。
- upper_bound() 返回一个迭代器。如果需要 upper_bound() 的值，可以对其解引用；可以使用 distance() 函数来找到它的位置。
- 如果希望这个函数像 R 中的 findInterval()（使用 C 语言编写）函数一样快，我们需要调用 .begin() 和 .end() 计算结果并将结果保存起来。这很简单，但是由于它偏离了学习的重点，所以可以忽略它。做出这些改变后，这个函数就会比 R 的 findInterval() 稍微快一点儿，但它的长度只有 R 函数代码的 1/10。

使用 STL 中的算法通常比自己重新编写好。在 *Effective STL* 一书中，Scott Meyers 给出了 3 个原因：高效性、正确性和可维护性。STL 中的算法都是 C++ 专家编写的，效率极高，而且它们已经存在一段时间了，所以都经过了良好的测试。使用标准算法通常使代码的意图更加明确，有助于使它变得更加易读且更具可维护性。

25.5.3 数据结构

STL 提供了大量的数据结构：array、bitset、list、forward_list、map、multimap、multiset、priority_queue、queue、deque、set、stack、unordered_map、unordered_set、unordered_multimap、unordered_multiset 和 vector。这些数据结构中最重要的是：vector、unordered_set 和 unordered_map。本节将重点学习这 3 种数据结构，其他数据结构的使用也是一样的，它们只是性能有所不同。例如，deque 与向量的接口非常类似，但是底层实现不同，所以性能上也有所不同。你可能想对你遇到的问题尝试它们。STL 数据结构的一个好的参考是 https://en.cppreference.com/w/cpp/container，我建议你在使用 STL 时可以一直打开这个页面。 566

Rcpp 知道如何将很多 STL 数据结构转换成它们的 R 等价体，所以可以在函数中直接返回它们，而不必将它们转换成 R 的数据结构。

25.5.4 向量

STL 向量与 R 向量非常类似，但是它更有效率。当我们事先不知道输出有多大时，使用向量非常合适。向量是模板化的，这说明当我们创建向量时我们必须指定向量包含的对象的类型：vector<int>、vector<bool>、vector<double>、vector<String>。使用标准的 [] 可以获取向量中的单个元素，使用 .push_back() 可以在向量的末尾添加新的元素。如果我们事先知道向量的大小，可以使用 .reserve() 分配足够的存储空间。

下面的代码实现了一个 rle() 函数。它产生两个输出向量：一个值的向量；一个向量 lengths，它表示每个元素重复的次数。它的工作原理是：对整个输入向量 x 进行循环，将每个值与前一个值进行比较，如果相同，则将 lengths 中的最后一个值加 1；如果不同，就将该值与 values 的最后一个值相加，并将与其对应的长度设置为 1。

```
#include <Rcpp.h>
using namespace Rcpp;

// [[Rcpp::export]]
List rleC(NumericVector x) {
  std::vector<int> lengths;
  std::vector<double> values;

  // Initialise first value
```

```
  int i = 0;
  double prev = x[0];
  values.push_back(prev);
  lengths.push_back(1);

  NumericVector::iterator it;
  for(it = x.begin() + 1; it != x.end(); ++it) {
    if (prev == *it) {
      lengths[i]++;
    } else {
      values.push_back(*it);
      lengths.push_back(1);
      i++;
      prev = *it;
    }
  }

  return List::create(
    _["lengths"] = lengths,
    _["values"] = values
  );
567 }
```

(另一种解决方案是：用总是指向向量的最后一个元素的迭代器 lengths.rbegin() 替换 i。你可以自己试试。)

https://en.cppreference.com/w/cpp/container/vector 中有其他关于向量方法的描述。

25.5.5 集合

集合可以保存唯一的一组值，并能够非常高效地查找一个值是否存在于这个集合中。对于涉及重复或唯一值（例如，unique、duplicated 或 in）的问题，它们非常有用。C++ 既提供了有序集合（std::set）又提供了无序集合（std::unordered_set），可以根据需要来选择使用。无序集合应该更快一点儿（因为它们使用散列表而不是树），所以即使我们需要有序集合，我们也应该考虑使用无序集合，然后再对输出的结果进行排序。与向量一样，集合也是模板化的，所以需要根据用途选择正确的类型：unordered_set<int>、unordered_set<bool> 等。更多细节知识可以参考：https://en.cppreference.com/w/cpp/container/set 和 https://en.cppreference.com/w/cpp/container/unordered_set。

下面的函数使用无序集合来实现整数向量的 duplicated() 函数。注意 seen.insert(x[i]).second 的使用。insert() 有两个返回值：.first 值是指向元素的一个迭代器；.second 是一个布尔值，如果值新加入集合，.second 就为 true。

```
// [[Rcpp::plugins(cpp11)]]
#include <Rcpp.h>
#include <unordered_set>
568 using namespace Rcpp;
// [[Rcpp::export]]
LogicalVector duplicatedC(IntegerVector x) {
  std::unordered_set<int> seen;
  int n = x.size();
  LogicalVector out(n);

  for (int i = 0; i < n; ++i) {
    out[i] = !seen.insert(x[i]).second;
  }
```

```
  return out;
}
```

25.5.6 映射

映射与集合类似，但它不是存储一个值是否存在，它能存储额外的数据。对需要查找值的函数（如 table() 或 match()）它很有用。与集合一样，也存在有序映射（std::map）和无序映射（std::unordered_map）。由于映射既有值又有键，所以在初始化映射时需要指定它们的类型：map<double,int>、unordered_map<int、double> 等。下面的例子说明如何使用 map 来实现数值向量的 table()：

```
#include <Rcpp.h>
using namespace Rcpp;

// [[Rcpp::export]]
std::map<double, int> tableC(NumericVector x) {
  std::map<double, int> counts;

  int n = x.size();
  for (int i = 0; i < n; i++) {
    counts[x[i]]++;
  }

  return counts;
}
```
569

25.5.7 练习

为了练习使用 STL 算法和数据结构，可使用 C++ 中的 R 函数实现下面的函数，可使用给出的提示：

1）使用 partial_sort 实现 median.default()。

2）使用 unordered_set 和 find() 或 count() 方法实现 %in%。

3）使用 unordered_set 实现 unique()。（挑战：一行代码搞定！）

4）使用 std::min() 实现 min()，或者使用 std::max() 实现 max()。

5）使用 min_element 实现 which.min()，或者使用 max_element 实现 which.max()。

6）对于整数，使用范围排序（sorted range）和 set_union、set_intersection 和 set_difference 实现 setdiff()、union() 和 intersect()。

25.6 案例研究

下面的案例研究展示了真实世界如何使用 C++ 来代替低效率的 R 代码。

25.6.1 Gibbs 采样器

下面的案例研究是对 Dirk Eddelbuettel 博客（http://dirk.eddelbuettel.com/blog/2011/07/14/）中一个例子的更新，它说明如何将 R 中的 Gibbs 采样器转换成 C++ 中采样器。下面的 R 代码和 C++ 代码非常类似（将 R 版本转换为 C++ 版本只需要几分钟），但是速度却提高了 20 倍（在我的计算机上）。Dirk 的博客还提供了另一种使它变得更快的方法：使用

GSL（通过 RcppGSL 包，在 R 中可以很容易使用）中更快的随机数生成器函数，可以提高 2～3 倍。

R 代码如下所示：

```
gibbs_r <- function(N, thin) {
  mat <- matrix(nrow = N, ncol = 2)
  x <- y <- 0

  for (i in 1:N) {
    for (j in 1:thin) {
      x <- rgamma(1, 3, y * y + 4)
      y <- rnorm(1, 1 / (x + 1), 1 / sqrt(2 * (x + 1)))
    }
    mat[i, ] <- c(x, y)
  }
  mat
}
```
570

将它直接转换成 C++ 代码。我们可以：

- 对所有的变量增加类型声明。
- 使用 `(` 而不使用 `[` 来对矩阵进行索引。
- 对 `rgamma` 和 `rnorm` 的结果增加下标，将它们从向量转换成标量。

```
#include <Rcpp.h>
using namespace Rcpp;

// [[Rcpp::export]]
NumericMatrix gibbs_cpp(int N, int thin) {
  NumericMatrix mat(N, 2);
  double x = 0, y = 0;

  for(int i = 0; i < N; i++) {
    for(int j = 0; j < thin; j++) {
      x = rgamma(1, 3, 1 / (y * y + 4))[0];
      y = rnorm(1, 1 / (x + 1), 1 / sqrt(2 * (x + 1)))[0];
    }
    mat(i, 0) = x;
    mat(i, 1) = y;
  }

  return(mat);
}
```

对两段代码进行性能测试：

```
bench::mark(
  gibbs_r(100, 10),
  gibbs_cpp(100, 10),
  check = FALSE
)
#> # A tibble: 2 x 10
#>   expression      min     mean   median     max `itr/sec` mem_alloc
#>   <chr>      <bch:tm> <bch:tm> <bch:tm> <bch:>      <dbl> <bch:byt>
#> 1 gibbs_r(1…    4.25ms    5.53ms    4.96ms 9.38ms      181.    4.97MB
#> 2 gibbs_cpp… 223.76µs 259.25µs 255.99µs 1.17ms     3857.     4.1KB
#> # … with 3 more variables: n_gc <dbl>, n_itr <int>,
#> #   total_time <bch:tm>
```
571

25.6.2　R 向量化与 C++ 向量化

这个例子改编自“ Rcpp is smoking fast for agent-based models in data frames”（https://gweissman.github.io/babelgraph/blog/2017/06/15/rcpp-is-smoking-fast-for-agent-based-models-in-data-frames.html）。这个函数根据 3 个输入来预测模型的输出。基础 R 版的预测函数为：

```
vacc1a <- function(age, female, ily) {
  p <- 0.25 + 0.3 * 1 / (1 - exp(0.04 * age)) + 0.1 * ily
  p <- p * if (female) 1.25 else 0.75
  p <- max(0, p)
  p <- min(1, p)
  p
}
```

我们希望将这个函数应用于许多输入，所以我们可以使用 for 循环来编写向量输入版的函数。

```
vacc1 <- function(age, female, ily) {
  n <- length(age)
  out <- numeric(n)
  for (i in seq_len(n)) {
    out[i] <- vacc1a(age[i], female[i], ily[i])
  }
  out
}
```

如果你熟悉 R，你已经意识到这样做会使程序变慢，的确如此！有两个方法可以帮助我们解决这个问题。如果你对 R 词汇掌握得很好，你马上就会想到如何向量化这个函数（使用 `ifelse()`、`pmin()` 和 `pmax()`）。或者，可以使用 C++ 重写 `vacc1a()` 和 `vacc1()`，因为我们知道在 C++ 中循环和函数调用的开销都很小。

两种方法都很简单。在 R 中（第一种方法）： 572

```
vacc2 <- function(age, female, ily) {
  p <- 0.25 + 0.3 * 1 / (1 - exp(0.04 * age)) + 0.1 * ily
  p <- p * ifelse(female, 1.25, 0.75)
  p <- pmax(0, p)
  p <- pmin(1, p)
  p
}
```

（如果你使用 R 已很长时间了，你可能会认识到这段代码存在瓶颈：`ifelse`、`pmin` 和 `pmax` 都很慢，所以你可以使用 `p * 0.75 + p * 0.5 p * female`、`p[p < 0] <- 0` 和 `p[p > 1] <- 1` 来替代它们。你可能想对它们进行测试。）

或者在 C++ 中（第二种方法）：

```
#include <Rcpp.h>
using namespace Rcpp;

double vacc3a(double age, bool female, bool ily){
  double p = 0.25 + 0.3 * 1 / (1 - exp(0.04 * age)) + 0.1 * ily;
  p = p * (female ? 1.25 : 0.75);
  p = std::max(p, 0.0);
  p = std::min(p, 1.0);
  return p;
}
```

```
// [[Rcpp::export]]
NumericVector vacc3(NumericVector age, LogicalVector female,
                    LogicalVector ily) {
  int n = age.size();
  NumericVector out(n);

  for(int i = 0; i < n; ++i) {
    out[i] = vacc3a(age[i], female[i], ily[i]);
  }

  return out;
}
```

573 下面我们生成一些样本数据，并检查所有 3 个版本函数是否返回相同的值：

```
n <- 1000
age <- rnorm(n, mean = 50, sd = 10)
female <- sample(c(T, F), n, rep = TRUE)
ily <- sample(c(T, F), n, prob = c(0.8, 0.2), rep = TRUE)

stopifnot(
  all.equal(vacc1(age, female, ily), vacc2(age, female, ily)),
  all.equal(vacc1(age, female, ily), vacc3(age, female, ily))
)
```

原始博客中忘记做这一步检查，并且在 C++ 版本中引入了一个错误：它使用 `0.004` 而不是 `0.04`。最后，我们可以对这 3 种方法进行性能测试：

```
bench::mark(
  vacc1 = vacc1(age, female, ily),
  vacc2 = vacc2(age, female, ily),
  vacc3 = vacc3(age, female, ily)
)
#> # A tibble: 3 x 10
#>   expression      min     mean   median     max `itr/sec` mem_alloc
#>   <chr>      <bch:t> <bch:tm> <bch:tm> <bch:t>     <dbl> <bch:byt>
#> 1 vacc1       1.62ms   1.81ms   1.79ms   2.6ms      552.    7.86KB
#> 2 vacc2      84.73µs 115.71µs 100.89µs 569.1µs     8642.     224KB
#> 3 vacc3      13.38µs  15.63µs   15.6µs  75.4µs    63988.   14.48KB
#> # ... with 3 more variables: n_gc <dbl>, n_itr <int>,
#> #   total_time <bch:tm>
```

毫不奇怪，使用循环的原始方法非常慢。向量化使 R 的速度有很大提升，使用 C++ 循环可以使速度提高大约 10 倍。C++ 如此之快使我有点儿惊讶，这可能是因为 R 不得不创建 11 个向量来存储中间结果，而 C++ 只需要创建一个。

25.7 在添加包中应用 Rcpp

与 `sourceCpp()` 一起使用的 C++ 代码也可以打包到添加包中。将标准的 C++ 源文件打包有以下几点好处：

574 1）没有 C++ 开发工具的用户也可以使用你的代码。

2）R 添加包构建系统可以将多个源文件以及它依赖的文件打包在一起。

3）添加包为测试、文档和一致性提供了附加的基础设施。

为了将 Rcpp 加入到现有添加包中，将 C++ 文件放在 `src/` 目录中，并修改或创建下面的配置文件：

- 在 DESCRIPTION 中添加

```
LinkingTo: Rcpp
Imports: Rcpp
```

- 确保 NAMESPACE 包含

```
useDynLib(mypackage)
importFrom(Rcpp, sourceCpp)
```

我们需要从 Rcpp 中导入某些（任意）东西，这样内部 Rcpp 代码才能正常加载。这是 R 的一个漏洞，希望未来能够修复它。

自动进行此设置的最简单的方法是调用 `usethis::use_rcpp()`。

在构建添加包前，需要运行 `Rcpp::compileAttributes()`。这个函数扫描 C++ 文件来查找 `Rcpp::export` 属性，并产生使这些函数在 R 中可以使用的代码。当增加、删除或者修改函数时，需要重新运行 `compileAttributes()`。这是 devtools 包和 RStudio 自动完成的。

更多细节可以查看 Rcpp 添加包文档：`vignette("Rcpp-package")`。

25.8　更多学习资源

本章只接触了小部分 Rcpp，学习了一些基本工具以便使用 C++ 重写低效率 R 代码。注意，Rcpp 还有很多其他工具，使它可以在 R 和现有 C++ 之间进行交互，它们包括：

- 属性的附加特性包括：设置默认参数、链接外部 C++ 依赖的文档、从添加包导出 C++ 接口。这些特性和更多特性详见 Rcpp 属性文档：`vignette("Rcpp-attributes")`。
- 在 C++ 数据结构和 R 数据结构之间自动创建包装器，将 C++ 类映射到参考类。关于这个主题的好的介绍是 Rcpp 模块文档：`vignette("Rcpp-modules")`。 575
- Rcpp 快速参考指南 `vignette("Rcpp-quickref")` 提供了 Rcpp 类和一些编程常用语的有用总结。

我强烈建议经常到 Rcpp 主页（http://www.rcpp.org）看一看，并注册一个 Rcpp 邮件列表（http://lists.r-forge.r-project.org/cgi-bin/mailman/listinfo/rcpp-devel）。

我找到的对学习 C++ 很有帮助的其他资源有：

- *Effective C++*[Meyers, 2005] 和 *Effective STL*[Meyers, 2001]。
- *C++ Annotations*（http://www.icce.rug.nl/documents/cplusplus/cplusplus.html），目标读者是知识渊博的 C 语言用户（或者其他类似 C 语言的语言，例如 Perl 和 Java），如果你想学习更多知识，或者过渡到 C++，可以参考这本书。
- *Algorithm Libraries*（http://www.cs.helsinki.fi/u/tpkarkka/alglib/k06/），它对重要的 STL 概念进行了更加专业但仍然简明的描述。

编写高效率的代码也要求你重新考虑你的基本方法：深刻的理解基本数据结构和算法是很有帮助的。这不在本书的讨论范围内。我建议阅读下述资料：*Algorithm Design Manual*[Skiena, 1998]；MIT 出版的 *Introduction to Algorithms*（http://ocw.mit.edu/courses/electrical-engineering-and-omputer-science/6-046j-introduction-to-algorithms-sma-5503-

fall-2005/)；由 Robert Sedgewick 和 Kevin Wayne 编写的 *Algorithms*，该书有免费在线版（http://algs4.cs.princeton.edu/home/)，并且有相应的 Coursera 在线课程（https://www.coursera.org/learn/algorithms-part1）。

25.9 致谢

我非常感谢 Rcpp 邮件列表中很多非常有帮助的交流，尤其是 Romain Francois 和 Dirk Eddelbuettel 不仅对我提出的很多问题做了详尽的回答，还迅速对 Rcpp 进行了完善。如果没有 JJ Allaire 就不可能有本章的内容，是他鼓励我学习 C++，并在这个过程中回答了我很
576 多愚蠢的问题。

参考文献

Harold Abelson, Gerald Jay Sussman, and Julie Sussman. *Structure and Interpretation of Computer Programs.* MIT Press, 1996.

Stefan Milton Bache and Hadley Wickham. *magrittr: A forward-pipe operator for R*, 2014. URL `http://magrittr.tidyverse.org/`.

James Balamuta. *errorist: Automatically Search Errors or Warnings*, 2018a. URL `https://github.com/coatless/errorist`.

James Balamuta. *searcher: Query Search Interfaces*, 2018b. URL `https://github.com/coatless/searcher`.

Douglas Bates and Martin Maechler. Matrix: Sparse and dense matrix classes and methods, 2018. URL `https://CRAN.R-project.org/package=Matrix`.

Alan Bawden. Quasiquotation in Lisp. In *PEPM '99*, pages 4–12, 1999. URL `http://citeseerx.ist.psu.edu/viewdoc/summary?doi=10.1.1.309.227`.

Henrik Bengtsson. The R.oo package - object-oriented programming with references using standard R code. In Kurt Hornik, Friedrich Leisch, and Achim Zeileis, editors, *Proceedings of the 3rd International Workshop on Distributed Statistical Computing (DSC 2003)*, Vienna, Austria, March 2003. URL `https://www.r-project.org/conferences/DSC-2003/Proceedings/Bengtsson.pdf`.

Christopher Brown. *hash: Full feature implementation of hash/associated arrays/dictionaries*, 2013. URL `https://CRAN.R-project.org/package=hash`.

Carlos Bueno. *Mature Optimization Handbook.* 2013. URL `http://carlos.bueno.org/optimization/`.

John M Chambers. *Programming with Data: A Guide to the S Language.* Springer, 1998.

John M Chambers. *Software for Data Analysis: Programming with R.* Springer, 2008.

John M Chambers. Object-oriented programming, functional programming and R. *Statistical Science*, 29(2):167–180, 2014. URL `https://projecteuclid.org/download/pdfview_1/euclid.ss/1408368569`.

John M Chambers. *Extending R.* CRC Press, 2016.

John M Chambers and Trevor J Hastie. *Statistical Models in S.* Wadsworth & Brooks/Cole Advanced Books & Software, 1992.

Winston Chang. *R6: Classes with reference semantics*, 2017. URL https://r6.r-lib.org.

Dirk Eddelbuettel and Romain François. Rcpp: Seamless R and C++ integration. *Journal of Statistical Software*, 40(8):1–18, 2011. doi: 10.18637/jss.v040.i08. URL http://www.jstatsoft.org/v40/i08/.

Martin Fowler. *Domain-specific Languages*. Pearson Education, 2010. URL http://amzn.com/0321712943.

Garrett Grolemund and Hadley Wickham. Dates and times made easy with lubridate. *Journal of Statistical Software*, 40(3):1–25, 2011. URL http://www.jstatsoft.org/v40/i03/.

Gabor Grothendieck, Louis Kates, and Thomas Petzoldt. *proto: prototype object-based programming*, 2016. URL https://CRAN.R-project.org/package=proto.

Lionel Henry and Hadley Wickham. *purrr: functional programming tools*, 2018a. URL https://purrr.tidyverse.org.

Lionel Henry and Hadley Wickham. *rlang: tools for low-level R programming*, 2018b. URL https://rlang.r-lib.org.

Jim Hester. *bench: high precision timing of R expressions*, 2018. URL http://bench.r-lib.org/.

Jim Hester, Kirill Müller, Kevin Ushey, Hadley Wickham, and Winston Chang. *withr: Run code with temporarily modified global state*, 2018. URL http://withr.r-lib.org.

Andrew Hunt and David Thomas. *The Pragmatic Programmer*. Addison Wesley, 1990.

Thomas Lumley. Programmer's niche: Macros in R. *R News*, 1(3):11–13, 2001. URL https://www.r-project.org/doc/Rnews/Rnews_2001-3.pdf.

Norman Matloff. *The Art of R Programming*. No Starch Press, 2011.

Norman Matloff. *Parallel Computing for Data Science*. Chapman & Hall/CRC, 2015. URL http://amzn.com/1466587016.

Q. Ethan McCallum and Steve Weston. *Parallel R*. O'Reilly, 2011. URL http://amzn.com/B005Z29QT4.

Scott Meyers. *Effective STL: 50 specific ways to improve your use of the standard template library*. Pearson Education, 2001. URL http://amzn.com/0201749629.

Scott Meyers. *Effective C++: 55 specific ways to improve your programs and designs*. Pearson Education, 2005. URL http://amzn.com/0321334876.

Floréal Morandat, Brandon Hill, Leo Osvald, and Jan Vitek. Evaluating the design of the R language. In *European Conference on Object-Oriented Programming*, pages 104–131. Springer, 2012. URL http://r.cs.purdue.edu/pub/ecoop12.pdf.

Kirill Müller and Lorenz Walthert. *styler: Non-Invasive Pretty Printing of R Code*, 2018. URL http://styler.r-lib.org.

Kirill Müller and Hadley Wickham. *tibble: simple data frames*, 2018. URL http://tibble.tidyverse.org/.

R Core Team. Writing R extensions. *R Foundation for Statistical Computing*, 2018a. URL https://cran.r-project.org/doc/manuals/r-devel/R-exts.html.

R Core Team. R internals. *R Foundation for Statistical Computing*, 2018b. URL https://cran.r-project.org/doc/manuals/r-devel/R-ints.html.

Steven S Skiena. *The Algorithm Design Manual.* Springer, 1998. URL http://amzn.com/0387948600.

Nathan Teetor. *zeallot: multiple, unpacking, and destructuring assignment*, 2018. URL https://CRAN.R-project.org/package=zeallot.

Luke Tierney and Riad Jarjour. *proftools: Profile Output Processing Tools for R*, 2016. URL https://CRAN.R-project.org/package=proftools.

Peter Van-Roy and Seif Haridi. *Concepts, Techniques, and Models of Computer Programming.* MIT press, 2004.

Hadley Wickham. mutatr: mutable objects for R. *Computational Statistics*, 26(3):405—418, 2011. doi: 10.1007/s00180-011-0235-7.

Hadley Wickham. *forcats: tools for working with categorical variables*, 2018. URL http://forcats.tidyverse.org.

Hadley Wickham and Yihui Xie. *evaluate: Parsing and Evaluation Tools that Provide More Details than the Default*, 2018. URL https://github.com/r-lib/evaluate.

Hadley Wickham, Jim Hester, Kirill Müller, and Daniel Cook. *memoise: Memoisation of Functions*, 2018. URL https://github.com/r-lib/memoise.

索　引

索引中的页码为英文原书页码，与书中页边标注的页码一致。

!!, 425

!!!, 429

", 41

', 41

`, 20, 134

..., 125, 216, 436, 459

.Data, 360

.data, 463

.env, 463

.Internal(), 536

.Primitive(), 110

:=, 437

<-, 434

<<-, 149, 252

@, 343

[, 74

[[, 82

$, 83, 434

%<-%, 368

%>%, 113, 221, 369

%%, 137

%||%, 122

~, 214

A

abort(), 173, 188

abstract syntax tree（抽象语法树），参见 AST, 386

accumulate(), 236

accumulator programming（累加器编程），367

active binding（主动绑定），151, 334

alist(), 421

ALTREP, 29

anaphoric function（回指函数），446

anonymous function（匿名函数），111

ANY, 354

apply(), 242

argument（参数）

  evaluated versus quoted（计算与引用），418

  formal（形式），109

  matching（匹配），136

array（数组），48

  list-array（数组列表），58

  slicing（切片），445

  subsetting（子集选取），77

as.data.frame(), 537

as_string(), 392

assignment（赋值），19, 129, 145, 149

  assign(), 151

  in replacement function（使用替换函数），138

  subassignment（子赋值），85

AST, 386

  ast(), 387

  computing with（使用……计算），404

  infix call（中缀调用），389

  non-code（非代码），388

  non-standard（非标准），431

atomic vector（原子向量），41
　subsetting（子集选取），74
attach()，268
attr()，45
attribute（属性），45
　attributes()，45，437
　class（类），292，298，302
　dimension（维度），48
　in C ++（在 C++ 中），559
　name（名字），47
　S3（S3 类），50
Autoloads（自动加载），156

B

backticks（回溯测试），参见 `
base object（基础对象），291
base type（基础类型），参见 typeof()
benchmarking（测试），526
binding（绑定），参见 assignment
　active（主动绑定），151
　delayed（延迟绑定），151
body()，109
Boolean algebra（布尔代数），92
bootstrapping（自助法），88，263，468
Box-Cox transformation（Box-Cox 变换），261
bquote()，433
break，103
breakpoint（断点），511
browser()，509
bug（错误），参见 debugging

C

c()，42
C++，547
call object（调用对象），393
　constructing（构建），396
　function component（函数元素），395
　subsetting（子集选取），393
call stack（调用栈），165，186，507，512
call2()，396
cat()，176
catch_cnd()，181
character vector（字符向量），41
chuck()，84
class()，292，298，302
class（类）
　R6（RC 类），326
　S3（S3 类），298
　S4（S4 类），344
closure（闭包），参见 function
cnd_muffle()，185，186，199
coercion（强制转换），44
condition（条件）
　custom（自定义），188
　handling（处理），180，192
　muffling（消声），178，185
　object（对象），181
　signaling（信号），173，190
constant（常数），392
constructor（构造函数）
　R6（RC 类），327
　S3（S3 类），304
　S4（S4 类），347
copy-on-modify（复制后修改），22
　exception（异常），252
cppFunction()，548
crash（崩溃），参见 debugging
cst()，165

D

date frame（数据框），58
　data.frame()，60
　in C++（在 C++ 中），577
　list-column（列表列），67
　matrix-column（矩阵列），68
　subsetting（子集选取），78
data mask（数据掩码），462
Date，52，304，313
date-time（日期时间），参见 POSIXct
debug()，512
debugging（调试），505
　C code（C 语言代码），513
　crash（崩溃），516
　interactive（交互），509
　message（信息），516
　non-interactive（非交互），513
　RMarkdown，515

warning（警告），516
with print（通过打印的方式），514
deparse()，403
deparsing（逆解析），402
dictionary（字典），参见 hashmap
difftime，54，304，307
do.call()，112，440
dot-dot-dot，参见 ...
dots_list()，439
double dispatch（双分派），323
double vector（双精度向量），41
drop = FALSE，80
dump.frames()，514
duration（持续时间），参见 difftime

E

ellipsis（省略），参见 ...
enexpr()，420
enquo()，458
ensym()，420
env()，145
env_bind_*，149，151，268
env_parent()，147
environment（环境），34，143
base（基础包），156
binding（绑定），149
calling（调用环境），165
creating（创建环境），145
current（当前环境），146
execution（执行环境），161
function（函数），158
global（全局环境），146
of a function（函数环境），109
parent（父环境），147
error（错误），130，173
catching（捕获），180
debugging（调试），505
handling（处理），272
escaping（转义），484
eval_bare()，452
eval_tidy()，458，462，490
evaluation（求值）
base R（R 基础包），472
basics（基本），452
function（函数），456
lazy（惰性），参见 lazy evaluation
tidy，458
exec()，438
exists()，151
expr()，391，419
expr_text()，402
expression vector（表达式向量），414，455
expression()，414
expression（表达式），385，391
capturing（捕获），419
capturing with base R（使用 R 基础包捕获），421
unquoting（取消引用），424

F

factor（因子），51，305，307
fexpr，416
Fibonacci series（斐波那契数列），276
filter()，464
finalizer（终结器），337
find_assign()，407
findGlobals()，118
findInterval()，565
fn_env()，158
fold（折叠），参见 reduce
for，102
for loop（for 循环），参见 loop
force()，252
formals()，109
formula（公式），460
frame（对象框），167
function factory（函数工厂），247
function operator（函数运算符），271
functional programming（函数式编程），205
functional（泛函），209
function（函数），107
anonymous（匿名），111，214
argument（参数），136
body（函数体），109
composition（组合函数），113
default value（默认值），121
environment（环境），109，161

formal（参数列表），109
generating with code（使用代码生成），446
generics（泛型函数），299
in C++（在 C++ 语言中），558
infix（中缀），137
invisible result（不可见结果），129
lazy evaluation（惰性求值），120
manufactured（制造），247
predict（预测），参见 predicate
primitive（约定），110
replacement（替换），138
return value（返回值），129
scoping（作用域），116
special（特殊），140
variadic（可变的），参见 ...

G
garbage collector（垃圾回收），36
gc()，37
manufactured function（制造函数），254
performance（性能），523
generics（泛型），299
group（组泛型），321
internal（内部泛型），321
S3（S3 类），309
S4（S4 类），349
get()，151
ggsave()，260
Gibbs sampler（Gibbs 采样器），570
grammar（语法），399

H
handler（处理器）
calling（调用），183
exit（退出），131
exiting（退出），181
hashmap（散列表），169，569
help（帮助），6
help()，435
helper（帮助程序）
S3（S3 类），306
S4（S4 类），347
HTML，482

I
I()，67
if，98
ifelse()，100
imap()，229
implicit class（隐含类），320
Inf，41
infix function（中缀函数），137
inheritance（继承）
R6（R6 类），330
S3（S3 类），314
S4（S4 类），345
integer vector（整数向量），41
interrupt（中断），173
invisible()，129，227
is()，346
is.atomic()，44
is.na，43
is.numeric()，44
is.object()，292
is.vector()，44
iterator（迭代），563

L
L，41
language object（语言对象），参见 call object，393
lapply()，212
last_trace()，508
LaTeX，492
lazy evaluation（惰性求值），120，167
lazy evaluation，252
length()，42
library()，434
list()，55
list2()，438
list（列表），24，55
in C++（在 C++ 中），557
list-array（列表数组），58
removing an element（移除元素），85
subsetting（子集选取），77，81
lm()，313，435，475
local()，453
logical vector（逻辑向量），41

lookup table（查询表），87
loop（循环），102，278
  avoiding copies in（避免复制），31，541
  common pattern（通用模式），229
  common pitfall（常见陷阱），103
  for，102
  performance（性能），32
  replacing（替换），209

M

macros（宏），416
magrittr，参见 %>%
manufactured function（制造函数），247
Map()，232
map()，211
map-reduce（映射－归约），239
map2()，224
mapply()，232
mark()，527
match()，87
match.call()，475
matching and merging（匹配与合并），87
matrix（矩阵），参见 array
maximum likelihood（最大似然），264
memoisation（缓存），276
memory usage（内存使用），29，523
message（消息），176
metaprogramming（元编程），373
method chaining（方法链），327，369
method dispatch（方法分派）
  performance（性能），536
  S3（S3 类），309
    double dispatch（双分派），323
  S4（S4 类），352
method（方法）
  R6（R6 类），326
  S3（S3 类），311
  S4（S4 类），350
microbenchmarking（微测试），参见 benchmarking
MISSING，354
missing argument（缺失参数），412
  missing()，122
  unquoting（取消引用），428
missing value（缺失值），参见 NA
mode()，294
modify()，223
modify-in-place（原位修改），31
multi-assign（多重分配），368
multiple dispatch（多分派），356
multiple inheritance（多重继承），354
mutable default argument（可变的默认参数），338

N

NA，43，559
names（名字），参见 symbol
names()，47
namespace（命名空间），159
NaN，41
new()，347
new.env()，145
next，103
NextMethod()，315
node（节点），39
non-standard evaluation（非标准计算），373，418
non-syntactic name（非语法名字），20
NULL，69，123
numeric vector（数值向量），41，294

O

obj_addr()，19
obj_size()，29
object-oriented programming（面向对象编程），285
object_size，29
on.exit()，131，183
OO object（OO 对象），291
operator precedence（运算符优先级），399
optim()，264
optimise()，264
option（选项）
  browserNLdisabled，511
  error，511
  warn，175，196
  warnPartialMatchArgs，137
  warnPartialMatchDollar，84
order()，89
otype()，292

P

packageStartupMessage()，176
pairlist（成对列表），412
parent.frame()，165，167
parsing（解析），401
paste()，541
pause()，520
performance（性能）
  improving（提高），531
  measuring（测量），519
  strategy（策略），532
piping（管道），参见 %>%
pluck()，84，215
pmap()，230
POSIXct，53，308，314
POSIXlt，313
POSIXt，315
predicate（判断），239
primitive function（原函数），110
profiling（性能分析），520
  limitation（局限性），525
  memory（内存），523
profvis()，521
promise（约定），120，151
pronoun（代词），463，469

Q

quasiquotation（准引用），424
quosure，457
  creating（生成），458
  evaluating（计算），458
  internal（内置），460
  nested（嵌套），461
  quo()，458
quoting（引用），419
  expr()，419
  in practice（实践中），468
  quote()，421

R

R6，325
  access control（访问控制），332
  active fields（活动字段），334
  class（类），326
  inheritance（继承），330
  introspection（内省），331
  methods（方法）
    adding extra（增加额外内容），330
    finalizer（终结器），337
    initialize（初始化），328
    listing（列举），331
    print（打印），328
    private（自有的），333
  R6Class()，326
  versus reference classes（与参考类比较），340
  versus S3（与 S3 类比较），365
Rcpp，547
  in a package（在添加包中），574
recover()，511，514
recursion（递归）
  over AST（AST），404
  over environment（环境），153
recycling（回收），75
reduce()，234
reduce2()，238
ref()，24
reference class（引用类），340
reference semantics（引用语法），34，336
repeat，105
replacement function（替换函数），138
reprex，6
reserved name（保留字），20
return()，129
rm()，36，151，434
row.names，58，63
RProf()，520

S

S3（S3 类），297
  class（类），302
  constructor（构造函数），304
  finding source（寻找来源），301
  generics（泛型），309
  group generics（组泛型），321
  helper（帮助函数），306
  implicit class（隐含类），320

inheritance（继承），314
method dispatch（方法分派），309，320
method（方法），300
creating（创建），311
inheriting（继承），314
locating（定位），310
object style（对象风格），312
subclassing（子类化），317
validator（验证器），305
vector（向量），50
versus R6（与 R6 类比较），365
versus S4（与 S4 类比较），364
working with S4（与 S4 类一起使用），359
S4（S4 类）
accessor（访问器），351
class（类），344
generics（泛型），349
helper（帮助函数），347
inheritance（继承），345
introspection（内省），346
method dispatch（方法分派），352
method（方法），350
multiple dispatch（多分派），356
multiple inheritance（多重继承），354
pseudo-class（伪类），354
show()，351
single dispatch（单分派），353
subsetting（子集选取），343
validator（验证器），347
versus S3（与 S3 类比较），364
working with S3（与 S4 类一起使用），359
safely()，272
sampling（采样），88
sapply()，134，214
scalar（标量），41，392
scopling（作用域）
dynamic（动态作用域），168
lexical（词法），115
search path（搜索路径），156
search()，156
select()，466
self，326
set algebra（集合代数），92
setBreakpoint()，512
setClass()，344
setGeneric()，349，360
setMethod()，350
setNames()，47
setOldClass()，359
set（集合），568
setValidity()，347
show()，351
signal()，199
signature（签名），350
slot()，343
sorting（排序），89
source()，455
sourceCpp()，554
special form（特殊形式），140
unquoting（取消引用），428
splicing（拼接），参见 !!!，437
base R（R 基础包），440
expression（表达式），429
srcref，109，456
standard template library（标准模板库），563
standardGeneric()，349
standardise_call()，394
stop()，130，173
string pool（字符串池），27
stringsAsFactors，51，60
structure()，45
subset()，91，464，473
subsetting（子集选取），73
array（数组），77
atomic vector（原子向量），74
data frame（数据框），78
list（列表），77，81
out of bound（出界），84
preserving（保留），80
S4，343
simplifying（简化），80
subassignment（子赋值），85
with logical vector（逻辑向量），91
with NA & NULL（带有 NA 和 NULL），84

substitute(), 422, 472
super assignment (超级赋值), 149
suppressMessages(), 178
suppressWarnings(), 178
switch(), 100
sym(), 392
symbol (符号), 392, 412
capturing (捕获), 420

T

threading state (线程状态), 367
thunk (约定), 参见 promise
tibble, 参见 data frame
tidy dot (tidy 点), 436
trace(), 512
traceback(), 165, 507
tracemem(), 23
transform(), 465
try(), 178, 193
tryCatch(), 180, 181
typeof(), 42, 293

U

unbinding (取消绑定), 36
unquoting (取消引用), 424
base R (R 基础包), 433
function (函数), 427
ast(), 442
in practice (在实践中), 468
many argument (多个参数), 429
missing argument (缺失参数), 428
special form (特殊形式), 428
UseMethod(), 309

V

validator (验证器)
R6 (R6 类), 334
S3 (S3 类), 305
S4 (S4 类), 347
validObject(), 349
vapply(), 214
vec_restore(), 318
vectorization (向量化), 216, 539
vector (向量), 39
atomic (原子), 参见 atomic vector
generic (泛型), 参见 list
in C++ (C++), 567
numeric (数值型), 参见 numeric vector
recursive (递归), 参见 list

W

walk(), 227
walk2(), 227
warning (警告), 175
which(), 92
while, 105
with(), 268, 463
withCallingHandlers(), 180, 183

推荐阅读

数据即未来：大数据王者之道

作者：[美]布瑞恩·戈德西 ISBN：978-7-111-58926-6 定价：79.00元

预见未来，抽丝剥茧，呈现数据科学的核心

一本帮助你理解数据科学过程，高效完成数据科学项目的实用指南。

内容聚焦于数据科学项目中所特有的概念和挑战，组织与利用现有资源和信息实现项目目标的过程。

推荐阅读

统计学习导论——基于R应用

作者：Gareth James 等 ISBN：978-7-111-49771-4 定价：79.00元

统计反思：用R和Stan例解贝叶斯方法

作者：Richard McElreath ISBN：978-7-111-62491-2 定价：139.00元

计算机时代的统计推断：算法、演化和数据科学

作者：Bradley Efron ISBN：978-7-111-62752-4 定价：119.00元

应用预测建模

作者：Max Kuhn 等 ISBN：978-7-111-53342-9 定价：99.00元

推荐阅读

R语言经典实例（原书第2版）

作者：JD Long，Paul Teetor ISBN：978-7-111-65681-4 定价：139.00元

基于R语言的金融分析

作者：Mark J. Bennett, Dirk L. Hugen ISBN：978-7-111-65821-4 定价：119.00元

金融数据分析导论：基于R语言

作者：Ruey S.Tsay ISBN：978-7-111-43506-8 定价：69.00元

机器学习与R语言（原书第2版）

作者：Brett Lantz ISBN：978-7-111-55328-1 定价：69.00元